高級
財務會計

巴雅爾,劉勝天　著

財經錢線

前 言

　　高級財務會計是會計學、財務管理、審計學等專業的一門專業主幹課程，其先修課程是初級財務會計（基礎會計）和中級財務會計。高級財務會計與初級財務會計、中級財務會計共同構成財務會計學科的完整體系。如何根據會計人才培養方案的需要來確定高級財務會計教材的內容，是探究會計領域的前沿問題（如人力資源會計、環境會計、社會責任會計等），是解決會計領域的難點問題（如企業合併及合併財務報表、衍生金融工具會計等），是回答會計領域的特殊問題（如合夥企業會計、清算會計等），這些是國內高校相關會計教學人員一直在考慮和探討的問題，但至今尚無定論。從實際情況看，因為學者對高級財務會計課程的定位不同，有的認為中級財務會計沒有涉及的內容都應納入高級財務會計，有的認為高級財務會計在理論的深度、內容的複雜性方面應體現其特點，導致各種版本的《高級財務會計》教材的內容也不盡相同。本教材在借鑑會計理論界和實務界的研究成果及各版本《高級財務會計》教材的基礎上，考慮以下因素進行教材內容的選擇。

　　1.《高級財務會計》和《中級財務會計》教材內容的銜接

　　中級財務會計解決的是所有企業都會遇到的財務會計問題，即企業一般財務會計問題，其主要內容包括兩個方面：第一，會計要素的確認與計量；第二，單個企業財務報表的編製。一般認為，高級財務會計主要反應企業「特殊業務」「特殊行業」「特殊報告」「特殊環境」和「特殊組織」的會計處理問題。在遵循這一原則的前提下，我們對本教材的內容進行了取捨。本教材的編排上也考慮了這一因素，其中第二章外幣業務會計、第三章股份支付會計、第四章政府補助會計、第五章租賃會計、第六章衍生金融工具會計屬於「特殊業務」。第八章合併財務報表、第九章中期財務報告、第十章分部報告屬於「特殊報告」。第十一章特殊行業會計屬於「特殊行業」。第十二章企業清算會計屬於「特殊環境」（「特殊時期」）。

　　2. 與企業會計準則的協調

　　本教材在內容的選擇上注重與企業會計準則的協調，盡可能以企業會計

準則為主要依據。這不僅有利於學生掌握相關的會計理論，而且也滿足學生參加相關會計資格考試的需要。考慮到這一因素，因「特殊組織」情形下的獨資企業會計及合夥企業會計尚無統一規範，本教材未列入此內容。

3. 考慮教學安排的需要

一般來說，高級財務會計教學課時安排在32~54學時。考慮到學時的限制及內容的難度，本教材在目錄的章節後標上☆號，供授課教師講授時取捨。

此外，《企業會計準則第30號——財務報表列報》《企業會計準則第33號——合併財務報表》《企業會計準則第16號——政府補助》《企業會計準則第22號——金融工具確認和計量》《企業會計準則第23號——金融資產轉移》《企業會計準則第24號——套期會計》《企業會計準則第37號——金融工具列報》和《企業會計準則第21號——租賃》等準則的修訂，也在本教材得到及時反應。

本教材由巴雅爾、劉勝天擔任主編，寫作分工如下：第一、三、六、七、八、十一、十二章由巴雅爾編寫；第二、四、五、九、十章由劉勝天編寫。巴雅爾撰寫了全書大綱，負責對全書初稿進行修改、補充和總纂定稿。

本教材的適用對象為會計學、財務管理、審計學等專業的學生以及致力於財務會計領域的學習、研究與工作的讀者。

本教材的編寫得益於同類優秀教材的思路啓發，得益於西南財經大學出版社的有力支持和相關編輯人員的盡心盡力，在此一併表示敬意和深深的謝意。

由於編者水準有限，加之高級財務會計課程本身的不成熟性，書中難免存在錯漏和不足之處，懇請讀者批評指正，以便進一步修改和完善。

本教材初稿修改之際，正處於全球防控新冠肺炎疫情之時；待全書基本定稿之日，新冠肺炎疫情呈緩解之勢。留此言，意在記住2020年年初這一非常時期，並由衷地敬畏自然，熱愛生命！

編者

目　錄

第一章　緒　論 ……………………………………………………（1）

　　第一節　高級財務會計的產生與發展 ……………………………（1）
　　第二節　高級財務會計產生的理論基礎 …………………………（6）
　　第三節　高級財務會計的研究內容 ………………………………（11）

第二章　外幣業務會計 ……………………………………………（16）

　　第一節　外幣業務概述 ……………………………………………（16）
　　第二節　外幣交易的會計處理 ……………………………………（22）
　　第三節　外幣財務報表折算 ………………………………………（32）
　　第四節☆　外幣業務的會計信息列報 ……………………………（39）

第三章　股份支付會計 ……………………………………………（41）

　　第一節　股份支付概述 ……………………………………………（41）
　　第二節　股份支付的會計處理 ……………………………………（48）
　　第三節　股份支付的特殊問題 ……………………………………（56）
　　第四節☆　股份支付的會計信息列報 ……………………………（67）

第四章　政府補助會計 ……………………………………………（70）

　　第一節　政府補助概述 ……………………………………………（70）
　　第二節　政府補助的會計處理 ……………………………………（72）
　　第三節☆　政府補助的會計信息列報 ……………………………（82）

第五章　租賃會計 …………………………………………………（84）

　　第一節　租賃會計概述 ……………………………………………（84）
　　第二節　承租人的會計處理 ………………………………………（96）
　　第三節　出租人的會計處理 ………………………………………（108）
　　第四節　特殊租賃業務的會計處理 ………………………………（115）
　　第五節☆　租賃業務的會計信息列報 ……………………………（125）

第六章　衍生金融工具會計 …………………………………………………… (127)

　　第一節　金融工具概述 ………………………………………………… (127)
　　第二節　金融工具會計的基本問題 …………………………………… (135)
　　第三節☆　衍生金融工具用於套期保值的會計處理 ………………… (151)

第七章　企業合併會計 ……………………………………………………… (172)

　　第一節　企業合併概述 ………………………………………………… (172)
　　第二節　同一控制下的企業合併的會計處理 ………………………… (181)
　　第三節　非同一控制下的企業合併的會計處理 ……………………… (190)
　　第四節☆　企業合併的會計信息列報 ………………………………… (200)

第八章　合併財務報表 ……………………………………………………… (202)

　　第一節　合併財務報表概述 …………………………………………… (202)
　　第二節　與內部股權投資有關的抵銷處理 …………………………… (214)
　　第三節　與內部債權、債務有關的抵銷處理 ………………………… (242)
　　第四節　與內部資產交易有關的抵銷處理 …………………………… (247)
　　第五節☆　編製合併財務報表的其他問題 …………………………… (259)
　　第六節　合併財務報表編製綜合舉例 ………………………………… (269)

第九章　中期財務報告 ……………………………………………………… (282)

　　第一節　中期財務報告概述 …………………………………………… (282)
　　第二節　中期財務報告會計確認與計量的原則 ……………………… (284)
　　第三節　比較中期財務報告的編製及披露 …………………………… (289)

第十章　分部報告 …………………………………………………………… (295)

　　第一節　分部報告概述 ………………………………………………… (295)
　　第二節　報告分部及其確定方法 ……………………………………… (296)
　　第三節　分部信息的披露 ……………………………………………… (304)

第十一章☆　特殊行業會計 ………………………………………………… (310)

　　第一節　生物資產會計 ………………………………………………… (310)
　　第二節　石油天然氣開採會計 ………………………………………… (327)

第十二章☆　企業清算會計 ………………………………………………… (338)

　　第一節　企業清算會計概述 …………………………………………… (338)
　　第二節　普通清算會計 ………………………………………………… (343)
　　第三節　破產清算會計 ………………………………………………… (349)

第一章
緒　論

【學習目標】

通過本章的學習，學生應瞭解高級財務會計的產生背景，掌握高級財務會計產生的社會經濟環境和發展的歷程，掌握高級財務會計形成的理論基礎，熟悉高級財務會計學的基本內容。

會計有廣義與狹義之分。廣義的會計是指對經濟主體以貨幣表現的經濟活動進行反應和控制的一種管理活動，具體包括財務、審計以及狹義的會計等。狹義的會計，即一般意義上的會計，是針對特定經濟主體而建立的一個以提供財務信息為主的經濟信息系統[①]。狹義的會計按照服務對象的不同又可以分為財務會計和管理會計兩個分支。其中，財務會計以經濟主體各利害關係人為主要服務對象，因此又被稱為外部會計，其加工、處理會計信息的主要依據是能夠充分體現經濟主體各利害關係人共同需要的會計準則，所提供的會計信息具有完整性、連續性以及系統性的特徵。管理會計以經濟主體管理當局為主要服務對象，因此又被稱為內部會計，其加工會計信息的方法具有針對性和靈活性的特徵。

在財務會計體系中，人們通常依據功能、難易程度或業務範圍的不同將財務會計學分為初級財務會計、中級財務會計和高級財務會計三個層次。其中，初級財務會計主要介紹財務會計的基本概念、基本方法和基本程序；中級財務會計主要介紹工商服務行業常見經濟業務的會計處理與報告問題；高級財務會計主要介紹特殊行業或工商服務行業特殊業務的會計處理和報告問題。因此，初級財務會計又常被稱為會計學原理或基礎會計學，而中級財務會計與高級財務會計則被並稱為會計實務。近年來，儘管國內外有關高級財務會計的著作與日俱增，高級財務會計的研究範圍亦漸趨穩定，但對於什麼是高級財務會計以及高級財務會計到底包括哪些內容，目前仍無定論。本教材從高級財務會計的產生背景及其與中級財務會計的關係方面對其進行理論總結，以期對高級財務會計研究範圍及內容做出恰當的界定。

第一節　高級財務會計的產生與發展[②]

一、高級財務會計的產生

經濟環境的變化導致了新的會計事項的不斷出現是高級財務會計產生的根本原

[①] 葛家澍. 會計學導論 [M]. 上海：立信會計出版社，1988.
[②] 武華清. 高級財務會計的產生與發展的回顧 [J]. 南京財經大學學報，1999（5）：68-71.

因。第二次世界大戰以後，世界範圍內的科技革命推動了西方社會經濟的迅猛發展，西方國家的經濟環境發生了巨大變化，這些變化導致了以前沒有的經濟業務與事項的出現，從而促進了高級財務會計的產生與發展。

(一) 經濟環境的變化

1. 世界各國經濟不斷發展壯大，市場競爭日趨激烈

企業為了生存，不斷擴大公司規模，公司之間的股權投資越來越普遍，公司間股權相互滲透，形成了龐大的企業集團，母子公司成為一種普遍的社會現象，企業間的橫向和縱向經濟聯繫更加緊密，依賴性更強，社會對會計信息的要求和依賴性越來越高，會計在企業中的地位越來越高。

2. 經濟發展不均衡，通貨膨脹嚴重

西方主要國家在20世紀六七十年代通貨膨脹普遍加劇。1972—1973年，西方國家初級產品的價格猛漲，隨之工資相應提高，消費品價格也猛漲。1973—1975年，經濟合作與發展組織全體成員消費價格上漲率平均為26%。第二次石油危機又對早已惡化的通貨膨脹起到推波助瀾的作用，而且通貨膨脹波及亞洲及拉丁美洲。通貨膨脹在20世紀70年代已成為西方國家共同面臨的難題。在會計領域，通貨膨脹使貨幣計量中幣值穩定假設受到嚴重衝擊，會計信息的可靠性受到了極大的影響。

3. 貿易投資自由化，跨國經營普遍化

西方發達國家不僅推行產品的國際化，拓展國際市場，而且大規模地推行資本的國際化，推動國際貿易和國際投資範圍的擴大，從而導致跨國公司的大量出現。

4. 金融國際化，經濟一體化

由於國際金融市場得以完善，各種衍生金融工具應運而生，並得到快速發展，國際資金的流動加強、流量增多，期貨交易、租賃等業務蓬勃發展，金融呈現出國際化。同時，產品的國際化和資本的國際化使國際交流不斷增加，國際經濟趨於一體化。

5. 企業合併、兼併、破產潮席捲全球

各國企業為了增強競爭力，佔有更大的市場份額，積極尋求合作夥伴，建立聯盟，對資產進行重組、合併。同時，由於市場競爭激烈，大量的企業破產清算。

(二) 新的會計業務的出現

由於上述經濟環境的變化導致許多新的會計業務的出現，而這些新的會計業務又都突破了現有財務會計的範圍，原有程序與方法並不能處理這些新業務。經濟環境的變化導致大量新的會計業務的出現，其主要表現在以下五個方面：

(1) 企業集團內部存在著母公司與子公司、子公司與子公司之間以內部價格轉移財產或勞務的業務往來，為了全面綜合集團公司整體財務狀況、經營成果和現金流量，會計期末應編製集團公司的合併財務報表。如果是跨國性的集團公司，如果所屬國外子公司會計報表中使用的貨幣種類與母公司不同時，該跨國性的集團公司還應先進行外幣報表的折算，之後再編製合併財務報表。

(2) 企業在進行國際貿易和國際投資以及勞務輸出過程中，必然發生外幣兌換、外幣交易與折算外幣遠期合同、套期保值和金融互換等交易或事項。

(3) 通貨膨脹的存在與發展，必然嚴重地衝擊財務會計的幣值穩定假設和歷史成本原則，如果不採取一定的措施消除物價變動對會計信息的影響，會計信息將難

以有效地滿足企業經營者和外部與企業有經濟利害關係各方的需要；同時，企業所耗資產的彌補也會受到影響。通貨膨脹直接影響會計信息的質量、會計信息價值的實現和企業的資本保全。

（4）國際金融市場的形成，各種衍生金融工具的創新，期貨市場和融資租賃業務的發展，必然出現風險與逃避風險、遠期匯率與即期匯率、租賃契約、殘值擔保等一系列特殊問題。

（5）企業的兼併與合併、清算與破產也嚴重衝擊會計主體假設與持續經營假設。企業的兼併與合併不僅需要編製合併財務報表，而且在會計處理過程中涉及若干會計主體，會計人員要扮演多種角色，站在不同的立場上，為不同的主體服務。企業的清算與破產，宣告企業的經濟活動的終結，原有的企業不復存在，這必然與企業持續經營假設相矛盾。如何進行清算與破產的會計處理，是會計領域的一個新問題。

此外，獨資企業、合夥企業等企業的業務內容與股份公司差異較大，它們的會計處理又有自己獨特的方法。面對會計領域諸多的新問題，原有的財務會計的框架難以容納，而這些又是財務會計必須解決的問題，因此必須在原有的財務會計的基礎上，謀求建立一門新的學科來解決這些會計領域的新問題，於是高級財務會計在20世紀60年代就應運而生了。

二、高級財務會計的發展

為反應和處理上述新的經濟業務，在原有財務會計學的基礎上逐步演變形成了高級財務會計，從高級財務會計涵蓋的內容來看，其發展過程大致可劃分為三個階段。

（一）高級財務會計的萌芽

現代會計從其一產生就孕育了高級財務會計的萌芽。西方國家產業革命的成功，有力地推動了社會生產力的發展，企業由自由競爭逐步走向壟斷，市場競爭更加激烈，於是在20世紀初出現了第一次企業兼併與合併的浪潮。企業的兼併與合併必然產生了母子公司，因此在會計上必然要求編製合併財務報表，以完整地反應企業集團的財務狀況、經營成果和現金流量。第一次世界大戰後，美國的經濟得到了快速發展，又產生了第二次企業兼併高潮，此次兼併把一個部門的各個生產環節整合在一個企業，各種工序相互結合，連續作業，形成一個統一運行的聯合體。企業兼併的第二次浪潮使股份公司得到進一步的發展與完善，導致了合併財務報表的廣泛使用，從而產生了一些重要思想，包括經濟實體的概念、合併所產生的商譽問題等。在這一時期，西方主要工業國家出現了輕度、持續通貨膨脹的局面。通貨膨脹必然影響到財務信息的準確性，這種現象引起了會計學界的高度重視。美國早期會計學家亨利·W. 斯威尼（Henery W Sweeney）在1936年就出版了《穩定幣值會計》一書，提出了對通貨膨脹進行會計處理的方法，被會計界譽為英文文獻中物價變動會計的首創。通貨膨脹會計思想的出現，標誌著高級財務會計進入了萌芽期。

（二）高級財務會計的發展期

第二次世界大戰後，西方主要工業國家開始由軍事工業向民用工業轉變，這需要更新設備和擴大投資。而傳統的信貸方式已無法滿足這種旺盛的資金需求，在銀

行和企業的共同參與下，在20世紀50年代產生了以融資租賃為主的現代租賃業務，以解決各國各行業資金不足的問題。融資租賃業務的出現促進了租賃會計的產生。1953年，美國會計程序委員會（CAP）發表了《第43號會計研究公告》，其中對融資租賃會計的處理方法提出若干意見。

20世紀60年代末，世界經濟出現了迅猛發展的局面，科學技術的突破，新興工業部門（如計算機、激光、宇航、核能、海洋開發、合成材料等部門）相繼興起，必然要求形成擁有巨額資金的強大壟斷企業，因此出現了第三次企業兼併浪潮。此次企業兼併是以混合兼併占主導地位，把相互之間沒有關聯的各類企業，通過兼併，整合成一個混合體，這個混合體在一個企業主統一指揮、統一管理、統一經營下進行運轉。美國會計程序委員會（CAP）針對企業兼併浪潮，於1959年發表了《第51號會計研究公告——合併財務報表》，對合併財務報表的編製提出了若干指導意見。

20世紀60年代，西方國家發生了持續的通貨膨脹，對會計信息的真實性和有用性產生了較大的衝擊。會計理論界和實務界開始對此加以關注，並進行了研究，逐步形成了不同的學術學派，如古典學派、新古典學派和激進學派等，這些不同的學派，構成了物價變動會計的雛形。針對物價變動對財務會計的影響，美國註冊會計師協會（AICPA）的會計研究分會（ARD）於1963年發表了《第6號會計研究公告——呈報物價水準變動的財務影響》。美國註冊會計師協會（AICPA）的會計原則委員會（APB）於1960年發表了《第3號公告——重編一般物價水準變動的財務報表》，以指導會計處理物價變動對財務信息質量的影響。在這一時期，西方國家對企業加強了所得稅的徵管，允許應稅收益與會計收益有一定的區別，如何重新計算應稅收益將直接影響到企業繳納所得稅的多少，影響企業的淨收益，因此所得稅會計也應運而生。

20世紀五六十年代是高級財務會計的發展時期，其主要內容已基本形成，並已具有一定的會計處理規則，因此在西方國家已出現了高級財務會計課程，並進入了西方國家的大學課堂，但高級財務會計課程的內容尚不完善，有待進一步發展。

（三）高級財務會計的成熟期

進入20世紀70年代後，在20世紀60年代企業兼併的基礎上形成了龐大的跨國集團公司。跨國集團公司的出現，必然引起會計計量單位的多元化，即外幣和本位幣的雙重計量單位，於是就產生了大量的外幣業務和匯兌業務。跨國集團公司編製合併財務報表還涉及外幣折算問題等，這些都是財務會計無法解決的問題。為了指導處理這些新的會計事項，美國財務會計準則委員會（FASB）於1973年發布了《第1號財務會計準則公告——外幣業務的揭示》，1975年發布了《第8號財務會計準則公告——外幣交易和外幣財務報表換算的會計處理》，20世紀70年代以後就形成了較為成熟的外幣業務會計。在這一時期，西方國家已健全了期貨交易市場，尤其是金融期貨交易和期權交易得到了較大的發展，如1972年美國芝加哥商業交易所（CME）首先推出英鎊、加拿大元、聯邦德國馬克、法國法郎、日元和瑞士法郎期貨合約交易，以規避匯率風險。1975年，芝加哥期貨交易所率先推出第一張抵押證券期貨合約（GNNA）以規避利率風險。1982年，美國堪薩斯城期貨交易所推出

第一個股價指數期貨合約——價值線指數期貨，以規避股市風險。1973年，美國芝加哥成立了期權交易所。1982年，荷蘭的阿姆斯特丹交易所進行了世界上第一筆外匯期權交易，芝加哥期貨交易所引進了美國國庫券期貨期權。大批的期貨交易，也就必然引起大量的期貨交易的會計事項，為了指導這些期貨交易事項的會計處理，美國財務會計準則委員會（FASB）於1984年發布了《第80號財務會計準則公告——期貨合同的會計處理》，建立了較為完善的期貨會計處理方法，形成了期貨會計。

20世紀70年代以後，西方國家通貨膨脹加劇，形成了許多物價變動會計理論與模式。

（1）一般物價水準會計。其奠基人是美國著名會計學家亨利·W. 斯威尼（Henery W Sweeney）。他在1936年出版的《穩定幣值會計》一書提出了等值美元會計思想，在20世紀70年代以後得到了廣泛的支持與發展。國際會計準則委員會（IASC）於1977年發布了《第8號準則公告——會計對物價變動的反應》，1981年發布了《第15號準則公告——反應物價變動影響的資料》，1989年發布了《第29號準則公告——惡性通貨膨脹經濟中的財務報告》，形成了系統的一般物價水準會計的理論與方法。

（2）現行成本會計。這種模式主張以現行成本來代替歷史成本，以消除各個企業所承受的個別物價變動影響。其理論創始人為美國著名會計學家愛德華茲。他於1961年出版了《企業收益的理論和計量》一書，指出了採用現行成本計量的理論。該理論在20世紀70年代以後得到較快的發展，並獲得了會計職業團體的支持。例如，美國證券交易委員會（SEC）於1978年發布《第190號會計文告》，要求大型上市公司必須編報現行重置成本報表，美國財務會計準則委員會（FASB）在上述公告中也予以支持，要求各大公司不僅編報一般物價水準會計補充報表，而且還同時要求編製現行成本會計補充報表。英國、澳大利亞、加拿大和新西蘭等國家的會計職業界亦追隨美國，陸續發布了現行成本會計徵求意見稿，並試行現行成本會計。

（3）變現價值會計。這種模式主張以資產的現時價值或變現價值為計價標準。其代表性人物為美國會計學家麥克尼爾（Kmacneal），他於1939年出版了《會計中的真實性》一書，主張按資產的現時價值計價。20世紀60年代，澳大利亞的會計學家錢伯斯（R Chambers）在《算盤》雜誌上發表了《通貨膨脹會計：方法與問題》一文豐富與發展了麥克尼爾的學說。美國會計學家羅伯特·斯特林於1970年前後相繼發表了他的《企業收益計量理論》（Theory of the Measurement of Enterprice Income）和《計量收益和財富的相關標準的應用》（Measuring Income and Wealth: an Application of the Rele-vance Criterion）進一步豐富和發展了變現價值會計理論。

20世紀80年代以來，世界經濟進入了一個產業結構大調整時期。在這種形勢下，西方發達國家掀起了第四次企業兼併浪潮。在第四次企業兼併浪潮中，企業的經濟業務又發生了許多變化，如國際投資、母子公司投資，為了逃避各種稅收，利用各國的稅法和有關法律進行內部價格轉移和財產轉移等，對原有的所得稅會計處理、外幣業務的處理以及合併財務報表的編製形成了較大的衝擊。為此會計理論界也積極尋求對策。例如，美國財務會計準則委員會（FASB）於1987年發布了《第96號財務會計準則公告——所得稅會計》，於1992年發布了《第109號財務會計準

則公告——所得稅會計》，於1981年發布了《第52號財務會計準則公告——外幣折算》，於1982年發布了《第57號財務會計準則公告——有關關聯者揭示》《第70號財務會計準則公告——財務報告與物價變動：外幣核算》，以期指導處理第四次兼併浪潮所產生的新的會計業務。

20世紀80年代以來，隨著社會經濟環境的變化，新的會計業務不斷出現，高級財務會計的基本內容、處理指導思想和方法都已基本形成，並得到了會計職業界的廣泛認可與接受，成為一種會計慣例。這說明高級財務會計已經形成了不同於中級財務會計的理論基礎和方法體系，對中級財務會計中難以包括的內容進行了補充，從而使財務會計體系更加完整。這些不同於中級財務會計的理論基礎和方法體系標誌著高級財務會計的成熟。

中國財政部於2006年2月15日出抬了《企業會計準則——基本準則》和38項具體準則，於2014年出抬了《企業會計準則第39號——公允價值計量》《企業會計準則第40號——合營安排》《企業會計準則第41號——在其他主體中權益的披露》，於2017年出抬了《企業會計準則第42號——持有待售的非流動資產、處置組和終止經營》，至此，1項基本準則和42項具體準則，形成了相對完整的準則體系。2014年，中國財政部對《企業會計準則——基本準則》《企業會計準則第2號——長期股權投資》《企業會計準則第9號——職工薪酬》《企業會計準則第30號——財務報表列報》《企業會計準則第33號——合併財務報表》和《企業會計準則第37號——金融工具列報》進行了修訂。2017年，中國財政部對《企業會計準則第14號——收入》《企業會計準則第16號——政府補助》《企業會計準則第22號——金融工具確認和計量》《企業會計準則第23號——金融資產轉移》《企業會計準則第24號——套期會計》和《企業會計準則第37號——金融工具列報》進行了修訂。2018年，中國財政部對《企業會計準則第21號——租賃》進行了修訂。此外，2018年12月26日，中國財政部就合併及修訂《企業會計準則第25號——原保險合同》和《企業會計準則第26號——再保險合同》下發了徵求意見稿，並分別於2019年1月14日和2019年1月24日下發修訂《企業會計準則第12號——債務重組》和《企業會計準則第7號——非貨幣性資產交換》的徵求意見稿。

其中，《企業會計準則第19號——外幣折算》《企業會計準則第20號——企業合併》《企業會計準則第21號——租賃》《企業會計準則第22號——金融工具的確認與計量》《企業會計準則第23號——金融資產轉移》《企業會計準則第24號——套期保值》《企業會計準則第33號——合併財務報表》等準則的制定和出抬，說明高級財務會計在中國已初具規模，形成了相應的會計理論和實務處理方法。

第二節　高級財務會計產生的理論基礎

一、會計基本假設的突破

會計假設是對系統運行條件和運行環境的一種合理判斷或約定。環境是系統的外部制約因素，由於系統的外部制約因素極為複雜且缺乏穩定性，因此必須採取抽

象分析的方法，對其進行總結概括，並剔除其不穩定因素，以創立一個能夠保證系統正常運行的外部環境。總之，會計假設是一系列會計方法和程序建立的前提。1964 年，美國伊利諾伊大學的一個研究小組發表了題為《基本會計假設與原則說明》(A Statement of Basic Accounting Postulates and Principles) 的研究報告。該報告認為會計假設具有五個特徵：第一，會計假設在本質上是具有普遍性的，而且是指導其他命題的基礎；第二，會計假設是不言自明的命題，它們直接與會計職業相關或構成其基石；第三，會計假設雖然是普遍認可有效的，但卻是無法證明的；第四，會計假設應具有內在一致性，它們不會互相衝突；第五，每個會計假設都是獨立的基本命題，並不會與其他會計假設重複或交叉。也就是說，會計假設代表的前提雖然具有普遍意義，但並不排除意外情況或特殊環境的出現。事實上，只要這些意外情況或特殊環境不是很明顯地違背會計系統運行的基本前提，人們可以將其忽略不計，這也正是會計假設提出的原因。然而，當客觀經濟環境發生劇烈變化，會計基本假設要求的運行環境或運行條件被嚴重背離時，建立在這些基本假設基礎上的會計方法和程序將不再適用。在這種情況下，會計人員必須尋找與特定環境或特定運行條件相適應的會計方法或程序。高級財務會計的許多重要內容實際上就是在這種特殊背景下產生的。

(一) 會計主體假設的突破

會計主體是對會計服務對象的範圍所做的限定。典型的會計主體是一個具有獨立經濟活動的經濟主體。20 世紀初，西方國家逐步由自由競爭走向壟斷，市場競爭更加激烈，於是出現了以控股合併為主要形式的第一次企業兼併浪潮。控股合併形成了以控制為聯結點的企業集團。為全面瞭解企業集團財務活動的全貌，便有了編製合併財務報表的需要。第一次世界大戰後，在美國經濟快速發展的帶動下，又產生了第二次企業兼併浪潮，進而導致了合併報表的廣泛應用，從而產生了一些重要思想，包括經濟實體的概念、合併產生的商譽等[1]。20 世紀 60 年代末，隨著科學技術的突飛猛進，新型工業技術，如計算機、激光、航天、核能、海洋開發、合成材料等新興技術的不斷興起，要求企業擁有巨額資本，繼而出現了第三次企業兼併浪潮。此次企業兼併是以混合兼併占主導地位，包括相關聯的各類企業，通過兼併，形成一個混合體，這個混合體在一個企業主統一指揮、統一管理、統一經營下運轉[2]。以控股關係形成的企業集團的出現，使會計服務的對象不再局限於單個企業，會計主體的概念得以擴展。與此相對應，伴隨著企業外部對企業經營管理活動關注度的提高，一些原本不屬於會計主體的企業內部相對獨立的經濟單位也成為對外報告的會計主體，並形成了與此相適應的會計組成部分，如總分店會計和分部報告等。

(二) 持續經營假設的突破

持續經營是指會計主體將按照既定的經營目標和經營方針持續地經營下去，在可預見的將來不會發生倒閉或清算。一般而言，任何企業都有在未來發生破產清算可能性，也正是由於這一原因，才需要通過「假設」為會計方法的建立鋪平道路。因此，持續經營假設是一系列會計方法建立的重要前提，離開這一前提，會計確認、

---

[1] 恭維敬. 企業兼併論 [M]. 上海：復旦大學出版社，1996.
[2] 恭維敬. 企業兼併論 [M]. 上海：復旦大學出版社，1996.

計量以及報告將失去存在的基礎。然而，在激烈的市場競爭中，企業由於經營失敗而陷入破產清算，或者由於兼併或重組而被迫終止經營的情況時有發生，在企業持續經營的環境遭到破壞的情況下，原有的建立在持續經營條件下的會計方法或程序將失去存在的基礎。為此，中國《企業會計準則第30號——財務報表列報》第四條明確規定：企業應當以持續經營為基礎，根據實際發生的交易和事項，按照《企業會計準則——基本準則》和其他各項會計準則的規定進行確認和計量，在此基礎上編製財務報表。以持續經營為基礎編製財務報表不再合理的，企業應當採用其他基礎編製財務報表，並在附註中披露這一事實。也就是說，當持續經營假設不再成立時，企業必須放棄以此為前提的會計方法或程序，代之以與特定經營條件相適應的會計方法進行確認、計量和報告，由此產生了一些適用於非持續經營基礎上的會計處理方法，如破產清算會計、企業合併會計、企業重組會計以及非持續經營條件下的會計披露事項等。

（三）會計分期假設的突破

會計分期假設，即人為地把持續不斷的經營活動分割為首尾相接、間隔相等的期間。之所以要對持續不斷的經營活動進行人為分期，是因為企業的經營活動持續不斷，此起彼伏，很難按企業經營活動的週期截然分開，只有通過人為分期的方式才能及時或定期反應企業的經營成果和財務狀況及現金流量。典型的會計分期包括年度和中期。年度，即以一個完整的會計年度為會計期間；中期，即以一個短於一年的期間為會計期間，具體包括月度、季度或半年度。在會計實踐中這種分期方法常常由於特殊情況的出現而被打破，如在企業創建時期，企業的會計年度通常為企業經營活動開始日至當年12月31日；在企業破產清算期間，企業的年度一般為當年年初至法院裁定的破產清算日。當企業會計政策發生變更時，企業有必要對前期事項按變更後的會計政策進行追溯調整，此時的會計期間實際上已遠遠超過一個完整的會計年度。工程承包業務或農業企業往往要根據其特定的生產週期選擇特定的會計期間，由於此類會計期間的選擇有其特殊性，其會計處理方法自然不同於常規會計處理方法。

（四）貨幣計量假設的突破

貨幣計量假設是指會計計量應採用且只能採用同質的貨幣單位作為計量單位。貨幣計量是會計的最重要的特徵。之所以將會計計量稱為假設，是因為貨幣計量至少蘊含著以下三層含義：

（1）在多種計量單位並存的情況下，會計計量只能選擇貨幣作為計量單位。

（2）在多種貨幣單位並存的情況下，會計計量只能選擇一種貨幣作為記帳本位幣。

（3）在選定的貨幣單位很難保證同質，即很難保證單位貨幣購買力相同的情況下，必須假定幣值相對穩定，即所謂幣值不變。只有這樣才能保證貨幣單位的綜合性和可比性。

就貨幣計量假設的第一層含義而言，這一假定儘管未受到嚴重挑戰，但會計信息使用者的多元化，要求會計必須提供越來越多的非貨幣單位信息，或者以會計報表附註的形式提供更多的文字信息。就貨幣計量假設的第二層含義而言，隨著國際

貿易的迅速發展，資本市場的日益全球化，產生了大量的非記帳本位幣業務和匯兌業務。與此同時，跨國經營集團合併報表的編製又引發了外幣報表折算問題。就會計計量假設的第三層含義而言，20世紀初主要西方國家發生的持續20多年的通貨膨脹以及20世紀60年代發生的持續性的通貨膨脹，對幣值不變假設帶來巨大衝擊，因此會計理論界和實務界不斷尋找對策，最終形成了通貨膨脹會計，而通貨膨脹會計思想的出現則又直接促進了高級財務會計的產生。

二、財務會計目標和會計信息質量要求

一般認為，財務會計的目標包括反應管理層的受託責任和向投資者提供對決策有用的信息。為完成這一目標，會計信息需要滿足一定的質量要求，否則財務會計的目標無從實現。因此，根據財務會計的目標和會計信息質量要求，對滿足會計確認和計量的所有會計業務需要進行會計處理，由於經濟環境變化形成的新的會計業務也不例外。

（一）可靠性要求

企業應當以實際發生的交易或事項為依據進行確認、計量和報告，如實反應符合確認和計量要求的各項會計要素及其他相關信息，保證會計信息真實可靠、內容完整。為了貫徹可靠性要求，企業應當做到：

（1）以實際發生的交易或事項為依據進行確認、計量，將符合會計要素定義及其確認條件的資產、負債、所有者權益、收入、費用和利潤等如實反應在財務報表中，不得根據虛構的、沒有發生的或尚未發生的交易或事項進行確認、計量和報告。

（2）在符合重要性和成本效益原則的前提下，保證會計信息的完整性，其中包括應當編報的報表及其附註內容等應當保持完整，不能隨意遺漏或減少應予披露的信息，與使用者決策相關的有用信息都應當充分披露。

（3）包括在財務報告中的會計信息應當是中立的、無偏的。如果企業在財務報告中為了達到事先設定的結果或效果，通過選擇或列示有關會計信息以影響決策和判斷的，這樣的財務報告信息就不是中立的。

（二）相關性要求

企業提供的會計信息應當與投資者等財務報告使用者的經濟決策需要相關，有助於投資者等財務報告使用者對企業過去、現在或未來的情況做出評價或預測。一般認為，一項信息的相關性取決於其預測價值、反饋價值。

（1）預測價值。如果一項信息能幫助決策者對過去、現在和未來事項的可能結果進行預測，則該項信息具有預測價值。決策者可以根據預測的結果，做出其認為的最佳選擇。因此，預測價值是構成相關性的重要因素，具有影響決策者決策的作用。

（2）反饋價值。一項信息如果能有助於決策者驗證或修正過去的決策和實施方案，即具有反饋價值。把過去決策產生的實際結果反饋給決策者，可以使其與當初的預期結果相比較，驗證過去的決策是否正確，總結經驗以防止今後再犯同樣的錯誤。反饋價值有助於未來決策。

（三）可理解性要求

企業提供的會計信息應當清晰明了，便於投資者等財務報告使用者理解和使用。

企業編製財務報告、提供會計信息的目的在於使用，而要使使用者有效使用會計信息，應當能讓其瞭解會計信息的內涵，弄懂會計信息的內容，這就要求財務報告提供的會計信息應當清晰明了、易於理解。只有這樣，才能提高會計信息的有用性，實現財務報告的目標，滿足向投資者等財務報告使用者提供決策有用信息的要求。會計信息畢竟是一種專業性較強的信息產品，在強調會計信息的可理解性要求的同時，還應假定使用者具有一定的有關企業經營活動和會計方面的知識，並且願意付出努力去研究這些信息。對於某些複雜的信息，如交易本身較為複雜或會計處理較為複雜，但其與使用者的經濟決策相關，企業就應當在財務報告中予以充分披露。

（四）可比性要求

企業提供的會計信息應當相互可比。這主要包括以下兩層含義：

（1）同一企業不同時期可比。為了便於投資者等財務報告使用者瞭解企業財務狀況、經營成果和現金流量的變化趨勢，比較企業在不同時期的財務報告信息，全面、客觀地評價過去、預測未來，從而做出決策，會計信息質量的可比性要求同一企業不同時期發生的相同或相似的交易或事項，應當採用一致的會計政策，不得隨意變更。但是，滿足會計信息可比性要求，並非表明企業不得變更會計政策，如果按照規定或在會計政策變更後可以提供更可靠、更相關的會計信息，企業可以變更會計政策。有關會計政策變更的情況，應當在附註中予以說明。

（2）不同企業相同會計期間可比。為了便於投資者等財務報告使用者評價不同企業的財務狀況、經營成果和現金流量及其變動情況，會計信息質量的可比性要求不同企業同一會計期間發生的相同或相似的交易或事項，應當採用規定的會計政策，確保會計信息口徑一致、相互可比，以使不同企業按照一致的確認、計量和報告要求提供有關會計信息。

（五）實質重於形式要求

企業應當按照交易或事項的經濟實質進行會計確認、計量和報告，不僅僅以交易或事項的法律形式為依據。企業發生的交易或事項在多數情況下，其經濟實質和法律形式是一致的。但在有些情況下，會出現不一致。例如，企業以融資租賃方式租入的資產雖然從法律形式上來講並不擁有其所有權，但是由於租賃合同中規定的租賃期較長，接近於該資產的使用壽命；租賃期結束時承租企業有優先購買該資產的選擇權；在租賃期內承租企業有權支配資產並從中受益等，因此從其經濟實質來看，企業能夠控制融資租入資產所創造的未來經濟利益，在會計確認、計量和報告上就應當將以融資租賃方式租入的資產視為企業的資產，列入企業的資產負債表。

（六）重要性要求

企業提供的會計信息應當反應與企業財務狀況、經營成果和現金流量有關的所有重要交易或事項。在實務中，如果會計信息的省略或錯報會影響投資者等財務報告使用者據此做出決策的，該信息就具有重要性。重要性的應用需要依賴職業判斷，企業應當根據其所處環境和實際情況，從項目的性質和金額大小兩方面加以判斷。例如，中國上市公司要求對外提供季度財務報告，考慮到季度財務報告披露的時間較短，從成本效益的原則考慮，季度財務報告沒有必要像年度財務報告那樣披露詳細的附註信息。因此，《企業會計準則第32號——中期財務報告》規定，公司季度

財務報告附註應當以年初至本中期期末為基礎編製，披露自上年度資產負債表日之後發生的、有助於理解企業財務狀況、經營成果和現金流量變化情況的重要交易或事項。這種附註披露，體現了會計信息質量的重要性要求。

（七）謹慎性要求

企業對交易或事項進行會計確認、計量和報告時保持應有的謹慎，不應高估資產或收益、低估負債或費用。在市場經濟環境下，企業的生產經營活動面臨著許多風險和不確定性，如應收款項的可收回性、固定資產的使用壽命、售出存貨可能發生的退貨或返修等，此時需要企業在面臨不確定性因素的情況下做出職業判斷時，應當保持應有的謹慎，充分估計到各種風險和損失，既不高估資產或收益，也不低估負債或費用。例如，企業對可能發生的資產減值損失計提資產減值準備、對售出商品可能發生的保修義務等確認預計負債等，就體現了會計信息質量的謹慎性要求。謹慎性要求的應用也不允許企業設置秘密準備，如果企業故意低估資產或收益、故意高估負債或費用，將不符合會計信息的可靠性和相關性要求，損害會計信息質量，扭曲企業實際的財務狀況和經營成果，從而對使用者的決策產生誤導，這是企業會計準則所不允許的。

（八）及時性要求

企業對於已經發生的交易或事項應當及時進行確認、計量和報告，不得提前或延後。會計信息的價值在於幫助所有者或其他方面做出經濟決策，具有時效性。即使是可靠、相關的會計信息，如果不及時提供，就失去了時效性，對於使用者的效用就大大降低甚至不再具有實際意義。企業在會計確認、計量和報告過程中貫徹及時性要求：一是要求及時收集會計信息，即在經濟交易或事項發生後，及時收集整理各種原始單據或憑證；二是要求及時處理會計信息，即按照企業會計準則的規定，及時對經濟交易或事項進行確認或計量，並編製出財務報告；三是要求及時傳遞會計信息，即按照國家規定的有關時限，及時地將編製的財務報告傳遞給財務報告使用者，便於其及時使用和決策。在實務中，為了及時提供會計信息，企業可能需要在有關交易或事項的信息全部獲得之前即進行會計處理，這樣就滿足了會計信息的及時性要求，但可能會影響會計信息的可靠性；反之，如果企業等到與交易或事項有關的全部信息獲得之後再進行會計處理，這樣的信息披露可能會由於時效性問題，對於投資者等財務報告使用者決策的有用性將大大降低。這就需要在及時性和可靠性之間做相應權衡，以更好地滿足投資者等財務報告使用者的經濟決策需要為判斷標準。

第三節 高級財務會計的研究內容

高級財務會計雖然從名稱上早已為人們所熟知，在內容上也漸趨穩定，並且與中級財務會計的分界亦漸趨明朗，但對其應包含的內容仍存爭議。為準確把握高級財務會計的本質特徵，我們有必要從以下幾個方面進行解析：

一、高級財務會計本質上屬財務會計範疇

高級財務會計是從財務會計中分離出來的一個學科，因而其在本質上應具有財

務會計的基本特徵。財務會計的基本特徵可概括為以下五個方面：

（1）以貨幣為主要計量單位。

（2）會計目標是向會計信息使用者提供對其決策有用的信息。

（3）以復式記帳為方法基礎。

（4）以體現企業相關各方共同利益的企業會計準則為會計確認、計量和報告依據。

（5）所提供的信息具有完整性、連續性和系統性的特徵。其中，完整性是指財務會計的對象是企業整體的經濟活動，而不是局部或部分經濟活動；連續性是指會計記錄應反應企業發生的每一項經濟活動而不能有所遺漏；系統性是指會計確認、計量和報告方法具有層次性、結構性和統一性。

高級財務會計同時具備了以上五個基本特徵，因此在本質上，高級財務會計應屬於財務會計範疇。

二、高級財務會計的內容具有特殊性

高級財務會計與中級財務會計同屬財務會計的基本內容，兩者在目標、方法和會計處理依據等方面是完全一致的，但兩者在具體內容上卻有所不同。中級財務會計的內容主要是一般工商服務類企業持續經營前提下常規會計事項的確認、計量和報告，如工業企業供產銷業務的會計處理；企業常見資產、負債、收入、費用的確認與計量；資本投入與利潤分配的確認與計量以及以資產負債表、利潤表、現金流量表、所有者權益（或股東權益）變動表、會計報表附註等常規會計報告等。高級財務會計的內容則主要包括特殊行業或特殊企業的會計處理，如石油天然氣企業、農業企業、金融保險企業等；一般工商服務類企業的特殊業務的會計處理，如租賃業務、外幣業務以及衍生金融工具的會計處理業務等；特殊報告事項，如合併財務報表、分部報告、中期財務報告以及關聯方披露等報告事項；特殊環境事項，如通貨膨脹會計及破產清算會計；特殊組織事項，如獨資企業和合夥企業等。

三、高級財務會計應與中級財務會計的恰當配合

高級財務會計與中級財務會計乃至初級財務會計構成了一個完整的財務會計學科體系。其中，初級財務會計主要介紹財務會計學的基本概念、基本方法和基本程序，因此又被稱為會計學原理或基礎會計學；中級財務會計和高級財務會計則主要圍繞企業會計實務，並依據企業會計準則而展開，因此又被合稱為會計實務，因此，建立完整的財務會計學科體系最重要的問題是中級財務會計與高級財務會計之間的分工與配合問題。也就是說，高級財務會計的內容不僅決定於自身特性，還要看同一教材體系中中級財務會計包含的內容。兩者應該做到各有重點、互不重複、相互配合。高級財務會計與中級財務會計同受企業會計準則的約束，因此企業會計準則規範的內容除在中級財務會計中講授的外，都應是高級財務會計的內容。當然，兩者在內容上有所交叉或重複在所難免，區別只是兩者強調的重點或講述的詳細程度不同而已。從目前的情況來看，中國企業會計準則仍在不斷的發展和完善之中，許多內容尚未進行具體規範，如非持續經營條件下的會計處理以及通貨膨脹條件下的

會計處理等，這些內容雖然暫未受到企業會計準則規範，但從世界範圍或從中國企業會計的未來發展來看，由企業會計準則對其進行規範乃大勢所趨，因此將其包括於高級財務會計裡完全在情理之中。

四、高級財務會計的內容框架

高級財務會計是高等院校會計學專業的主幹課程，其內容目前已成為會計師、高級會計師以及註冊會計師等高層次會計人員的必備專業知識。但從目前的情況來看，國內外各高校會計專業開設的高級財務會計或高級會計學的內容各不相同。隨著中國企業會計準則體系的修訂與完善，高級財務會計的內容選擇不僅面臨著橫向比較的問題，還同時面臨著內容更新的問題。

（一）國內外同類教材比較

為全面瞭解國內外同類教材的內容選擇情況，我們選取了國內有一定代表性的《高級財務會計》教材，對其內容進行比較（見表1-1）。

表1-1　不同版本《高級財務會計》教材內容比較

《高級財務會計》，東北財經大學出版社，劉永澤、傅榮主編，2018年8月第6版	《高級會計學》，中國人民大學出版社，耿建新、戴德明主編，2019年2月第8版	《高級財務會計》，中國人民大學出版社，傅榮主編，2018年8月第4版	《高級財務會計》，中國人民大學出版社，儲一昀主編，2016年9月第1版	《高級財務會計》，中國財政經濟出版社，路國平、黃中生主編，2018年8月第4版	《高級財務會計》，暨南大學出版社，陳美華主編，2013年第2版	《高級財務會計》，人民郵電出版社，石本仁主編，2019年9月第4版
企業合併會計	非貨幣性資產交換	非貨幣性資產交換會計	企業擴張與企業合併	緒論	高級財務會計學概論	市場經濟與財務會計
合併財務報表	債務重組	債務重組會計	企業合併的會計方法	所得稅會計	外幣折算會計	長期股權投資
外幣業務會計	股份支付	股份支付會計	合併日的合併財務報表	外幣業務會計	租賃	企業合併
租賃會計	政府補助	外幣折算會計	購並日後的合併財務報表	企業合併	債務重組	合併財務報表——基本程序與方法
衍生金融工具會計	所得稅	租賃會計	集團內部存貨交易	合併財務報表	非貨幣性資產交換會計	合併財務報表——公司間交易的抵銷
股份支付會計	外幣折算	所得稅會計	集團內部固定資產交易	租賃	衍生工具	合併財務報表——綜合舉例
中期財務報告	企業合併	企業合併會計	集團內部債券交易	非貨幣性資產交換	企業合併	合併中的其他問題
分部報告	合併財務報表（上）	合併財務報表的編製：基礎	股權變動	股份支付	政府補助	分支機構會計
清算會計	合併財務報表（下）	合併財務報表的編製：一般流程	複雜控股關係	衍生金融工具	股份支付	外幣交易的會計處理
特殊行業會計	租賃	合併財務報表的編製：特殊交易	合併現金流量表與合併每股收益	債務重組	生物資產	外幣報表折算

表1-1(續)

《高級財務會計》，東北財經大學出版社，劉永澤、傅榮主編，2018年8月第6版	《高級會計學》，中國人民大學出版社，耿建新、戴德明主編，2019年2月第8版	《高級財務會計》，中國人民大學出版社，傅榮主編，2018年5月第4版	《高級財務會計》，中國人民大學出版社，儲一昀主編，2016年9月第1版	《高級財務會計》，中國財政經濟出版社，路國平、黃中生主編，2018年8月第4版	《高級財務會計》，暨南大學出版社，陳美華主編，2013年第2版	《高級財務會計》，人民郵電出版社，石本仁主編，2019年9月第4版
套期會計	衍生金融工具會計	外幣交易會計	企業清算會計概述	建造合同		衍生工具會計和金融資產轉移的會計處理
企業清算、破產與重整	清算會計	外幣報表折算	每股收益	保險合同		套期會計
		衍生金融工具會計		石油天然氣開採		合夥會計
		分部報告與中期報告		企業年金基金		企業破產清算會計
		租賃會計		合併財務報表		政府與行政事業單位會計
		養老金會計		或有事項列報與披露		
		公司財務困境		關聯方披露		
		合夥企業會計		中期財務報告		
				分部報告		
				物價變動會計		
				企業清算會計		

從表1-1可以看出，儘管各版本《高級財務會計》教材涉及的內容互有差別，但共同的內容，如企業合併、合併財務報表、外幣業務、租賃、衍生金融工具會計，相對集中，這為高級財務會計的內容選擇提供了一定的依據。

(二) 高級財務會計的內容選擇

根據前述高級財務會計的本質及特殊性，高級財務會計的內容選擇應遵循以下原則：

1. 內容選擇應限制在財務會計的範圍之內

高級財務會計有兩個重要的特徵，即以服務於外部各界的共同需要為基本目標，以企業會計準則為會計處理的基本依據。凡不符合這兩條標準的內容都不應包括在高級財務會計的範圍之內，如會計職業道德、人力資源會計、政府及非營利組織會計等。其中，會計職業道德不同於企業會計準則，會計職業道德是從事會計工作的人員應遵循的行為規範，而企業會計準則是會計確認、計量和報告應遵循的業務規範，儘管會計職業道德規範對提高對外報告質量大有益處，但在性質上並不屬於財務會計的基本內容。人力資源會計以人力資源帶來的收益和費用為主要核算對象，目前主要是為企業內部管理提供服務，尚未受企業會計準則的約束，因此屬於管理會計的內容。政府及非營利組織會計儘管在基本概念、基本原則和基本方法上與財務會計無異，如政府及非營利組織會計也使用復式記帳法，在會計確認、計量、報告中遵循的基本原則以及財務報告的方式與財務會計基本一致，但由於其不受企業

會計準則的約束，因此也不應包括在高級財務會計之中。

2. 內容選擇應考慮與中級財務會計的分工和銜接

高級財務會計與中級財務會計共同構成一個完整的財務會計教學體系，對於屬於同一教學系列的教材而言，兩者應盡量避免重複和交叉，如資產減值、投資性房地產等內容通常屬中級財務會計的基本內容，因此不應再出現於高級財務會計之中。

3. 內容選擇與排列應具有一定的整體性和結構性

高級財務會計不僅要與財務會計學科體系內的其他學科構成一個完整的體系，其各章節之間也應有恰當的邏輯關係和結構層次。就內容而言，高級財務會計雖然看似散亂龐雜，但有明顯的群集性和結構性。例如，對於企業遇到的特殊業務的會計處理問題，高級財務會計可將其歸類為特殊業務會計；對於不同行業、不同類型企業遇到的特殊會計處理問題，高級財務會計可將其歸類為特殊行業會計；對於企業編製財務報告遇到的特殊問題或應予呈報的特殊事項，高級財務會計可將其歸類為特殊報告會計；對於在會計基本假設受到衝擊的情況下遇到的會計處理問題，高級財務會計可將其歸類為特殊環境會計；等等。

五、高級財務會計的基本框架

根據以上思路，高級財務會計的基本結構及具體內容可安排如下：

（一）特殊業務會計

特殊業務會計具體包括外幣業務會計、股份支付會計、政府補助會計、租賃會計、衍生金融工具會計、企業合併會計。

（二）特殊報告會計

特殊報告會計具體包括合併財務報表、中期財務報告、分部報告。

（三）特殊行業會計

特殊行業會計具體包括生物資產、石油天然氣開採。

（四）特殊環境會計

特殊環境會計主要包括清算會計。

（五）特殊組織會計

特殊組織會計具體包括獨資企業會計、合夥企業會計。這類企業和公司制企業不同，它們承擔無限責任，在會計處理上也存在特殊性，應屬於高級財務會計的研究範圍。但囿於篇幅，加之獨資企業會計和合夥企業會計尚無統一規範，故本教材未將其列入。

以上內容既涵蓋了現有高級財務會計的主要內容，剔除了一些不符合高級財務會計本質要求的內容，各部分之間具有邏輯一致性，且緊緊圍繞中國現行企業會計準則而展開，因而便於學習者學習和應用。

□思考題

1. 簡述高級財務會計的發展歷程和形成的理論基礎。
2. 高級財務會計與中級財務會計有何區別？

第二章
外幣業務會計

【學習目標】

通過本章的學習，學生應瞭解外幣業務的基本內容，掌握記帳本位幣的確定方法；掌握外幣統帳制和外幣分帳制會計處理方法；理解外幣財務報表折算的基本含義，瞭解四種基本外幣財務報表折算方法；掌握中國外幣財務報表的折算方法；能夠熟練運用本章所學知識對外幣交易業務與外幣財務報表折算業務進行正確的會計處理。

第一節　外幣業務概述

一、外幣與外匯

外幣的概念有廣義和狹義之分，狹義概念的外幣是指除了本國貨幣以外的其他國家或地區的貨幣；廣義概念的外幣是指所有以外幣表示的能夠用於國際結算的支付手段。外幣通常用於企業因貿易、投資等經濟活動引起的對外結算業務中。

外匯是外幣資金的總稱。按照國際貨幣基金組織的解釋，外匯是貨幣行政管理當局以銀行存款、國庫券、長短期政府債券等形式保有的在國際收支逆差時可以使用的債權。《中華人民共和國外匯管理條例》第三條規定，外匯是指下列以外幣表示的可以用作國際清償的支付手段和資產：外國現鈔，包括紙幣、鑄幣；外幣有價證券，包括債券、股票等；外匯支付憑證或者支付工具，包括票據、銀行存款憑證、銀行卡等；特別提款權；其他外匯資產。

二、外匯匯率

匯率又稱匯價，是以一國貨幣表示另一國貨幣的價格，即將一國貨幣換算成另一國貨幣的比率。

（一）匯率的標價

匯率的標價是以外國貨幣表示本國貨幣的價格或以本國貨幣表示外國貨幣的價格，可用以下兩種方式加以表述：

1. 直接標價法

直接標價法又稱應付標價法，是以一定單位的外幣為標準折合成一定數額的本國貨幣。其特點是：外國貨幣的數額固定不變，本國貨幣的數額隨著匯率的高低變化而變化，本國貨幣幣值的大小與匯率的高低成反比。目前，世界上大多數國家匯

率的標價均採用直接標價法，中國也採用這種方法。

2. 間接標價法

間接標價法又稱應收標價法，是以一定單位的本國貨幣為標準折合成一定數額的外國貨幣。其特點是：本國貨幣的數額固定不變，外國貨幣的數額隨著匯率的高低變化而變化，本國貨幣幣值的大小與匯率的高低成正比。通常，英國、美國採用這種方法，但美國對英國採用直接標價法。

(二) 匯率的種類

外匯根據不同的要求，具有不同的分類，以下介紹幾種主要的分類。

1. 固定匯率和浮動匯率

(1) 固定匯率。固定匯率是指某一國家的貨幣與別國貨幣的兌換比率是基本不變的，或者是指因某種限制而在一定幅度內進行波動的匯率。固定匯率一般是由政府規定的，將匯率變動規定在一定幅度之內，超出幅度，則實行政府干預。

(2) 浮動匯率。浮動匯率是指某一國貨幣與另一國貨幣的兌換比率是根據外幣市場的供求關係決定的，不受限制的匯率。浮動匯率又分為自由匯率制與管理浮動制。自由匯率制完全由市場供求情況決定，國家不進行干預。在管理浮動制下，政府可以根據本國經濟發展需求，採取各種方式干預外匯市場，使匯率不致發生劇烈波動。目前，國際市場上現行的匯率制度大多為浮動匯率制度。

2. 現行匯率、歷史匯率和平均匯率

(1) 現行匯率。現行匯率是指資產負債表日本國貨幣與外國貨幣之間的比率。

(2) 歷史匯率。歷史匯率是指當取得外幣資產或承擔外幣債務時的匯率。

現行匯率和歷史匯率一般是相對於當取得外幣資產或承擔外幣債務而言的，當取得外幣資產或承擔外幣債務之日就是資產負債表編製之日時，這兩種匯率是相同的。在記錄外幣交易之日，應用的折算匯率是現行匯率，但此日一過，這種匯率就變成歷史匯率了。

(3) 平均匯率。平均匯率是將現行匯率或歷史匯率按簡單算術平均或加權平均計算出的匯率。

三、記帳本位幣

(一) 記帳本位幣與列報貨幣

記帳本位幣是指企業經營所處的主要經濟環境中的貨幣。通常，記帳本位幣是企業主要收支現金的經濟環境中的貨幣。對於發生多種貨幣計價的企業，其需要選擇一種統一的作為會計基本計量尺度的記帳貨幣，並以該種貨幣計量和處理經濟業務，我們將這種作為會計基本計量尺度的貨幣稱為記帳本位幣。

列報貨幣是指企業列報財務報表時採用的貨幣。同一企業的記帳本位幣與列報貨幣可能一致，也可能不一致。也就是說，中國企業的正式編表貨幣只能是人民幣，而記帳本位幣是可以選擇的，既可以是人民幣，也可以是人民幣以外的其他貨幣。

中國《企業會計準則第 19 號——外幣折算》規定，企業通常應選擇人民幣作為記帳本位幣，業務收支以人民幣以外的貨幣為主的企業，也可以選定其中一種貨幣作為記帳本位幣，但是編報的財務報表應當折算為人民幣。

（二）記帳本位幣的確定

1. 企業選定記帳本位幣時應考慮的因素

企業應當根據經營所處的主要經濟環境選定記帳本位幣。企業在選定記帳本位幣時，應當考慮下列因素：

（1）該貨幣主要影響商品和勞務的銷售價格，通常以該種貨幣進行商品和勞務的計價與結算。

（2）該貨幣主要影響商品和勞務所需人工、材料及其他費用，通常以該貨幣進行上述費用的計價與結算。

（3）融資活動獲得的貨幣以及保存從經營活動中收取款項所使用的貨幣。

應當指出，在確定企業記帳本位幣時，上述因素的重要程度因企業的具體情況不同而不同，需要企業管理當局根據實際情況進行判斷，但這並不是說企業管理當局可以根據需要隨意選擇記帳本位幣，而根據實際情況確定的記帳本位幣只能是一種貨幣。

2. 企業境外經營記帳本位幣的確定

所謂境外經營，是指企業在境外的子公司、合營企業、聯營企業、分支機構。在境內的子公司、合營企業、聯營企業、分支機構，採用不同於本企業記帳本位幣的，也視同境外經營。

企業在選定境外經營的記帳本位幣時，應當考慮下列因素：

（1）境外經營對其從事的活動是否擁有很強的自主性。如果境外經營從事的活動可以視同本企業經營活動的延伸，構成企業經營活動的組成部分，那麼該境外經營應當選擇與本企業相同的記帳本位幣；如果境外經營對其從事的活動具有很強的自主性，那麼該境外經營不能選擇與本企業記帳本位幣相同的貨幣作為記帳本位幣。

（2）境外經營活動中與企業的交易是否佔有較大比重。如果境外經營與企業的交易占境外經營活動的比例較高，那麼境外經營應當選擇與企業記帳本位幣相同的貨幣作為記帳本位幣；反之，應選擇其他貨幣。

（3）境外經營活動產生的現金流量是否直接影響企業的現金流量，是否可以隨時匯回。如果境外經營活動產生的現金流量直接影響企業的現金流量，並可以隨時匯回，境外經營應當選擇與企業記帳本位幣相同的貨幣作為記帳本位幣；反之，應選擇其他貨幣。

（4）境外經營活動產生的現金流量是否足以償還其現有債務和可預期的債務。在企業不提供資金的情況下，如果境外經營活動產生的現金流量難以償還其現有債務和正常情況下可預期的債務，境外經營應當選擇與企業記帳本位幣相同的貨幣作為記帳本位幣；反之，應選擇其他貨幣。

（三）記帳本位幣的變更

企業的記帳本位幣一經確定，不得隨意變更，除非企業經營所處的主要經濟環境發生重大變化。企業因經營所處的主要經濟環境發生重大變化，通常是指企業主要收入和支出現金的環境發生了重大變化，使用該環境中的貨幣最能反應企業的主要交易業務的經濟結果。

企業因經營所處的主要經濟環境發生重大變化，確需變更記帳本位幣的，應當

採用變更當日的即期匯率將所有項目折算為變更後的記帳本位幣，折算後的金額作為以新的記帳本位幣計量的歷史成本。企業採用同一即期匯率進行折算，不會產生匯兌損益。

企業因經營所處的主要經濟環境發生重大變化，需要提供確鑿的證據，並應在報表附註中披露變更的理由。

企業記帳本位幣發生變更的，應按照變更當日的即期匯率將所有項目折算為變更後的記帳本位幣時，其比較財務報表也應當以可比當日的即期匯率折算所有資產負債表和利潤表項目。

四、記帳匯率

（一）即期匯率和即期匯率的近似匯率

中國企業會計準則規定，企業在處理外幣交易和對外報表進行折算時，應當採用交易發生日的即期匯率將外幣金額折算為記帳本位幣金額反應；也可以採用按照系統合理的方法確定的、與交易日即期匯率近似的匯率折算。

即期匯率通常是指中國人民銀行公布的當日人民幣外匯牌價的中間價。中間價是指銀行買入價與賣出價的平均價。企業發生的外幣兌換業務或涉及外幣兌換的交易事項，應當按照交易實際採用的匯率，即銀行買入價或賣出價進行折算。

即期匯率的近似匯率是指按照系統合理的方法確定的、與交易發生日即期匯率近似的匯率，通常採用當期平均匯率或加權平均匯率等。

企業通常應當採用即期匯率進行折算，當匯率變動不大時，為簡化核算，企業在外幣交易日或對外幣報表的某些項目進行折算時也可以選擇即期匯率的近似匯率折算。

（二）記帳匯率和帳面匯率

記帳匯率也稱現行匯率，是指企業發生外幣業務時，企業會計記帳採用的匯率。這個匯率可以採用記帳當天的匯率，也可以採用當月1日的匯率。會計上所用的記帳匯率一般採用中間匯率，根據情況也可以採用銀行的買入匯率，可以由企業選定，但一經確定後，不能隨意改變。

帳面匯率也稱歷史匯率，是指企業以往外幣業務發生時採用的已經登記入帳的匯率，即過去的記帳匯率。會計帳面上已經入帳的所有外幣業務的匯率都是帳面匯率。帳面匯率的確定有幾種方法，如先進先出法、加權平均法或移動加權平均法和個別認定法等。

五、外幣業務及其類型

外幣業務包括外幣交易和外幣財務報表折算。外幣交易是指企業以外幣計價或結算的交易。根據企業會計準則的規定，不論企業以何種貨幣作為記帳本位幣，均可能存在外幣交易，如果企業以外幣作為記帳本位幣，該企業與其他企業發生的以人民幣計價的交易則為外幣交易。儘管外幣交易本身是以非記帳本位幣計量的，但會計上計量和記錄這些交易時必須將其表述為記帳本位幣。外幣財務報表折算是為滿足特定目的，將以某種貨幣單位表述的財務報表折算成所要求的按另一種貨幣單

位表述的財務報表。外幣業務主要有以下幾種類型：

(1) 買入或賣出以外幣計價的商品或勞務。
(2) 借入或借出外幣資金。
(3) 其他以外幣計價或結算的交易。
(4) 外幣折算業務，即將以某種外幣表述的財務報表折算為以另一種貨幣表述的財務報表。

六、匯兌損益

(一) 匯兌損益的概念

匯兌損益是指發生的外幣業務折算為記帳本位幣記帳時，由於業務發生的時間不同，所採用的匯率不同而產生的記帳本位幣的差額，或者是不同貨幣兌換，由於兩種貨幣採用的匯率不同而產生的折算為記帳本位幣的差額。匯兌損益給企業帶來收益或損失，也是衡量企業外匯風險的一個指標。

(二) 匯兌損益的種類

1. 按業務歸屬劃分

外幣業務匯兌損益按其業務歸屬劃分，一般可分為以下四種經常性匯兌損益：

(1) 交易損益。交易損益是指在發生以外幣計價或結算的商品交易中，因收回或償付債權債務而產生的交易匯兌損益。
(2) 兌換損益。兌換損益是指在發生外幣與記帳本位幣，或者一種外幣與另一種外幣進行兌換時產生的兌換匯兌損益。
(3) 調整損益。調整損益是指在會計期末將所有外幣債權、債務和外幣貨幣資金帳戶，按規定的匯率進行調整時而產生的匯兌損益。
(4) 折算損益。折算損益是指在會計期末，為了編製合併財務報表或為了重新表述會計記錄和財務報表金額，而把按外幣計量的金額轉化為記帳本位幣計量的金額的過程中產生的折算匯兌損益。

2. 按本期實現與否劃分

匯兌損益按其是否已經在本期實現，一般可分為以下兩類：

(1) 已實現的匯兌損益。已實現的匯兌損益是指產生匯兌損益的外幣業務在本期內已經全部完成所產生的匯兌損益。例如，收到的外幣存款在實際支付時，應收的外幣債權在實際收回時，應付的外幣債務在實際償還時，不同貨幣在實際兌換時。一般來說，交易損益和兌換損益屬於已實現的匯兌損益。
(2) 未實現的匯兌損益。未實現的匯兌損益是指產生匯兌損益的外幣業務尚未完成。例如，收到的外幣存款尚未實際支付，應收的外幣債權尚未實際收回，應付的外幣債務尚未實際償還，一種貨幣尚未兌換為另一種貨幣。一般來說，調整損益和折算損益屬於未實現的匯兌損益。

以上關於匯兌損益的分類關係如圖 2-1 所示。

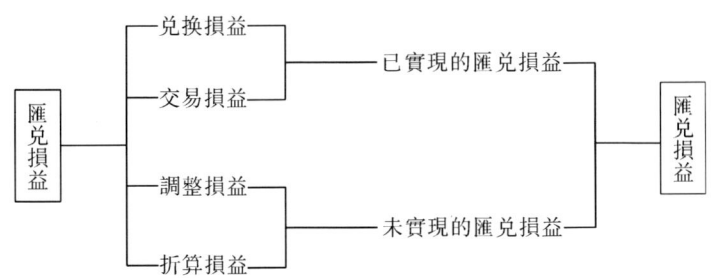

图 2-1　匯兌損益的分類關係

另外，交易損益還可以劃分為已結算交易損益和未結算交易損益兩種。已結算交易損益是因在記錄原始交易日與記錄結算日應用的匯率不同而產生的匯兌損益。在原始交易日與結算日跨越了兩個會計期間的情況下，為了在會計期末滿足編製財務報表的需要，對於尚未結算的債權債務按照編報日的匯率加以表述，我們將這種在交易結算日之前為編製報表所產生的損益稱為未結算交易損益。

（三）匯兌損益的確認

由於匯兌損益要作為財務費用計入期間費用，因此匯兌損益的確認問題直接影響到企業損益的計算和企業納稅。匯兌損益的確認存在以下兩種不同的觀點：

一種觀點認為，要劃分已實現的匯兌損益和未實現的匯兌損益。這種觀點認為本期匯兌損益的確認，應以實現為準，即只有已實現的匯兌損益才能作為本期的匯兌損益登記入帳。未實現的匯兌損益不能確認入帳，待以後實現時才能予以確認。按照這種觀點，除已實現的匯兌損益可以入帳外，不管外部實際匯率發生多大的變化，對於企業外幣性資產和負債項目，一般不能因匯率變動而調整其帳面的記帳本位幣金額。即使調整也應區分已實現的匯兌損益和未實現的匯兌損益，對於未實現匯兌損益要遞延到以後會計期間，待實際業務發生或已結算完成後，再計入該期損益。

另一種觀點認為，不必劃分已實現的匯兌損益和未實現的匯兌損益。這種觀點主張將本期已實現的匯兌損益和未實現的匯兌損益全部計入當期損益。只要匯率發生變動，企業就應確認其匯兌損益已經實現。因此，企業在期末對各項外幣貨幣性項目均應按照規定的匯率作為折算匯率，重新調整所有外幣帳戶的餘額。產生的匯兌損益不論是否在本期內已經實現，全部計入當期損益。這種觀點在運用中又可以分為兩種做法：一種是每年調整一次，即在年末根據規定的匯率調整外幣帳戶；另一種是每月調整一次，即在月末根據規定的匯率調整外幣帳戶。

目前，在中國會計實務中，對於調整損益，大多數企業採用的是第二種觀點，而對於外幣報表折算損益則先做遞延處理，待處置境外經營時再計入當期損益。

（四）匯兌損益的處理

中國企業會計準則規定，企業對匯兌損益應當按照下列規定進行處理：

（1）外幣貨幣性項目，採用資產負債表日即期匯率折算。因資產負債表日即期匯率與初始確認或前一資產負債表日即期匯率不同而產生的匯兌損益，計入當期損益。

（2）以歷史成本計量的外幣非貨幣性項目，仍採用交易發生日的即期匯率折算，不改變其記帳本位幣金額。由於已在交易發生日按當日即期匯率折算，資產負債表日不應改變其原記帳本位幣金額，不產生匯兌差額。

（3）以公允價值計量的外幣非貨幣性項目，如交易性金融資產（股票、基金等），採用公允價值確定日的即期匯率折算，折算後的記帳本位幣金額與原記帳本位幣金額的差額，作為公允價值變動（含匯率變動）處理，計入當期損益。

（4）企業收到投資者以外幣投入的資本，應當採用交易發生日即期匯率折算，不得採用合同約定匯率和即期匯率的近似匯率折算。外幣投入資本與相應的貨幣性項目的記帳本位幣金額之間不產生外幣資本折算差額。

（5）企業編製合併財務報表涉及境外經營的，如有實質上構成對外經營淨投資的外幣貨幣性項目，因匯率變動而產生的匯兌差額，應列入所有者權益變動表「外幣報表折算差額」項目；處置境外經營時，計入處置當期損益。

第二節　外幣交易的會計處理

一、外幣業務的記帳方法

外幣業務的記帳方法有外幣統帳制和外幣分帳制兩種，企業可以根據實際情況加以選擇。

（一）外幣統帳制

外幣統帳制是指企業發生外幣業務時，即折算為記帳本位幣入帳。採用外幣統帳制進行外幣核算，將外幣折算為記帳本位幣時，有當日匯率法和期初匯率法兩種方法可供選擇。

1. 當日匯率法

這種方法是對每筆外幣業務都按業務發生當天的市場匯率折算為記帳本位幣。除了外幣兌換業務外，企業平時不確認匯兌損益，月末再將各外幣帳戶的外幣餘額按月末匯率折合為記帳本位幣金額，折算後的記帳本位幣金額與帳面記帳本位幣金額的差額，確認為匯兌損益。企業採用當日匯率法，需要瞭解每日的市場匯率信息，增加了會計工作量。這種方法一般適用於外幣種類較少、外幣業務量較小的企業。

2. 期初匯率法

這種方法是對每筆外幣業務都在發生時按當期期初（當月1日）的市場匯率折合為記帳本位幣。除了外幣兌換業務外，企業平時不確認匯兌損益，月末再將各外幣帳戶的外幣餘額按月末匯率折合為記帳本位幣金額，並將其與帳面記帳本位幣金額的差額確認為匯兌損益。這種方法與前一種方法相比，只需掌握每月1日的市場匯率信息，減少了會計工作量，這種方法適用於外幣業務較多的企業。

（二）外幣分帳制

外幣分帳制是指企業在外幣業務發生時，直接按照原幣記帳，不需要按一定的匯率折算成記帳本位幣，月末再將所有原幣的發生額按一定的市場匯率折算為記帳本位幣，並確認匯兌損益。採用這種方法，企業需要按幣種分設帳戶，分幣種核算

損益。這種方法減少了日常會計核算的工作量，又可以及時、準確地反應外幣業務情況，一般適用於外幣業務繁多的企業。

對於上述兩種方法，中國目前絕大多數企業採用外幣統帳制，而外幣交易頻繁、外幣幣種較多的金融企業採用外幣分帳制。

二、外幣交易會計處理的兩種觀點

在外幣商品購銷交易中，如果貨物的交易和款項的結算沒有同時進行，相應的會計處理方法取決於企業在記錄外幣交易業務時選擇的觀點，即單一交易觀點和兩項交易觀點。

(一) 單一交易觀點

單一交易觀點又稱一筆業務交易觀點，是指企業將發生的購貨或銷貨業務以及以後的帳款結算視為一項交易的兩個階段。在這種觀點下，匯率變動的影回應作為原入帳銷售收入或購貨成本的調整，即按記帳本位幣計量的銷售收入和購貨成本，最終取決於結算日的匯率。因此，對以外幣標價的銷售或購貨交易，必須在帳款結算後才算完成。

這種方法的要點如下：

(1) 在交易發生日，企業應按當日匯率將交易發生的外幣金額折算為記帳本位幣入帳。

(2) 在資產負債表日，如果交易尚未結算，企業應按資產負債表日規定的匯率將交易發生額折算為記帳本位幣金額，並對有關外幣資產、負債、收入、成本帳戶進行調整。

(3) 在交易結算日，企業應按結算日匯率將交易發生額折算為記帳本位幣金額，並對有關外幣資產、負債、收入、成本帳戶進行調整。

[例2-1] 按照單一交易觀點的外幣交易會計處理。

中國某公司2019年12月15日以賒銷方式向美國某公司出口商品一批，共計100,000美元，當天的匯率為￥6.80＝$1.00；12月31日的匯率為￥6.70＝$1.00；結算日為2020年2月16日，當天匯率為￥6.60＝$1.00。買賣雙方約定貨款以美元結算，該公司選擇的記帳本位幣為人民幣，假設不考慮相關稅費（下同）。該公司按照單一交易觀點進行會計處理如下：

(1) 2019年12月15日，該公司按交易日匯率反應出口商品銷售，會計分錄編製如下：

借：應收帳款——美元戶（$100,000×6.80）　　　　　680,000
　　貸：主營業務收入　　　　　　　　　　　　　　　　680,000

(2) 2019年12月31日，按年末匯率調整原入帳的銷售收入和應收帳款，會計分錄編製如下：

借：主營業務收入　　　　　　　　　　　　　　　　　10,000
　　貸：應收帳款——美元戶［$100,000×（6.80-6.70）］　10,000

(3) 2020年2月16日結算時，該公司先按當日匯率調整銷售收入和應收帳款帳戶，並反應將收訖的款項存入銀行的情況，會計分錄編製如下：

借：主營業務收入 10,000
　　貸：應收帳款——美元戶 [$10,000×（6.70-6.60）] 10,000
同時：
借：銀行存款——美元戶（$100,000×6.60） 660,000
　　貸：應收帳款——美元戶 660,000

由以上分錄可見，在單一交易觀點下，外幣交易損益作為銷售收入調整處理。

若將上例改為進口業務，即上例中的中國某公司從美國某公司進口商品一批，發生的外匯交易損益則作為調整購貨成本處理，其會計處理如下：

（1）2019年12月15日，該公司購貨業務按交易日匯率入帳，會計分錄編製如下：

借：庫存商品 680,000
　　貸：應付帳款——美元戶（$100,000×6.80） 680,000

（2）2019年12月31日，該公司按年末匯率調整原已入帳的存貨成本，假定該存貨沒有出售，會計分錄編製如下：

借：應付帳款——美元戶 [$100,000×（6.80-6.70）] 10,000
　　貸：庫存商品 10,000

（3）2020年2月16日結算時，該公司在該存貨尚未出售的情況下，先按當日匯率調整存貨成本和應付帳款帳戶，並反應結算應付帳款的情況，會計分錄編製如下：

借：應付帳款——美元戶 [$100,000×（6.70-6.60）] 10,000
　　貸：庫存商品 10,000
同時：
借：應付帳款——美元戶（$100,000×6.60） 660,000
　　貸：銀行存款——美元戶 660,000

由以上分錄可見，在單一交易觀點下，外幣交易損益作為存貨成本調整處理。

（二）兩項交易觀點

兩項交易觀點又稱兩筆業務交易觀點，是指對企業發生的購貨或銷貨業務，將交易的發生和以後的貨款結算視為兩項交易。在這種觀點下，購貨成本或銷售收入均按照交易日的匯率確定，而與結算日的匯率無關，即確認的購貨成本或銷售收入取決於交易日的匯率，在交易中形成的外幣債權債務將承受匯率變動風險，在資產負債表日和帳款結算日由於匯率變動而產生的外幣折算差額，作為匯兌損益處理，而不再調整銷售收入或購貨成本。

在兩項交易觀點下，企業對結算日前的匯兌損益有兩種處理方法：第一種方法是作為已實現的損益，列入當期利潤表；第二種方法是作為未實現損益做遞延處理，列入資產負債表，待到結算日再作為已實現的匯兌損益入帳。

1. 將匯兌損益作為已實現的損益處理

[例2-2] 按照兩項交易觀點的外幣交易會計處理。

仍用[例2-1]中的出口業務資料。按照兩項交易觀點，該公司將匯兌損益作為已實現損益進行會計處理如下：

（1）2019 年 12 月 15 日，該公司按交易日匯率反應出口商品銷售，會計分錄編製如下：

借：應收帳款——美元戶（$100,000×6.80）　　　　　680,000
　　貸：主營業務收入　　　　　　　　　　　　　　　　680,000

（2）2019 年 12 月 31 日，該公司按年末匯率確認未結算交易損益，會計分錄編製如下：

借：財務費用——匯兌損益［$100,000×(6.80-6.70)］　10,000
　　貸：應收帳款——美元戶　　　　　　　　　　　　　10,000

（3）2020 年 2 月 16 日結算時，該公司先按當日匯率調整應收美元帳款，確認匯兌損益，並反應將收訖的款項存入銀行的情況，會計分錄編製如下：

借：財務費用——匯兌損益［$100,000×(6.70-6.60)］　10,000
　　貸：應收帳款——美元戶　　　　　　　　　　　　　10,000

同時：

借：銀行存款——美元戶（$100,000×6.60）　　　　　660,000
　　貸：應收帳款——美元戶　　　　　　　　　　　　　660,000

2. 將匯兌損益做遞延處理

[**例 2-3**] 按照兩項交易觀點的外幣交易會計處理。

仍用 [**例 2-1**] 中的出口業務資料。按照兩項交易觀點，將匯兌損益做遞延處理。

（1）2019 年 12 月 15 日，該公司按交易日匯率反應出口商品，會計分錄編製如下：

借：應收帳款——美元戶（$100,000×6.80）　　　　　680,000
　　貸：主營業務收入　　　　　　　　　　　　　　　　680,000

（2）2019 年 12 月 31 日，該公司按年末匯率將未結算交易損益予以遞延，會計分錄編製如下：

借：遞延匯兌損益　　　　　　　　　　　　　　　　　10,000
　　貸：應收帳款——美元戶［$100,000×(6.80-6.70)］　10,000

（3）2020 年 2 月 16 日結算時，該公司先按當日匯率調整應收美元帳款和遞延匯兌損益，並反應將收訖的款項存入銀行的情況，會計分錄編製如下：

借：遞延匯兌損益　　　　　　　　　　　　　　　　　10,000
　　貸：應收帳款——美元戶［$100,000×(6.70-6.60)］　10,000

同時：

借：銀行存款——美元戶（$100,000×6.60）　　　　　660,000
　　貸：應收帳款——美元戶　　　　　　　　　　　　　660,000

該公司將遞延匯兌損益結轉為已實現的匯兌損益，會計分錄編製如下：

借：財務費用——匯兌損益　　　　　　　　　　　　　20,000
　　貸：遞延匯兌損益　　　　　　　　　　　　　　　　20,000

（三）兩種觀點的比較

綜合比較兩種觀點對應的會計處理方法，單一交易觀點在理論上雖然符合在取得時確認資產價值，即在購買時確認存貨成本的公認會計原則，但從實務上卻不可

行，如 [例 2-1]，如果上述所購商品在 2019 年 12 月 31 日還沒出售，則會計處理就十分簡單；如果上述所購商品在該日之前就已全部售出，那麼 2019 年 12 月 31 日的折算差額（￥10,000）尚可調整該年度的銷售成本，但資產負債表日到結算日的差異（￥10,000）該調整什麼項目呢？在本期並沒有銷貨的情況下，調整銷售收入或銷售成本顯然是不合理的，並且在單一交易觀點下，無法反應外幣的風險程度，即無法向企業管理當局提供對決策有用的信息。

在兩項交易觀點中，會計處理方法比單一交易觀點的處理方法要複雜一些，但是匯兌損益這個明細科目設置可以單獨計量和反應因匯率變動而形成的外幣交易折算差額，這可以方便企業管理和控制匯率變動給交易帶來的風險。鑒於這些原因，兩項交易觀點已為大多數國家的會計準則所採用。《國際會計準則第 21 號——匯率變動的影響》規定，原則上採用兩項交易觀點的第一種方法，但也未完全否定第二種方法。

中國基本上採用兩項交易觀點的第一種方法，即將結算日前的匯兌損益作為已實現的損益，列入當期利潤表。

三、外幣交易的會計處理

（一）外幣交易核算程序

1. 帳戶設置

在外幣統帳制下，企業不需要單獨設置一級科目來核算外幣交易，只需要在相應的一級科目下設置二級科目，如在「銀行存款」「應收帳款」等科目下設置二級科目「美元戶」來反應這些一級科目中以美元計價的交易金額。外幣交易中因匯率變動對損益產生的影響，應在「財務費用」科目下設置二級科目「匯兌損益」予以反應，「匯兌損益」借方表示因匯率變動而產生的匯兌損失，貸方表示因匯率變動而產生的匯兌收益。

2. 會計核算程序

（1）交易發生時，企業按照交易日的即期匯率或按照系統合理的方法確定的、與交易日即期匯率近似的匯率將外幣金額折算為記帳本位幣金額，將折算後的記帳本位幣金額登記到相關帳戶中，同時記錄未經折算的外幣金額。

（2）期末對外幣項目的餘額進行調整，具體調整方法見本節「（二）常見外幣交易的會計處理」中的「5. 會計期末外幣項目餘額的調整」。

（二）常見外幣交易的會計處理

1. 外幣兌換業務

外幣兌換業務是指企業從銀行買入外幣或將外幣賣給銀行以及將一種外幣兌換為另種外幣的經濟業務。

（1）企業將外幣賣給銀行。企業按規定將持有的外幣賣給銀行，即結匯業務，銀行買進外幣並按其買入價將人民幣支付給企業。企業應按實際收到的人民幣金額借記「銀行存款——人民幣戶」帳戶；按向銀行結售的外幣與企業選定的匯率折合的人民幣金額貸記「銀行存款——外幣戶」帳戶；將兩者之間的差額記入「財務費用——匯兌損益」帳戶。

[**例2-4**] 企業將外幣賣給銀行業務的會計處理。

某公司將其持有的 5,000 美元賣給銀行，當天銀行買入價為 ¥6.80＝$1.00，實收入民幣 34,000 元。該公司按當月 1 日匯率 ¥6.70＝$1.00 作為折算匯率。如何根據這筆業務理解企業將外幣賣給銀行業務的會計處理呢？

該公司按當月 1 日匯率 ¥6.70＝$1.00 作為折算匯率，會計分錄編製如下：

借：銀行存款——人民幣戶　　　　　　　　　　　　　　　34,000
　　貸：銀行存款——美元戶（$5,000×6.70）　　　　　　　33,500
　　　　財務費用——匯兌損益　　　　　　　　　　　　　　　500

對於不允許開立現匯帳戶的企業，其所取得的外幣收入要及時存入銀行，其會計處理方法與上例相同。

（2）企業從銀行買入外幣。企業因業務需要從銀行買入外幣，銀行售匯時按其賣出價向企業計算收取人民幣。企業應按交易當天的即期匯率或按系統的、合理的方法確定的即期匯率的近似匯率折合的人民幣金額，借記「銀行存款——外幣戶」科目，按實際付出的人民幣金額，貸記「銀行存款——人民幣戶」科目；將兩者之間的差額記入「財務費用——匯兌損益」科目。

[**例2-5**] 企業從銀行買入外幣業務的會計處理。

某公司從銀行買入 10,000 美元，當天銀行賣出價為 ¥6.80＝$1:00，實付人民幣 68,000 元。該公司按當月 1 日匯率作為折算匯率，月初匯率為 ¥6.70＝$1.00。如何根據這筆業務理解企業從銀行買入外幣業務的會計處理呢？

借：銀行存款——美元戶（$10,000×6.70）　　　　　　　67,000
　　財務費用——匯兌損益　　　　　　　　　　　　　　　1,000
　　貸：銀行存款——人民幣戶（$10,000×6.80）　　　　　68,000

2. 外幣結算的購銷業務

[**例2-6**] 外幣結算的銷售業務的會計處理。

某公司於 2019 年 2 月 10 日出口商品一批，貨款計 20,000 美元，交易當天的即期匯率為 ¥6.80＝$1.00。該公司於 2019 年 2 月 25 日收到外匯並結售給銀行，當天市場匯率為 ¥6.60＝$1.00，結匯銀行買入價為 ¥6.70＝$1.00，實際收到人民幣 126,000 元。該公司以交易發生日的即期匯率作為折算匯率。如何根據這筆業務理解外幣結算的銷售業務的會計處理呢？

（1）2019 年 2 月 10 日，反應出口商品銷售並按交易發生日的即期匯率折算為記帳本位幣，會計分錄編製如下：

借：應收帳款——美元戶（$20,000×6.80）　　　　　　　136,000
　　貸：主營業務收入　　　　　　　　　　　　　　　　　136,000

（2）2019 年 2 月 25 日，反應收到外匯貨款並結售給銀行的情況，會計分錄編製如下：

借：銀行存款——人民幣戶（$20,000×6.70）　　　　　　134,000
　　貸：財務費用——匯兌損益　　　　　　　　　　　　　2,000
　　　　應收帳款——美元戶（$20,000×6.60）　　　　　　132,000

（3）以上「應收帳款——美元戶」帳戶的借貸方人民幣差額需在會計期末予以

調整，會計分錄編製如下：
　　借：財務費用——匯兌損益　　　　　　　　　　　　　4,000
　　　貸：應收帳款——美元戶　　　　　　　　　　　　　　4,000

[例2-7] 外幣結算的銷售業務的會計處理。

中國某公司2019年8月10日由日本某株式會社進口商品一批，貨款計20,000美元，尚未支付，交易當天的即期匯率為￥6.70＝$1.00。8月28日，該公司為償還貨款向銀行購入外匯，當天的即期匯率為￥6.60＝$1.00，銀行美元賣出匯率為￥6.80＝$1.00，實付人民幣136,000元。該公司以交易發生日的即期匯率作為折算匯率。如何根據這筆業務理解外幣結算的購入業務的會計處理呢？

（1）2019年8月10日，按交易發生日匯率將進口的商品折合為記帳本位幣入帳，會計分錄編製如下：
　　借：庫存商品　　　　　　　　　　　　　　　　　　134,000
　　　貸：應付帳款——美元戶（$20,000×6.70）　　　　 134,000

（2）2019年8月28日，反應向銀行買入外幣結算貨款情況，會計分錄編製如下：
　　借：應付帳款——美元戶（￥20,000×6.60）　　　　 132,000
　　　　財務費用——匯兌損益　　　　　　　　　　　　　4,000
　　　貸：銀行存款——人民幣戶（$20,000×6.80）　　　 136,000

（3）以上「應付帳款——美元戶」帳戶的借貸方人民幣差額需在會計期末予以調整，會計分錄編製如下：
　　借：應付帳款——美元戶　　　　　　　　　　　　　　2,000
　　　貸：財務費用——匯兌損益　　　　　　　　　　　　2,000

3. 外幣計價的借款業務

企業外幣借款是企業外幣籌資的重要方式。企業應將借入的外幣按當日即期匯率折算為記帳本位幣入帳。

[例2-8] 外幣業務計價的借款業務的會計處理。

某公司2019年7月1日從銀行借入一年期貸款20,000美元，年利率為5%，借款當天的即期匯率為￥6.70＝$1.00。2019年12月31日的即期匯率為￥6.60＝$1.00。2020年7月1日，該公司償還貸款本金，還款當天的即期匯率為￥6.80＝$1.00。如何根據這筆業務理解外幣計價的借款業務的會計處理呢？

（1）2019年7月1日，該公司將借入的外幣按當天的即期匯率折算為人民幣入帳，會計分錄編製如下：
　　借：銀行存款——美元戶（$20,000×6.70）　　　　　134,000
　　　貸：短期借款——美元戶（$20,000×6.70）　　　　 134,000

（2）2019年12月31日，該公司計提2019年下半年應付利息。
應付利息＝$20,000×5%×6÷12×6.60＝￥3,300。
根據以上計算結果，會計分錄編製如下：
　　借：財務費用——利息支出　　　　　　　　　　　　　3,300
　　　貸：應付利息——美元戶　　　　　　　　　　　　　3,300

（3）2019 年 12 月 31 日，該公司計算由於匯率變化所形成的匯兌損益，會計分錄編製如下：

借：短期借款——美元戶［$20,000×(6.70-6.60)］　　　　2,000
　　貸：財務費用——匯兌損益　　　　　　　　　　　　　　　2,000

（4）2020 年 7 月 1 日，該公司計算利息。

借款利息總額＝$20,000×5%×6.80＝￥6,800

其中：2020 年上半年的應付利息＝$20,000×5%×6÷12×6.80＝￥3,400。

2019 年下半年應付利息中由於匯率變化形成的匯兌損益＝$20,000×5%×6÷12×(6.8-6.6)＝￥100。

根據以上計算結果，會計分錄編製如下：

借：應付利息——美元戶　　　　　　　　　　　　　　　　3,300
　　財務費用——利息支出　　　　　　　　　　　　　　　　3,400
　　財務費用——匯兌損益　　　　　　　　　　　　　　　　　100
　　貸：銀行存款——美元戶（$20,000×5%×6.80）　　　　6,800

（5）2020 年 7 月 1 日，該公司歸還外幣貸款本金，會計分錄編製如下：

借：短期借款——美元戶（$20,000×￥6.80）　　　　　136,000
　　貸：銀行存款——美元戶（$20,000×￥6.80）　　　　136,000

（6）以上「短期借款——美元戶」帳戶的借貸方人民幣差額需在期末予以調整，會計分錄編製如下：

借：財務費用——匯兌損益　　　　　　　　　　　　　　　2,000
　　貸：短期借款——美元戶　　　　　　　　　　　　　　　2,000

4. 投入外幣資本業務

根據中國企業會計準則的規定，企業收到投資者以外幣投入的資本，應當採用交易發生日即期匯率折算，不得採用合同約定匯率和即期匯率的近似匯率折算，外幣投入資本與相應的貨幣性項目的記帳本位幣金額之間不產生外幣資本折算差額。

[例 2-9] 投入外幣資本業務的會計處理。

某公司收到某外商的外幣投入資本 100,000 美元，收到出資當天的即期匯率為￥6.80=$1.00。如何根據這筆業務理解投入外幣資本業務的會計處理呢？

借：銀行存款——美元戶（$100,000×6.80）　　　　　680,000
　　貸：實收資本——美元戶（$100,000×6.80）　　　　680,000

5. 會計期末外幣項目餘額的調整

（1）外幣貨幣性項目的調整。外幣貨幣性項目是指企業持有的貨幣資金和將以固定金額或可確定的金額收取的資產或者償付的負債。貨幣性項目分為貨幣性資產和貨幣性負債。貨幣性資產包括庫存現金、銀行存款、應收帳款、其他應收款和長期應收款等；貨幣性負債包括短期借款、應付帳款、其他應付款、長期借款、應付債券和長期應付款等。對於外幣貨幣性項目，因採用資產負債表日的即期匯率折算而產生的匯兌差額，計入當期損益，同時調增或調減外幣貨幣性項目的記帳本位幣金額。

在資產負債表日，企業應對各種外幣貨幣性帳戶的期末餘額，按照期末即期匯

率折算為記帳本位幣金額。企業應將按期末即期匯率折合的記帳本位幣金額與原帳面記帳本位幣金額之間的差額，作為匯兌損益，記入「財務費用」帳戶或其他有關帳戶。在資產負債表日，外幣貨幣性帳戶餘額的調整程序如下：

①根據各外幣貨幣性帳戶的期末外幣餘額，按照期末即期匯率計算出人民幣餘額。

②將期末折算的人民幣餘額與調整前原帳面人民幣餘額進行比較，計算出人民幣餘額的差額。

③根據應調整的人民幣差額，確定產生的匯兌損益的數額。

④進行調整各外幣貨幣性帳戶帳面餘額的帳務處理，並將匯兌損益記入「財務費用」帳戶。

[**例 2-10**] 會計期末外幣貨幣性項目餘額的調整。

某公司根據有關外幣貨幣性帳戶的餘額和資產負債表日的即期匯率等數據資料，編製的期末外幣貨幣性帳戶餘額調整計算表如表 2-1 所示。

表 2-1　期末外幣貨幣性帳戶餘額調整計算表　　　　　單位：美元

外幣帳戶名稱	美元餘額	期末即期匯率	調整後人民幣餘額	調整前人民幣餘額	差額
銀行存款	1,000	6.80	6,800	7,800	1,000
應收帳款	0	6.80	0	300	300
應付帳款	300	6.80	2,040	1,840	200
短期借款	2,000	6.80	13,600	15,600	2,000
合計					500

如何根據這筆業務理解會計期末外幣貨幣性項目餘額的調整呢？

根據上述計算結果，調整外幣貨幣性帳戶餘額的會計分錄編製如下：

借：短期借款——美元戶　　　　　　　　　　　　　　　2,000
　　貸：銀行存款——美元戶　　　　　　　　　　　　　1,000
　　　　應收帳款——美元戶　　　　　　　　　　　　　　300
　　　　應付帳款——美元戶　　　　　　　　　　　　　　200
　　　　財務費用——匯兌損益　　　　　　　　　　　　　500

（2）外幣非貨幣性項目的調整。外幣非貨幣性項目是指貨幣性項目以外的項目，如存貨、長期股權投資、交易性金融資產、固定資產、無形資產等。

①以歷史成本計量的外幣非貨幣性項目。以歷史成本計量的外幣非貨幣性項目已在交易發生日按當日即期匯率折算，資產負債表日不應改變其原記帳本位幣金額，不產生匯兌損益。因為這些項目在取得時已按即期匯率折算，從而構成這些項目的歷史成本。如果再按資產負債表日的即期匯率折算，就會導致這些項目的價值不斷變動，從而使這些項目的折舊、攤銷和減值不斷地隨之變動，將與這些項目的實際情況不符。

[**例 2-11**] 會計期末以歷史成本計量的外幣非貨幣性項目的調整。

某公司的記帳本位幣是人民幣，2019 年 12 月 10 日進口設備一臺，該設備價款

為400萬美元，設備價款尚未支付，當天的即期匯率為￥6.70=$1.00。2019年12月31日的即期匯率為￥6.80=$1.00。該臺設備屬於企業的固定資產，在購入時已按交易發生日的即期匯率折算為人民幣2,680萬元。如何根據這筆業務理解以歷史成本計量的外幣非貨幣性項目的調整呢？

由於固定資產屬於非貨幣性項目，因此在2019年年末無需對其進行調整。

在外幣非貨幣性項目中的存貨項目具有一定的特殊性，由於該項目在資產負債表日是按成本與可變現淨值孰低原則計量，因此在以外幣購入存貨並且在資產負債表日該存貨的可變現淨值也以外幣反應的情況下，在計提存貨跌價準備時應考慮匯率變動因素的影響。

[例2-12] 會計期末外幣非貨幣性項目中的存貨項目的調整。

某公司以人民幣為記帳本位幣，2019年12月10日進口A商品100件，每件1,000美元，貨款以美元支付，當日即期匯率為￥6.70=$1.00。2019年12月31日該公司尚有A商品存貨50件，當日即期匯率為￥6.80=$1.00，國內市場仍無A商品供貨，但在國際市場上A商品價格已降至每件900美元。如何根據這筆業務理解會計期末外幣非貨幣性項目中的存貨項目的調整呢？

①2019年12月10日，該公司進口A商品時，會計分錄編製如下：

借：庫存商品——A（$100,000×6.70） 670,000
　貸：銀行存款——美元戶（$100,000×6.70） 670,000

②2019年12月31日，該公司計提存貨跌價準備時，會計分錄編製如下：

借：資產減值損失（$1,000×50×6.70-$900×50×6.80） 29,000
　貸：存貨跌價準備 29,000

由以上會計分錄可見，該公司在期末計算A商品的可變現淨值時，在國內無法取得該商品的價格信息，而只能依據國際市場價格來確定其可變現淨值，但需要考慮匯率變動的影響。該公司以國際市場價格為基礎確定的可變現淨值應按期末匯率折算，再將其低於記帳本位幣成本的差額確定為跌價損失。

②以公允價值計量的外幣非貨幣性項目。以公允價值計量的外幣非貨幣性項目是指交易性金融資產，如股票、基金等，應採用公允價值確定日的即期匯率折算，折算後的記帳本位幣金額與原記帳本位幣金額的差額，作為公允價值變動（含匯率變動）處理，計入當期損益。

[例2-13] 以公允價值計量的外幣非貨幣性項目的調整。

某公司以人民幣作為記帳本位幣，2019年12月5日以每股1.5美元的價格購入A公司B股股票10,000股作為交易性金融資產，當日即期匯率為￥6.70=$1.00，款項已付清。2019年12月31日，由於股市價格變動，該公司當月5日購入A公司B股股票的市價為每股2美元，當日即期匯率為￥6.80=$1.00。2020年2月10日，該公司將所購B股股票以每股2.3美元全部售出，當日即期匯率為￥6.50=$1.00。如何根據這筆業務理解以公允價值計量的外幣非貨幣性項目的調整呢？

其會計處理程序如下：

①2019年12月5日，該公司購入A公司B股1,000股作為交易性金融資產時，會計分錄編製如下：

借：交易性金融資產（$10,000×1.5×6.70） 100,500
　　貸：銀行存款——美元戶（$10,000×1.5×6.70） 100,500

②2019年12月31日，該公司將公允價值變動（含匯率變動）計入當期損益，會計分錄編製如下：

借：交易性金融資產［$10,000×(2×6.80-1.5×6.70)］ 35,500
　　貸：公允價值變動損益 35,500

這筆會計分錄中的公允價值變動損益，既包含了公允價值變動損益，又包含了匯率變動損益。

③2020年2月10日，該公司將所購B股股票全部售出，會計分錄編製如下：

借：銀行存款——美元戶（$10,000×2.3×6.50） 149,500
　　貸：交易性金融資產 136,000
　　　　投資收益 13,500

同時：

借：公允價值變動損益 35,500
　　貸：投資收益 35,500

第三節　外幣財務報表折算

一、外幣財務報表折算的基本原理

（一）外幣財務報表折算概述

1. 外幣財務報表折算的含義

外幣財務報表折算是指將以外幣表示的財務報表折算為以某一特定貨幣表示的財務報表。

需要注意的是，外幣財務報表折算不同於外幣兌換，外幣兌換是將企業持有一種貨幣兌換成另一種貨幣，會發生實際貨幣的等值交換；而外幣財務報表折算並不涉及不同貨幣的實際兌換，只是將財務報表的表述從一種貨幣單位轉化為另一種貨幣單位。

2. 外幣財務報表折算的作用

（1）在母公司擁有境外經營子公司的情況下，在編製合併財務報表之前，企業需對納入合併範圍的境外經營子公司以外幣表示的財務報表折算為以母公司記帳本位幣表示的財務報表。

（2）為了向國外股東和其他報表使用者提供適合其使用的報表，企業需要將以本國貨幣表示的財務報表折算為以某種外國貨幣表示的財務報表。

（3）為了在國外證券市場上發行股票和債券，企業需要將以本國貨幣表示的財務報表折算為以某種外國貨幣表示的財務報表。

本書闡述的外幣財務報表折算主要針對第一個目的。

3. 外幣財務報表折算的主要會計問題

（1）折算匯率的選擇。折算匯率的選擇，即外幣財務報表中的各個項目按什麼

匯率進行折算，是選擇現行匯率、歷史匯率，還是與即期匯率相近似的平均匯率進行折算。

（2）折算差額的處理。折算差額的處理，即外幣財務報表折算產生的折算差額是應當直接計入當期損益，還是做遞延處理。

（二）外幣財務報表折算的四種方法

目前，世界各國對外幣財務報表折算方法主要有以下四種：

1. 流動與非流動項目法

流動與非流動項目法是借鑑傳統的資產負債表項目分類方法，將資產負債表項目按其流動性劃分為流動項目和非流動項目兩類。

流動項目包括流動資產項目和流動負債項目，流動資產項目主要有庫存現金、銀行存款、應收帳款和存貨等；流動負債項目主要有應付帳款、應付票據等。

非流動項目是指除了流動項目以外的資產負債表項目，主要有長期投資、固定資產、無形資產、遞延資產、長期負債和所有者權益等。

具體折算方法如下：對於流動資產和流動負債項目，按報表編製日的現行匯率折算；對於非流動項目，按資產取得或負債發生時的歷史匯率折算；對於利潤表項目，除了折舊費和攤銷費用按其相關資產取得時的歷史匯率折算外，其他收入和費用項目都按會計報告期內的平均匯率折算。

流動性與非流動性項目法的理論依據是非流動資產一般不會在短期內轉變為現金，非流動負債一般也不會在短期內進行償還，因此它們不應該受到現行匯率的影響。這種方法的缺點是其依據的理論並不充分，即不能說明流動項目和非流動項目要採用不同匯率的原因。例如，按現行匯率折算流動資產，表明貨幣性資產和存貨都要承受同樣的匯率波動風險，但這對按歷史成本計價的存貨項目來說就不合理了。同時，如果兩個會計期間匯率變化較大時，會使合併利潤表上折算的經營成果失真。

2. 貨幣性與非貨幣性項目法

貨幣性與非貨幣性項目法將資產負債表項目劃分為貨幣性項目和非貨幣性項目兩類。

貨幣性項目是指貨幣性資產和負債，貨幣性資產主要有庫存現金、銀行存款、應收帳款、應收票據等；貨幣性負債主要有應付帳款、應付票據和長期負債等。

非貨幣性項目是指除了貨幣性項目以外的資產、負債和所有者權益項目。

具體折算方法如下：對於貨幣性項目，按現行匯率折算；對於非貨幣性項目，按其取得或發生時歷史匯率折算；對於利潤表項目，除了折舊費用和攤銷費用按其相關資產取得時的歷史匯率折算外，其他收入和費用項目都按會計報告期內的平均匯率折算。

這種方法和流動與非流動項目法的主要區別在於存貨的折算，在流動與非流動項目法下，存貨是按現行匯率折算，而採用這種方法，存貨是按歷史匯率折算。

採用這種方法的主要理由是外幣貨幣性項目代表著在以後期間將要收回或付出的一筆固定的外幣債權和外幣債務，這些外幣債權和外幣債務的幣值，隨著匯率的變動會有所增減，因此這些外幣項目按編表日的現行匯率進行折算是合理的，即這種方法是依據匯率波動對企業資產負債的影響程度來選擇折算匯率的，貨幣性項目要承受匯率變動的風險，要按現行匯率折算，而非貨幣性項目不受匯率變動的影響，

則按歷史匯率折算是比較合理的。不贊成這種方法的理由是外幣的折算涉及的是計量而不是分類，因此合理的折算方法不一定與資產、負債的分類有關，非貨幣性項目並不一定都按歷史匯率折算才合理，當某項非貨幣性項目是以歷史成本計價的，若按歷史匯率折算是合理的，但當某項非貨幣性項目是以現行成本計價的，若按歷史匯率折算就不合理了。

3. 時態法

時態法又稱時間量度法，是針對資產負債表項目的計量方法和時間的不同，而選擇不同匯率進行折算的一種方法。這種方法的基本思路是既然外幣折算是一個計量過程，那麼就不能改變被計量項目的屬性，而只能改變計量單位。這樣無論在歷史成本計量模式下還是在現行成本計量模式下，由於現金總是按照資產負債表日實際持有的金額計量的，應收帳款和應付帳款也是按資產負債表日可望在未來收回或償付的貨幣金額計量的，它們的外幣計量日期都是資產負債表日，因此都要按資產負債表日的現行匯率進行折算，其他資產負債表項目則按其計價日期的歷史匯率折算。

具體折算方法如下：對於現金、應收和應付項目，不論是按原始成本，還是按現行成本計價，都按現行匯率折算；對於其他資產負債表項目，如果在子公司財務報表上以歷史成本計價，則按歷史匯率折算，如果在子公司財務報表上以現行成本計價，則按現行匯率折算；對於所有者權益項目，按發生時的歷史匯率折算；對於利潤表項目，除了折舊費用和攤銷費用按歷史匯率折算外，其他項目都按平均匯率折算。外幣資產負債表和利潤表項目在折算過程中形成的折算損益都應確認為當期損益。

主張這種方法的理由是外幣財務報表的折算是一個計量變換過程，不能改變被計量項目的屬性和計量基礎，而只能改變計量單位，如對存貨項目的折算，是為了重新表述存貨的計量單位的貨幣名稱，而不是改變其實際價值。採用時態法進行折算時，在採用歷史成本計量屬性的情況下，它和貨幣性與非貨幣性項目法的折算程序實質上是相同的。但如果採用其他計量基礎，如重置成本、市場價值或收益現值時，其折算程序就不同了。目前國際上通行的是歷史成本計量模式，但它已不再是純粹的歷史成本計量模式，而是有條件地吸收了一些現行成本計量模式的優點，如對部分資產按重置成本計價，對投資和存貨採用成本與市價孰低原則等。因此，時態法和貨幣性與非貨幣性項目法是不同的。例如，存貨項目，在時態法下，以市價計量的存貨按現行匯率折算，而在貨幣性與非貨幣性項目法下，則按歷史匯率折算。

時態法的優點是使折算的資產和負債項目保持與交易發生時的計價基礎相一致，具有一定的靈活性，克服了上述流動與非流動項目法的缺陷。目前時態法是國際上廣泛採用的一種方法。美國財務會計準則委員會在財務會計準則公告中，將時態法確立為外幣財務報表折算的唯一公認原則。

4. 現行匯率法

現行匯率法是對外幣資產負債表中的所有資產負債表項目都按現行匯率折算的方法。這種方法的具體折算方法如下：對於所有的資產負債表項目都按現行匯率折算；對於收入和費用項目都按平均匯率折算；對於實收資本項目按發生時的歷史匯率折算。

現行匯率法採用單一匯率對各項資產負債進行折算，相當於對各項目乘上一個常數，因而計算簡便，而且折算後報表中各項目之間的比例關係能夠與原外幣財務報表中各項目之間的比例關係保持一致。這種方法的缺點是將外幣財務報表中按歷史成本表示的資產項目按折算日現行匯率折算，其折算結果既不是資產的歷史成本，也不是資產的現行市價，而是外幣資產的歷史成本與資產負債表日現行匯率兩個不同時點數字的乘積。此外，現行匯率法假設所有的外幣資產都將受匯率變動的影響，這顯然與實際情況不符。

儘管現行匯率法存在種種不足，但在會計實務中是應用的較為廣泛的一種方法。美國財務會計準則委員會在財務會計準則公告中也肯定了這一方法。

對於上述四種方法，按照國際會計準則委員會的要求，各國可以從後兩種方法中選擇一種應用。外幣財務報表折算方法的比較如表 2-2 所示。

表 2-2　外幣財務報表折算方法的比較

資產負債表項目	流動與非流動項目法	貨幣性與非貨幣性項目法	時態法	現行匯率法
庫存現金	CR	CR	CR	CR
應收帳款	CR	CR	CR	CR
存貨				
按成本	CR	HR	HR	CR
按市價	CR	HR	CR	CR
投資				
按成本	HR	HR	HR	CR
按市價	HR	HR	CR	CR
固定資產	HR	HR	HR	CR
其他資產	HR	HR	HR	CR
應付帳款	CR	CR	CR	CR
非流動負債	HR	CR	CR	CR
股本	HR	HR	HR	HR
留存利潤	※	※	※	※

註：CR，即現行匯率；HR，即歷史匯率；※，即軋算的平衡數字，其中在現行匯率法下，該數字為利潤分配表折算的結果，再通過軋算平衡計算出的折算調整數。

(三) 外幣財務報表折算差額的處理

外幣財務報表折算差額是指在外幣財務報表折算時，由於不同項目採用的匯率不同而產生的差額。企業無論採用哪種折算方法都會產生一個折算差額，即折算損益。折算損益只是在編製合併財務報表過程中形成的一種未實現匯兌損益。外幣財務報表折算產生的損益，主要取決於兩個因素：一是匯率變動引起的有關資產和負債項目相比的差額；二是匯率變動的方向，即外匯匯率變動是升值，還是貶值。當匯率升值或貶值時，如果有關資產項目和有關負債項目金額相等，發生的損益就會相互抵銷；如果資產項目金額大於負債項目金額，外幣升值時會產生折算收益，外幣貶值時會產生折算損失。

外幣折算損益的大小，除取決以上兩個因素外，還取決於選用的折算方法。在不同的折算方法下，對不同的項目使用不同的匯率折算，由此產生的折算損益的金額也不一樣。

目前，國際上主要有以下兩種基本帳務處理方法：

1. 作為當期損益處理

這種方法是將外幣財務報表折算差額作當期損益處理，以「折算損益」項目列示在利潤表中，採用時態法時，應將折算差額作當期損益處理。

主張這種方法的人認為，匯率變動是不容掩蓋的客觀事實。這是因為匯率變動會引起資產和負債折算後價值的改變，而資產淨額的變動必然會使企業收益受到影響。企業只有將折算損益計入當期損益，才能給報表使用者以真實的信息。

但是，在通貨膨脹情況下，將大幅度的匯率變動造成的外幣折算損益計入當期損益，利潤表中企業的收益反應不出企業的正常經營成果。另外，把未實現的折算損益計入當期損益，合併財務報表提供的信息也容易使人產生誤解。

2. 做遞延處理

這種方法是將外幣財務報表折算差額在資產負債表的股東權益中以「報表折算差額」項目單獨列示，不予攤銷，做遞延處理。企業採用現行匯率法可做遞延處理。

主張這種方法的人認為，折算損益只是外幣財務報表重新表述過程的產物，它們與母公司的境外經營子公司中的長期投資相聯繫，在境外子公司結束經營活動並把全部淨資產分配給母公司之前，這種折算損益都不可能實現。在這之前，匯率的變動可能逆轉，也就是說，這種折算損益有可能永遠不能實現。它不會影響境外經營子公司創造的當地貨幣的現金流量，將其作為當期損益計入利潤表，可能會使人產生誤解，因此，應作為合併業主權益的一部分單獨累積，即將折算損益以單獨項目列示於資產負債表的股東權益內，作為累計遞延處理。

然而，有些人認為這種會計處理方法不符合全面收益觀的概念，因為這種觀念要求在利潤表內包括一切非正常和非營業性損益項目。

二、一般情況下外幣財務報表的折算方法

本部分著重介紹根據中國會計準則的規定對一般情況下外幣財務報表進行折算採用的方法。

（一）基本原理

中國外幣財務報表的折算採用的是前述四種方法中的現行匯率法，根據中國《企業會計準則第19號——外幣折算》的規定，企業將境外經營子公司的財務報表並入本企業財務報表時，具體折算規定如下：

（1）資產負債表中的資產負債表項目，採用資產負債日的即期匯率折算，所有者權益項目除「未分配利潤」項目外，其他項目採用發生時的即期匯率折算。也就是說，將資產和負債項目全部按照資產負債表日的現行匯率折算，對於所有者權益項目，除「未分配利潤」外，都按照權益發生時的即期匯率折算。

（2）利潤表中的收入、費用、利得和損失項目，可以採用交易發生日的即期匯率折算，也可以採用按照系統、合理的方法確定的與交易日即期匯率近似的匯率折算。

（3）按照上述兩步折算所產生的外幣財務報表折算差額應當在合併資產負債表中作為所有者權益項目單獨列示，其中屬於少數股東權益的部分，應列入少數股東權益項目。比較財務報表的折算比照上述規定處理。

(二) 舉例

[**例 2-14**] 一般情況下外幣財務報表的折算方法。

由中國母公司 100% 擁有的境外子公司甲公司以美元表示的 2018 年 12 月 31 日和 2019 年 12 月 31 日比較資產負債表及 2019 年度（至 12 月 31 日止）的利潤表和所有者權益變動表部分項目見表 2-3 和表 2-4。其他有關資料如下：

假設股本發行時的匯率為 ￥6.60＝$1.00。2019 年購貨、銷貨、其他費用以及股利等在年內都是均勻發生的。2019 年度內的匯率資料如下：

2019 年 1 月 1 日　　　　　　　　　　　　　　￥6.65＝$1.00
2019 年 12 月 31 日　　　　　　　　　　　　　￥6.70＝$1.00
2019 年平均匯率　　　　　　　　　　　　　　￥6.64＝$1.00

表 2-3　比較資產負債表　　　　　　　　　　　　　　單位：美元

項　目	2018 年 12 月 31 日	2019 年 12 月 31 日
資產		
貨幣資金	12,000	20,000
應收帳款	52,000	40,000
存貨	48,000	60,000
固定資產	360,000	320,000
資產總計	472,000	440,000
負債及所有者權益		
應付帳款	88,000	96,000
非流動負債	176,000	120,000
股本	80,000	80,000
留存收益	128,000	144,000
負債及所有者權益總計	472,000	440,000

表 2-4　利潤表和所有者權益變動表部分項目　　　　　　單位：美元

項目	金額
營業收入	400,000
營業成本	238,000
管理費用	40,000
其他費用	59,720
營業利潤	62,280
所得稅費用	18,680
淨利潤	43,600
留存收益（2018 年 12 月 31 日）	128,000
股利分配前留存收益	171,600
股利	27,600
留存收益（2019 年 12 月 31 日）	144,000

根據中國會計準則的規定採用現行匯率法進行折算，其折算程序如下：
利潤表和留存收益情況的折算見表 2-5。

表 2-5　利潤表和留存收益情況的折算
2019 年度

項目	外幣（美元）	平均匯率	折合本位幣（元）
營業收入	400,000	6.64	2,656,000
營業成本	238,000	6.64	1,580,320
管理費用	40,000	6.64	265,600
其他費用	59,720	6.64	396,541
費用合計	337,720		2,242,461
營業利潤	62,280		413,539
所得稅費用	18,680	6.64	124,035
淨利潤	43,600		289,504
年初留存收益	128,000		851,200①
股利分配前留存收益	171,600		1,140,704
股利	27,600	6.64	183,264
年末留存收益	144,000		957,440

註：①見上年折算報表中留存收益項目的折合本位幣金額，按本例 2018 年 12 月 31 日留存收益的折算金額為 851,200 元。

資產負債表的折算見表 2-6。

表 2-6　資產負債表的折算
2019 年 12 月 31 日

項目	外幣（美元）	現行匯率	折合本位幣（元）
資產			
貨幣資金	20,000	6.70	134,000
應收帳款	40,000	6.70	268,000
存貨	60,000	6.70	402,000
固定資產	320,000	6.70	2,114,000
資產總計	440,000		2,948,000
負債及所有者權益			
應付帳款	96,000	6.70	643,200
非流動負債	120,000	6.70	804,000
股本	80,000	6.70	528,000
留存收益	144,000		957,440
其他綜合收益			15,360
負債及所有者權益總計	440,000		2,948,000

三、中國外幣財務報表折算的其他規定

（一）惡性通貨膨脹下合併境外經營問題

上述外幣財務報表折算方法在境外經營所處的經濟環境比較正常、沒有嚴重惡性通貨膨脹情況下是適用的，當企業合併處於惡性通貨膨脹情況下的境外經營的財務報表時，企業應當按照下列規定進行折算：

企業先對資產負債表項目運用一般物價指數予以重述，對利潤表項目運用一般物價指數變動予以重述，再按照資產負債表日的即期匯率進行折算，即採取先消除惡性通貨膨脹的影響，再進行折算的辦法。

在境外經營不再處於惡性通貨膨脹經濟中，企業應當停止重述，按照停止之日的價格水準重述的財務報表進行折算。

惡性通貨膨脹經濟通常按照以下特徵進行判斷：

（1）最近3年累計通貨膨脹率接近或超過100%。
（2）利率、工資和物價與物價指數掛勾。
（3）公眾不是以當地貨幣，而是以相對穩定的外幣為單位作為衡量貨幣金額的基礎。
（4）公眾傾向於以非貨幣資產或相對穩定的外幣來保存自己的財富，持有的當地貨幣立即用於投資以保持購買力。
（5）即使信用期限很短，賒銷、賒購交易仍按補償信用期預計購買力損失的價格成交。

（二）處置境外經營問題

企業在處置境外經營時，應當將資產負債表中所有者權益項目下列示的、與境外經營相關的外幣財務報表折算差額，自所有者權益項目轉入處置當期損益；部分處置境外經營的，應當按處置的比例計算處置部分的外幣財務報表折算差額，轉入處置當期損益。例如，中國境內某企業集團在境外有一家經營機構 A 公司，在過去的會計期間內，A 公司並入企業集團資產負債表中所有者權益項目下的外幣財務報表折算差額累計 20,000 元人民幣，2019 年年末集團公司決定處置 A 公司的全部經營成果，則應將所有者權益項目下的外幣財務報表折算差額 20,000 元全部計入 2019 年度的損益。如果集團公司決定處置 A 公司 50%的經營成果，則應將所有者權益項目下的 20,000 元的 50%，即 10,000 元轉入 2019 年度的損益。

第四節　外幣業務的會計信息列報

會計信息列報一直是會計處理的關鍵問題之一，在中國上市公司成為社會經濟活動的重要組成部分之後，這方面的工作顯得尤為重要。

與外幣業務有關的會計信息列報，包括已經確認與計量的項目在財務報表內的列示，還有一些在財務報表附註中的披露。

一、表內列示

對於外幣交易，涉及資產、負債或所有者權益項目的，在各個期末的資產負債表中列示；涉及匯總損益的，分別在利潤表或資產負債表中列示。對於外幣折算，「外幣財務報表折算差額」在資產負債表中所有者權益項目下列入「其他綜合收益」。企業對境外經營的財務報表進行折算時，如需編製合併財務報表時，外幣財務報表折算差額應在合併資產負債表的「其他綜合收益」項目列示。其中，合併資產負債表中的「其他綜合收益」中的外幣財務報表折算差額僅包含歸屬於母公司股東的部分，歸屬於少數股東的部分並入「少數股東權益」項目列報。

二、表外披露

表外披露分為兩個方面：一是與記帳本位幣有關的信息；二是匯總損益對當期財務狀況和經營成果的影響。具體如下：

（1）企業及其境外經營選定的記帳本位幣及選定的原因，記帳本位幣發生變更的，說明變更的理由。

（2）採用近似匯率的，說明近似匯率的確定方法。

（3）計入當期損益的匯兌差額。

（4）處置境外經營對外幣財務報表折算差額的影響。

□思考題

1. 何為記帳本位幣？何為列報貨幣？企業在選定記帳本位幣時應考慮哪些因素？
2. 記帳本位幣變動時應根據哪些規定進行處理？
3. 什麼是外幣業務？外幣業務有哪幾種類型？
4. 外匯匯率的基本標價方法有幾種？其特點是什麼？
5. 什麼是匯兌損益？它有幾種類型？如何對其進行確認？
6. 中國企業會計準則對匯兌損益的處理有哪些規定？
7. 外幣交易的基本會計處理方法有哪些？各自有哪些特點？
8. 會計期末對外幣貨幣性項目應如何折算？
9. 會計期末對外幣非貨幣性項目應如何折算？
10. 外幣財務報表折算的基本方法有哪些？各種方法的適用範圍和優缺點是什麼？
11. 對外幣財務報表折算差額應如何處理？
12. 中國企業會計準則對外幣財務報表的折算有哪些規定？
13. 如何對惡性通貨膨脹下合併境外經營進行處理？
14. 在處置境外經營時如何進行會計處理？
15. 在財務報表附註中，怎樣披露折算信息？

第三章
股份支付會計

【學習目標】

通過本章的學習，學生應瞭解股份支付的含義和種類，瞭解股份支付的環節及可行權條件，理解並掌握以權益結算的股份支付和以現金結算的股份支付的會計處理。

第一節　股份支付概述

一、股份支付的含義

（一）股權激勵

隨著公司股權的日益分散、人力資本對企業價值創造重要性的日益提高和管理技術的日益複雜化，世界各國的公司為了合理激勵公司管理人員，不斷創新激勵方式，不斷探索建立、健全企業員工（包括經營者）激勵機制。

2006年1月，中國證監會發布了《上市公司股權激勵管理辦法（試行）》，明確規定了上市公司建立股權激勵制度的條件、方式和批准程序；2006年3月和10月，國務院國有資產監督管理委員會和財政部相繼出抬了《國有控股上市公司（境外）實施股權激勵試行辦法》和《國有控股上市公司（境內）實施股權激勵試行辦法》，這些法規的出抬為中國企業實施股權激勵創造了條件，企業可以通過股票期權等權益工具對職工實行激勵，而且已完成股權分置改革的上市公司，允許建立股權激勵機制。

（二）股份支付的含義

股份支付是「以股份為基礎的支付」的簡稱，是指企業為獲取職工和其他方提供的服務而授予權益工具或承擔以權益工具為基礎確定的負債的交易。通俗地說，職工或企業外部某單位或個人給企業提供了服務，企業應當付出代價，而這個代價是以股份為基礎來支付或計算應支付金額的。

現代企業的薪酬制度是一個由多種薪酬方式有機組成的薪酬組合，它通常由基本工資、短期獎金、長期獎金、福利、長期激勵和額外供應品（或服務）等組成。其中，基本工資用於保障員工的基本生活；獎金是對員工績效的直接回報；福利用於解決員工的後顧之憂，彌補現金激勵的不足；長期激勵是用於獎勵員工為企業長期績效做出貢獻的獎金，是實現所有者與經營者、普通員工利益一致性的薪酬制度，其主要形式——股份支付制度對激勵員工在任職期間努力工作可以起到很好的作用；

額外供應品（或服務）是對福利的一種補充，這種福利包括允許員工使用企業的汽車等公共資源。

傳統薪酬制度以基本工資和年度獎金為核心，用於回報員工現期或上期對企業的貢獻。但基本工資與年度獎金偏重對以往業績、短期業績的評估，企業管理人員出於自身利益的考慮可能放棄、延緩或擱置那些短期內會給企業財務狀況帶來不利影響但有利於企業長期發展的計劃，從而使企業長期發展面臨不利的局面。企業股份的價值是對企業內在價值及發展前景的直觀、綜合的反應。以股份期權為代表的股份支付制度以企業股份的價值作為支付的基礎，並且其對員工績效的考察期通常很長（一般在1年以上），獎勵金額通常較為可觀，使得員工的利益同企業股份的價值、企業的長遠發展有機聯繫起來，從而有利於理順現代企業中委託代理關係下的利益分配關係，避免了經營者、普通員工的短期行為，這使得股份支付逐漸成為現代企業針對員工的主要的長期激勵方式。

企業通過授予職工股票期權、認股權證等衍生工具或其他權益工具換取職工提供的服務，從而實現對職工的激勵或補償，屬於職工薪酬的重要組成部分。由於股份支付以權益工具的公允價值為計量基礎，因此《企業會計準則第9號——職工薪酬》規定，以股份為基礎的薪酬適用《企業會計準則第11號——股份支付》。

二、股份支付的特徵

理解股份支付的定義，要把握以下幾個關鍵詞：職工或其他方、服務、權益工具。只有符合以下三個特徵的交易才能按照股份支付進行處理：

（一）企業與職工或其他方之間發生的交易

企業與股東之間無論是新發行股份，還是支付股票股利等，企業合併交易中的合併方與被合併方之間支付對價，都有可能會以股份的形式進行支付，但這些都不能按照《企業會計準則第11號——股份支付》的原則來處理。只有發生在企業與其職工或向企業提供服務的其他方之間的交易，才可能符合《企業會計準則第11號——股份支付》對股份支付的定義。

（二）以獲取職工或其他方服務為目的的交易

職工或其他方為企業提供了服務，企業以股份的形式支付代價。企業在這個交易中獲取了其職工或其他方提供的服務（可以作為當期費用處理）或取得這些服務的權利（可以作為資產處理）。企業獲取這些服務或權利的目的是用於其正常生產經營，不是轉手獲利等。

（三）交易對價或其定價與企業自身權益工具的價值密切相關

股份支付交易同企業與其職工間其他類型交易的最大不同，是交易對價或其定價與企業自身權益工具未來的價值密切相關。在股份支付中，企業要麼向職工支付其自身權益工具，要麼向職工支付一筆現金，而其金額高低取決於結算時企業自身權益工具的公允價值。對價的特殊性可以說是股份支付的顯著特徵。

三、股份支付的分類

（一）按分享權益的類型不同劃分

按分享權益的類型劃分，股份支付可以分為股份增值權、模擬股票、股票期權、

限制性股票計劃、業績股份、業績單位、延期支付計劃、股份獎勵、管理層收購、管理層控股、員工持股計劃等（見表3-1）。

表 3-1　按分享權益的類型不同劃分的各種股份支付種類

股份支付種類	具體含義
股份增值權	企業給予激勵對象（被激勵人員）的一種權利，這種權利使得激勵對象可以在規定的時間內獲得規定數量的股份價格上升所帶來的收益，但激勵對象不擁有這些股份的所有權、表決權和配股權
模擬股票	企業授予激勵對象一種虛擬的「股票」，激勵對象可以據此享受一定數量的分紅和股價升值收益，但不擁有「股票」的所有權、表決權，也不能對其進行轉讓和出售，激勵對象在離開企業時「股票」自動失效
股票期權	股票期權也稱認股權證，實際上是一種看漲期權，是指公司授予激勵對象的一種權利，激勵對象可以在規定的時間內（行權期）以事先確定的價格（行權價）購買一定數量的本公司流通股票（行權）。股票期權只是一種權利，而非義務，持有者在股票價格低於「行權價」時可以放棄這種權利，因而對股票期權持有者沒有風險。實施股票期權的假定前提是公司股票的內在價值在證券市場能夠得到真實的反應，由於在有效市場中股票價格是公司長期盈利能力的反應，而股票期權至少要在1年以後才能實現，因此被授予者為了使股票升值而獲得價差收入，會盡力保持公司業績的長期穩定增長，使公司股票的價值不斷上升，這樣就使股票期權具有了長期激勵的功能。股票期權模式目前在美國最流行，運作方法也最規範
限制性股票計劃	限制性股票計劃是指事先授予激勵對象一定數量的公司股票，但股票的來源、拋售等有一些特殊限制，激勵對象只有在規定的服務期限以後並完成特定業績目標（如扭虧為盈）時，才可拋售限制性股票並從中獲益，否則公司有權將免費贈予的限制性股票收回或以激勵對象購買時的價格回購限制性股票
業績股份	企業在考察期初預先為激勵對象設定業績目標。在考察期末，如果激勵對象達到了預定的業績目標，則企業授予其一定數量的股份或提取一定比例的獎勵基金用於購買企業的股份，以此作為對激勵對象的獎勵
業績單位	與業績股份相似，不同之處在於業績股份支付的是股份，而業績單位支付的是現金，而且是按考核期市盈率計算的股價折算的現金。在這種激勵機制下，激勵對象得到的激勵收益和企業股價的聯繫較小
延期支付計劃	企業將激勵對象的部分薪酬（如年度獎金等）按照當日企業股票市場價格折算成一定的股票數量，存入企業為激勵對象單獨設立的延期支付帳戶。在既定的期限後或在激勵對象退休後，再以企業股票的形式或根據期滿時的股票市場價格以現金方式支付給激勵對象
股份獎勵	企業在考察期初獎勵給激勵對象一定數量的股份。如果在考察期被考核的指標沒有達到最低標準，這些股份在考察期末全部歸還企業，並根據超過最低標準的程度確定免於歸還的股份數量。但即使歸還股份，考察期內的股利還是屬於受益人的
管理層收購	管理層收購又稱經理層融資收購，是指公司的管理者或經理層（個人或集體）利用借貸所融資本購買本公司的股份（或股權），從而改變公司所有者結構、控制權結構和資產結構，實現持股經營。同時，它也是一種極端的股權激勵手段，因為其他激勵手段都是所有者（產權人）對雇員的激勵，而它則乾脆將激勵的主體與客體合二為一，從而實現了激勵對象與企業利益、股東利益完整的統一

表3-1(續)

股份支付種類	具體含義
管理層持股	管理層持股是指管理層持有一定數量的本公司股票並進行一定期限的鎖定。激勵對象得到公司股票的途徑可以是公司無償贈予，由公司補貼、激勵對象購買，公司強行要求受益人自行出資購買等。激勵對象在擁有公司股票後，成為自身經營企業的股東，與企業共擔風險、共享收益。參與持股計劃的激勵對象得到的是實實在在的股票，擁有相應的表決權和分配權，並承擔公司虧損和股票降價的風險，從而建立起企業、所有者與經營者三位一體的利益共同體。按照目前典型的做法，管理層持股又可以分為三類：增值獎股、強制購股和直接購股
員工持股計劃	員工持股計劃是指由公司內部員工個人出資認購本公司部分股份，並委託公司進行集中管理的產權組織形式。員工持股計劃為企業員工參與企業所有權分配提供了制度條件，持有者真正體現了勞動者和所有者的雙重身分。其核心在於通過員工持股營運，將員工利益與企業前途緊緊聯繫在一起，形成一種按勞分配與按資分配相結合的新型利益制衡機制。同時，員工持股後便承擔了一定的投資風險，這就有助於喚起員工的投資意識，激發員工的長期投資行為。由於員工持股不僅使員工對企業營運有了充分的發言權和監督權，而且使員工更關注企業的長期發展，這就為完善科學的決策、經營、管理、監督和分配機制奠定了良好的基礎

（二）按支付結算方式的不同劃分

《企業會計準則第11號——股份支付》第二條規定，根據股份支付的方式，股份支付分為以權益結算的股份支付和以現金結算的股份支付。

以權益結算的股份支付是指企業為獲得服務而以股份或其他權益工具作為對價結算的交易。以權益結算的股份支付最常用的工具有兩類：限制性股票和股票期權。限制性股票是指職工或其他方按照股份支付協議規定的條款和條件，從企業獲得一定數量的本企業股票。企業授予職工一定數量的股票，在一個確定的等待期內或在滿足特定業績指標之前，職工出售股票要受到持續服務條款或業績條件的限制。股票期權是指企業授予職工或其他方在未來一定期限內以預先確定的價格和條件購買本企業一定數量股票的權利。

以現金結算的股份支付是指企業為獲取服務而承擔的以股份或其他權益工具為基礎計算的交付現金或其他資產的義務的交易。以現金結算的股份支付最常用的工具有兩類：現金股票增值權和模擬股票。現金股票增值權和模擬股票，是用現金支付模擬的股權激勵機制，即與股票掛勾，但用現金支付。除不需要實際行權和持有股票外，現金股票增值權的運作原理與股票期權是一樣的，而模擬股票的運作原理與限制性股票是一樣的。

在確定不同的股權激勵方式時，企業應充分考慮企業性質、市場競爭程度、所處行業、發展階段、企業經營狀況等多種因素，並且可以在企業不同時期、針對不同激勵對象等，個性化組合設計本公司的股權激勵機制。

四、股份支付的環節與時點

股份支付不是一個時點上的交易，而可能是很長一段時間的交易。從環節上說，典型的股份支付通常涉及四個主要環節：授予環節、等待可行權環節、行權環節和出售環節。在這些環節中，有些時點是比較重要的，如授予日、等待期內的資產負

債表日、可行權日、行權日、出售日、失效日。

從圖 3-1 可以看出，授予環節主要發生在授予日。等待可行權環節是從授予日到可行權日，這之間的時期稱為等待期（行權限制期）。除非立即可行權，否則股份支付均會存在等待期。行權環節從可行權日到行權日。出售環節一般在行權日後，這之間的時期稱為禁售期。行權有效期不是無限的，行權有效期的最後一天即為失效日。

```
                    行權有效期
        ┌─────────────────────────────┐
等待期（行權限制期）      禁售期
┌─────────────────┐   ┌─────────┐
●─────────────────●───●─────────●─────────→
授                可    行        出        失
予                行    權        售        效
日                權    日        日        日
                  日
```

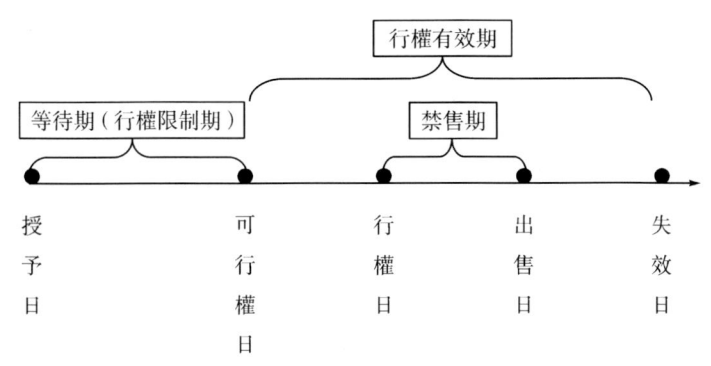

圖 3-1　典型的股份支付交易時點示意圖

下面對上述幾個時點進行專門介紹：

（一）授予日

授予日是指股份支付協議獲得批准的日期。「獲得批准」是指企業與職工或其他方就股份支付的協議條款和條件已達成一致，該協議獲得股東大會或類似機構的批准。這裡的「達成一致」是指雙方在對該計劃或協議內容充分形成一致理解的基礎上，均接受其條款和條件。如果按照相關法規的規定，在提交股東大會或類似機構之前存在必要程序或要求，企業應履行該程序或滿足該要求。

（二）可行權日

可行權日是指可行權條件得到滿足，職工或其他方從企業取得權益工具或現金權利的日期。有的股份支付協議是一次性可行權，有的則是分批可行權。一次性可行權和分批可行權就像購買合同一樣，有一次性付款和分期付款。只有已經可行權的股票期權，才是職工真正擁有的「財產」，才能去擇機行權。

（三）等待期內的資產負債表日

從授予日至可行權日的時段，是可行權條件得到滿足的期間，因此稱為「等待期」又稱「行權限制期」。在此期間的每個期末，也就是資產負債表日，企業也需要進行會計處理。

（四）行權日

行權日是指職工和其他方行使權利、獲取現金或權益工具的日期。例如，持有股票期權的職工行使了以特定價格購買一定數量本公司股票的權利，該日期即為行權日。行權是按期權的約定價格實際購買股票，一般在可行權日之後到期權到期日之前的可選擇時段內（行權有效期）行權。

（五）出售日

出售日是指股票的持有人將行使期權取得的期權股票出售的日期。按照中國法

律的規定，用於期權激勵的股份支付協議，應在行權日與出售日之間設立禁售期。其中，國有控股上市公司的禁售期不得低於 2 年。

（六）失效日

失效日是指權利失效的日期。行權有有效期間，在此期間均可以行權，有效期的最後一天，即為失效日。

五、股份支付的可行權條件

一般來說，股份支付均可能有一個等待期。這個等待期就是可行權條件得到滿足的期間。因此，股份支付中通常涉及可行權條件，在滿足這些條件之前，職工無法獲得股份。可行權條件是指能夠確定企業是否得到職工或其他方提供的服務，且該服務使職工或其他方具有獲取股份支付協議規定的權益工具或現金權利的條件。

可行權條件包括服務期限條件和業績條件。

（一）服務期限條件

服務期限條件是指職工完成規定服務期間才可行權的條件。例如，企業在股份支付協議中規定，職工從 2019 年 1 月 1 日開始，連續在本企業工作滿 3 年，即可享受一定數量的股票期權。以服務期限為可行權條件的處理比較簡單。在等待期內的每個資產負債表日，企業都要計算從授予日到該資產負債表日的期限，將其與可行權條件的期限進行比較，以便計算應確認的成本或費用金額。

（二）業績條件

業績條件是企業達到特定業績目標，職工才可行權的條件，具體包括市場條件和非市場條件。

1. 市場條件

市場條件是指行權價格、可行權條件以及行權可能性與權益工具的市場價格相關的業績條件，如股份支付協議中關於股價至少上升至何種水準職工可相應取得多少股份的企業規定。企業在確定權益工具在授予日的公允價值時，應考慮市場條件的影響，而不考慮非市場的影響。但市場條件是否得到滿足，不影響企業對預計可行權情況的估計。

2. 非市場條件

非市場條件是指除市場條件之外的其他業績條件，如股份支付協議中關於達到最低盈利目標或銷售目標才可行權的規定。企業在確定權益工具在授予日的公允價值時，不考慮非市場條件的影響。但非市場條件是否得到滿足，影響企業對預計可行權情況的估計。對於可行權條件為業績條件的股份支付，只要職工滿足了其他所有非市場條件（如利潤增長率、服務期限等），企業就應當確認已取得的服務。

[例 3-1] 區分不同類型的可行權條件。

2019 年 1 月，為獎勵並激勵高管，上市公司 ABC 公司與其管理層簽署股份支付協議，規定如果管理層成員在其後 3 年中都在 ABC 公司中任職服務，並且 ABC 公司股價每年均提高 10% 以上，管理層成員即能以低於市價的價格購買一定數量的 ABC 公司股票。同時，作為協議的補充，ABC 公司把全體管理層成員的年薪提高了 50,000 元，但 ABC 公司將這部分年薪按月存入專門建立的內部基金，3 年後，管理

層成員可用屬於其個人的部分抵減未來行權時支付的購買股票的款項。如果管理層成員決定退出這項基金，可以隨時全額提取。ABC公司以期權定價模型估計授予的此項期權在授予日的公允價值為6,000,000元。

在第1年年末，ABC公司估計3年內管理層離職的比例為10%；第2年年末，ABC公司調整其估計離職率為5%；第3年年末，ABC公司管理層實際離職率為6%。

在第1年中，ABC公司股價提高了10.5%，第2年提高了11%，第3年提高了6%。ABC公司在第1年年末、第2年年末均預計下年能實現當年股價增長10%以上的目標。

此例中涉及哪些條款和條件？ABC公司應如何處理？

如果不同時滿足服務3年和ABC公司股價年增長10%以上的要求，管理層成員就無權行使其股票期權，因此兩者都屬於可行權條件，其中服務滿3年是一項服務期限條件，10%以上的股價增長要求是一項市場業績條件。雖然ABC公司要求管理層成員將部分薪金存入統一帳戶保管，但不影響其可行權，因此統一帳戶條款是非可行權條件。

按照《企業會計準則第11號——股份支付》的規定，第1年年末確認的服務費用=6,000,000×1÷3×90%=1,800,000（元）

第2年年末累計應確認的服務費用=6,000,000×2÷3×95%=3,800,000（元）

第3年年末累計應確認的服務費用=6,000,000×3÷3×94%=5,640,000（元）

由此，第2年應確認的費用=3,800,000-1,800,000=2,000,000（元）

第3年應確認的費用=5,640,000-3,800,000=1,840,000（元）

最後，94%的管理層成員滿足了市場條件之外的全部可行權條件。儘管股價年增長10%以上的市場條件未得到滿足，ABC公司在第3年年末也均確認了收到的管理層提供的服務，並相應確認了費用。

六、股份支付的作用

股份支付的積極作用主要體現在以下幾個方面：

（一）降低企業代理成本

在現代企業制度下，企業所有權和經營權相分離，實質上形成了一種委託代理關係。

所有者作為其財產的委託人，必須支付給代理人一定的代理費用來委託其代理所有者對企業進行營運管理。由於信息不對稱，委託人無法知道、監督代理人的工作努力程度。通過授予代理人一定的股份期權等形式的股份支付報酬，能夠將經營者的薪酬和企業長期業績更為緊密地聯繫起來，使得企業經營者能夠分享他們的工作給股東帶來的收益，也使得股東能更為輕鬆地解決由於信息不對稱帶來的管理和監督難題。

（二）提升企業經營業績

股份支付從長遠眼光考核激勵對象對提升公司經營業績所做的貢獻，有利於矯正激勵對象的短視心理，在一定程度上防止激勵對象為在短期內提升公司的經營業績而採取急功近利、竭澤而漁的做法。股份支付作為一種促使激勵對象積極為股東謀取利益的貨幣性激勵工具，不僅改變了企業對激勵對象「重約束、輕激勵」的不

平衡局面，而且使得激勵對象因正常離職等原因離開企業後仍可繼續分享企業利潤、增加個人收益。因此，激勵對象出於自身未來經濟利益的考慮，會在其任職期間致力於企業的長期發展，從長遠的角度努力提升公司的經營業績。

(三) 提高員工的工作積極性

股份支付將員工（包括經理人員，下同）的薪酬同公司的業績相聯繫，也就是將公司所有者的利益和員工的利益達到了一定程度上的一致。公司經營業績的好壞直接關係到員工能否通過股份支付制度獲益。因此，公司的員工會盡力爭取提高公司競爭能力和獲利能力，從而提高公司的管理效率和員工自身的工作積極性。

(四) 吸引、留住高素質人才

成長型企業，尤其是高新技術企業，一般急需大量的高素質經營管理、關鍵技術人才，但同時可能缺乏足夠的現金支付薪酬的能力。此時，企業通過設計合理的股份支付方案，既可以提高員工的實際收入水準，又避免了成長型企業的現金大量流出，有利於吸引留住富有一定冒險和創新精神的高素質人才來企業大顯身手。國內外的實踐證明，股份支付在獎勵、激勵公司的高級經理人員、對公司有突出貢獻的員工方面發揮了重要的、積極的作用。股份支付已經在世界各國廣為流行，越來越成為現代公司的管理、激勵制度之一。

然而，任何事物都有其兩面性。股份支付儘管具備上述積極作用，但是如果一旦在設計、實施、監管環節出現漏洞、舞弊，其消極影響也是值得警惕的。隨著20世紀90年代後期互聯網泡沫的破滅以及世通、安然等公司財務醜聞的頻頻爆發，人們不得不開始對以股票期權為代表的股份支付的負面影響進行反思。在21世紀這個重視人力資源的知識經濟時期，股份支付制度在經歷了一段時間的發展低潮後，通過不斷的改革與完善，有望再次迎來一個發展的黃金時期。中國要大力推行股份支付制度，在注重其積極作用的同時，還應當看到其可能導致的消極影響，尤其是在中國目前企業治理機制尚不健全、法治環境尚不完善等條件下，對其應保持謹慎樂觀的態度。

第二節　股份支付的會計處理

一、以權益結算的股份支付的確認與計量

(一) 以權益結算的股份支付的確認與計量原則

1. 換取職工服務的股份支付的確認和計量原則

就確認時點來看，換取職工服務的股份支付可以分為有等待期的股份支付和授予後立即可行權的股份支付。

對於有等待期的換取職工服務的股份支付，企業應當以股份支付授予的權益工具的公允價值計量。在等待期內的每個資產負債表日，企業應以可行權權益工具數量的最佳估計為基礎，按照權益工具在授予日的公允價值，將當期取得的服務計入相關資產成本或當期費用，同時計入資本公積中的其他資本公積。在這種情況下，需要對未來可行權權益工具的數量進行最佳估計，用估計的權益工具的數量乘以權

益工具在授予日的公允價值就可以得出應計入當期費用或資產成本的金額。由於這一部分還未實際行權，並不是企業的股份數量增加，因此先計入資本公積中。

對於授予後立即可行權的換取職工提供服務的權益結算的股份支付，企業應在授予日按照權益工具的公允價值，將取得的服務計入相關資產成本或當期費用，同時計入資本公積中的股本溢價。

2. 換取其他方服務的股份支付的確認和計量原則

對於換取其他方服務的股份支付，企業應當以股份支付換取的服務的公允價值計量。企業應當按照其他方服務在取得日的公允價值，將取得的服務計入相關資產成本或費用。

如果其他方服務的公允價值不能可靠計量，但權益工具的公允價值能夠可靠計量，企業應當按照權益工具在服務取得日的公允價值，將取得的服務計入相關資產成本或費用。

比較上述兩種情況的確認與計量原則可以發現，換取其他方服務的股份支付一般是以取得服務的公允價值來確定計入當期費用或資產成本的金額；而換取職工服務的股份支付是以相關權益工具的公允價值來確定計入當期費用或資產成本的金額。

(二) 以權益結算的股份支付的會計處理

股份支付的會計處理必須以完整、有效的股份支付協議為基礎。

1. 授予日

除了立即可行權的股份支付外，企業在授予日不需要做會計處理。對於立即可行權的股份支付，其會計處理與可行權日的會計處理相同。

2. 等待期內每個資產負債表日

對於以權益結算的股份支付，企業應當在等待期內的每個資產負債表日，將取得職工或其他方提供的服務計入當期費用或資產成本，同時確認所有者權益。計入成本或費用的金額，應當按照授予日權益工具的公允價值計量，即使權益工具的公允價值發生變動，也不確認其後續公允價值變動。由於未來可行權的職工人數會發生變動，企業必須根據最新取得的可行權職工人數變動等後續信息做出最佳估計，修正預計可行權的權益工具數量。

企業應根據上述權益工具的公允價值和預計可行權的權益工具數量，計算截至當期累計應確認的成本或費用金額，再減去前期累計已確認金額，作為當期應確認的成本費用金額。

在等待期的資產負債表日，企業根據授予日權益工具的公允價值乘以預計可行權的權益工具數量，按照職工付出服務的性質，借記「生產成本」「製造費用」「管理費用」「銷售費用」「研發支出」和「在建工程」等科目，貸記「資本公積——其他資本公積」科目。

3. 可行權日

在可行權日，也就是等待期結束，有權利參加行權的職工人數應當確定，預計可行權權益工具的數量也應當確定，這應與未來實際可行權工具的數量保持一致。至於未來是否實際行權，則另當別論。因此，可行權日的會計處理和等待期內的資產負債表日的會計處理一樣，只是可行權權益工具的數量是確定的。

4. 可行權日之後

對於權益結算的股份支付，企業在可行權日之後不再對已確認的成本或費用和所有者權益總額進行調整。

5. 行權日

企業應在行權日根據行權情況，確認股本和股本溢價，同時結轉等待期內確認的資本公積（其他資本公積）。

企業應根據行權時收到的款項，借記「銀行存款」科目，結轉等待期內確認的資本公積，借記「資本公積——其他資本公積」科目，根據轉換成的股本數，貸記「股本」科目，按其差額，貸記「資本公積——股本溢價」科目。

（三）以權益結算的股份支付的應用舉例

[**例3-2**] 附服務年限條件的權益結算的股份支付。

ABC公司為上市公司。2014年12月，ABC公司董事會批准了一項股份支付協議。協議規定，2015年1月1日，ABC公司向其400名管理人員每人授予1,000份股票期權。這些管理人員必須從2015年1月1日起在ABC公司連續服務3年，服務期滿時才能夠以每股5元的價格購買1,000股ABC公司股票。ABC公司估計該期權在授予日（2015年1月1日）的公允價值為12元人民幣。

（1）第1年有40名管理人員離開ABC公司，ABC公司估計3年中離開的管理人員比例將達到20%。

（2）第2年有20名管理人員離開ABC公司，ABC公司將估計的管理人員離開比例修正為15%。

（3）第3年有30名管理人員離開。

（4）第4年年末（2018年12月31日），有30名管理人員放棄了股票期權。

（5）第5年年末（2019年12月31日），剩餘280名管理人員全部行權，ABC公司股票面值為每股1元，管理人員以每股5元購買。

請對ABC公司的上述事項進行會計處理。

1. 計算費用和資本公積

費用和資本公積計算表見表3-2。

表 3-2　費用和資本公積計算表　　　　　　　　　　　　　　　　　　　單位：元

年份	計算	當期費用	累計費用
2015	400×（1-20%）×1,000×12×1÷3	1,280,000	1,280,000
2016	400×（1-15%）×1,000×12×2÷3-1,280,000	1,440,000	2,720,000
2017	310×1,000×12×3÷3-2,720,000	1,000,000	3,720,000

2. 會計處理

（1）授予日。2015年1月1日，授予日不做處理。

（2）等待期內的每個資產負債表日。

①2015年12月31日。

借：管理費用等　　　　　　　　　　　　　　　　　　　1,280,000

　　貸：資本公積——其他資本公積　　　　　　　　　　　　　　1,280,000

②2016 年 12 月 31 日。
借：管理費用等　　　　　　　　　　　　　　　　　1,440,000
　　貸：資本公積——其他資本公積　　　　　　　　　　　　1,440,000
③2017 年 12 月 31 日。
借：管理費用等　　　　　　　　　　　　　　　　　1,000,000
　　貸：資本公積——其他資本公積　　　　　　　　　　　　1,000,000
（3）可行權日及之後。
①2018 年 12 月 31 日。不調整成本費用和資本公積。
②2019 年 12 月 31 日。
借：銀行存款（280×1,000×5）　　　　　　　　　　1,400,000
　　資本公積——其他資本公積　　　　　　　　　　　3,720,000
　　貸：股本（280×1,000×1）　　　　　　　　　　　　　280,000
　　　　資本公積——股本溢價　　　　　　　　　　　　　4,840,000

[例 3-3] 附非市場業績條件的權益結算的股份支付。

2017 年 1 月 1 日，ABC 公司為其 200 名管理人員每人授予 1,000 份股票期權，其可行權條件為：2017 年年末，ABC 公司當年淨利潤增長率達到 20%；2018 年年末，ABC 公司 2017—2018 年 2 年淨利潤平均增長率達到 15%；2019 年年末，ABC 公司 2017—2019 年 3 年淨利潤平均增長率達到 10%。每份期權在 2017 年 1 月 1 日的公允價值為 20 元。

2017 年 12 月 31 日，ABC 公司淨利潤增長了 18%，同時有 16 名管理人員離開，ABC 公司預計 2018 年將以同樣速度增長，即 2017—2018 年 2 年淨利潤平均增長率能夠達到 18%，因此預計 2018 年 12 月 31 日可行權。另外，ABC 公司預計第 2 年又將有 16 名管理人員離開 ABC 公司。

2018 年 12 月 31 日，ABC 公司淨利潤僅增長了 10%，但 ABC 公司預計 2017—2019 年 3 年淨利潤平均增長率可達到 12%，因此預計 2019 年 12 月 31 日可行權。另外，ABC 公司實際有 20 名管理人員離開，預計第 3 年將有 24 名管理人員離開 ABC 公司。

2019 年 12 月 31 日，ABC 公司淨利潤增長了 8%，3 年平均增長率為 12%，滿足了可行權條件（3 年淨利潤平均增長率達到 10%）。ABC 公司當年有 16 名管理人員離開。

編製 ABC 公司 2017—2019 年的會計分錄。

第 1 年年末，雖然沒能實現淨利潤增長 20% 的要求，但 ABC 公司預計下年將以同樣的速度增長，因此能實現 2 年平均增長 15% 的要求，ABC 公司將其預計等待期調整為 2 年。第 2 年年末，雖然 2 年實現 15% 增長的目標再次落空，但 ABC 公司仍然估計能夠在第 3 年取得較理想的業績，從而實現 3 年平均增長 10% 的目標，ABC 公司將其預計等待期調整為 3 年。第 3 年年末，目標實現。ABC 公司根據實際情況確定累計費用，並據此確認了第 3 年費用的調整。

費用和資本公積計算表見表 3-3。

表 3-3　費用和資本公積計算表　　　　　　　　　　　單位：元

年份	計算	當期費用	累計費用
2017	(200-16-16)×1,000×20×1÷2	1,680,000	1,680,000
2018	(200-16-20-24)×1,000×20×2÷3-1,680,000	186,666.67	1,866,666.67
2019	(200-16-20-16)×1,000×20-1,866,666.67	1,093,333.33	2,960,000

會計分錄編製如下：

（1）2017 年 12 月 31 日。

借：管理費用　　　　　　　　　　　　　　　　1,680,000
　　貸：資本公積——其他資本公積　　　　　　　　　1,680,000

（2）2018 年 12 月 31 日。

借：管理費用　　　　　　　　　　　　　　　　186,666.67
　　貸：資本公積——其他資本公積　　　　　　　　　186,666.67

（3）2019 年 12 月 31 日。

借：管理費用　　　　　　　　　　　　　　　　1,093,333.33
　　貸：資本公積——其他資本公積　　　　　　　　　1,093,333.33

二、以現金結算的股份支付的確認與計量

（一）以現金結算的股份支付的確認與計量原則

在實際行權或結算之前，以現金結算的股份支付實質上是企業欠職工的一項負債。

企業應當在等待期內的每個資產負債表日，以對可行權情況的最佳估計為基礎，按照企業承擔負債的公允價值，將當期取得的服務計入相關資產成本或當期費用，同時計入負債（應付職工薪酬），並在結算前的每個資產負債表日和結算日對負債的公允價值重新計量，將其變動計入損益（公允價值變動損益）。

對於授予後立即可行權的現金結算的股份支付，企業應當在授予日按照企業承擔負債的公允價值計入相關資產成本或費用，同時計入負債（應付職工薪酬），並在結算前的每個資產負債表日和結算日對負債的公允價值重新計量，將其變動計入損益（公允價值變動損益）。

（二）以現金結算的股份支付的會計處理

股份支付的會計處理必須以完整、有效的股份支付協議為基礎。

1. 授予日

和權益結算的股份支付相同，除了立即可行權的股份支付外，企業在授予日不做會計處理。

2. 等待期內每個資產負債表日

對於現金結算的股份支付，企業應當在等待期內的每個資產負債表日，將取得職工或其他方提供的服務計入成本或費用，同時確認負債。現金結算的股份支付在未結算前確認為負債，這相當於是欠職工的薪酬負債，這是和權益結算的股份支付較大的區別之一。

企業應根據某一資產負債表日預計可行權工具的數量乘以當日權益工具的公允

價值，借記「生產成本」「製造費用」「管理費用」「銷售費用」「研發支出」和「在建工程」等科目，貸記「應付職工薪酬——股份支付」科目。

值得注意的是，對於現金結算的股份支付，如果各個資產負債表日的權益工具的公允價值發生變化，企業應按照每個資產負債表日權益工具的公允價值重新計量，確定成本或費用和應付職工薪酬，其會計分錄的編製不變。

3. 可行權日

在可行權日，也就是等待期結束，有權利參加行權的職工人數應當確定，預計應付職工薪酬也應當確定，這應和未來實際應支付金額保持一致。因此，可行權日的會計處理和等待期內的資產負債表日處理一樣，只是應付金額是確定的。

4. 可行權日之後

對於現金結算的股份支付，企業在可行權日之後不再確認成本或費用，但是由於賴以計算負債的權益工具公允價值發生變動引起的負債（應付職工薪酬）公允價值的變動應當進行確認，計入當期損益，即公允價值變動損益。這也是和權益結算的股份支付較大的區別之一。

5. 行權日

企業應在職工行權日根據行權情況，按照所支付現金，借記「應付職工薪酬——股份支付」科目，貸記「銀行存款」等科目。

（三）以現金結算的股份支付的應用舉例

為說明現金結算的股份支付的會計處理，特舉例說明。前已述及，以現金結算的股份支付的主要支付工具是現金股票增值權，本例就用現金股票增值權來說明。

[例3-4] 現金股票增值權的會計處理。

2014年12月，ABC公司向其400名中層以上職員每人授予1,000份現金股票增值權，並規定這些職員從2015年1月1日起在該公司連續服務3年，即可按照當時股價的增長幅度獲得現金。該增值權應在2019年12月31日之前行使。ABC公司估計的該增值權在負債結算之前的每一資產負債表日以及結算日的公允價值和可行權後的每份增值權現金支出額見表3-4。

表3-4　各年公允價值與支付現金一覽表　　　　　單位：元

年份	公允價值	支付現金
2015	28	
2016	30	
2017	36	32
2018	42	40
2019		50

第1年有40名職員離開ABC公司，ABC公司估計3年中還將有30名職員離開；第2年有20名職員離開ABC公司，ABC公司估計還將有20名職員離開；第3年又有30名職員離開。第3年年末，有140人行使股票增值權取得了現金。第4年年末，有100人行使了股票增值權。第5年年末，剩餘70人也行使了股票增值權。

編製ABC公司2015—2019年的會計分錄。

費用和負債計算表見表 3-5。

表 3-5　費用和負債計算表　　　　　　　　　　　　　　　　單位：元

年份	負債計算 （1）	支付現金計算 （2）	負債 （3）	支付現金 （4）	當期費用 （5）
2015	（400-70）×1,000×28×1÷3		3,080,000		3,080,000
2016	（400-80）×1,000×30×2÷3		6,400,000		3,320,000
2017	（400-90-140）×1,000×36×3÷3	140×1,000×32	6,120,000	4,480,000	4,200,000
2018	（400-90-140-100）×1,000×42	100×1,000×40	2,940,000	4,000,000	820,000
2019	0	70×1,000×50	0	3,500,000	560,000
總額				11,980,000	11,980,000

註：表中（1）計算得出（3），（2）計算得出（4），當期（3）-前一期（3）+當期（3）=當期（5）。

會計分錄編製如下：

（1）2015 年 12 月 31 日。

借：管理費用　　　　　　　　　　　　　　　　　　3,080,000
　　貸：應付職工薪酬——股份支付　　　　　　　　　　　　3,080,000

（2）2016 年 12 月 31 日。

借：管理費用　　　　　　　　　　　　　　　　　　3,320,000
　　貸：應付職工薪酬——股份支付　　　　　　　　　　　　3,320,000

（3）2017 年 12 月 31 日。

借：管理費用　　　　　　　　　　　　　　　　　　4,200,000
　　貸：應付職工薪酬——股份支付　　　　　　　　　　　　4,200,000
借：應付職工薪酬——股份支付　　　　　　　　　　4,480,000
　　貸：銀行存款　　　　　　　　　　　　　　　　　　　　4,480,000

（4）2018 年 12 月 31 日。

借：公允價值變動損益　　　　　　　　　　　　　　820,000
　　貸：應付職工薪酬——股份支付　　　　　　　　　　　　820,000
借：應付職工薪酬——股份支付　　　　　　　　　　4,000,000
　　貸：銀行存款　　　　　　　　　　　　　　　　　　　　4,000,000

（5）2019 年 12 月 31 日。

借：公允價值變動損益　　　　　　　　　　　　　　560,000
　　貸：應付職工薪酬——股份支付　　　　　　　　　　　　560,000
借：應付職工薪酬——股份支付　　　　　　　　　　3,500,000
　　貸：銀行存款　　　　　　　　　　　　　　　　　　　　3,500,000

三、兩種股份支付的綜合比較

根據《企業會計準則第 11 號——股份支付》的規定，企業應分析權益結算與現金結算股份支付的異同。

（一）權益結算與現金結算股份支付的相同點

（1）支付媒介相同。不論是以權益結算的股份支付還是以現金結算的股份支付

都要涉及權益工具，如股份等。

（2）目的相同。這兩種股份支付都是企業的激勵手段，以獲取職工或其他方服務為目的。

（3）計量屬性相同。這兩種股份支付都以公允價值計量，不同的是，權益結算的股份支付以授予日公允價值計量，現金結算的股份支付以等待期內每一個資產負債表日的公允價值重新計量。

（4）都要滿足一定的可行權條件。可行權條件包括服務期限條件和業績條件。其中，業績條件包括市場條件和非市場條件。

（5）除授予後立即可行權的股份支付外，企業在授予日都不做會計處理。

（6）都要將取得的服務確認為相關的成本或費用（管理費用、銷售費用等）。

（二）權益結算與現金結算股份支付的不同點

（1）屬性不同。權益結算的股份支付需要確認資本公積——其他資本公積，給企業形成的是一項所有者權益；現金結算的股份支付形成的是一項負債（應付職工薪酬）。

（2）企業承擔的義務不同。以權益結算，企業要授予股份或認股權，不承擔支付現金或其他資產的義務，經濟利益未流出企業；以現金結算，企業最終要承擔交付現金或其他資產的義務，會導致經濟利益流出企業。

（3）會計處理不同。以權益結算的股份支付，等待期內每個資產負債表日以對可行權權益工具數量的最佳估計為基礎，按照權益工具授予日的公允價值，將當期取得的服務計入相關資產成本或當期費用，同時計入資本公積中的其他資本公積。會計分錄為：

借：管理費用等
　　貸：資本公積——其他資本公積

可行權日之後，企業不再對已確認的成本費用和所有者權益總額進行調整。行權日會計分錄為：

借：銀行存款
　　資本公積——其他資本公積
　　貸：股本
　　　　資本公積——股本溢價

現金結算的股份支付，等待期內按資產負債表日權益工具的公允價值重新計量，確認成本費用和相應的應付職工薪酬。會計分錄為：

借：管理費用等
　　貸：應付職工薪酬——股份支付

可行權日之後，企業不再確認成本費用，但負債（應付職工薪酬）公允價值的變動應計入當期損益（公允價值變動損益）。

負債公允價值上升時，會計分錄為：

借：公允價值變動損益
　　貸：應付職工薪酬——股份支付

負債公允價值下跌時，編製相反的會計分錄。

行權日會計分錄為：
借：應付職工薪酬——股份支付
　　貸：銀行存款

（4）公允價值的確定不同。以權益結算的股份支付採用的是權益授予日的公允價值，其後不存在變動；而以現金結算的股份支付採用的是結算前每個資產負債表日的公允價值，其值處於變動狀態，等待期內的變動額都記入費用科目；可行權日之後，其公允價值變動確認公允價值變動損益，同時相應增減負債。

第三節　股份支付的特殊問題

一、權益工具公允價值的確定

這裡的權益工具，根據《企業會計準則第22號——金融工具確認和計量》的規定，是指能證明擁有某個企業在扣除所有負債後的資產中的剩餘權益的合同，其實質就是指所有者權益，而在所有者權益中，股份是重要的組成部分。

股份支付中權益工具的公允價值的確定，應當以市場價格為基礎。一些股份和股票期權沒有一個活躍的交易市場，在這種情況下，企業應當考慮估值技術。在通常情況下，企業應當按照《企業會計準則第22號——金融工具確認和計量》的有關規定確定權益工具的公允價值，並根據股份支付協議的條款和條件進行調整。

（一）限制性股票

限制性股票公允價值的確定相對比較簡單，股票在市場上自由交易，屬於存在活躍市場的金融資產，因此其市價即為權益工具的公允價值。但如果限制性股票的取得條件包括了市場條件，將使激勵方式具有期權的特徵，應準確認定所屬期權工具的類別並按估值模型確定其公允價值。

（二）股票期權和股票增值權

對於授予職工的股票期權，因其通常受到一些不同於交易期權的條款和條件的限制，因此在許多情況下難以獲得其市場價格。如果不存在條款和條件相似的交易期權，企業應通過期權定價模型來估計授予的期權公允價值。從概念上講，股票增值權的公允價值和股票期權相同，都包括時間價值和內在價值兩部分，其公允價值也可以採用期權定價模型確定。

股票期權和股票增值權公允價值的確定比較複雜。一般情況下，激勵期權並不在市場上進行交易，因此無法獲取市場價格，應採用期權定價模型來確定其公允價值。期權定價模型有很多，比較常用的主要有布萊克-斯科爾斯模型（B-S）和二項模型。利用這類模型估計期權公允價值需考慮的主要因素有期權的行權價格、期權期限、基礎股份的現行價格、估計的預計波動率、股份的預計股利、期權期限內的無風險利率等。

此外，企業選擇的期權定價模型還應考慮熟悉情況和自願的市場參與者在確定期權價格時會考慮的其他因素，但不包括那些在確定期權公允價值時不考慮的可行權條件和再授予特徵因素。確定授予職工的股票期權的公允價值，還需要考慮提早

行權的可能性。

1. 期權定價模型的輸入變量的估計

在估計基礎股份的預計波動率和股利時，目標是盡可能接近當前市場或協議交換價格所反應的價格預期。在通常情況下，對未來波動率、股利和行權行為的預期尋找一個合理的區間，這時應將區間內的每項可能數額乘以其發生概率，加權計算上述輸入變量的期望值。

2. 預計提早行權

出於各種原因，職工經常在期權失效日之前提前行使股票期權。預計提早行權對期權公允價值的影響的具體方法，取決於所採用的期權定價模型的類型。但無論採用何種方法，估計提早行權時都要考慮以下因素：等待期的長短、以往發行在外的類似期權的平均存續時間、基礎股份的價格（有時根據歷史經驗，職工在股價超過行權價格達到特定水準時傾向於行使期權）、職工在企業中所處的層級（有時根據歷史經驗，高層職工傾向於較晚行權）、基礎股份的預計波動率（一般而言，職工傾向於更早地行使高波動率的股份期權）。

3. 預計波動率

波動率是對預期股份價格在一個期間內可能發生的波動金額的度量。期權定價模型中所用的波動率的量度，是一段時間內股份的連續複利回報率的年度標準差。波動率通常以年度表示，而不管計算時使用的是何種時間跨度基礎上的價格，如每日、每週或每月的價格。一個期間股份的回報率（可能是正值也可能是負值）衡量了股東從股份的股利和價格漲跌中受益的多少。股份預計年波動率是指一個範圍（置信區間），連續複利年回報率預期處在這個範圍內的概率大約為2/3（置信水準）。估計預計波動率要考慮以下因素：

（1）如果企業有股票期權或其他包含期權特徵的交易工具（如可轉換公司債券）的買賣，則應考慮這些交易工具內含的企業股價波動率。

（2）在與期權的預計期限（考慮期權剩餘期限和預計提早行權的影響）大體相當的最近一個期間企業股價的歷史波動率。

（3）企業股份公開交易的時間。與上市時間更久的類似企業相比，新上市企業的歷史波動率可能更大。

（4）波動率向其均值（長期平均水準）迴歸的趨勢以及表明預計未來波動率可能不同於以往波動率的其他因素。有時，企業股價在某一特定期間因為特定原因劇烈波動，如收購要約或重大重組失敗，則在計算歷史平均年度波動率時，可剔除這個特殊期間。

（5）獲取價格要有恰當且規律的間隔。價格的獲取在各期應保持一貫性。例如，企業可用每週收盤價或每週最高價，但不應在某些週用收盤價，某些週用最高價。又如，獲取價格應使用與行權價格相同的貨幣來表示。

除了上述考慮因素外，如果企業因新近上市而沒有關於歷史波動率的充分信息，應按可獲得交易活動數據的最長期間計算歷史波動率，也可考慮類似企業在類似階段可比期間的歷史波動率。如果企業是非上市企業，估計預計波動率是沒有歷史信息可循的，企業可以考慮以下替代因素：

(1) 在某些情況下，定期向職工（或其他方）發行期權或股份的非上市企業，可能已為其股份設立了一個內部「市場」。估計預計波動率時可以考慮這些「股價」的波動率。

(2) 如果上述方法不適用，而企業以類似上市企業股份為基礎估計其自身股價的價值，企業可以考慮類似上市股份的歷史或內含波動率。

(3) 如果企業未以類似上市企業股價為基礎估計其自身股份價值，而是採用了其他估計方法對自身股價進行估價，則企業可以推導出一個與該估價方法基礎一致的預計波動率估計數。

4. 預計股利

計量所授予的股份或期權的公允價值時是否應當考慮預計股利，取決於被授予方是否有權取得股利或股利等價物。

如果職工被授予期權，並有權在授予日和行權日之間取得基礎股份的股利等價物（可現金支付，也可抵減行權價格），所授予的期權應當像不支付基礎股份的股利那樣進行估價，即預計股利的輸入變量應為零。相反，如果職工對等待期內或行權前的股利或股利等價物有要求權，對股份或期權在授予日公允價值的估計就應考慮預計股利因素。一般來說，預計股利應以公開可獲得的信息為基礎。不支付股利且沒有支付股利計劃的企業應假設預計股利收益率為零。如果無股利支付歷史的新企業被預期在其職工股票期權期限內開始支付股利，可使用其歷史股利收益率與大致可比的同類企業的股利收益率均值的平均數。

5. 無風險利率

無風險利率一般是指期權行權價格以該貨幣表示的，剩餘期限等於被估價期權的預計期限（基於期權的剩餘合同期限，並考慮預計提早行權的影響）的零息國債當前可獲得的內含收益率。如果沒有此類國債，或者環境表明零息國債的內含收益率不能代表無風險利率，企業應使用適當的替代利率。

6. 資本機構的影響

通常情況下，交易期權是由第三方而不是企業簽出的。當這些股票期權行權時，簽出人將股份交付給期權持有者。這些股份是從現有股東手中取得的，因此交易期權的行權不會產生稀釋效應。

如果股票期權是從企業簽出的，在行權時需要增加已發行在外的股份數量（要麼正式增發，要麼使用先前回購的庫存股）。假定股份將按行權價格而不是行權日的市場價格發行，這種現實或潛在的稀釋效應可能會降低股價。因此，期權持有者行權時，無法獲得與行使其他方面類似但不稀釋股價的交易期權一樣多的利益。這一問題能否對企業授予股票期權的價值產生顯著影響，取決於各種因素，包括行權時增加的股份數量（相對於已發行在外股份數量）。如果市場已預期企業將會授予期權，則可能已將潛在稀釋效應體現在了授予日的股價中。企業應考慮授予的股票期權未來行權的潛在稀釋效應，是否可能對股票期權在授予日的公允價值構成影響。企業可以修改期權定價模型，以將潛在稀釋效應納入考慮範圍。

二、權益工具公允價值無法可靠確定時的處理

在極少數情況下，授予權益工具的公允價值無法可靠計量，企業應在獲取服務

的時點、後續的每個資產負債表日和結算日,以內在價值計量該權益工具,內在價值的變動應計入當期損益。同時,企業應以最終可行權或實際可行權的權益工具數量為基礎,確認取得服務的金額。內在價值是指交易對方有權認購或取得的股份的公允價值,與其按照股份支付協議應當支付的價格間的差額。

企業對上述以內在價值計量的已授予權益工具進行結算,應當遵循以下要求:

(1)結算發生在等待期內的,企業應當將結算作為加速可行權處理,即立即確認本應於剩餘等待期內確認的服務金額。

(2)結算時支付的款項應當作為回購該權益工具處理,即減少所有者權益。結算支付的款項高於該權益工具在回購日內在價值的部分,計入當期損益。

三、可行權條件和條款的變更與修改

在通常情況下,股份支付協議生效後,企業不應對其條款和條件隨意修改。但在某些情況下,企業可能需要修改授予權益工具的股份支付協議中的條款和條件,如股票除權、除息或其他原因需要調整行權價格或股票期權數量。此外,為了得到更佳的激勵效果,有關法規也允許企業依據股份支付協議的規定,調整行權價格或股票期權數量,但應當由董事會做出決議並經股東大會審議批准,或者由股東大會授權董事會決定。《上市公司股權激勵管理辦法》對此做出了嚴格的限定,企業必須按照批准股份支付計劃的原則和方式進行調整。

在會計上,無論已授予的權益工具的條款和條件如何修改,甚至取消權益工具的授予或結算該權益工具,企業都應至少確認所授予的權益工具在授予日的公允價值來計量獲得的相應的服務,除非因不能滿足權益工具的可行權條件(除市場條件外)而無法行權。

1. 條款和條件的有利修改

如果修改了某些條款或條件,對職工有利,那麼企業應當區分以下情況,確認導致股份支付公允價值總額升高以及其他對職工有利的修改的影響:

(1)如果修改增加了所授予的權益工具的公允價值,企業應按照權益工具公允價值的增加相應地確認取得服務的增加。權益工具公允價值的增加是指修改前後的權益工具在修改日的公允價值之間的差額。

如果修改發生在等待期內,企業在確認修改日至修改後的權益工具可行權日之間取得服務的公允價值時,應當既包括在剩餘原等待期內以原權益工具授予日公允價值為基礎確定的服務金額,也包括權益工具公允價值的增加。

如果修改發生在可行權日之後,企業應當立即確認權益工具公允價值的增加。

如果股份支付協議要求職工只有先完成更長期間的服務才能取得修改後的權益工具,則企業應在整個等待期內確認權益工具公允價值的增加。

(2)如果修改增加了所授予的權益工具的數量,企業應將增加的權益工具的公允價值相應地確認為取得服務的增加。

如果修改發生在等待期內,企業在確認修改日至增加的權益工具可行權日之間取得服務的公允價值時,應當既包括在剩餘原等待期內以原權益工具授予日公允價值為基礎確定的服務金額,也包括權益工具公允價值的增加。

(3) 如果企業按照有利於職工的方式修改可行權條件，如縮短等待期、變更或取消業績條件（而非市場條件），企業在處理可行權條件時，應當考慮修改後的可行權條件。

2. 條款和條件的不利修改

如果企業以減少股份支付公允價值總額的方式或其他不利於職工的方式修改條款和條件，企業仍應繼續對取得的服務進行會計處理，如同該變更從未發生，除非企業取消了部分或全部已授予的權益工具。具體包括如下幾種情況：

(1) 如果修改減少了所授予的權益工具的公允價值，企業應當繼續以權益工具在授予日時的公允價值為基礎，確認取得服務的金額，而不應考慮權益工具公允價值的減少。

(2) 如果修改減少了授予的權益工具的數量，企業應當將減少部分作為已授予的權益工具的取消來進行處理。

(3) 如果企業以不利於職工的方式修改了可行權條件，如延長等待期、增加或變更業績條件（而非市場條件），企業在處理可行權條件時，不應當考慮修改後的可行權條件。

[例3-5] 瀘州老窖股權激勵計劃的變更與實施分析。

瀘州老窖股份有限公司（以下簡稱瀘州老窖）是具有悠久釀酒歷史的國有控股上市公司，擁有中國建造最早（始建於公元1573年）、連續使用時間最長、保護最完整的老窖池群，1996年經國務院批准為全國重點文物保護單位，被譽為「中國第一窖」，以其獨一無二的社會、經濟、歷史、文化價值成為世界釀酒史上的奇跡。

2010年1月，瀘州老窖股權激勵方案獲得通過。高管、業務骨幹共計143人將獲得股權激勵，包括瀘州老窖董事長謝明、總經理張良等人在內，共1,344萬份期權。除了江蘇洋河酒廠股份有限公司（以下簡稱洋河股份）在上市之前便完成股權激勵外，瀘州老窖成為第二家進行股權激勵的白酒上市公司。在此三年半之前，瀘州老窖也曾啟動過一次股權激勵。2006年7月，瀘州老窖的股權激勵方案獲得通過，但隨後因為國資委與財政部出拾了《國有控股上市公司（境內）實施股權激勵試行辦法》，國有控股上市公司需按照該文件的規定予以規範，因此在此後很長的一段時間內，瀘州老窖對原方案進行了修訂，並最終獲得四川省國資委的批復。根據這次修訂後的方案，計劃授予激勵對象的股票期權為1,344萬份，佔當時總股本的0.96%。獲得激勵的人員中，高管共11人。

與三年半之前的那個方案相比，新方案的變化不小。首先，期權總量由2,400萬份下降為1,344萬份。變化更為顯著的是，高管期權數量大幅削減，從之前的1,625萬份減少至485萬份。以董事長謝明為例，之前的方案是240萬份，改變為58萬份。與此同時，骨幹員工期權數則由775萬份增至859萬份。此次授予的股票期權的行權價格為不低於12.78元，有效期為自股票期權授權日起5年。

瀘州老窖股權激勵計劃的變更及實施，為我們提供了一個國有控股企業管理層持股的經典案例。

(1) 國有絕對控股。分析瀘州老窖2000—2010年持股在5%以上的大股東股權結構發現，長期以來，瀘州老窖都處於國有絕對控股的狀態，國有產權的持股比例

（含直接持股和間接持股）一直都超過 50%（儘管國有控股的比例從 2000 年的 74.82%減少到 2010 年的 53.67%）。同時，瀘州老窖基本上不存在其他持股超過 5% 以上的大股東。

（2）管理層高度穩定。瀘州老窖的高管團隊組建於 2004 年 5 月底。表 3-6 列示了瀘州老窖前後兩份股權激勵方案中的激勵對象（董事及高級管理人員）。

表 3-6　瀘州老窖前後兩份股權激勵方案中的激勵對象

2006 年股權激勵方案		2010 年股權激勵方案	
激勵對象	所處職務	激勵對象	所處職務
謝明	董事長	謝明	董事長
張良	董事、總經理	張良	董事、總經理、黨委書記
蔡秋全	董事、副總經理	蔡秋全	董事、副總經理
沈才洪	董事、副總經理	沈才洪	董事、副總經理
龍成珍	董事	—	—
江域會	監事會主席	江域會	董事、紀委書記
劉淼	銷售公司總經理	劉淼	副總經理
郭志勇	總經理助理	郭志勇	副總經理
張順澤	總經理助理	張順澤	副總經理
何誠	釀酒公司總經理	何誠	釀酒公司總經理
林鋒	營銷總監	林鋒	銷售公司總經理
敖治平	財務部部長	敖治平	財務部部長

通過比較兩份激勵方案激勵對象中的董事及高級管理人員名單，可以看到這兩份股權激勵方案激勵的董事及高級管理人員具有高度的一致性，除 2006 年股權激勵方案中的龍成珍董事不在 2010 年的股權激勵方案中以外，其他激勵對象除了職務發生一些變化之外均完全一致。同時，2010 年的股權激勵方案並未增加新的高管層面的激勵對象。此外，在股權激勵方案實施的各個年份，所有公司高管基本上都未持有瀘州老窖的股份。2006—2010 年，瀘州老窖的高管團隊十分穩定，穩定的高管團隊有利於各項戰略經營決策的穩步推進和順利開展。

（3）近年經營業績。分析瀘州老窖及其對比公司（貴州茅臺集團和五糧液集團，在此期間，這兩家國有企業均未實施過股權激勵方案）2000—2010 年的主要經營指標後發現，從 2005—2010 年，瀘州老窖的經營績效有了大幅度的增長。具體來說：

①瀘州老窖的淨資產收益率（ROE）從 2005 年的 3.01%增長到 2010 年的 45.16%，從原來 2005 年排在貴州茅臺集團和五糧液集團之後，而且差距明顯，到 2010 年明顯超越貴州茅臺集團和五糧液集團。

②瀘州老窖的總資產報酬率（ROA）有著類似 ROE 的變化趨勢。

③瀘州老窖的銷售淨利率從 2005 年的 3.02%成長到 2010 年的 42.46%，從原來 2005 年排在貴州茅臺集團和五糧液集團之後，而且差距明顯，到 2010 年基本上與貴州茅臺集團比較接近。

④總資產週轉率從 2005 年的 0.57 次（在三家企業中排名第二），增加到 2010 年的 0.77 次（在三家企業中排名第一）。

(4) 2006 年方案未能實施的原因分析。瀘州老窖 2006 年 6 月的股權激勵方案順利地獲得了瀘州市國資委和臨時股東大會的通過，但尚未來得及實施，證監會、國資委、財政部就陸續出抬了許多新的監管法規和監管措施，這使得瀘州老窖原有的股權激勵方案在用這些新的監管法規和監管措施進行審視時，有很多的不規範之處，從而無法進入正式實施階段。具體來說主要是以下兩個方面的原因：

①激勵的預期收益過高。瀘州老窖 2006 年 6 月的股權激勵方案，主要是違背了《國有控股上市公司（境內）實施股權激勵試行辦法》（2006 年 9 月發布）第十六條的有關規定，即「在股權激勵計劃有效期內，高級管理人員個人股權激勵預期收益水準，應控制在其薪酬總水準（含預期的期權或股權收益）的 30%以內」。這樣，隨著瀘州老窖股票價格在 2006 年 6 月以後的快速上漲，其高管人員股權激勵的預期收益最高的甚至超過了 1 億元，而高管人員的實際年薪不到 100 萬元，顯然這一條件無法得到有效滿足。

②具體條款和公司治理結構有待進一步完善。根據前述有關法規的要求，上市公司要實施股票期權激勵，在公司治理結構方面要滿足更高的標準，而這些標準恰恰是瀘州老窖還沒有完全滿足的。具體包括：行權條件中沒有考慮行業標準；首次實施股權激勵計劃授予的股權數量占股本總額的比例過高；行權限制期和等待期偏短；尚未開展公司治理專項活動（上市公司自查階段、公眾評議階段和整改提高階段）；獨立董事比例未達到董事會的半數以上，而且薪酬委員會成員並不是全由獨立董事組成；一名公司監事被納入股權激勵對象等。上述原因的存在，導致瀘州老窖 2006 年的股權激勵方案很難獲得通過，必須要根據新的監管法規和要求進行相應的調整。

(5) 對 2010 年股權激勵方案成功實施的探討。瀘州老窖的行業排名基本上是在第三位，處於貴州茅臺集團和五糧液集團之後，同時又受到洋河股份等後起之秀的挑戰。這樣的行業地位比較尷尬，要前進一步非常困難，但要後退卻非常容易；同時，即使要保持住現有的地位也會面臨很大壓力。要保證公司在行業中的地位和未來發展，需要有足夠的激勵強度，而如何向高管和骨幹員工提供足夠的、合適的股權激勵就成為一個很現實的問題。經過三年多的等待，瀘州老窖股權激勵方案終於在 2010 年成功實施，對比 2006 年的股權激勵方案，我們發現如下幾點變化：

①激勵數量及激勵份額占總股本的比例明顯降低。激勵數量由 2006 年股權激勵方案的 2,400 萬份（占總股本的 2.85%）降為 2010 年的股權激勵方案的 1,344 萬份（占總股本的 0.96%），其主要目的在於滿足《國有控股上市公司（境內）實施股權激勵試行辦法》第十四條的有關規定，即上市公司首次實施股權激勵計劃授予的股權數量原則上應控制在上市公司股本總額的 1%以內。

②激勵份額在激勵對象之間的結構分佈發生明顯變化。在 2006 年的股權激勵方案中，董事及高管人員所獲激勵份額占總激勵份額的 67.71%，其中董事長謝明和總經理張良各占 10%，而骨幹員工所占比例僅為 32.29%。在 2010 年的股權激勵方案中，這一比例差不多剛好反過來，董事及高管人員所占比例大幅降低為 36.09%，

其中董事長謝明和總經理張良各占 4.32%，而骨幹員工所占比例則大幅增加至 63.91%，同時，2010 年的股權激勵方案所激勵的骨幹員工數量也比原來的股權激勵方案有明顯增加。

③股權激勵方案的等待期和有效期發生變化。股權激勵方案的等待期從 1 年變為 2 年，其目的在於滿足《國有控股上市公司（境內）實施股權激勵試行辦法》第二十一條的有關規定，即行權限制期原則上不得少於 2 年，在限制期內不可以行權。這一規定可以在一定程度上限制激勵對象的機會主義行為。

④股權激勵方案的股票來源和行權價格沒有發生變化。前後兩個股權激勵方案的激勵股票來源均為定向增發，沒有差異。瀘州老窖股權激勵方案中最容易引起爭議的地方就是，前後兩個股權激勵方案的行權價格完全沒有發生變化，均為 12.78 元。在設計 2006 年 6 月的股權激勵方案時，12.78 元的行權價格是有一定的合理性的，其確定依據為在股權激勵計劃草案公布前一個交易日的公司標的股票的收盤價 11.11 元的基礎上再乘以 115%。但是，在設計 2010 年 1 月的股權激勵方案時，股票價格已經發生了根本性的變化。此時，如果將 2010 年 1 月的股權激勵方案視作一個全新的股權激勵方案的話，根據《國有控股上市公司（境內）實施股權激勵試行辦法》第十八條的規定，上市公司股權的授予價格應不低於股權激勵計劃草案摘要公布前一個交易日的公司標的股票收盤價或者股權激勵計劃草案摘要公布前 30 個交易日內的公司標的股票平均收盤價中的較高者，那麼行權價格就應該在 35~40 元，遠遠高於原方案中的 12.78 元。這也是 2010 年 1 月的股權激勵方案是以 2006 年 6 月的股權激勵方案的修訂稿形式出現，而不是以一個全新的股權激勵方案的形式出現的最根本原因。

⑤行權條件和行權安排比較。從行權條件的角度來看，2010 年的股權激勵方案的設計要求更高，而且引入了行業比較的相對業績評價。對淨資產收益率指標的要求從 2006 年的股權激勵方案的不得低於 10% 提高到 2010 年的股權激勵方案的不得低於 30% 且不得低於同行業上市公司 75 分位值。儘管對淨利潤增長率的要求從原股權激勵方案的不低於 30% 調整到新股權激勵方案的不低於 12%，但這主要是與瀘州老窖在經歷了 2005—2010 年的高速成長階段之後，淨利潤的進一步成長潛力必然會有所下降有關。

從行權安排的角度來看，兩份股權激勵方案都比較強調在業績考核合格之後分階段行權，2006 年的股權激勵方案分 3 年行權，可行權比例分別為 40%、30% 和 30%；2010 年的股權激勵方案也是分 3 年行權，但是對可行權比例做了適度調整，分別為 30%、30% 和 40%，更強調對高管的長期激勵。

股權激勵方案在行權安排方面的最大變化，是根據國資委、財政部於 2008 年 12 月聯合發布的《關於規範國有控股上市公司實施股權激勵制度有關問題的通知》的有關要求，增加了薪酬管制條款，即在行權有效期內，激勵對象獲取的股權激勵收益占本期股票期權授予時薪酬總水準（含股權激勵收益）的最高比重不得超過 40%。激勵對象已行權的股票期權獲得的股權激勵實際收益超出上述比重的，尚未行權的股票期權不再行使。前後兩個股權激勵方案的比較如表 3-7 所示。

表 3-7　前後兩個股權激勵方案的比較

比較	2006 年的股權激勵方案	2010 年的股權激勵方案
有無明確薪酬管制安排	無	（1）有； （2）授予的期權數量和份額有明顯下降； （3）高管對所獲期權占比有明顯下降； （4）對股票期權的預期收益水準加以限制
激勵方面的表現（面向未來）	（1）行權價高出當時市價 15%； （2）有效期 10 年； （3）授予的期權數量較多，份額相對較高； （4）高管所獲期權占比相對較高	（1）除行權價格外，行權條件和行權安排相對更加規範； （2）等待期由 1 年延長為 2 年； （3）就低不就高的行權價格，提高了激勵強度
福利方面的表現（利益分配）	（1）擇時（股市低迷時）提出激勵方案； （2）行權條件和行使安排相對比較簡單； （3）等待期限僅為 1 年，相對較短	（1）就低不就高的行權價格，即使股價大跌，通過行權仍能獲得滿意收益，容易導致高管努力水準下降； （2）有效期減為 5 年

資料來源：殷友利.瀘州老窖股權激勵計劃的變更與實施［EB/OL］.（2012-11-28）［2020-06-30］.http://www.gzfunds.com/gzjj/news/newsContent.jsp?cId=gz-gzgc&nId=16068&sId=38.

公司的股權激勵機制，對於深化國有企業改革和完善社會主義市場經濟的建設，都有深刻的歷史意義。股權激勵方案的設計是否合理、是否選擇和利用適合各個公司的股權激勵工具、行權條件是否適時變革與調整是關係到方案能否成功實施的關鍵。

3. 取消或結算

如果企業在等待期內取消了所授予的權益工具或結算了所授予的權益工具（因未滿足可行權條件而被取消的除外），企業應當：

（1）將取消或結算作為加速可行權處理，立即確認原本應在剩餘等待期內確認的金額。

（2）在取消或結算時支付給職工的所有款項均應作為權益的回購處理，回購支付的金額高於該權益工具在回購日公允價值的部分，計入當期費用。

（3）如果向職工授予新的權益工具，並在新權益工具授予日認定所授予的新權益工具是用於替代被取消的權益工具的，企業應當以與處理原權益工具條款和條件修改相同的方式，對所授予的替代權益工具進行處理。權益工具公允價值的增加是指在替代權益工具的授予日，替代權益工具公允價值與被取消的權益工具淨公允價值之間的差額。被取消的權益工具淨公允價值是指其在取消前立即計量的公允價值減去因取消原權益工具而作為權益回購支付給職工的款項的淨額，如果企業未將新授予的權益工具認定為替代權益工具，則應將其作為一項新授予的股份支付進行處理。企業如果回購其職工已可行權的權益工具，應當借記「所有者權益」帳戶，回購支付的金額高於該權益工具在回購日公允價值的部分，計入當期費用。

股權激勵取消的會計處理分為兩種情況：未達到非市場條件和達到市場條件。如果因為達到市場條件而未行權，企業不調整已經確認的費用；如果因為未達到非

市場條件（如業績）而不能行權，企業應調整已經確認的費用。

（1）不能滿足非市場條件而取消或終止股權激勵計劃。若激勵對象未能達到非市場條件（服務期限條件、業績條件等），則激勵對象實際最終沒有被授予權益工具。相應地，與該股權激勵計劃相關的累計成本、費用為零。在會計處理上，企業應將原已確認的費用衝回，即在權益結算的股份支付中，服務期限條件和非市場業績條件是決定授予權益工具的數量的。如果激勵對象未滿足服務期限條件和非市場業績條件，則最終被授予的權益工具數量為零。相應地，與該股份支付計劃相關的累計成本、費用也就為零。企業需要把以前期間就該股份支付計劃已確認的成本、費用全部在當期衝回。這是由股份支付的基本原理決定的。

[例3-6] 未能滿足非市場條件而取消股權激勵計劃。

2017年1月1日，ABC公司授予20名激勵對象每人100份股票期權。ABC公司每個會計年度對財務業績指標進行考核，以達到財務業績指標作為激勵對象行權的必要條件。其可行權條件為2年內ABC公司淨利潤增長均達到10%，每份期權在2017年1月1日的公允價值是10元。

2017年年末，ABC公司淨利潤增長為12%，並且預計下一年會有相同幅度的增長。因此，ABC公司在這一資產負債表日確認費用10,000元。對上述事項進行會計處理如下：

借：管理費用等　　　　　　　　　　　　　　　　　10,000
　　貸：資本公積——其他資本公積（20×100×10×1÷2）　10,000

2018年年末，由於市場發生變化，ABC公司淨利潤增長為8%，未能達到非市場的業績條件，不能行權。ABC公司應將原已確認的費用衝回，會計處理如下：

借：以前年度損益調整　　　　　　　　　　　　　　10,000
　　貸：資本公積——其他資本公積　　　　　　　　　10,000

（2）能夠滿足非市場條件下取消或終止股權激勵計劃。能夠滿足非市場條件，即預計激勵對象能滿足服務期限條件、業績條件等指標。此時，激勵對象將因為能夠滿足激勵指標而被視為將被授予權益工具。但是由於權益工具價格低於行權價格，行權將產生負收益。在這一情況下，很多上市公司考慮到權益工具價格可能長時間低於行權價格，激勵對象不能得到正常的激勵收入而直接取消股權激勵計劃。取消股權激勵計劃通常源於公司或員工主動的行為。會計處理結果視同加速行權，將剩餘等待期內應確認的金額立即計入當期損益，同時確認資本公積。

具體的處理方法（是作為衝回處理還是加速行權處理、衝回全部還是部分、衝回的損益影響確認在哪一年度等）需要根據具體的股權激勵計劃條款進行分析，不能一概而論。如果取消的僅是其中某一期解鎖的股票而不是全部標的股票，並且取消的原因是沒有實現可行權條件中的非市場條件，則所衝回的費用也僅限於截至目前累計已經確認的與該期取消解鎖的股權相關的費用，其他各期不受影響。根據《國際財務報告準則》(IFRS)的規定，在這種分期解鎖的情況下，分不同期限解鎖的各期視作不同的股份支付，分別在其各自的等待期內攤銷計入費用。衝回的損益影響確認在哪一個年度，取決於何時可以確定非市場條件不再得到滿足。

[**例 3-7**] 能夠滿足非市場條件而取消股權激勵計劃。

2016 年 1 月 10 日，ABC 公司（上市公司）向 30 名公司高級管理人員授予了 3,000 萬股限制性股票，授予價格為 6 元，授予後鎖定 3 年。2016 年、2017 年、2018 年為申請解鎖考核年，每年的解鎖比例分別為 30%、30% 和 40%，即 900 萬股、900 萬股和 1,200 萬股。經測算，授予日限制性股票的公允價值總額為 30,000 萬元。該計劃為一次授予、分期行權的計劃。各期解鎖的業績條件如下：

第一期：2016 年淨利潤較 2014 年增長率不低於 25%。

第二期：2016 年和 2017 年兩年淨利潤平均數較 2014 年增長率不低於 30%。

第三期：2016—2018 年三年淨利潤平均數較 2014 年增長率不低於 40%。

2016 年 11 月 30 日，ABC 公司公告預計 2016 年全年淨利潤較 2014 年下降 20%～50%。2016 年 12 月 13 日，ABC 公司召開董事會，由於市場需求大幅度萎縮，嚴重影響了 ABC 公司當年以及未來一兩年的經營業績，ABC 公司預測股權激勵計劃解鎖條件中關於經營業績的指標無法實現，因此決定終止實施原股權激勵計劃，激勵對象已獲授的限制性股票由 ABC 公司回購並註銷。2016 年 12 月 28 日，ABC 公司股東大會審議通過上述終止及回購方案。ABC 公司終止實施原股權激勵計劃應該如何進行會計處理呢？

第一期解鎖部分未能達到可行權條件，即「2016 年淨利潤較 2014 年增長率不低於 25%」而導致激勵對象不能解鎖相應的限制性股票，屬於不能滿足非市場條件（業績條件）而取消或終止股權激勵計劃，2016 年度不確認與這一部分相關的股權激勵費用 9,000 萬元，ABC 公司不進行任何會計處理。

第二期和第三期由於市場原因而取消股份支付計劃，ABC 公司應按照加速行權處理，將剩餘的授予日權益工具的公允價值全部在取消當期確認，即在取消日加速確認第二期、第三期的費用 21,000 萬元。會計處理如下：

借：管理費用等　　　　　　　　　　　　　　　　　　21,000
　　貸：資本公積——其他資本公積（9,000+12,000）　　　21,000

四、回購股份進行職工期權激勵

企業以回購本企業股份的形式獎勵本企業職工的，屬於以權益結算的股份支付，應當按照以權益結算的股份支付進行會計處理。所不同的是，回購股份也要進行會計處理。

（一）回購股份

企業回購股份時，應當按照回購股份的全部支出作為庫存股處理，同時進行備查登記。會計分錄為借記「庫存股」科目，貸記「銀行存款」等科目。

（二）確認成本費用

按照《企業會計準則第 11 號——股份支付》對職工權益結算股份支付的規定，企業應當在等待期內每個資產負債表日按照權益工具在授予日的公允價值，將取得的職工服務計入成本或費用，同時增加資本公積（其他資本公積）。這和本章第二節介紹的會計處理相同。

（三）職工行權

企業應於職工行權購買本企業股份收到價款時，轉銷交付職工的庫存股成本和等待期內資本公積（其他資本公積）累計金額；同時，按照其差額調整資本公積（股本溢價）。會計分錄為借記「銀行存款」「資本公積——其他資本公積」等科目，貸記「股本」「庫存股」科目，按其差額借記或貸記「資本公積——股本溢價」科目。

五、集團股份支付的會計處理

如果由母公司和其全部子公司組成的企業集團內部發生股份支付，其會計處理有一定的特殊性，但這種特殊性主要表現在不同情況的股份支付應視為何種類型的股份支付，即應歸屬於權益結算的股份支付還是現金結算的股份支付。

2010年7月14日，財政部發布了《企業會計準則解釋第4號》就上述問題的處理進行了原則性規定，主要包括：

（1）結算企業以其本身權益工具結算的，應當將該股份支付交易作為權益結算的股份支付處理；除此之外，應當作為現金結算的股份支付處理。

結算企業是接受服務企業的投資者的，應當按照授予日權益工具的公允價值或應承擔負債的公允價值確認為對接受服務企業的長期股權投資，同時確認資本公積（其他資本公積）或負債。

（2）接受服務企業沒有結算義務或授予本企業職工的是其本身權益工具的，應當將該股份支付交易作為權益結算的股份支付處理；接受服務企業具有結算義務且授予本企業職工的是企業集團內其他企業權益工具的，應當將該股份支付交易作為現金結算的股份支付處理。

第四節　股份支付的會計信息列報

與股份支付有關的會計信息披露，包括已經確認與計量的項目在財務報表內的列示，還有一些在財務報表附註中的披露。

一、表內列示

無論是權益結算的股份支付，還是現金結算的股份支付，在等待期內的每個資產負債表日確認與計量的資產成本應在資產負債表中列示，而相關費用應在利潤表中列示。權益結算的股份支付確認的資本公積在資產負債表的所有者權益中列示，現金結算的股份支付確認的應付職工薪酬在資產負債表的流動負債中列示。其他相關的確認與計量的信息披露基本上按照會計分錄中的項目進行。

二、表外披露

表外披露分為兩個方面：一是與股份支付本身有關的信息，二是股份支付交易對當期財務狀況和經營成果的影響（見表3-8）。

表 3-8　以權益結算和以現金結算股份支付會計處理比較

對比		權益結算	現金結算
項目計量標準		按照授予職工和提供類似服務的其他方的權益工具的公允價值計量	按照承擔債務性工具的公允價值計量
授予日	授予日後立即可以行權	成本費用為授予日權益工具的公允價值加相關成本費用，同時增加資本公積——其他資本公積	成本費用為授予日企業承擔負債的公允價值及相關成本費用，同時增加負債（應付職工薪酬）
	存在等待期	不做會計處理	
等待期每個資產負債表日	可行權權益工具的數量	根據最新取得的可行權職工人數變動等後續信息做出最佳估計，修正預計可行權權益工具的數量，在可行權日，最終預計可行權權益工具的數量應當與實際可行權權益工具的數量一致	
	公允價值的變動	等待期內的每個資產負債表日，不確認公允價值變動，只根據權益數量變動而重新計算每年確認的成本費用（授予日權益工具的公允價值×可行權日權益工具的數量的最佳估計值×N÷等待期-以前年度確認的成本費用），同時增加資本公積（其他資本公積）（N為1，2，3，⋯，等待期，自然數）。 會計分錄為： 借：管理費用等 　貸：資本公積——其他資本公積	等待期內的任何公允價值變動都要重新計算公允價值，每年確認的成本費用=每個資產負債表日權益工具的公允價值×可行權日權益工具的數量的最佳估計值×N÷等待期-以前年度確認的成本費用，同時增加企業負債（N為1，2，3，⋯，等待期，自然數）。 會計分錄為： 借：管理費用等 　貸：應付職工薪酬——股份支付
可行權日		行權日按照實際行權金額，增加銀行存款、股本，同時結轉等待期內確認的資本公積，差額計入資本公積（股本溢價）。 行權價>0時，資本溢價=行權價格×行權日權益工具實際數量+其他資本公積-行權時權益工具實際數量的面值。 行權價=0，資本溢價=其他資本公積-行權時權益工具實際數量的面值。 不再對已確認的成本費用和所有者權益總額進行調整。 會計分錄為： 借：銀行存款 　　資本公積——其他資本公積 　貸：股本 　　　資本公積——股本溢價	行權日調整至可行權水準，按照實際行權金額衝減負債，差額計入當期損益。對負債公允價值的變動計入當期損益（公允價值變動損益），不再確認為獲取職工提供服務的費用。 會計分錄為： 借：公允價值變動損益 　貸：應付職工薪酬——股份支付 借：應付職工薪酬——股份支付 　貸：銀行存款
行權條件未能滿足		衝減因行權數量變動引起的公允價值的變動，不對其他原因形成公允價值的變動進行調整	衝減相關成本費用，同時衝減負債

（一）與股份支付本身有關的信息披露

企業應當在附註中披露與股份支付有關的下列信息：

（1）當期授予、行權和失效的各項權益工具總額。

（2）期末發行在外的股份期權或其他權益工具行權價格的範圍和合同剩餘期限。

（3）當期行權的股份期權或其他權益工具以其行權日價格計算的加權平均價格。

（4）權益工具公允價值的確定方法。

另外，企業對性質相似的股份支付信息可以合併披露。

（二）股份支付對當期財務狀況和經營成果的影響的信息披露

企業應當在附註中披露股份支付交易對當期財務狀況和經營成果的影響，至少包括下列信息：

（1）當期因以權益結算的股份支付而確認的費用總額。

（2）當期因以現金結算的股份支付而確認的費用總額。

（3）當期以股份支付換取的職工服務總額及其他方服務總額。

思考題

1. 什麼是股份支付？對企業和職工來說，股份支付有何意義？
2. 股份支付有哪些主要環節？主要的日期有哪些？
3. 權益結算的股份支付和現金結算的股份支付在授予日、等待期內、可行權日、可行權日之後、行權日等時點上的確認與計量方面有何區別？
4. 什麼是可行權條件？為什麼要規定可行權條件？可行權條件有哪些類別？
5. 對於可行權條件或條款的變更與修改，應如何進行處理？
6. 回購股份激勵職工和一般的股份支付有何區別？

第四章
政府補助會計

【學習目標】

通過本章的學習，學生應理解政府補助的含義及特徵，瞭解政府補助的內容及形式，掌握政府補助的會計處理方法，瞭解政府補助會計披露的要求。

一個國家的政府向企業提供經濟支持，以鼓勵或扶持特定行業、地區或領域的發展，是政府進行宏觀調控的重要手段，也是國際上通行的做法。但並不是所有來源於政府的經濟資源都屬於《企業會計準則第16號——政府補助》（以下簡稱政府補助準則）規範的政府補助，除政府補助外，還可能是政府對企業的資本性投入或政府購買服務支付的對價。因此，企業要根據交易或事項的實質對來源於政府的經濟資源所歸屬的類型做出判斷，再進行相應的會計處理。

第一節　政府補助概述

一、政府補助的定義

根據政府補助準則的規定，政府補助是指企業從政府無償取得的貨幣性資產或非貨幣性資產。其主要形式包括政府對企業的無償撥款、稅收返還、財政貼息以及無償給予非貨幣性資產等。在通常情況下，企業直接減徵、免徵、增加計稅抵扣額、抵免部分稅額等不涉及資產直接轉移的經濟資源，不適用政府補助準則。但是，部分減免稅款需要按照政府補助準則進行會計處理。例如，屬於增值稅一般納稅人的加工型企業根據稅法規定招用自主就業退役士兵，並按定額扣減增值稅的，應當將減徵的稅額計入當期損益，借記「應交稅費——應交增值稅（減免稅額）」科目，貸記「其他收益」科目。需要說明的是，增值稅出口退稅不屬於政府補助。根據稅法的規定，在對出口貨物取得的收入免徵增值稅的同時，退付出口貨物前道環節發生的進項稅額，增值稅出口退稅實際上是政府退回企業事先墊付的進項稅，因此不屬於政府補助。

二、政府補助的特徵

（一）政府補助是來源於政府的經濟資源

政府主要是指行政事業單位及類似機構。對企業收到的來源於其他方的補助，如有確鑿證據表明政府是補助的實際撥付者，其他方只是起到代收代付的作用，則該項補助也屬於來源於政府的經濟資源。例如，某集團公司母公司收到一筆政府補

助款，有確鑿證據表明該補助款實際的補助對象為該母公司下屬子公司，母公司只是起到代收代付作用，在這種情況下，該補助款屬於對子公司的政府補助。

(二) 政府補助是無償的

企業取得來源於政府的經濟資源，不需要向政府交付商品或服務等對價。無償性是政府補助的基本特徵。這一特徵將政府補助與政府作為企業所有者投入的資本、政府購買服務等互惠性交易區別開來。

政府如以企業所有者身分向企業投入資本，享有相應的所有者權益，政府與企業之間是投資者與被投資者的關係，屬於互惠交易。

企業從政府取得的經濟資源，如果與企業銷售商品或提供勞務等活動密切相關，且來源於政府的經濟資源是企業商品或服務的對價，或者是對價的組成部分，應當按照《企業會計準則第14號——收入》的規定進行會計處理，不適用政府補助準則。需要說明的是，政府補助通常附有一定條件，這與政府補助的無償性並無矛盾，只是政府為了推行其宏觀經濟政策，對企業使用政府補助的時間、使用範圍和方向進行了限制。

[例4-1] 甲企業是一家生產和銷售高效照明產品的企業。國家為了支持高效照明產品的推廣使用，通過統一招標的形式確定中標企業、高效照明產品及其中標協議價格。甲企業作為中標企業，需要以中標協議供貨價格減去財政補貼資金後的價格將高效照明產品銷售給終端用戶，並按照高效照明產品實際安裝數量、中標供貨協議價格、補貼標準，申請財政補貼資金。2019年度，甲企業因銷售高效照明產品獲得財政資金5,000萬元。

本例中，甲企業雖然取得財政補貼資金，但最終受益人是從甲企業購買高效照明產品的大宗用戶和城鄉居民，相當於政府以中標協議供貨價格從甲企業購買了高效照明產品，再以中標協議供貨價格減去財政補貼資金後的價格將產品銷售給終端用戶。在實際操作時，政府並沒有直接從事高效照明產品的購銷，但以補貼資金的形式通過甲企業的銷售行為實現了政府推廣使用高效照明產品的目標。對甲企業而言，銷售高效照明產品是其日常經營活動，甲企業仍按照中標協議供貨價格銷售了產品。其銷售收入由兩部分構成：一是終端用戶支付的購買價款，二是財政補貼資金，財政補貼資金是甲企業產品對價的組成部分。可見，甲企業收到的補貼資金5,000萬元應當按照《企業會計準則第14號——收入》的規定進行會計處理。

[例4-2] 2019年2月，乙企業與所在城市的開發區人民政府簽訂了項目合作投資協議，實施「退城進園」技改搬遷。根據協議的規定，乙企業在開發區內投資約4億元建設電子信息設備生產基地。生產基地占地面積400畝（1畝約等於666.67平方米，下同），該宗項目用地按開發區工業用地基準地價掛牌出讓，乙企業摘牌並按掛牌出讓價格繳納土地款及相關稅費4,800萬元。乙企業自開工之日起必須在18個月內完成搬遷工作，從原址搬遷至開發區，同時將乙企業位於城區繁華地段的原址用地（200畝，按照所在地段工業用地基準地價評估為1億元）移交給開發區政府收儲，開發區政府將向乙企業支付補償資金1億元。

本例中，為實施「退城進園」技改搬遷，乙企業將其位於城區繁華地段的原址用地移交給開發區政府收儲，開發區政府為此向乙企業支付補償資金1億元。由於

開發區政府對乙企業的搬遷補償是基於乙企業原址用地的公允價值確定的，實質上是政府按照相應資產的市場價格向企業購買資產，企業從政府取得的經濟資源是企業讓渡其資產的對價，雙方的交易是互惠性交易，不符合政府補助的無償性的特點，因此乙企業收到的1億元搬遷補償資金不作為政府補助處理，而應作為處置非流動資產的收入。

[例4-3] 丙企業是一家生產和銷售重型機械的企業。為推動科技創新，丙企業所在地政府於2019年8月向丙企業撥付了3,000萬元資金，要求丙企業將這筆資金用於技術改造項目研究，研究成果歸丙企業享有。

本例中，丙企業的日常經營活動是生產和銷售重型機械，其從政府取得了3,000萬元資金用於研發支出，且研究成果歸丙企業享有。因此，這項財政撥款具有無償性，丙企業收到的3,000萬元資金應當按照政府補助準則的規定進行會計處理。

三、政府補助的分類

確定了來源於政府的經濟利益屬於政府補助後，企業還應當對其進行恰當的分類。根據政府補助準則的規定，政府補助應當劃分為與資產相關的政府補助和與收益相關的政府補助，這是因為兩類政府補助給企業帶來經濟利益或者彌補相關成本或費用的形式不同，從而在具體帳務處理上存在差別。

（一）與資產相關的政府補助

與資產相關的政府補助是指企業取得的、用於購建或以其他方式形成長期資產的政府補助。在通常情況下，相關補助文件會要求企業將補助資金用於取得長期資產。長期資產將在較長的期間內給企業帶來經濟利益，會計上有兩種處理方法可供選擇：一是將與資產相關的政府補助確認為遞延收益，隨著資產的使用而逐步結轉入損益；二是將補助衝減資產的帳面價值，以反應長期資產的實際取得成本。

（二）與收益相關的政府補助

與收益相關的政府補助是指除與資產相關的政府補助之外的政府補助。此類政府補助主要是用於補償企業已發生或即將發生的費用或損失，受益期相對較短，因此通常在滿足補助所附條件時計入當期損益或衝減相關成本。

第二節　政府補助的會計處理

一、會計理論方法

根據政府補助準則的規定，政府補助同時滿足下列條件的，才能予以確認：一是企業能夠滿足政府補助所附條件；二是企業能夠收到政府補助。在計量方面，政府補助為貨幣性資產的，企業應當按照收到或應收的金額計量。企業如果已經實際收到補助資金，應當按照實際收到的金額計量。企業如果在資產負債表日尚未收到補助資金，但企業在符合相關政策規定後就相應獲得了收款權，且與之相關的經濟利益很可能流入企業，企業應當在這項補助成為應收款時按照應收帳款的金額計量。政府補助為非貨幣性資產的，企業應當按照公允價值計量。公允價值不能可靠取得

的，企業按照名義金額（通常是人民幣 1 元）計量。

企業對政府補助有兩種會計處理方法：一是總額法，即在確認政府補助時將政府補助全額確認為收益，而不是作為相關資產帳面價值或費用的扣減；二是淨額法，即將政府補助作為相關資產帳面價值或所補償費用的扣減。根據《企業會計準則——基本準則》的要求，同一企業不同時期發生的相同或相似的交易或者事項，應當採用一致的會計政策，不得隨意變更；確需變更的，應當在附註中說明。企業應當根據經濟業務的實質，判斷某一類政府補助業務應當採用總額法還是淨額法。通常情況下，企業對同類或類似政府補助業務只能選用一種方法，同時企業對該業務應當一貫地運用該方法，不得隨意變更。

與企業日常活動相關的政府補助，應當按照經濟業務實質，計入其他收益或衝減相關成本費用。與企業日常活動無關的政府補助，計入營業外收支。在通常情況下，若政府補助補償的成本費用是營業利潤之中的項目，或者該補助與日常銷售等經營行為密切相關，如增值稅即徵即退等，則認為該政府補助與日常活動相關。企業選擇總額法對與日常活動相關的政府補助進行會計處理的，應增設「其他收益」科目進行核算。「其他收益」科目核算總額法下與日常活動相關的政府補助以及其他與日常活動相關且應直接計入「其他收益」科目的項目。對於總額法下與日常活動相關的政府補助，企業在實際收到或應收時，將其確認為遞延收益的政府補助，分攤計入損益，借記「銀行存款」「其他應收款」「遞延收益」等科目，貸記「其他收益」科目。

二、與資產相關的政府補助

在實務中，企業通常先收到政府補助資金，再按照政府要求將政府補助資金用於購建固定資產或無形資產等長期資產。企業在收到政府補助資金時，有兩種會計處理方法可供選擇：一是總額法，即企業按照政府補助資金的金額借記有關資產科目，貸記「遞延收益」科目；之後在相關資產使用壽命內按合理、系統的方法分期計入損益。如果企業先收到政府補助資金，再購建長期資產，則應當在開始對相關資產計提折舊或攤銷時開始將遞延收益分期計入損益；如果企業先開始購建長期資產，再收到政府補助資金，則應當在相關資產的剩餘使用壽命內按照合理、系統的方法將遞延收益分期計入損益。企業對與資產相關的政府補助選擇總額法後，為避免出現前後方法不一致的情況，結轉遞延收益時不得衝減相關成本費用，而是將遞延收益分期轉入其他收益或營業外收入，借記「遞延收益」科目，貸記「其他收益」或「營業外收入」科目。相關資產在使用壽命結束時或結束前被處置（出售、轉讓、報廢等），尚未分攤的遞延收益餘額應當一次性轉入當期的損益，不再予以遞延。二是淨額法，即企業將政府補助衝減相關資產帳面價值，企業按照扣減了政府補助後的資產價值對相關資產計提折舊或進行攤銷。

在實務中，存在政府無償給予企業長期非貨幣性資產的情況，如無償給予的土地使用權和天然起源的生物資產等。對無償給予的非貨幣性資產，企業在收到時，應當按照公允價值借記有關資產科目，貸記「遞延收益」科目；在相關資產使用壽命內按合理、系統的方法分期計入損益，借記「遞延收益」科目，貸記「其他收益」或「營業外收入」科目。對以名義金額（1元）計量的政府補助，企業在取得

時計入當期損益。

[**例 4-4**] 按照國家有關政策，企業購置環保設備可以申請政府補助以補償其環保支出。丁企業於 2019 年 1 月向政府有關部門提交了 210 萬元的政府補助申請，作為對其購置環保設備的補貼。2019 年 3 月 15 日，丁企業收到了政府補助 210 萬元。2019 年 4 月，丁企業購入不需安裝的環保設備，實際成本為 480 萬元，使用壽命 10 年，採用直線法計提折舊（不考慮淨殘值）。2027 年 4 月，丁企業的這臺設備發生毀損。本例中不考慮相關稅費。丁企業的帳務處理如下：

方法一：丁企業選擇總額法進行會計處理。

(1) 2019 年 3 月 15 日，企業日實際收到財政撥款，確認遞延收益。

借：銀行存款　　　　　　　　　　　　　　　2,100,000
　貸：遞延收益　　　　　　　　　　　　　　　　　　2,100,000

(2) 2019 年 4 月 20 日，企業購入設備。

借：固定資產　　　　　　　　　　　　　　　4,800,000
　貸：銀行存款　　　　　　　　　　　　　　　　　　4,800,000

(3) 自 2019 年 5 月起，企業在每個資產負債表日（月末）計提折舊，同時分攤遞延收益。

①計提折舊（假設該設備用於污染物排放測試，折舊費用計入製造費用）。

借：製造費用　　　　　　　　　　　　　　　　40,000
　貸：累計折舊　　　　　　　　　　　　　　　　　　　40,000

②分攤遞延收益（月末）。

借：遞延收益　　　　　　　　　　　　　　　　17,500
　貸：其他收益　　　　　　　　　　　　　　　　　　　17,500

(4) 2027 年 4 月設備毀損，企業同時轉銷遞延收益餘額。

①設備毀損。

借：固定資產清理　　　　　　　　　　　　　　960,000
　　累計折舊　　　　　　　　　　　　　　　3,840,000
　貸：固定資產　　　　　　　　　　　　　　　　　　4,800,000
借：營業外支出　　　　　　　　　　　　　　　960,000
　貸：固定資產清理　　　　　　　　　　　　　　　　　960,000

②轉銷遞延收益餘額。

借：遞延收益　　　　　　　　　　　　　　　420,000
　貸：營業外收入　　　　　　　　　　　　　　　　　420,000

方法二：丁企業選擇淨額法進行會計處理。

(1) 2019 年 3 月 15 日，企業實際收到財政撥款。

借：銀行存款　　　　　　　　　　　　　　　2,100,000
　貸：遞延收益　　　　　　　　　　　　　　　　　　2,100,000

(2) 2019 年 4 月 20 日，企業購入設備。

借：固定資產　　　　　　　　　　　　　　　4,800,000
　貸：銀行存款　　　　　　　　　　　　　　　　　　4,800,000

借：遞延收益 2,100,000
　　貸：固定資產 2,100,000
（3）自 2019 年 5 月起，企業於每個資產負債表日（月末）計提折舊。
借：製造費用 22,500
　　貸：累計折舊 22,500
（4）2027 年 4 月，設備毀損。
借：固定資產清理 540,000
　　累計折舊 2,160,000
　　貸：固定資產 2,700,000
借：營業外支出 540,000
　　貸：固定資產清理 540,000

三、與收益相關的政府補助

對於與收益相關的政府補助，企業應當選擇採用總額法或淨額法進行會計處理。選擇總額法的，政府補助應當計入其他收益或營業外收入；選擇淨額法的，政府補助應當衝減相關成本費用或營業外支出。

（1）用於補償企業以後期間的相關成本費用或損失的政府補助，企業在收到時應當先判斷能否滿足政府補助所附條件。根據政府補助準則的規定，只有滿足政府補助確認條件的才能予以確認。客觀情況通常表明企業能夠滿足政府補助所附條件，企業應當將政府補助確認為遞延收益，並在確認相關費用或損失的期間，計入當期損益或衝減相關成本。

[例 4-5] A 企業於 2017 年 3 月 15 日與企業所在地地方政府簽訂合作協議，根據協議約定，當地政府將向 A 企業提供 1,000 萬元獎勵資金，用於 A 企業的人才激勵和人才引進獎勵，A 企業必須按年向當地政府報送詳細的資金使用計劃並按規定用途使用資金。協議同時還約定，A 企業自獲得獎勵起 10 年內註冊地址不遷離本區，否則政府有權追回獎勵資金。A 企業於 2017 年 4 月 10 日收到 1,000 萬元補助資金，分別在 2017 年 12 月、2018 年 12 月、2019 年 12 月使用了 400 萬元、300 萬元和 300 萬元，用於發放總裁級別類高管年度獎金。

本例中，A 企業在實際收到補助資金時應當先判斷是否滿足遞延收益確認條件。如果客觀情況表明 A 企業在未來 10 年內離開該地區的可能性很小，比如通過成本效益分析認為 A 企業遷離該地區的成本大大高於收益，則 A 企業在收到補助資金時應當計入「遞延收益」科目，實際按規定用途使用補助資金時，再計入當期損益。

A 企業選擇淨額法對此類政府補助進行會計處理。其帳務處理如下：
（1）2017 年 4 月 10 日，A 企業實際收到政府補貼資金。
借：銀行存款 10,000,000
　　貸：遞延收益 10,000,000
（2）2017 年 12 月、2018 年 12 月、2019 年 12 月，A 企業用政府補助資金發放高管獎金，相應結轉遞延收益。

①2017 年 12 月。
借：遞延收益　　　　　　　　　　　　　　　　　　4,000,000
　　貸：管理費用　　　　　　　　　　　　　　　　　　4,000,000
②2018 年 12 月。
借：遞延收益　　　　　　　　　　　　　　　　　　3,000,000
　　貸：管理費用　　　　　　　　　　　　　　　　　　3,000,000
③2019 年 12 月。
借：遞延收益　　　　　　　　　　　　　　　　　　3,000,000
　　貸：管理費用　　　　　　　　　　　　　　　　　　3,000,000

如果 A 企業在收到政府補助資金時暫時無法確定能否滿足政府補助所附條件（在未來 10 年內不得離開該地區），則應當將收到的政府補助資金先記入「其他應付款」科目，待客觀情況表明企業能夠滿足政府補助所附條件後再轉入「遞延收益」科目。

（2）用於補償企業已發生的相關成本費用或損失的政府補助，直接計入當期損益或衝減相關成本。這類政府補助通常與企業已經發生的行為有關，是對企業已發生的成本費用或損失的補償，或者是對企業過去行為的獎勵。

［例 4-6］ B 企業銷售其自主開發生產的動漫軟件，按照國家有關規定，該企業的這種產品適用增值稅即徵即退政策。按 13% 的稅率徵收增值稅後，政府對其增值稅實際稅負超過 3% 的部分，實行即徵即退。B 企業 2019 年 8 月在進行納稅申報時，對歸屬於 7 月的增值稅即徵即退提交退稅申請，經主管稅務機關審核後的退稅額為 10 萬元。軟件企業即徵即退增值稅屬於與企業的日常銷售、日常活動相關的政府補助。B 企業 2019 年 8 月申請退稅並確定了增值稅退稅額。其帳務處理如下：

借：其他應收款　　　　　　　　　　　　　　　　　　100,000
　　貸：其他收益　　　　　　　　　　　　　　　　　　　100,000

［例 4-7］ C 企業 2019 年 11 月遭受重大自然災害，並於 2019 年 12 月 20 日收到了政府補助資金 200 萬元。

2019 年 12 月 20 日，C 企業實際收到政府補助資金並選擇按總額法進行會計處理。其帳務處理如下：

借：銀行存款　　　　　　　　　　　　　　　　　　2,000,000
　　貸：營業外收入　　　　　　　　　　　　　　　　　2,000,000

［例 4-8］ D 企業是集芳烴技術研發、生產於一體的高新技術企業。芳烴的原料是石腦油。石腦油按成品油項目在生產環節徵收消費稅。根據國家有關規定，對使用燃料油、石腦油生產乙烯芳烴的企業購進並用於生產乙烯、芳烴類化工產品的石腦油、燃料油，按實際耗用數量退還所含消費稅。假設 D 企業石腦油單價為 5,333 元/噸（其中消費稅 2,105 元/噸，1 噸等於 1,000 千克，下同）。D 企業在本期將 115 噸石腦油投入生產，石腦油轉換率為 1.15：1（1.15 噸石腦油可生產 1 噸乙烯芳烴），共生產乙烯芳烴 100 噸。D 企業根據當期產量及所購原料供應商的消費稅證明，申請退還相應的消費稅。當期應退消費稅為 100×1.15×2,105 = 242,075 元。D 企業在期末結轉存貨成本和主營業務成本之前相關帳務處理如下：

借：其他應收款　　　　　　　　　　　　　　　　　242,075
　　貸：生產成本　　　　　　　　　　　　　　　　　　　242,075

四、政府補助的退回

已計入損益的政府補助需要退回的，企業應當在需要退回的當期分情況按照以下規定進行會計處理：
（1）初始確認時衝減相關資產帳面價值的，調整資產帳面價值。
（2）存在相關遞延收益的，衝減相關遞延收益帳面餘額，超出部分計入當期損益；屬於其他情況的，直接計入當期損益。

此外，對於屬於前期差錯的政府補助退回，企業應當按照前期差錯更正進行追溯調整。

[**例4-9**] 接 [**例4-4**]，假設2019年5月，有關部門在對丁企業的檢查中發現，丁企業不符合申請補助的條件，要求丁企業退回政府補助。丁企業於當月退回了政府補助210萬元。丁企業帳務處理如下：

方法一：丁企業選擇總額法進行會計處理，應當結轉遞延收益，並將超出部分計入當期損益。因為以前期間計入其他收益，所以本例中這部分退回的政府補助衝減應退回當期的其他收益。

2019年5月，丁企業退回政府補助。
借：遞延收益　　　　　　　　　　　　　　　　　1,890,000
　　其他收益　　　　　　　　　　　　　　　　　　210,000
　　貸：銀行存款　　　　　　　　　　　　　　　　　2,100,000

方法二：丁企業選擇淨額法進行會計處理，應當視同一開始就沒有收到政府補助，調整固定資產的帳面價值，將實際退回金額與帳面價值調整數之間的差額計入當期損益。因為本例中以前期間實際衝減了製造費用，所以本例中這部分退回的政府補助補記退回當期的製造費用。

2019年5月，丁企業退回政府補助。
借：固定資產　　　　　　　　　　　　　　　　　1,890,000
　　製造費用　　　　　　　　　　　　　　　　　　210,000
　　貸：銀行存款　　　　　　　　　　　　　　　　　2,100,000

[**例4-10**] 甲企業於2016年11月與某開發區政府簽訂合作協議，在開發區內投資設立生產基地。協議約定，開發區政府自協議簽訂之日起6個月內向甲企業提供300萬元產業補貼資金用於獎勵該企業在開發區內投資，甲企業自獲得補貼起5年內註冊地址不遷離本區。如果甲企業在此期限內提前搬離開發區，開發區政府允許甲企業按照實際留在本區的時間保留部分補貼，並按剩餘時間追回補貼資金。甲企業於2017年1月3日收到補貼資金。

假設甲企業在實際收到補貼資金時，客觀情況表明甲企業在未來5年內搬離開發區的可能性很小，甲企業應當在收到補助資金時計入「遞延收益」科目。由於協議約定如果甲企業提前搬離開發區，開發區政府有權追回部分補貼資金，說明甲企業每留在開發區內一年，就有權取得與這一年相關的補助，與這一年補助有關的不

確定性基本消除，補貼收益得以實現，因此甲企業應當將該補助在 5 年內平均攤銷結轉計入損益。甲企業帳務處理如下：

（1）2017 年 1 月 3 日，甲企業實際收到補貼資金。

借：銀行存款　　　　　　　　　　　　　　　　　　　3,000,000
　　貸：遞延收益　　　　　　　　　　　　　　　　　　　3,000,000

（2）2017 年 12 月 31 日及以後年度，甲企業分期將遞延收益結轉計入當期損益。

借：遞延收益　　　　　　　　　　　　　　　　　　　　600,000
　　貸：其他收益　　　　　　　　　　　　　　　　　　　　600,000

假設 2019 年 1 月，甲企業因重大戰略調整搬離開發區，開發區政府根據協議要求甲企業退回補貼資金 180 萬元。

借：遞延收益　　　　　　　　　　　　　　　　　　　1,800,000
　　貸：其他應付款　　　　　　　　　　　　　　　　　　1,800,000

五、特定業務的會計處理

（一）綜合性項目政府補助

綜合性項目政府補助同時包含與資產相關的政府補助和與收益相關的政府補助，企業需要將其進行分解並分別進行會計處理；難以區分的，企業應當將其整體歸類為與收益相關的政府補助進行處理。

[例 4-11] 2019 年 6 月 15 日，某市科技創新委員會與 B 企業簽訂了科技計劃項目合同書，擬對 B 企業的新藥臨床研究項目提供研究補助資金。該項目總預算為 600 萬元，其中市科技創新委員會資助 200 萬元，B 企業自籌 400 萬元。政府資助的 200 萬元用於補助設備費 60 萬元、材料費 15 萬元、測試化驗加工費 95 萬元、差旅費 10 萬元、會議費 5 萬元、專家諮詢費 8 萬元、管理費用 7 萬元。本例中除設備費外的其他各項費用都計入研究支出。市科技創新委員會應當在合同簽訂之日起 30 日內將資金撥付給 B 企業。根據雙方約定，B 企業應當按合同規定的開支範圍，對市科技創新委員會資助的經費實行專款專用。項目實施期限為自合同簽訂之日起 30 個月，期滿後 B 企業如未通過驗收，在該項合同實施期滿後 3 年內不得再向市政府申請科技補貼資金。B 企業於 2019 年 7 月 10 日收到補助資金，在項目期內按照合同約定的用途使用了補助資金。其中，B 企業於 2019 年 7 月 25 日按項目合同書的約定購置了相關設備，設備成本 150 萬元，其中使用補助資金 60 萬元。該設備使用年限為 10 年，採用直線法計提折舊（不考慮淨殘值）。假設本例中不考慮相關稅費。

本例中，B 企業收到的政府補助是綜合性項目政府補助，需要區分與資產相關的政府補助和與收益相關的政府補助並分別進行處理。假設 B 企業對收到的與資產相關的政府補助選擇淨額法進行會計處理。B 企業帳務處理如下：

（1）2019 年 7 月 10 日，B 企業實際收到補貼資金。

借：銀行存款　　　　　　　　　　　　　　　　　　　2,000,000
　　貸：遞延收益　　　　　　　　　　　　　　　　　　　2,000,000

（2）2019 年 7 月 25 日，B 企業購入設備。

借：固定資產　　　　　　　　　　　　　　　　　　　1,500,000
　　貸：銀行存款　　　　　　　　　　　　　　　　　　　1,500,000

借：遞延收益　　　　　　　　　　　　　　　　600,000
　　貸：固定資產　　　　　　　　　　　　　　　　600,000

（3）2019年8月起，B企業在每個資產負債表日（月末）計提折舊，折舊費用計入研發支出。

借：研發支出　　　　　　　　　　　　　　　　　7,500
　　貸：累計折舊　　　　　　　　　　　　　　　　7,500

（4）對其他與收益相關的政府補助，B企業應當按照相關經濟業務的實質確定是計入其他收益還是衝減相關成本費用，在企業按規定用途實際使用補助資金時計入損益，或者在實際使用的當期期末根據當期累計使用的金額計入損益，借記「遞延收益」科目，貸記有關損益類科目。

（二）政策性優惠貸款貼息

政策性優惠貸款貼息是政府為支持特定領域或區域發展，根據國家宏觀經濟形勢和政策目標，對承貸企業的銀行借款利息給予的補貼。企業取得政策性優惠貸款貼息的，應當區分財政將貼息資金撥付給貸款銀行和財政將貼息資金直接撥付給企業兩種情況，分別進行會計處理。

1. 財政將貼息資金撥付給貸款銀行。

在財政將貼息資金撥付給貸款銀行的情況下，貸款銀行以政策性優惠利率向企業提供貸款。在這種方式下，受益企業按照優惠利率向貸款銀行支付利息，沒有直接從政府取得利息補助，企業可以選擇下列方法之一進行會計處理：一是以實際收到的金額作為借款的入帳價值，按照借款本金和該政策性優惠利率計算借款費用。在通常情況下，實際收到的金額即為借款本金。二是以借款的公允價值作為借款的入帳價值並按照實際利率法計算借款費用，實際收到的金額與借款公允價值之間的差額確認為遞延收益，遞延收益在借款存續期內採用實際利率法攤銷，衝減相關借款費用。企業選擇了上述兩種方法之一後，應當一致地運用，不得隨意變更。

向企業發放貸款的銀行並不是受益主體，其仍然按照市場利率收取利息，只是一部分利息來自企業，另一部分利息來自財政貼息。因此，金融企業發揮的是仲介作用，並不需要確認與貸款相關的遞延收益。

[例4-12] 2019年1月1日，丙企業向銀行貸款100萬元，期限2年，按月計息，按季度付息，到期一次還本。由於這筆貸款資金將被用於國家扶持產業，符合財政貼息的條件，因此貸款利率顯著低於丙企業取得同類貸款的市場利率。假設丙企業取得同類貸款的年市場利率為9%，丙企業與銀行簽訂的貸款合同約定的年利率為3%，丙企業按季度向銀行支付貸款利息，財政按年向銀行撥付貼息資金。貼息後實際支付的年利息率為3%，貸款期間的利息費用滿足資本化條件，計入相關在建工程的成本。相關借款費用的測算和遞延收益的攤銷如表4-1所示。

表4-1　相關借款費用的測算和遞延收益的攤銷

月度	實際支付銀行的利息 ①	財政貼息 ②	實際現金流 ③	實際現金流折現 ④	長期借款各期實際利息 ⑤	攤銷金額 ⑥	長期借款期末帳面價值 ⑦
0							890,554
1	7,500	5,000	2,500	2,481	6,679	4,179	894,733

表4-1(續)

月度	實際支付銀行的利息①	財政貼息②	實際現金流③	實際現金流折現④	長期借款各期實際利息⑤	攤銷金額⑥	長期借款期末帳面價值⑦
2	7,500	5,000	2,500	2,463	6,710	4,210	898,944
3	7,500	5,000	2,500	2,445	6,742	4,242	903,186
4	7,500	5,000	2,500	2,426	6,774	4,274	907,460
5	7,500	5,000	2,500	2,408	6,806	4,306	911,766
6	7,500	5,000	2,500	2,390	6,838	4,338	916,104
7	7,500	5,000	2,500	2,373	6,871	4,371	920,475
8	7,500	5,000	2,500	2,355	6,904	4,404	924,878
9	7,500	5,000	2,500	2,337	6,937	4,437	929,315
10	7,500	5,000	2,500	2,320	6,970	4,470	933,785
11	7,500	5,000	2,500	2,303	7,003	4,503	938,288
12	7,500	5,000	2,500	2,286	7,037	4,537	942,825
13	7,500	5,000	2,500	2,269	7,071	4,571	947,396
14	7,500	5,000	2,500	2,252	7,105	4,605	952,002
15	7,500	5,000	2,500	2,235	7,140	4,640	956,642
16	7,500	5,000	2,500	2,218	7,175	4,675	961,317
17	7,500	5,000	2,500	2,202	7,210	4,710	966,027
18	7,500	5,000	2,500	2,185	7,245	4,745	970,772
19	7,500	5,000	2,500	2,169	7,281	4,781	975,552
20	7,500	5,000	2,500	2,153	7,317	4,817	980,369
21	7,500	5,000	2,500	2,137	7,353	4,853	985,222
22	7,500	5,000	2,500	2,121	7,389	4,889	990,111
23	7,500	5,000	2,500	2,105	7,426	4,926	995,037
24	7,500	5,000	2,500	2,090	7,463	4,963	1,000,000
合計	180,000	120,000	60,000	84,723	169,446	109,446	—

註：(1) 實際現金流折現④為各月實際現金流③2,500元按照月市場利率0.75%（9%÷12）折現的金額。例如，第一個月實際現金流折現＝2,500÷(1+0.75%)＝2,481元，第二個月實際現金流折現＝2,500÷(1+0.75%)^2＝2,463元。

(2) 長期借款各期實際利息⑤為各月長期借款帳面價值⑦與月市場利率0.75%的乘積。例如，第一個月長期借款實際利息＝本月初長期借款帳面價值890,554×0.75%＝6,679元；第二個月長期借款實際利息＝本月初長期借款帳面價值894,733×0.75%＝6,711元。

(3) 攤銷金額⑥是長期借款各期實際利息⑤扣減每月實際利息支出③2,500元後的金額。例如，第一個月攤銷金額＝當月長期借款各期實際利息6,679－當月實際現金流2,500＝4,179元；第二個月攤銷金額＝當月長期借款各期實際利息6,711－當月實際支付的利息2,500＝4,211元。

按方法一帳務處理如下：

(1) 2019年1月10日，丙企業取得銀行貸款100萬元。

　　借：銀行存款　　　　　　　　　　　　　　　　　　　1,000,000

　　　　貸：長期借款——本金　　　　　　　　　　　　　　　　　1,000,000

（2）2019 年 1 月 31 日起每月月末，丙企業按月計提利息，企業實際承擔的利息支出為 1,000,000×3%÷12＝2,500 元。

借：在建工程　　　　　　　　　　　　　　　　2,500
　　貸：應付利息　　　　　　　　　　　　　　　　2,500

按方法二帳務處理如下：

（1）2019 年 1 月 1 日，丙企業取得銀行貸款 100 萬元。

借：銀行存款　　　　　　　　　　　　　　　1,000,000
　　長期借款——利息調整　　　　　　　　　　109,446
　　貸：長期借款　　　　　　　　　　　　　　1,000,000
　　　　遞延收益　　　　　　　　　　　　　　　109,446

（2）2019 年 1 月 31 日，丙企業按月計提利息。

借：在建工程　　　　　　　　　　　　　　　　6,679
　　貸：應付利息　　　　　　　　　　　　　　　　2,500
　　　　長期借款——利息調整　　　　　　　　　　4,179

同時，攤銷遞延收益。

借：遞延收益　　　　　　　　　　　　　　　　4,179
　　貸：在建工程　　　　　　　　　　　　　　　　4,179

在這兩種方法下，計入在建工程的利息支出是一致的，均為 2,500 元。所不同的是在第一種方法下，銀行貸款在資產負債表中反應的帳面價值為 1,000,000 元；在第二種方法下，銀行貸款的入帳價值為 890,554 元，遞延收益為 109,446 元，各月需要按照實際利率法進行攤銷。

2. 財政將貼息資金直接撥付給受益企業。

財政將貼息資金直接撥付給受益企業，企業先按照同類貸款市場利率向銀行支付利息，財政部門定期與企業結算貼息。在這種方式下，由於企業先按照同類貸款市場利率向銀行支付利息，因此實際收到的借款金額通常就是借款的公允價值，企業應當將對應的貼息衝減相關借款費用。

［例 4-13］接［例 4-12］，丙企業與銀行簽訂的貸款合同約定的年利率為 9%，丙企業按月計提利息，按季度向銀行支付貸款利息，以付息憑證向財政申請貼息資金，財政按年與丙企業結算貼息資金。丙企業帳務處理如下：

（1）2019 年 1 月 1 日，丙企業取得銀行貸款 100 萬元。

借：銀行存款　　　　　　　　　　　　　　　1,000,000
　　貸：長期借款——本金　　　　　　　　　　1,000,000

（2）2019 年 1 月 31 日起每月月末，丙企業按月計提利息，應向銀行支付的利息金額為 1,000,000×9%÷12＝7,500 元。丙企業實際承擔的利息支出為 1,000,000×3%÷12＝2,500 元，應收政府貼息為 5,000 元。

借：在建工程　　　　　　　　　　　　　　　　7,500
　　貸：應付利息　　　　　　　　　　　　　　　　7,500
借：其他應收款　　　　　　　　　　　　　　　5,000
　　貸：在建工程　　　　　　　　　　　　　　　　5,000

第三節　政府補助的會計信息列報

一、表內列示

企業應當在利潤表中的「營業利潤」項目之上單獨列示「其他收益」項目，計入其他收益的政府補助在該項目中反應。衝減相關成本費用的政府補助在相關成本費用項目中反應。與企業日常經營活動無關的政府補助在利潤表的營業外收支項目中列示。其他收益項目在利潤表中的列報格式如表4-2所示。

表4-2　其他收益項目在利潤表中的列報格式

項目	本期金額	上期金額
一、營業收入		
減：營業成本		
稅金及附加		
銷售費用		
管理費用		
財務費用		
資產減值損失		
加：公允價值變動收益（損失以「-」號填列）		
投資收益（損失以「-」號填列）		
其中：對聯營企業和合營企業的投資收益		
資產處置收益（損失以「-」號填列）		
其他收益		
二、營業利潤（虧損以「-」號填列）		

二、表外披露

企業應當在附註中披露與政府補助有關的下列信息：政府補助的種類、金額和列報項目；計入當期損益的政府補助金額；本期退回的政府補助金額及原因。因政府補助涉及遞延收益、其他收入、營業外收入以及成本費用等多個報表項目，為了全面反應政府補助情況，企業應當在附註中單設項目披露政府補助的相關信息。參考披露格式如表4-3、表4-4所示。

表 4-3 計入遞延收益的政府補助明細表

補助項目	種類	期初餘額	本期新增金額	本期結轉計入損益或衝減相關成本的金額	期末餘額	本期結轉計入損益或衝減相關成本的列報項目

表 4-4 計入當期損益或衝減相關成本的政府補助明細表

補助項目	種類	本期計入損益或衝減相關成本的金額	本期計入損益或衝減相關成本的列報項目

思考題

1. 什麼是政府補助？政府補助有哪些類型？
2. 政府補助的有哪些特徵？
3. 為什麼要將政府補助區分為與資產相關的政府補助和與收益相關的政府補助，並採用不同的會計處理方法？
4. 閱讀並分析一家公司的財務報告時，對於政府補助方面的信息，需要重點關注哪些問題？

第五章
租賃會計

【學習目標】

通過本章的學習，學生應瞭解租賃業務的基本概念、種類；熟悉融資租賃的判斷標準，掌握融資租賃和經營租賃業務的會計處理；瞭解短期租賃、低價值資產租賃和使用權資產租賃的概念，並掌握其會計處理；熟悉售後租回業務的概念及會計處理；瞭解租賃業務披露的基本要求。

第一節　租賃會計概述

一、租賃的含義與作用

(一) 租賃的含義

租賃（lease）是指在一定的期間內，出租人將資產的使用權讓與承租人，以獲取租金的協議。出租人是指在租賃協議中擁有租賃資產所有權的一方。承租人是指在租賃協議中獲得租賃期內資產使用權的一方。租賃的主要特徵是：在租賃期內，資產的使用權發生轉移，由出租方轉移到了承租方，並且這種轉移是以承租方支付租金為代價的，而資產的所有權在整個租賃期內沒有發生轉移，始終屬於出租人。

租賃有不同的表現形式，現代經濟生活中的租賃業務往往表現為一種融資活動，類似於租賃資產的分期買賣業務，只是購買租賃資產的資金先由出租人墊付，而後再由承租人以租金的形式分期償還給出租人而已。這樣形式上看似租賃的業務在實質上卻表現為融資業務。而傳統意義上的租賃業務往往只涉及一些資產的短期租借，與融資毫無關聯。這樣一來，租賃的概念就有了廣義和狹義之分。狹義的租賃又稱現代租賃，是指以融資為目的、以設備資產為主要租賃對象的契約租賃業務。而廣義的租賃則泛指一切財產使用權的有償轉讓活動，它不僅包括現代租賃，還包括為滿足短期、臨時需要，以不動產為租賃對象，不立契約的財產使用權的轉讓活動。在現代租賃會計中，租賃往往是指現代租賃（融資租賃）業務，而租賃的本質一般也是針對現代融資租賃而言的。

在現代融資租賃活動中，一般會涉及三個當事人：出租人、承租人和供貨人。其中，出租人一般根據承租人的要求購買設備並出租給承租人，在租賃期間內，出租人擁有該設備的所有權，並定期收取租金，其所收取的租金中既包含購買設備的本金，又包含為承租人購買設備的資金而應收取的利息；承租人在租賃期間擁有租賃資產的使用權並定期向出租人支付租金；供貨人根據承租人的特定要求購買或製

造設備並將設備提供給出租人。

通過現代租賃關係可以看出，現代租賃類似於一種特殊形式的分期付款購買行為。然而，現代租賃同分期付款購買行為又有明顯的區別，主要表現如下：

（1）從業務關係方面分析，分期付款購買是買賣雙方的關係，而租賃則涉及出租人、承租人和供貨人三方面的關係，一些複雜的租賃合同可能還會涉及長期貸款人。

（2）從法律關係方面分析，分期付款購買是一種買賣行為，在商品交付購貨方時，表明商品已經出售給了買方，商品應歸買方所有，只是在貨款尚未付清之前，買方承擔了一筆債務，並以所購入的商品作為債務的擔保物，當貨款全部付清之後，買方也就取得了商品的所有權。而租賃則不然，在租賃期間，資產的所有權仍歸出租人，出租行為是出租人行使所有權的表現。承租人對租賃資產只有使用權，未經出租人同意，不得做出任何侵犯所有權的行為。如果有侵犯所有權的行為發生，出租人有權終止租約，並要求承租人支付自違約時起至租賃期限屆滿時止的各期租金。

總之，現代租賃從本質上看是一種有償轉讓資產使用權的契約，是一種融資行為，而不是交易行為，它與分期付款的購買行為有著明顯的區別。另外，由於現代租賃不僅是融資行為，而且也是融物（租賃資產）行為，因此它同一般意義上的銀行貸款行為也具有明顯的區別。

應該注意的是，某些交易合同可能未採取租賃的法律形式，但如果該交易或交易的組成部分就經濟實質而言屬於租賃業務，則應該按照《企業會計準則第21號——租賃》的規定進行會計處理。確定一項合同是否屬於或包含著租賃業務，應重點考慮以下兩個因素：一是履行該合同時，是否需要依賴某項特殊資產，如果需要依賴某項特殊資產，應該屬於租賃業務；二是該合同是否轉移了資產的使用權，如果轉移了資產的使用權，應該屬於租賃業務。反之，如果某些租賃合同中包含著一系列相關聯的交易，這些交易不屬於租賃業務，但與該租賃合同相關聯，屬於租賃合同的組成部分，則這一系列相關聯的交易應該按照租賃進行會計處理。

（二）租賃的作用

租賃是一種非常常見的經濟現象，對出租人和承租人來講，均有利可圖，因此在現代經濟生活中發揮著越來越大的作用。租賃的作用主要表現在以下幾個方面：

（1）現代租賃可以幫助承租人解決資金短缺的困難。在現代租賃方式下，承租人不必像一般性購買設備那樣立即支付大量的資金，而是不付資金或先付很少的資金就能得到生產所需的昂貴的設備。當設備投入使用後，承租人再用租賃設備帶來的經營收入分期償還租金，從而達到「借雞生蛋，以蛋得雞」的目的。因此，現代租賃方式特別適合於資金短缺和正處於發展階段的企業。

（2）租賃可以減少資產陳舊的風險。眾所周知，無形損耗是由於科技不斷進步、生產效率不斷提高等經濟因素而產生的一種不可避免的經濟現象。任何購買設備的單位都要承擔設備無形損耗的實際速度快於預計速度而遭受損失的風險，而租賃則有助於減少甚至避免這種風險。因此，企業可以適時選擇租賃而不是購買生產所需設備。

（3）租賃可以避免因通貨膨脹而造成的損失。由於租賃期限一般都比較長，租

賃費通常又是定期等額支付的,因此租賃(尤其是現代租賃)具有緩和物價暴漲衝擊的作用,在物價上漲時會使支付租賃費的實際成本不斷下降,租賃業務可以部分地抵消通貨膨脹所造成的影響。

(4)租賃可以降低籌資成本。如果承租人直接從銀行等金融機構籌措資金併購買所需設備,通常要受到嚴格的限制,大多數都必須對借入資金進行強制性存款,以此作為貸款的抵押。為取得必要的資金,企業就必須接受超出所需資金的貸款,而租賃能夠避免這種不利狀況。此外,現代租賃業務大多都是通過專業性的租賃公司來開展的,這些租賃公司的專業特長及經驗能為承租人找到更加有利的客戶,以降低籌資成本。

(5)租賃的還租形式比較靈活。與其他籌集資金的方式相比,租賃具有還租形式靈活的特點,承租人可以根據企業收入的分佈情況確定租賃期限、付租次數甚至租金支付方式(某些租金可能以或有租金的方式支付),從而給承租人提供更便利的融資條件,保證承租人的生產經營活動順利進行,保證融資業務的順利開展。

(6)對租賃期限較短的租賃而言,租賃會使承租人取得資產負債表表外籌資(off balance-sheet financing)的效果。對經營租賃而言,會計上並不記錄因租賃業務而引起的資產和負債。也就是說,此類性質的租賃不會影響到承租人的權益負債比例,從而增加了承租人的表內融資機會。

二、租賃的分類

(一)租賃的基本分類及判斷標準

租賃可以按不同的標準進行分類,當前國際上比較流行的分類是從與租賃資產所有權有關的風險和報酬是否從出租人轉移給承租人的角度劃分的。據此,租賃一般可以分為融資租賃和經營租賃兩大類,這就是租賃的基本分類。《國際會計準則第17號——租賃》(IAS17)指出:如果一項租賃實質上轉移了與資產所有權相關的全部風險與報酬,那麼該項租賃就應當歸類為融資租賃,否則就為經營租賃。可見,國際會計準則理事會(International Accounting Standards Board,IASB)在IAS17中將租賃分為融資租賃和經營租賃兩大基本類型。目前,國際會計準則理事會對租賃的基本分類方法已經被世界上許多國家和地區所採納,包括美國、英國、德國、日本、加拿大、澳大利亞、新加坡、南非等,中國《企業會計準則第21號——租賃》也採用了與IAS17相一致的分類方法。

融資租賃(capital leases)也稱資本租賃(financing leases),是指出租人實質上將與資產所有權相關的幾乎全部風險和報酬都轉移給承租人的一種租賃。對於融資租賃來講,在租賃結束時,租賃資產的所有權很可能會發生轉移,即由承租人購買或無償擁有這項租賃資產的所有權。當然,融資租賃結束時,租賃資產的所有權也可能不發生轉移。所謂與租賃資產所有權有關的風險,是指由於生產能力的閒置或工藝技術的陳舊可能造成的損失以及由於某些情況變動可能造成的相關收入的減少。所謂與租賃資產所有權有關的報酬,是指在資產的有效使用年限內直接使用租賃資產而可能獲取的經濟利益以及因資產升值或變賣餘值可能實現的額外收入。

如果與租賃資產所有權有關的風險和報酬實質上並未轉移給承租人,那麼這種

租賃就應歸類為經營租賃（operating leases）。經營租賃的資產的所有權不會發生轉移，在租賃期屆滿後，承租人有退租或續租的選擇權，但不存在購買或無償擁有租賃資產所有權的情況。

確認一項租賃是融資租賃還是經營租賃，應根據租賃業務的實質，即根據與租賃資產所有權有關的全部風險和報酬是否轉移來判斷，而不能根據租賃合同的形式來判斷。中國《企業會計準則第 21 號——租賃》全面規範了租賃的會計核算方法，根據規定，滿足下列標準之一的，應將其確定為融資租賃；否則，就應界定為經營租賃：

（1）在租賃期屆滿時，租賃資產的所有權轉移給承租人。此種情況通常是指租賃合同中已經約定，在租賃期屆滿時，租賃資產的所有權應由出租人轉移給承租人；或者在租賃開始日，根據其他相關條件能夠做出合理判斷，在租賃期屆滿時，承租人將會選擇有償獲得該項租賃資產的所有權，具體可參見下面第二種情況中的例子。

（2）根據租賃協議的規定，在租賃期屆滿時，承租人有購買租賃資產的選擇權，並且所確定的購買價格預計將遠低於行使選擇權時租賃資產的公允價值，因此在租賃開始日就可以合理確定承租人將會行使這種選擇權。例如，某承租人和出租人簽訂了一項租賃協議，租賃期為 3 年，根據該協議的規定，在租賃期滿時，承租人有權以 1,000 元的價格購買該項租賃資產，而該項租賃資產預計租賃期滿時的公允價值為 50,000 元。因此，如果沒有其他特殊情況出現，基本可以斷定承租人在租賃期滿時將會購買該項租賃資產。該例子實際上也是上述第一種情況中的後一種情況，即承租人必須支付買價才可以擁有該租賃資產所有權的情形。

（3）即使租賃期滿時資產的所有權不轉移，但租賃期占租賃資產使用壽命的大部分。這裡的「大部分」一般指租賃期占租賃資產使用壽命的 75% 以上（含 75%，下同）。需要說明的是，這裡的「租賃期占租賃資產使用壽命的 75%」是對租賃資產較新的情況而言的，如果租賃資產在開始租賃前已使用的年限超過了該資產全新時可使用壽命的大部分（75%以上）時，即使租賃期占租賃資產剩餘使用壽命的大部分，也不應該確定為融資租賃而應確定為經營租賃。

例如，某項設備全新時可使用年限為 10 年，在第 4 年年初開始對外租賃，在簽訂租賃協議時該資產已經使用了 3 年，剩餘使用年限為 7 年，租賃協議中約定的租賃期為 6 年。由於在租賃開始時，該設備已使用年限只占其全部使用年限的 30%（3÷10×100%），而且租賃期占資產剩餘使用年限的 85.7%（6÷7×100%），因此該項租賃屬於融資租賃。假如該設備在開始出租時已經使用了 8 年，租賃期為 2 年，剩餘使用年限為 2 年，儘管租賃期占該資產剩餘使用年限的 100%（2÷2×100%），但由於該設備在出租前已使用年限占該設備全部使用年限的 80%（>75%），則該租賃業務不能認定為融資租賃，只能認定為經營租賃。

可見，用於融資租賃的資產不能太舊，使用年限較長的資產用於租賃，一般可直接確定為經營租賃。這裡需要注意的是，上面提及的 75% 的量化判斷標準只是指導性的標準，企業在具體運用時，必須根據現行企業會計準則規定的相關條件並結合租賃合同的條款，按照實質重於形式的原則進行判斷。

（4）承租人在租賃開始日的最低租賃付款額的現值，幾乎相當於租賃開始日租

賃資產的公允價值；出租人在租賃開始日的最低租賃收款額的現值，幾乎相當於租賃開始日租賃資產的公允價值。這裡的「幾乎相當於」，一般應在90%以上（含90%，下同）。例如，某出租人和承租人就某項設備簽訂了租賃合同，在租賃開始日，該設備的公允價值為100萬元。根據租賃協議的規定，租賃期為10年，承租人每年支付15萬元租金給出租人，沒有其他支付條款，這樣，在10年之內，承租人最低需要支付150萬元給出租人。假如該承租人每年支付的15萬元租金按雙方簽訂的租賃協議，規定折現後的現值超過了該設備租賃時公允價值的90%，即90萬元（100×90%）時，可以斷定該項租賃業務屬於融資租賃，否則根據該條款判斷，此項業務就屬於經營租賃。

　　需要指出的是，在租賃會計中，最低租賃付款額、最低租賃收款額等術語都有專門的含義，其現值的計算方法也有具體的規定，本教材將在後面陸續闡述。另外，這裡90%的量化標準只是指導性的標準，企業在具體運用時，必須根據現行會計準則規定的相關條件並結合租賃合同的條款，按照實質重於形式的原則進行判斷。

　　(5) 租賃條件性質特殊，如果不做較大改造，只有承租人才能使用。一般來講，經營租賃和融資租賃在租賃過程中的主要區別是：在經營租賃方式下，出租方在購買租賃資產時，一般不會考慮個別承租人的特殊需要，而會根據大多數承租人的需求提供通用資產；在融資租賃方式下，出租方在購買租賃資產時，一般會根據承租人的特殊需要，為其量身定做，即根據承租人對租賃資產的生產廠家、型號、規格等方面的特殊要求專門購買或建造租賃資產，因此這類租賃資產具有專購、專用的性質，如果不做較大的重新改造，其他企業通常難以使用，只有承租人才能使用。

　　需要注意的是，在中國，土地歸國家所有，土地的租賃不能歸類為融資租賃，因此如果企業的融資租賃協議中同時涉及土地和建築物的租賃，通常應該將土地和建築物分開考慮，將最低租賃付款額根據土地部分的租賃權益和建築物部分的租賃權益的相對公允價值的比例進行分配，用於建築物部分的價值歸類為融資租賃，屬於土地部分的價值歸類為經營租賃，但如果土地與建築物無法分離，從而使土地無法單獨計量時，則應與建築物一起歸類為融資租賃。

　　(二) 租賃的其他分類

　　租賃除了以上基本分類外，還有其他形式的分類：

　　(1) 按照租賃資產對象的不同，租賃可以分為不動產租賃（包括土地租賃、建築物租賃）和動產租賃（包括各種設備租賃）等。

　　(2) 按照租賃資產投資的來源不同，租賃可以分為直接租賃、售後租回、槓桿租賃、轉租賃等。其中，直接租賃是指購置租賃資產所需的資金全部由出租人籌集墊付；售後租回是指承租人將自製或外購的資產出售給出租人後再從出租人處租賃回來的行為（簡稱回租）；槓桿租賃是指融資租賃的一種特殊方式，又稱平衡租賃或減租租賃，即由貿易方政府向設備出租者提供減稅及信貸刺激，從而使租賃公司以較優惠的條件進行設備出租的一種方式，是目前採用較為廣泛的一種國際租賃方式，也是一種利用財務槓桿原理的租賃形式；轉租賃是指承租人將租入的資產轉租給第三者的行為（簡稱轉租）。

（3）按照承租人對租賃資產行使權利不同，租賃可以分為短期租賃、低價值資產租賃和使用權資產租賃。2018年12月修訂後的《企業會計準則第21號——租賃》，根據承租人對租賃資產行使的權利不同，將租賃分為短期租賃、低價值資產租賃和使用權資產租賃。

①短期租賃。短期租賃是指從租賃期開始日起，租賃期不超過12個月的租賃。包含購買選擇權的租賃不屬於短期租賃。

②低價值資產租賃。低價值資產租賃是指單項租賃資產為全新資產時價值較低的租賃。低價值資產租賃的判定僅與資產的絕對價值有關，不受承租人規模、性質或其他情況的影響。

③使用權資產租賃。使用權資產租賃是指承租人可以在較長的租賃期內擁有行使相關權利的資產租賃。

結合中國企業實際租賃現狀，本教材按照中國《企業會計準則第21號——租賃》的規範要求，主要從企業承租人的角度，闡述了承租人短期租賃、低價值資產租賃、使用權資產租賃的會計核算方法，又從出租人角度闡述了融資租賃和經營租賃的會計核算方法。售後租回業務作為非直接租賃在中國也有開展，售後租回業務在本章第四節介紹。

（三）國際租賃分類的發展動態

通過以上介紹可以看出，中國現行企業會計準則從承租人角度將租賃分為短期租賃、低價值資產租賃和使用權資產租賃三大類，從出租人角度將租賃分為融資租賃和經營租賃兩大類。

近年來，很多國內外學者認為，IAS17關於租賃的基本分類存在某些缺陷。

第一，由於經營租賃將租賃資產和負債游離於資產負債表外，承租方通過經營租賃的方式獲得了表外融資，而報表使用者在分析財務報表時，通常需要通過參照附註中披露的信息來重新調整確認因租賃資產和負債帶來的損益，從而增加了會計信息使用者的會計信息使用成本。

第二，IAS17的會計處理過分依賴量化的判斷標準，某些企業可能會通過設計結構性租約將融資租賃業務轉化為經營租賃業務，從而避免了租賃融資業務表內化，美化企業的財務報表。2008年金融危機爆發後，IAS17備受詬病，其中包括現行租賃基本分類所帶來的問題。IAS17的基本分類導致了大量以經營租賃方式進行的表外融資，使監管機構難以辨明，從面影響了財務報表的真實性。

因此，2008年金融危機後，國際會計準則理事會開始考慮對IAS17進行修訂和完善。2009年3月19日，國際會計準則理事會與美國財務會計準則委員會（FASB）聯合發布《租賃會計準則（徵詢意見稿）(Exposure Draft)》，擬將經營租賃和融資租賃「兩租合一」，試圖在會計處理中不再區分經營租賃與融資租賃，要求兩類租賃均要計入資產負債表內。此後，關於租賃準則的修訂問題，國際會計準則理事會和美國財務會計準則委員會在聯合會議上又展開了若干次討論，深入研究和探討了租賃業務及其分類和會計處理問題，提出了「租賃業務」「短期租賃業務」和「租賃服務業務」等新概念。2010年，國際會計準則理事會首次發布了《國際會計準則——租賃（徵求意見稿）》。2013年5月，國際會計準則理事會再次發布了

《國際會計準則——租賃（徵求意見稿）》，並將租賃分為 A 類型（非房地產類）和 B 類型（房地產類）兩種，進一步補充和規範了承租人與出租人的確認原則、計量方法、列示項目和披露信息，修訂了售後租回、短期租賃等內容。2016 年 1 月，國際會計準則理事會發布了《國際財務報告準則第 16 號——租賃》（IFRS16），自 2019 年 1 月 1 日起實施。該準則的核心變化是，取消承租人關於融資租賃與經營租賃的分類，要求承租人對所有租賃（選擇簡化處理的短期租賃和低價值資產租賃除外）確認使用權資產和租賃負債，並分別確認折舊和利息費用。在出租人方面，該準則基本沿襲了《國際會計準則第 17 號——租賃》的會計處理規定，但改進了出租人的信息披露，要求出租人披露對其保留的有關租賃資產的權利所採取的風險管理戰略、為降低相關風險所採取的措施等。中國財政部於 2018 年 12 月 7 日修訂了《企業會計準則第 21 號——租賃》，並規定在境內外同時上市的企業以及在境外上市並採用國際財務報告準則或企業會計準則編製財務報表的企業，自 2019 年 1 月 1 日起施行；其他執行企業會計準則的企業自 2021 年 1 月 1 日起施行。

三、租賃的識別、分拆與合併

（一）租賃的識別

1. 租賃或包含租賃

在合同開始日，企業應當評估合同是否為租賃或包含租賃。合同中一方讓渡了在一定期間內控制一項或多項已識別資產使用的權利以換取對價，則該合同為租賃或包含租賃。除非合同條款和條件發生變化，企業無需重新評估合同是否為租賃或包含租賃。

一項合同要被分類為租賃，必須同時滿足以下三個要素：

（1）存在一定期間。

（2）存在已識別資產。

（3）資產供應方向客戶轉移對已識別資產使用權的控制，即客戶主導已識別資產。

為了確定合同是否讓渡了在一定期間內控制已識別資產的權利，企業應當評估合同中的客戶是否有權獲得在使用期間內因使用已識別資產產生的幾乎全部經濟利益，並有權在該使用期間主導已識別資產的使用。

2. 已識別資產

已識別資產是指合同明確指定的，資產的部分產能在物理上可區分的資產。已識別資產也可以在資產可供客戶使用時在合同中隱性指定。但是，即使合同對資產進行指定，如果資產的供應方在整個使用期間擁有對該資產的實質性替換權，則該資產不屬於已識別資產。

合同符合下列條件時，表明資產的供應方擁有資產的實質性替換權：

（1）資產的供應方擁有在整個使用期間替換資產的實際能力。

（2）資產的供應方通過行使替換資產的權利將獲得經濟利益。

如果資產的某部分產能或其他部分在物理上不可區分，則該部分不屬於已識別資產，除非其實質上代表該資產的全部產能，從而使客戶獲得因使用該資產產生的幾乎全部經濟利益。已識別資產及租賃合同的判斷示例如表 5-1 所示。

表 5-1　已識別資產及租賃合同的判斷示例（1）

示例	分析
便利店營運企業與廣州白雲機場營運商簽訂了使用機場內 A 商業區域銷售商品的 3 年期合同。合同規定了商業區域的面積，但其可位於機場 A 區域內的任一登記區域。便利店營運企業使用易於移動的自動售貨亭銷售商品。 問題： （1）合同中的商業區域屬不屬於已識別資產？ （2）該合同是否為租賃合同？	（1）廣州白雲機場營運商在整個使用期間有變更便利店營運企業使用商業區域的實際能力。 （2）廣州白雲機場營運商可以通過替換商業區域獲利。 （3）廣州白雲機場營運商有替換商業區域的實質性權利，商業區域不屬於已識別資產。 因為合同中不存在已識別資產，所以該合同不是租賃合同，而是轉讓場地的特許經營權合同
客戶與飛機所有者簽訂了使用一架指定飛機的兩年期合同，合同詳細規定飛機的內部、外部規格，並約定飛機所有者可隨時替換飛機。但飛機所有者的機隊中配備符合客戶要求規格的飛機成本高昂。 問題：合同中指定的飛機屬不屬於已識別資產？	由於配備一架符合合同要求規格的飛機會發生高昂的成本，飛機所有者不能從替換飛機中獲益，因此替換權不具有實質性。合同約定的指定飛機屬於已識別資產，即在合同中隱性指定了已識別資產（假如用於運輸稀有名貴觀賞魚商品的飛機）
客戶與公用設施公司簽訂一份為期 15 年的合同，以取得連接兩座城市光纜中三條指定的物理上可區分的光纜使用權。若光纜損壞，公用設施公司負責修理和維護。公用設施公司僅可因修理、維護或故障原因替換指定給客戶使用的光纜。 問題： （1）合同中是否存在已識別資產？ （2）該合同是否為租賃合同？	合同指定了 3 條光纖，該 3 條光纖在物理上可區分，且不可因修理、維護或故障等原因替換。因此，合同中存在已識別資產（3 條已識別光纖），該合同為租賃合同
客戶與公用設施公司簽訂一份為期 15 年的合同以取得連接兩座城市光纜中約定寬帶的光纖使用權。約定的寬帶相當於使用光纜中 3 條光纖的全部傳輸容量。公用設施公司的光纜包含 15 條傳輸容量相近的光纖。 問題： （1）合同中是否存在已識別資產？ （2）該合同是否為租賃合同？	客戶僅可使用光纜的部分傳輸容量，客戶使用的光纜與其餘光纜在物理上不可區分，且不代表光纜幾乎全部傳輸容量。因此，合同中不存在已識別資產，該合同為非租賃合同

在評估客戶是否有權獲得因使用已識別資產所產生的幾乎全部經濟利益時，企業應當在約定的客戶可使用資產的權利範圍內考慮其產生的經濟利益。

3. 主導已識別資產

何為客戶有權主導已識別資產的使用？存在下列情況之一的，可視為客戶有權主導對已識別資產在整個使用期間內使用：

（1）客戶有權在整個使用期間主導已識別資產的使用目的和使用方式。

（2）已識別資產的使用目的和使用方式在使用開始前已預先確定，並且客戶有權在整個使用期間自行或主導他人按照其確定的方式營運該資產，或者客戶設計了已識別資產並在設計時已預先確定了該資產在整個使用期間的使用目的和使用方式。

判斷客戶是否有權在使用期間主導已識別資產的使用目的和使用方式，應考慮與改變資產的使用目的和使用方式最相關的決策權。已識別資產及租賃合同的判斷示例如表 5-2 所示。

表 5-2　已識別資產及租賃合同的判斷示例（2）

示例	分析
客戶與供貨方就一輛指定的卡車在一週時間把指定的貨物從甲地運至乙地簽訂了合同。供貨方只提供卡車，客戶負責駕車自甲地到乙地，客戶可以選擇具體的行駛速度、路線、停車休息地點。供應方沒有替換權。在指定路程完成後，客戶無權繼續使用卡車。 問題： (1) 合同中是否存在已識別資產？ (2) 合同中是否主導了卡車的使用權？ (3) 該項合同是租賃合同還是勞務合同？	(1) 合同明確指定卡車，且供應方無替換權，存在已識別資產。 (2) 將指定貨物從甲地運至乙地，合同已預先確定使用目的和使用方式。 (3) 客戶有權在整個使用期間操作卡車，如決定行駛速度、路線、停車休息地點，主導了卡車的使用。因此，該合同為租賃合同，而非勞務合同
甲公司與電力公司簽訂了購買某一指定的新的太陽能電廠 20 年生產的全部電力的合同。太陽能電廠歸電力公司所有，但電力公司沒有對太陽能電廠的替換權。太陽能電廠在建造之前由甲公司設計，電力公司負責按照甲公司的設計建造電廠，並負責電廠的營運。 問題： (1) 合同中是否存在已識別資產？ (2) 客戶是否主導了已識別資產的使用權？ (3) 該項合同是租賃合同還是勞務合同？	(1) 合同明確指定了太陽能電廠，電力公司無替換權，存在已識別資產。 (2) 太陽能電廠的使用目的和使用方式等相關決策在太陽能電廠設計時已預先確定，儘管電廠由電力公司負責營運，但甲公司設計賦予了甲公司主導電廠使用的權利。 (3) 該項合同為租賃合同
甲公司與電信公司簽訂了 2 年期的服務合同，要求電信公司提供約定傳輸速度和質量的網絡服務。為提供服務，電信公司在甲公司處安裝並配置了服務器。在保證速度和質量的前提下，電信公司有權決定使用服務器傳輸數據的方式、接入的網絡、是否重新配置服務器、將服務器用於其他用途。甲公司不操作服務器或對其使用做出任何重大決定。 問題： (1) 合同中是否存在已識別資產？ (2) 甲公司是否主導了服務器的使用？ (3) 該項合同是租賃合同還是服務合同？	(1) 電信公司是使用期間唯一可就服務器的使用做出決策的一方，包括是否重新配置（替換）服務器，因此不存在已識別資產。 (2) 甲公司唯一的決策權是在使用期開始前決定網絡的服務水準，不能直接影響網絡服務的配置，不能決定服務器的使用方式和使用目的，不能主導服務器的使用。 (3) 該合同為非租賃合同，是提供網絡信息的服務合同

（二）租賃的分拆與合併

1. 租賃的分拆

合同中同時包含多項單獨租賃的，承租人和出租人應當將合同予以分拆，並區分各項單獨租賃進行會計處理。合同中同時包含租賃和非租賃部分的，承租人和出租人應當將租賃和非租賃部分進行分拆，租賃部分應按照《企業會計準則第 21 號——租賃》的規定進行會計處理，非租賃部分應當按照其他適用的企業會計準則進行會計處理。

2. 租賃的合併

企業與同一交易方或其關聯方在同一時間或相近時間訂立的兩份或多份包含租賃的合同，在符合下列條件之一時，應當合併為一份合同進行會計處理：

（1）該兩份或多份合同基於總體商業目的而訂立並構成一攬子交易，若不作為整體考慮則無法理解其總體商業目的。

（2）該兩份或多份合同中的某份合同的對價金額取決於其他合同的定價或履行情況。

（3）該兩份或多份合同讓渡的資產使用權合起來構成一項單獨租賃。

四、租賃會計涉及的主要概念

在租賃會計業務處理中將會涉及很多專門術語，為便於掌握，本書把經常涉及的一些會計術語解釋如下：

（一）租賃期

租賃期是指承租人有權使用租賃資產且不可撤銷的期間。

承租人有續租選擇權，即有權選擇續租該資產，且合理確定將行使該選擇權的，租賃期還應當包含續租選擇權涵蓋的期間。

承租人有終止租賃選擇權，即有權選擇終止租賃該資產，但合理確定將不會行使該選擇權的，租賃期應當包含終止租賃選擇權涵蓋的期間。

發生承租人可控範圍內的重大事件或變化，且影響承租人是否合理確定將行使相應選擇權的，承租人應當對其是否合理確定將行使續租選擇權、購買選擇權或不行使終止租賃選擇權進行重新評估。

租賃合同簽訂後一般不可撤銷，但下列情況除外：

（1）經出租人同意。
（2）承租人與原出租人就同一資產或同類資產簽訂了新的租賃合同。
（3）承租人支付一筆足夠多的額外款項。
（4）發生某些很少會出現的或有事項。

如果相應協議規定，在租賃期滿時，承租人有權選擇續租該資產，並且在租賃開始日就可以合理確定承租人將會行使這種選擇權，那麼無論是否再支付租金，續租期也包括在租賃期之內。

（二）租賃激勵

租賃激勵是指出租人為達成租賃向承租人提供的優惠，包括出租人向承租人支付的與租賃有關的款項、出租人為承租人償付或承擔的成本等。

（三）租賃開始日

租賃開始日是指租賃合同簽署日與租賃各方就主要租賃條款做出承諾日中的較早者。

（四）租賃期開始日

租賃期開始日是指出租人提供租賃資產使其可供承租人使用的起始日期，表明租賃行為的開始。在租賃期開始日，承租人應對租賃資產、租賃付款額和未確認融資費用進行初始確認；出資人應對應收融資租賃款、未擔保餘值和未確認融資收益進行初始確認。可見，租賃期開始日既是租賃資產使用權轉移的日期，也是會計上對租賃業務進行初始確認的日期。

（五）初始直接費用

初始直接費用是指為達成租賃所發生的增量成本。增量成本是指若企業不取得該租賃，則不會發生的成本。初始直接費用主要包括承租人和出租人在租賃談判和簽訂租賃合同過程中發生的、可直接歸屬於某租賃項目的費用，如印花稅、佣金、律師費、差旅費、談判費等。

（六）擔保餘值

擔保餘值是指與出租人無關的一方向出租人提供擔保，保證在租賃結束時租賃資產的價值至少為某指定的金額。

擔保餘值主要是針對承租人而言的，即主要由承租人作為擔保人。擔保餘值可以督促承租人謹慎地使用租賃資產，盡量減少出租人作為資產所有者而承擔的風險和可能發生的損失，也是租賃期滿租賃資產剩餘價值的最低保障。除此之外，擔保餘值的擔保人也可能是獨立於承租人和出租人的第三方，如擔保公司。在這種情況下，擔保餘值就是針對出租人而言的了。對於出租人而言，擔保餘值是指承租人的擔保餘值加上由獨立於承租人和出租人的第三方擔保的資產餘值。

（七）未擔保餘值

未擔保餘值是指在租賃資產餘值中，出租人無法保證能夠實現或僅由與出租人有關的一方予以擔保的部分。

例如，某租賃資產的資產餘值預計為100萬元，其中由承租人擔保的餘值為80萬元，由獨立的擔保公司擔保的餘值為15萬元，則未擔保餘值應該為5萬元。對於出租人而言，如果資產餘值都被擔保，則說明預計的資產餘值沒有風險；如果資產餘值中存在未擔保餘值，則說明這部分資產餘值的風險沒有轉移，其未來的風險由出租人自己承擔。

（八）租賃付款額

租賃付款額是指承租人向出租人支付的與在租賃期內使用租賃資產的權利相關的款項。其內容如下：

（1）固定付款額及實質固定付款額，存在租賃激勵的，扣除租賃激勵相關金額。

（2）取決於指數或比率的可變租賃付款額，該款項在初始計量時根據租賃期開始日的指數或比率確定。

（3）購買選擇權的行權價格，前提是承租人合理確定將行使該選擇權。

（4）行使終止租賃選擇權需支付的款項，前提是租賃期反應出承租人將行使終止租賃選擇權。

（5）根據承租人提供的擔保餘值預計應支付的款項。

實質固定付款額是指在形式上可能包含變量但實質上無法避免的付款額。

可變租賃付款額是指承租人為取得在租賃期內使用租賃資產的權利，向出租人支付的因租賃期開始日後的事實或情況發生變化（非時間推移）而變動的款項。取決於指數或比率的可變租賃付款額包括與消費者價格指數掛鈎的款項、與基準利率掛鈎的款項和為反應市場租金費率變化而變動的款項等。

（九）租賃收款額

租賃收款額是指出租人因讓渡在租賃期內使用租賃資產的權利而應向承租人收取的款項。其內容如下：

（1）承租人需支付的固定付款額及實質固定付款額，存在租賃激勵的，扣除租賃激勵相關金額。

（2）取決於指數或比率的可變租賃付款額，該款項在初始計量時根據租賃期開

始日的指數或比率確定。

（3）購買選擇權的行權價格，前提是合理確定承租人將行使該選擇權。

（4）承租人行使終止租賃選擇權需支付的款項，前提是租賃期反應出承租人將行使終止租賃選擇權。

（5）由承租人、與承租人有關的一方以及有經濟能力履行擔保義務的獨立第三方向出租人提供的擔保餘值。

（十）租賃內含利率

租賃內含利率是指使出租人的租賃收款額的現值與未擔保餘值的現值之和等於租賃資產公允價值與出租人的初始直接費用之和的利率。

租賃內含利率的計算公式如下：

租賃收款額現值＋未擔保餘值現值＝租賃資產公允價值＋初始直接費用

租賃內含利率是出租人攤銷未實現融資收益、確定每期租賃收益的主要指標，也是承租人攤銷未確認融資費用、確定每期租賃成本的有用指標。

（十一）承租人增量借款利率

承租人增量借款利率是指承租人在類似經濟環境下為獲得與使用權資產價值接近的資產，在類似期間以類似抵押條件借入資金必須支付的利率。

（十二）租賃投資淨額

租賃投資淨額為未擔保餘值和租賃期開始日尚未收到的租賃收款額按照租賃內含利率折現的現值之和。租賃投資淨額在數量上等於出租人租賃收款額及未擔保餘值之和與未實現融資收益之間的差額。租賃投資淨額是出租人融資租賃資產的投資本金，是計算出租人每期租金收益（每期未實現融資收益的攤銷額）的計算基礎。出租人每期租金收益的計算公式如下：

出租人每期租金收益＝租賃投資淨額餘額×租賃內含利率

（十三）租金及或有租金

租金是指承租人在租賃期內因擁有租賃資產使用權而應支付給出租人的使用費。承租人融資租賃支付的租金包括了租賃資產在租賃開始日公允價值的大部分以及資金占用費（相當於利息）。租金通常按固定金額分期支付給出租人，但在某些租賃協議中，承租人可能還要根據租賃期間以外的其他因素（如銷售量、使用量、物價指數等）計算並支付給出租人一些額外的、金額不固定的租金，這就是或有租金。或有租金的會計核算方法完全不同於固定租金的核算，後面將具體闡述兩者之間的區別。

（十四）履約成本

履約成本是指承租人在租賃期內為有效使用租賃資產而支付的各種相關費用，如技術諮詢和服務費、人員培訓費、維修費、保險費等。履約成本是在租賃協議之外發生的額外費用，在租賃會計中，一般作為期間費用處理。

[例5-1] 租賃業務有關指標的計算。

A企業與B企業簽訂了一項租賃協議。該協議規定，A企業租賃B企業的一項全新固定資產，租賃期為10年，年租金為50萬元，自租賃開始日每年平均支付。租賃期滿後，A企業有權以10萬元的價格獲得該資產的所有權。預計該租賃資產期

滿時的公允價值為 100 萬元，A 企業的全資子公司 A1 和獨立於 A 企業、B 企業的 C 擔保公司分別為該租賃資產餘值提供了 10 萬元和 30 萬元的擔保。租賃協議還規定，A 企業每年應向 B 企業支付 10 萬元的技術諮詢和人員培訓費，且應按其銷售收入的 1%向 B 企業支付額外租金。假定 A 企業每年的銷售收入均為 1,000 萬元。

分析該例題中的租金、或有租金、資產餘值、對承租人來講的擔保餘值、對出租人來講的擔保餘值、未擔保餘值、履約成本、承租人的最低租賃付款額和出租人的最低租賃收款額等相關數據。

本例中租賃相關指標金額的計算及分析如表 5-3 所示。

表 5-3　租賃相關指標金額的計算及分析

項目	金額(萬元)	分析及計算過程
租金	500	50×10＝500（萬元）
或有租金	10	1,000×1%＝10（萬元）
資產餘值	100	該設備租賃期滿時的公允價值
對承租人來講的擔保餘值	10	A1 對該設備的擔保價值
對出租人來講的擔保餘值	40	A1 和 C 對該設備擔保價值合計＝10(A1)＋30(C)＝40(萬元)
未擔保餘值	60	未擔保餘值等於資產餘值減去擔保值，即 100－30－10＝60(萬元)
履約成本	10	A 企業每年支付給 B 企業的技術諮詢費和人員培訓費
承租人的最低租賃付款額	520	最低租賃付款額等於租金，承租人的擔保餘值和廉價購買價款之和，即 500＋10＋10＝520（萬元）
出租人的最低租賃收款額	550	最低租賃收款額等於承租人的最低租賃付款額加上 C 公司的擔保餘值，即 520＋30＝550（萬元）

第二節　承租人的會計處理

一、租賃負債和使用權資產的初始確認與計量

（一）租賃負債的初始確認與計量

租賃負債應當按照租賃期開始日尚未支付的租賃付款額的現值進行初始計量。識別應納入租賃負債的相關付款項目是計量租賃負債的關鍵。

1. 租賃付款額

租賃付款額主要包括以下內容：

（1）固定付款額及實質固定付款額，存在租賃激勵的，扣除租賃激勵相關金額。實質固定付款額是指在形式上可能包含變量但實質上無法避免的付款額。租賃激勵是指出租人為達成租賃向承租人提供的優惠，包括出租人向承租人支付的與租賃有關的款項、出租人為承租人償付或承擔的成本等。實際上，此處的激勵就是出租人就租賃業務向承租人做出的讓價或折扣。存在租賃激勵的，承租人在確定租賃付款額時，應扣除租賃激勵相關金額。

（2）取決於指數或比率的可變租賃付款額。可變租賃付款額是指承租人為取得在租賃期內使用租賃資產的權利，向出租人支付的因租賃期開始日後的事實或情況發生變化（非時間推移）而變動的款項。可變租賃付款額可能與下列各項指標或情況掛勾：

①由於市場比率或指數數值變動導致的價格變動。例如，基準利率或消費者價格指數變動可能導致租賃付款額調整。

②承租人源自租賃資產的績效。例如，零售業不動產租賃可能會要求基於使用該不動產取得的銷售收入的一定比例確定租賃付款額。

③租賃資產的使用。例如，車輛租賃可能要求承租人在超過特定里程數時支付額外的租賃付款額。

（3）購買選擇權的行權價格，前提是承租人合理確定將行使該選擇權。在租賃期開始日，承租人應評估是否合理確定將行使購買標的資產的選擇權。在評估時，承租人應考慮對其行使或不行使購買選擇權產生經濟激勵的所有相關事實和情況。如果承租人合理確定將行使購買標的資產的選擇權，則租賃付款額中應包含購買選擇權的行權價格。

（4）行使終止租賃選擇權需支付的款項，前提是租賃期反應出承租人將行使終止租賃選擇權。在租賃期開始日，承租人應評估是否合理確定將行使終止租賃的選擇權。在評估時，承租人應考慮對其行使或不行使終止租賃選擇權產生經濟激勵的所有相關事實和情況。如果承租人合理確定將行使終止租賃選擇權，則租賃付款額中應包含行使終止租賃選擇權需支付的款項，並且租賃期不應包含終止租賃選擇權涵蓋的期間。

（5）根據承租人提供的擔保餘值預計應支付的款項。如果承租人提供了對餘值的擔保，則租賃付款額應包含該擔保下預計應支付的款項，它反應了承租人預計將支付的金額。

2. 折現率

租賃負債應當按照租賃期開始日尚未支付的租賃付款額的現值進行初始計量。在計算租賃付款額的現值時，承租人應當採用租賃內含利率作為折現率；無法確定租賃內含利率的，承租人應當採用承租人增量借款利率作為折現率。

（二）使用權資產的初始確認與計量

使用權資產是指承租人可以在租賃期內使用租賃資產的權利。在租賃期開始日，承租人應當按照成本對使用權資產進行初始計量。該成本包括下列四項內容：

（1）租賃負債的初始計量金額。

（2）在租賃期開始日或之前支付的租賃付款額，存在租賃激勵的，應扣除已享受的租賃激勵相關金額。

（3）承租人發生的初始直接費用。

（4）承租人為拆卸及移除租賃資產、復原租賃資產所在場地或將租賃資產恢復至租賃條款約定狀態預計將發生的成本。前述成本屬於為生產存貨而發生的，則按照《企業會計準則第1號——存貨》的要求進行處理。

承租人應當按照《企業會計準則第13號——或有事項》的規定進行確認和計量。

[例5-2] 承租人甲公司就某棟建築物的某一層樓與出租人乙公司簽訂了為期10年的租賃協議，並擁有5年的續租選擇權。有關資料如下：

(1) 初始租賃期內的不含稅租金為每年50,000元，續租期間為每年55,000元，所有款項應於每年年初支付。

(2) 為獲得該項租賃，甲公司發生的初始直接費用為20,000元，其中15,000元為向該樓層前任租戶支付的款項，5,000元為向促成此租賃交易的房地產仲介支付的佣金。

(3) 作為對甲公司的激勵，乙公司同意補償甲公司5,000元的佣金。

(4) 在租賃期開始日，甲公司評估後認為，不能合理確定將行使續租選擇權，因此將租賃期確定為10年。

(5) 甲公司無法確定租賃內含利率，其增量借款利率為每年5%。該利率反應的是甲公司以類似抵押條件借入期限為10年、與使用權資產等值的相同幣種的借款而必須支付的利率。為簡化處理，假設不考慮相關稅費的影響。

(1) 甲公司計算租賃付款額現值，確認租賃負債和使用權資產。

每年租金50,000元，第1年已付；剩餘9年，按5%的利率折現。

租賃付款額（剩餘9期）= 50,000×9 = 450,000（元）

租賃負債＝剩餘9期租賃付款額的現值＝50,000×(P/A,5%,9)＝355,391（元）

未確認融資費用＝剩餘9期租賃付款額－剩餘9期租賃付款額的現值

＝450,000－355,391＝94,609（元）

借：使用權資產	405,391
租賃負債——未確認融資費用	94,609
貸：租賃負債——租賃付款額	450,000
銀行存款	50,000

(2) 甲公司以銀行存款支付初始直接費用2萬元。

借：使用權資產	20,000
貸：銀行存款	20,000

(3) 甲公司將已收的租賃激勵0.5萬元從使用權資產入帳價值中扣除，款已收存銀行。

借：銀行存款	5,000
貸：使用權資產	5,000

使用權資產初始成本＝405,391＋20,000－5,000＝420,391（元）

(三) 使用權資產的後續常規確認與計量

1. 計量基礎

在租賃期開始日後，承租人應當採用成本模式對使用權資產進行後續計量，即以成本減累計折舊或攤銷減減值準備計量使用權資產。

2. 使用權資產進行後續計量——折舊

承租人應參照《企業會計準則第4號——固定資產》有關折舊的規定計提折舊。承租人可以在租賃期開始的當月計提折舊，也可以從下月計提折舊。預計取得其所有權的，按租賃資產剩餘使用壽命為折舊年限；無法確定所有權的，按租賃期

與租賃資產剩餘使用壽命孰短為折舊年限。如使用權資產的剩餘使用壽命短於前兩者，按使用權資產的剩餘使用壽命為折舊年限。

3. 使用權資產進行後續計量——減值

承租人應參照《企業會計準則第 8 號——資產減值》的有關規定提取減值準備。使用權資產減值準備一旦計提，不得轉回。承租人應按照扣除減值準備之後的使用權資產的帳面價值，進行後續折舊提取。

[**例 5-3**] 承租人甲公司與出租人乙公司簽訂了一份為期 5 年的設備租賃合同。甲公司計劃開發自有設備以替代租賃資產，自有設備計劃在 5 年內投入使用。甲公司擁有在租賃期結束時以 5,000 元購買該設備的選擇權。每年的租賃付款額固定為 10,000 元（不含增值稅），於每年年末支付。甲公司無法確定租賃內含利率，其增量借款利率為 5%。在租賃期開始日，甲公司對行使購買選擇權的可能性進行評估後認為，不能合理確定將行使購買選擇權。這是因為甲公司計劃開發自有設備，繼而在租賃期結束時替代租賃資產。承租人在支出租賃款時同步支付增值稅，其增值稅稅率為 13%。

（1）在租賃期開始日，確認租賃負債和使用權資產。

應確認租賃負債為 43,300 元［10,000×(P/A,5%,5)］。「租賃負債——租賃付款額」帳戶（貸方）為 50,000 元，「租賃負債——未確認融資費用」帳戶（借方）為 6,700 元。

借：使用權資產　　　　　　　　　　　　　　　　　　43,300
　　租賃負債——未確認融資費用　　　　　　　　　　　6,700
　　貸：租賃負債——租賃付款額　　　　　　　　　　　50,000

（2）分期攤銷未確認融資費用（利率 5%）。未確認融資費用分期攤銷表如表 5-4 所示。

表 5-4　未確認融資費用分期攤銷表　　　　　　　單位：元

年度	期初應付租金 A	財務費用 B=A×5%	未確認融資費用	現金總流出 C	租金本期付現 D=C-B	期末應付租金 E=A-D
承租日	43,300	—	6,700	—	—	—
第 1 年	43,300	2,165	4,535	10,000	7,835	35,465
第 2 年	35,465	1,773	2,762	10,000	8,227	27,238
第 3 年	27,238	1,362	1,400	10,000	8,638	18,600
第 4 年	18,600	930	470	10,000	9,070	9,530
第 5 年	9,530	470*	0	10,000	9,530	0
總額	—	6,700	—	50,000	43,300	—

註：為避免小數點計算誤差，最後一年的財務費用是倒推出來的。

[**例 5-4**] 沿用 [**例 5-3**]，假設租賃的是商舖，而不是設備。除固定付款額外，合同還規定租賃期間甲公司商舖當年銷售額超過 1,000,000 元的，當年應再支付按銷售額的 2% 計算的租金（不含增值稅，增值稅稅率為 13%），於當年年末以銀行存款支付。假設在租賃的第 3 年，該商舖的銷售額為 1,500,000 元。

借：銷售費用	30,000	
應交稅費——應交增值稅（進項稅額）	3,900	
貸：銀行存款		33,900

二、租賃負債和使用權資產後續重新計量

租賃負債和使用權資產後續重新計量時，應考慮下列因素的變動：實質固定付款額發生變動，擔保餘值預計的應付金額發生變動，用於確定租賃付款額的指數或比率發生變動，購買選擇權、續租選擇權或終止租賃選擇權的評估結果或實際情況發生變化。

（一）實質固定付款額發生變動

如果租賃付款額最初是可變的，但在租賃期開始日後的某一時點轉為固定，那麼在潛在可變性消除時，該付款額就成為實質固定付款額，該付款額就應納入租賃負債的計量之中。承租人應當按照變動後租賃付款額的現值重新計量租賃負債。

［例5-5］ 承租人甲公司簽訂了一份為期10年的機器租賃合同。租金於每年年末支付，並按以下方式確定：第1年，租金是可變的，根據該機器在第1年下半年的實際產能確定；第2~10年，每年的租金依據該機器在第1年下半年的實際產能確定，即租金將在第1年年末轉變為固定付款額。在租賃期開始日，甲公司無法確定租賃內含利率，其增量借款利率為5%。假設在第1年年末，根據該機器在第1年下半年的實際產能所確定的租賃付款額為每年20,000元。該租金不含增值稅，增值稅稅率13%。

（1）在租賃期開始時，由於未來的租金尚不確定，因此甲公司的租賃負債為零。

（2）甲公司在第1年年末支付租金20,000元及增值稅2,600元。該租金不含增值稅，增值稅稅率13%。

借：製造費用	20,000	
應交稅費——應交增值稅（進項稅額）	2,600	
貸：銀行存款		22,600

（3）在第1年年末，租金的潛在可變性消除，成為實質固定付款額（每年20,000元），因此甲公司應基於變動後的租賃付款額重新計量租賃負債，並採用不變的折現率（5%）進行折現，年末確認使用權資產和租賃負債。「租賃負債——租賃付款額」帳戶（貸方）180,000元（20,000×9），租賃付款額現值為142,156元［20,000×(P/A,5%,9)］，「租賃負債——未確認融資費用」帳戶(借方)為37,844元。

借：使用權資產	142,156	
租賃負債——未確認融資費用	37,844	
貸：租賃負債——租賃付款額		180,000

（二）擔保餘值預計的應付金額發生變動

在租賃期開始日後，承租人應對其在擔保餘值下預計支付的金額進行估計。該金額發生變動的，承租人應當按照變動後租賃付款額的現值重新計量租賃負債（採用的折現率不變）。

[例5-6] 承租人甲公司與出租人乙公司簽訂了汽車租賃合同，租賃期為5年，甲公司增量資本借入利率為5%。合同中就擔保餘值的規定為：如果標的汽車在租賃期結束時的公允價值低於40,000元，則甲公司需向乙公司支付40,000元與汽車公允價值之間的差額。在租賃期開始日，甲公司預計標的汽車在租賃期結束時的公允價值為40,000元，即甲公司預計在擔保餘值下將支付的金額為零。因此，甲公司在計算租賃負債時，與擔保餘值相關的付款額為零。

假設在第1年年末，甲公司預計該汽車在租賃期結束時的公允價值為30,000元。該擔保餘值下預計應付的金額為10,000元，「租賃負債——租賃付款額」帳戶（貸方）為10,000元，租賃負債現值為8,227元[10,000×(P/F,5%,4)]，「租賃負債——未確認融資費用」帳戶（借方）為1,773元。

借：使用權資產　　　　　　　　　　　　　　　　　8,227
　　租賃負債——未確認融資費用　　　　　　　　　1,773
　貸：租賃負債——租賃付款額　　　　　　　　　　10,000

（三）用於確定租賃付款額的指數或比率發生變動

在租賃期開始日後，因用於確定租賃付款額的指數或比率（浮動利率除外）的變動而導致未來租賃付款額發生變動的，承租人應當按照變動後租賃付款額的現值重新計量租賃負債。在該情形下，承租人採用的折現率不變。需要注意的是，僅當現金流量發生變動時，即租賃付款額的變動生效時，承租人才應重新計量租賃負債，以反應變動後的租賃付款額。承租人應基於變動後的合同付款額，確定剩餘租賃期內的租賃付款額。

[例5-7] 承租人甲公司簽訂了一項為期10年的不動產租賃合同，每年的租賃付款額為50,000元，租金於每年年初支付。合同規定，租賃付款額在租賃期開始日後每兩年基於過去24個月消費者價格指數的上漲進行上調。租賃期開始日的消費者價格指數為125。假設在租賃第3年年初的消費者價格指數為135，甲公司在租賃期開始日採用的折現率為5%。在第3年年初，甲公司在對因消費者價格指數變化而導致未來租賃付款額的變動進行會計處理以及支付第3年的租賃付款額之前，租賃負債為339,320元[50,000+50,000×(P/A,5%,7)]。經消費者價格指數調整後的第3年租賃付款額為54,000元（50,000×135÷125）。

甲公司在第3年年初重新計量租賃負債。在第3年年初，新的租賃負債現值為366,466元[54,000+54,000×(P/A,5%,7)]，之前的租賃負債為339,320元。

因此，租賃負債將增加27,146元，其中「租賃負債——租賃付款額」帳戶（貸方）為32,000元，「租賃負債——未確認融資費用」帳戶（借方）為4,854元。

借：使用權資產　　　　　　　　　　　　　　　　　27,146
　　租賃負債——未確認融資費用　　　　　　　　　4,854
　貸：租賃負債——租賃付款額　　　　　　　　　　32,000

在租賃期開始日後，擔保餘值預計的應付金額發生變動，或者因用於確定租賃付款額的指數或比率發生變動而導致未來租賃付款額發生變動的，承租人應當按照變動後租賃付款額的現值重新計量租賃負債。在該情形下，承租人採用的折現率不變；但是，租賃付款額的變動源自浮動利率變動的，使用修訂後的折現率。

（四）購買選擇權、續租選擇權或終止租賃選擇權的評估結果或實際行使情況發生變化

發生下列情形且評估後有變化的，承租人應重新計量租賃負債：

（1）發生承租人可控範圍內的重大事件或變化，且影響承租人是否合理確定將行使續租或終止租賃選擇權的，應對選擇權進行重新評估。

（2）發生承租人可控範圍內的重大事件或變化，且影響承租人是否合理確定將行使購買選擇權的，應對購買選擇權進行重新評估。

重新評估應以剩餘租賃期間的租賃內含利率作為折現率；無法確定的，應以重估日的增量借款利率作為折現率。

[例5-8] 承租人甲公司與出租人乙公司簽訂了一份為期5年的設備租賃合同。甲公司計劃開發自有設備以替代租賃資產，自有設備計劃在5年內投入使用。甲公司擁有在租賃期結束時以5,000元購買該設備的選擇權。每年的租賃付款額固定為10,000元（不含增值稅），於每年年末支付。甲公司無法確定租賃內含利率，其增量借款利率為5%。在租賃期開始日，甲公司對行使購買選擇權的可能性進行評估後認為，不能合理確定將行使購買選擇權。這是因為甲公司計劃開發自有設備，繼而在租賃期結束時替代租賃資產。承租人在支出租賃款時同步支付增值稅，其增值稅稅率為13%。承租人甲公司租賃負債中未確認融資費用分期攤銷表如表5-4所示。

假設在第3年年末，甲公司做出削減開發項目的戰略決定，包括上述替代設備的開發。該決定在甲公司的可控範圍內，並影響其是否合理確定將行使購買選擇權。此外，甲公司預計該設備在租賃期結束時的公允價值為20,000元。

（1）甲公司重新評估，確定將行使該購買選擇權。在租賃期結束時不大可能有可用的替代設備；該設備預期市場價值（20,000元）遠高於行權價格（5,000元）。其第3年年末的增量借款利率為5.5%。

（2）重新計量租賃負債。新租賃負債現值為22,960元，即10,000×(P/F,5.5%,1)+(10,000+5,000)×(P/F,5.5%,2)，之前的租賃負債為18,600元。

甲公司應調增租賃負債4,360元，其中「租賃負債——租賃付款額」帳戶（貸方）調增5,000元，「租賃負債——未確認融資費用」帳戶（借方）應調增640元。

借：使用權資產　　　　　　　　　　　　　　　4,360
　　租賃負債——未確認融資費用　　　　　　　　640
　　貸：租賃負債——租賃付款額　　　　　　　　　　5,000

承租人甲公司因選擇權改變後的未確認融資費用分期攤銷表如表5-5所示。

表5-5　承租人甲公司因選擇權改變後的未確認融資費用分期攤銷表　　單位：元

年度	期初應付租金 A	財務費用 B=A×5.5%	未確認融資費用	現金總流出 C	租金本期付現 D=C-B	期末應付租金 E=A-D
	22,960	—	2,040	—	—	—
第4年	22,960	1,263	777	10,000	8,737	14,223
第5年	14,223	777	0	15,000	14,223	0
總額	—	6,700	—	25,000	22,960	—

註：為避免小數點計算誤差，最後一年的財務費用是倒推出來的。

[例5-9] 承租人甲公司租入一層辦公樓，為期10年，並擁有可續租5年的選擇權。初始租賃期間（10年）的租賃付款額為每年50,000元，可選續租期間（5年）的租賃付款額為每年55,000元，均在每年年初支付。在租賃期開始日，甲公司評估後認為，不能合理確定將會行使續租選擇權，因此確定租賃期為10年。甲公司無法確定租賃內含利率，其增量借款利率為5%。在租賃期開始日，甲公司支付第1年的租賃付款額50,000元，並確認租賃負債355,390元，即355,390 = 50,000×(P/A, 5%, 9)。在第5~6年，甲公司的業務顯著增長，其日益壯大的人員規模意味著需要擴租辦公樓。為了最大限度地降低成本，甲公司額外簽訂了一份為期8年、在同一辦公樓內其他樓層的租賃合同，在第7年年初起租。

（1）重新評估，確定將行使續租選擇權。在第6年年末，該租賃的租賃期由10年變為15年。其第6年年末的增量借款利率為4.5%。

（2）重新計量租賃負債。新的租賃負債現值為399,030元，即50,000+50,000×(P/A, 4.5%, 3)+55,000×(P/A, 4.5%, 5)×(P/F, 4.5%, 3)。之前的租賃負債現值為186,160元。調增租賃負債為212,870元，其中應調增「租賃負債——租賃付款額」帳戶（借方）275,000元（5年，每年55,000元），應調增「租賃負債——未確認融資費用」帳戶（貸方）62,130元。

借：使用權資產　　　　　　　　　　　　　　　212,870
　　租賃負債——未確認融資費用　　　　　　　62,130
　貸：租賃負債——租賃付款額　　　　　　　　275,000

[例5-10] 承租人甲公司與出租人乙公司簽訂為期5年的庫房租賃合同，每年年末支付固定租金10,000元。甲公司擁有在租賃期結束時以300,000元購買該庫房的選擇權。在租賃期開始日，甲公司評估後認為，不能合理確定將行使該購買選擇權。第3年年末，該庫房所在地房價顯著上漲，甲公司預計租賃期結束時該庫房的市價為600,000元，甲公司重新評估後認為，能夠合理確定將行使該購買選擇權。

房價上漲屬於市場情況發生的變化，不在甲公司的可控範圍內。因此，雖然該事項導致購買選擇權的評估結果發生變化，但甲公司不應在第3年年末重新計量租賃負債。

然而，如果甲公司在第3年年末不可撤銷地通知乙公司，其將在第5年年末行使購買選擇權，則屬於購買選擇權實際行使情況發生了變化，甲公司需要在第3年年末按修訂後的折現率對變動後的租賃付款額進行折現，重新計量租賃負債。

[例5-11] 承租人甲公司與出租人乙公司簽訂了一份辦公樓租賃合同，每年的租賃付款額為50,000元，於每年年末支付。甲公司無法確定租賃內含利率，其增量借款利率為5%。其不可撤銷租賃期為5年，並且合同約定在第5年年末，甲公司有權選擇以每年50,000元續租5年，也有權選擇以1,000,000元購買該房產。甲公司在租賃期開始時評估認為，可以合理確定將行使續租選擇權，而不會行使購買選擇權，因此將租賃期確定為10年。以上租金不含增值稅，增值稅稅率為9%。購買房產的增值稅稅率為13%。

（1）在租賃期開始日，確認租賃負債和使用權資產。甲公司應確認使用權資產＝386,000元[50,000×(P/A, 5%, 10)]，應確認「租賃負債——租賃付款額」帳戶

（貸方）為 500,000 元，應確認「租賃負債——未確認融資費用」帳戶（借方）為 114,000 元。

  借：使用權資產   386,000
    租賃負債——未確認融資費用   114,000
    貸：租賃負債——租賃付款額   500,000

未確認融資費用分期攤銷表如表 5-6 所示。

表 5-6 未確認融資費用分期攤銷表   單位：元

年度	租賃負債 年初金額 ①	本期 利息費用 ②=①×5%	未確認 融資費用 ③=③-②	現金 總流出 ④	租賃負債 本期付現 ⑤=④-②	租賃負債 年末餘額 ⑥=①-⑤
承租日	386,000	—	114,000	—	—	—
第 1 年	386,000	19,300	94,700	50,000	30,700	355,300
第 2 年	355,300	17,765	76,935	50,000	32,235	323,065
第 3 年	323,065	16,153	60,782	50,000	33,847	289,218
第 4 年	289,218	14,461	46,321	50,000	35,539	253,679
第 5 年	253,679	12,684	33,637	50,000	37,316	216,363
第 6 年	216,363	10,818	22,819	50,000	39,182	177,181
第 7 年	177,181	8,859	13,960	50,000	41,141	136,040
第 8 年	136,040	6,802	7,158	50,000	43,198	92,842
第 9 年	92,842	4,642	2,516	50,000	45,358	47,484
第 10 年	47,484	2,516	0	50,000	47,484	0
總額	—	114,000	—	500,000	386,000	—

（2）第 1 年會計處理如下：
①支付租金及稅金。
  借：租賃負債——租賃付款額   50,000
    應交稅費——應交增值稅（進項稅額）   4,500
    貸：銀行存款   54,500
②攤銷利息費用。
  借：財務費用   19,300
    貸：租賃負債——未確認融資費用   19,300
③計提折舊費用。
  借：管理費用   38,600
    貸：累計折舊   38,600
各年的會計處理如表 5-7 所示。

表 5-7　各年的會計處理

會計業務	會計分錄	第1年	第2年	第3年	第4年	第5年
支付租金及增值稅	借：租賃負債——租賃付款額	50,000	50,000	50,000	50,000	50,000
	借：應交稅費——應交增值稅（進項稅額）	4,500	4,500	4,500	4,500	4,500
	貸：銀行存款	54,500	54,500	54,500	54,500	54,500
攤銷融資費用	借：財務費用	19,300	17,765	16,153	14,461	12,684
	貸：租賃負債——租賃付款額	19,300	17,765	16,153	14,461	12,684
提取折舊	借：管理費用	38,600	38,600	38,600	38,600	38,600
	貸：使用權累計折舊	38,600	38,600	38,600	38,600	38,600

（3）在第4年，該房產所在地房價顯著上漲，甲公司預計租賃結束時該房產的市價為2,000,000元。

經年末重新評估，甲公司將行使購買選擇權（因為購買價為100萬元），而不行使續租選擇權。該房產所在地區的房價上漲屬於市場情況發生的變化，不在甲公司的可控範圍內。因此，雖然該事項導致購買選擇權及續租選擇權的評估結果發生變化，但甲公司不需重新計量租賃負債。

（4）在第5年年末，甲公司實際行使了購買選擇權。使用權資產原值386,000元，累計折舊193,000元。租賃付款額250,000元，未確認融資費用33,637元。甲公司支付款項1,000,000元及增值稅130,000元。

三、租賃變更的會計處理

租賃變更是指原合同條款之外的租賃範圍、租賃對價、租賃期限的變更，包括增加或終止一項或多項租賃資產的使用權，延長或縮短合同規定的租賃期等。租賃變更生效日，是指雙方就租賃變更達成一致的日期。會計準則對於發生租賃變更時的相關處理要求如下：

（一）租賃變更作為一項單獨租賃處理

租賃發生變更且同時符合下列條件的，承租人應當將該租賃變更作為一項單獨租賃進行會計處理：

（1）該租賃變更通過增加一項或多項租賃資產的使用權而擴大了租賃範圍或延長了租賃期限。

（2）增加的對價與租賃範圍擴大部分或租賃期限延長部分的單獨價格按該合同情況調整後的金額相當。

[例5-12]　承租人甲公司與出租人乙公司就2,000平方米的辦公場所簽訂了一項為期10年的租賃合同。在第6年年初，甲公司和乙公司同意對原租賃合同進行變更，以擴租同一辦公樓內3,000平方米的辦公場所。擴租的場所於第6年第二季度末可供甲公司使用。增加的租賃對價與新增3,000平方米辦公場所的當前市價（根據甲公司獲取的擴租折扣進行調整後的金額）相當。擴租折扣反應了乙公司節約的成本，即若將相同場所租賃給新租戶，乙公司將會發生的額外成本（如營銷成本）。

甲公司應當將該變更作為一項單獨的租賃處理。該租賃變更通過增加3,000平

方米辦公場所的使用權而擴大了租賃範圍,並且增加的租賃對價與新增使用權的單獨價格按該合同情況調整後的金額相當。

(二)租賃變更未作為一項單獨租賃處理

在租賃變更生效日,承租人應當按照有關租賃分拆的規定對變更後合同的對價進行分攤,按照有關租賃期的規定確定變更後的租賃期,並採用變更後的折現率對變更後的租賃付款額進行折現,以重新計量租賃負債。在計算變更後租賃付款額的現值時,承租人應當採用剩餘租賃期間的租賃內含利率作為折現率;無法確定的,應當採用變更後增量借款利率作為折現率。

就上述租賃負債調整的影響,承租人應區分以下情形進行會計處理:

(1)租賃變更導致租賃範圍縮小或租賃期縮短的,承租人應當調減使用權資產的帳面價值,以反應租賃的部分終止或完全終止。承租人應將部分終止或完全終止租賃的相關利得或損失計入當期損益。

(2)其他租賃變更,承租人應當相應調整使用權資產的帳面價值。

[例5-13] 承租人甲公司與出租人乙公司就5,000平方米的辦公場所簽訂了10年期的租賃合同。年租賃付款額為100,000元,在每年年末支付。甲公司無法確定租賃的內含利率。在租賃期開始日,甲公司的增量借款利率為6%,相應的租賃負債和使用權資產的初始確認金額均為736,000元〔100,000×(P/A,6%,10)〕。在第6年年初,甲公司和乙公司同意對原租賃合同進行變更,即自第6年年初起,將原租賃場所縮減至2,500平方米。每年的租賃付款額(第6~10年)調整為60,000元。承租人在第6年年初的增量借款利率為5%。

(1)按50%的比例終止原使用權和原租賃負債的帳面價值。

使用權資產:原總價為736,000元,已攤銷一半,剩下368,000元;剩下的終止50%,即184,000元。

租賃負債:變更日原帳面價值為421,240元〔100,000×(P/A,6%,5)〕,終止50%,即210,620元。即「租賃負債——租賃付款額」帳戶(借方)減少250,000元(100,000×50%×5),「租賃負債——未確認融資費用」帳戶(貸方)減少39,380元(250,000-210,620)。

兩者之差為26,620元(210,620-184,000),通過資產處置損益計入當期損益。

借:租賃負債——租賃付款額　　　　　　　250,000
　　貸:租賃負債——未確認融資費用　　　　　39,380
　　　　使用權資產　　　　　　　　　　　　184,000
　　　　資產處置損益　　　　　　　　　　　 26,620

(2)第6年年初,即租賃變更日,重新計量租賃負債。

原剩下的租賃負債為210,620元,新的租賃負債按新租金、新利率、新期限計算。租賃變更後的租賃負債為259,770元〔60,000×(P/A,5%,5)〕。兩者之差為49,150元(259,770-210,620=49,150),即調增使用權資產和租賃負債49,150元。其中,租賃付款額增加額為50,000元〔(60,000-100,000×50%)×5〕,未確認融資費用的增加額850元(50,000-49,150)。調增使用權資產和租賃負債49,150元。

其中,租賃付款額增加額50,000元,未確認融資費用的增加額850元。承租人同步

調增使用權資產 49,150 元。

借：使用權資產 49,150
　　租賃負債——未確認融資費用 850
貸：租賃負債——租賃付款額 50,000

[例 5-14] 承租人甲公司與出租人乙公司就 5,000 平方米的辦公場所簽訂了一項為期 10 年的租賃合同。年租賃付款額為 100,000 元，在每年年末支付。甲公司無法確定租賃內含利率。甲公司在租賃期開始日的增量借款利率為 6%。在第 7 年年初，甲公司和乙公司同意對原租賃合同進行變更，即將租賃期延長 4 年。每年的租賃付款額不變（在第 7~14 年的每年年末支付 100,000 元）。甲公司在第 7 年年初的增量借款利率為 7%。

第 7 年年初，基於下列情況甲公司重新計量租賃負債：剩餘租賃期為 8 年，年付款額為 100,000 元，採用修訂後的折現率 7% 進行折現。

變更後的租賃負債為 597,130 元〔100,000×(P/A,7%,8)〕。
變更前的租賃負債為 346,510 元〔100,000×(P/A,6%,4)〕。
調增租賃負債的帳面價值 250,620 元（597,130-346,510），其中「租賃負債——租賃付款額」帳戶（貸方）為 400,000 元，「租賃負債——未確認融資費用」帳戶（借方）為 149,380 元。

甲公司同步調增使用權資產 250,620 元。

借：使用權資產 250,620
　　租賃負債——未確認融資費用 149,380
貸：租賃負債——租賃付款額 400,000

四、短期租賃和低價值資產租賃

對於短期租賃和低價值資產租賃，承租人可以選擇不確認使用權資產和租賃負債。做出該選擇的，承租人應當將短期租賃和低價值資產租賃的租賃付款額，在租賃期內各個期間按照直線法或其他系統合理的方法計入相關資產成本或當期損益。其他系統合理的方法能夠更好地反應承租人的受益模式的，承租人應當採用該方法。

（一）短期租賃

短期租賃是指在租賃期開始日，租賃期不超過 12 個月的租賃。包含購買選擇權的租賃不屬於短期租賃。一旦某類租賃資產簡化處理，未來該類資產下所有的短期租賃都應如此。某類租賃資產是指企業營運中具有類似性質和用途的一組租賃資產。簡化處理的短期租賃發生租賃變更或因租賃變更之外的原因導致租賃期發生變化的，承租人應當將其視為一項新租賃進行會計處理。

（二）低價值資產租賃

低價值資產租賃是指單項租賃資產為全新資產時價值較低的租賃。低價值資產租賃的標準應該是一個絕對金額，即僅與資產全新狀態下的絕對價值有關，不受承租人規模、性質等影響，也不考慮該資產對於承租人或相關租賃交易的重要性。承租人應基於租賃資產的全新狀態下的價值進行評估，不應考慮資產已被使用的年限，可簡化會計處理。同時，只有承租人能夠從單獨使用該低價值資產或將其與承租人

易於獲得的其他資源一起使用中獲利，且該項資產與其他租賃資產沒有高度依賴或高度關聯關係時，才能對該資產租賃選擇進行簡化會計處理。相對於短期租賃而言，低價值資產租賃不必做租賃變更的考慮。

承租人轉租或預期轉租租賃資產的，原租賃不屬於低價值資產租賃。

常見的低價值資產主要包括平板電腦、普通辦公家具、電話等小型資產。

值得注意的是，符合低價值資產租賃的，也並不代表承租人若採取購入方式取得該資產時該資產不符合固定資產的確認條件。

對於短期租賃和低價值資產租賃，承租人可以選擇不確認使用權資產和租賃負債（上述的簡化處理）。

做出該選擇的，承租人應當將短期租賃和低價值資產租賃的租賃付款額，在租賃期內各個期間按照直線法或其他系統合理的方法計入相關資產成本或當期損益，即可採用簡化處理方法。其他系統合理的方法能夠更好地反應承租人的受益模式的，承租人應當採用該方法。

[**例 5-15**] 短期租賃的選擇簡化處理。

2020 年 1 月 1 日，A 公司向 B 公司租賃辦公設備 1 臺，租賃期為 1 年，租金總額為 24 萬元，每月租金 2 萬元在月初支付。對於該項短期租賃，A 公司選擇採用簡化處理辦法對租入資產進行處理。

(1) 租入設備做備查登記，不確認使用權資產。
(2) 每月月初支付租金。

借：管理費用　　　　　　　　　　　　　　　　　　　　　20,000
　　貸：銀行存款　　　　　　　　　　　　　　　　　　　　20,000

第三節　出租人的會計處理

一、出租人對租賃業務的分類

(一) 融資租賃和經營租賃

出租人應當在租賃開始日將租賃分為融資租賃和經營租賃。租賃開始日可能早於租賃期開始日，也可能與租賃期開始日重合。其分類取決於交易的實質，而不是合同的形式。

如果一項租賃實質上轉移了與租賃資產所有權有關的幾乎全部風險和報酬，出租人應當將該項租賃分類為融資租賃。出租人應當將除融資租賃以外的其他租賃分類為經營租賃。此處使用的術語解釋方法是排除法，其前提是租賃業務只有融資租賃和經營租賃兩種類型。按這樣的方式可以推導：某項租賃業務對出租人而言，可能是融資租賃，也可能是經營租賃；但是承租人的短期租賃和低價值資產租賃業務，應當是經營租賃。

租賃的分類是以轉移與租賃資產所有權相關的風險和報酬的程度為依據的。風險包括由於生產能力的閒置或技術陳舊可能造成的損失以及由於經濟狀況的改變可能造成的回報變動。報酬可以表現為在租賃資產的預期經濟壽命期間經營的盈利以

及因增值或殘值變現可能產生的利得。

租賃開始日後，除非發生租賃變更，出租人無需對租賃的分類進行重新評估。租賃資產預計使用壽命、預計餘值等會計估計變更或發生承租人違約等情況變化的，出租人不對租賃進行重分類。

租賃合同可能包括因租賃開始日與租賃期開始日之間發生的特定變化而需要對租賃付款額進行調整的條款與條件。

如出租人標的資產的成本發生變動或出租人對該租賃的融資成本發生變動，在此情況下，出於租賃分類目的，此類變動的影響均視為在租賃開始日已發生。

（二）融資租賃的分類標準

除了本章第一節列示的滿足五種情形之一的租賃通常分類為融資租賃外，一項租賃存在下列一項或多項跡象的，也可能分類為融資租賃：

（1）若承租人撤銷租賃，撤銷租賃對出租人造成的損失由承租人承擔。
（2）資產餘值的公允價值波動產生的利得或損失歸屬於承租人。
（3）承租人有能力以遠低於市場水準的租金繼續租賃至下一期間。

二、出租人對融資租賃的會計處理

（一）融資租賃的初始計量

在租賃期開始日，出租人應確認應收融資租賃款，並終止確認融資租賃資產。出租人應以租賃投資淨額作為應收融資租賃款的入帳價值。租賃投資淨額為未擔保餘值和租賃期開始日尚未收到的租賃收款額按照租賃內含利率折現的現值之和。

租賃內含利率是指使出租人的租賃收款額的現值與未擔保餘值的現值之和（租賃投資淨額）等於租賃資產公允價值與出租人的初始直接費用之和的利率。

出租人發生的初始直接費用包括在租賃投資淨額中。

租賃收款額是指出租人因讓渡在租賃期內使用租賃資產的權利而應向承租人收取的款項，包括：

（1）承租人需支付的固定付款額及實質固定付款額。存在租賃激勵的，應當扣除。
（2）取決於指數或比率的可變租賃付款額。該款項在初始計量時根據租賃期開始日的指數或比率確定。
（3）購買選擇權的行權價格，前提是承租人將行權。
（4）承租人行使終止選擇權需支付的款項，前提是承租人將行權。
（5）由承租人、與承租人有關的一方以及有經濟能力履行擔保義務的獨立第三方向出租人提供的擔保餘值。

（二）融資租賃的後續計量

出租人應按照固定的週期性利率計算並確認租賃期內各個期間的利息收入。納入租賃投資淨額的可變租賃收款額只包含取決於指數或比率的可變租賃收款額。在初始計量時，出租人應當採用租賃期開始日的指數或比率進行初始計量。出租人應定期復核未擔保餘值。若預計降低，出租人應修改租賃期內的收益分配，並立即確認預計的減少額。

取得的未納入租賃投資淨額計量的可變租賃收款額，如與資產的未來績效或使

用情況掛勾的可變租賃收款額，應當在實際發生時計入當期損益。

[例 5-16] 2017 年 12 月 1 日，甲公司與乙公司簽訂了一份租賃合同，從乙公司租入塑鋼機一臺。租賃合同主要條款如下：

(1) 租賃資產：全新塑鋼機。

(2) 租賃期開始日：2018 年 1 月 1 日。

(3) 租賃期：2018 年 1 月 1 日至 2023 年 12 月 31 日，共 72 個月。

(4) 固定租金支付：自 2018 年 1 月 1 日起，每年年末支付租金 160,000 元。如果甲公司能夠在每年年末的最後一天及時付款，則給予減少租金 10,000 元的獎勵。以上租金不含增值稅，增值稅稅率 13%。

(5) 取決於指數或比率的可變租賃付款額：租賃期限內，如遇中國人民銀行貸款基準利率調整時，出租人將對租賃利率做出同方向、同幅度的調整。基準利率調整日之前各期和調整日當期租金不變，從下一期租金開始按調整後的租金金額收取。

(6) 租賃開始日租賃資產的公允價值：該機器在 2017 年 12 月 31 日的公允價值為 700,000 元，帳面價值為 600,000 元。

(7) 初始直接費用：簽訂租賃合同過程中乙公司發生可歸屬於租賃項目的手續費、佣金 10,000 元。

(8) 承租人的購買選擇權：租賃期屆滿時，甲公司享有優惠購買該機器的選擇權，購買價為 20,000 元，估計該日租賃資產的公允價值為 80,000 元。

(9) 取決於租賃資產績效的可變租賃付款額：2018 年和 2019 年兩年，甲公司每年按該機器所生產的產品——塑鋼窗戶的年銷售收入的 5% 向乙公司支付。

(10) 承租人的終止租賃選擇權：甲公司享有終止租賃選擇權。在租賃期間，如果甲公司終止租賃，需支付的款項為剩餘租賃期間的固定租金支付金額。

(11) 擔保餘值和未擔保餘值均為 0 元。

(12) 全新塑鋼機的使用壽命為 7 年。

第一步，判斷租賃類型。

優惠購買價 20,000 元遠低於行使選擇權日租賃資產的公允價值 80,000 元，因此在 2017 年 12 月 31 日就可合理確定甲公司將會行使這種選擇權。

租賃期 6 年，占租賃開始日租賃資產使用壽命的 86%（占租賃資產使用壽命的大部分）。

乙公司綜合考慮其他各種情形和跡象，認為該租賃實質上轉移了與該項設備所有權有關的幾乎全部風險和報酬，因此將這項租賃認定為融資租賃。

採取列表的形式對該業務進行判斷（見表 5-8）。

表 5-8　乙公司對甲公司租賃業務類型的判斷

序號	會計準則要求的判斷條件	與甲公司業務的合同條件	是否符合條件
1	在租賃期屆滿時，租賃資產的所有權轉移給承租人	未提及	
2	承租人有優惠購買選擇權，而確定將要行使	正確	符合條件
3	租賃期占租賃資產使用壽命的大部分	86%（>75%）	符合條件

表5-8(續)

序號	會計準則要求的判斷條件	與甲公司業務的合同條件	是否符合條件
4	在租賃開始日,租賃收款額的現值幾乎相當於租賃資產的公允價值	未提及	
5	租賃資產性質特殊,如果不做較大改造,只有承租人才能使用	未提及	
6	若承租人撤銷租賃,撤銷租賃對出租人造成的損失由承租人承擔	未提及	
7	資產餘值的公允價值波動所產生的利得或損失歸屬於承租人	未提及	
8	承租人有能力以遠低於市場水準的租金繼續租賃至下一期間	正確	符合條件

第二步,確定租賃收款額。

(1) 承租人的固定付款額(扣除租賃激勵)=(160,000-10,000)×6=900,000(元)

(2) 承租人的可變租賃付款額為0元。

(3) 承租人購買選擇權的行權價格為20,000元。

(4) 終止租賃的罰款:若終止,甲公司需支付的款項為剩餘租賃期間的固定租金支付金額。甲公司不會行使終止租賃選擇權。

(5) 由承租人、與承租人有關的一方以及有經濟能力履行擔保義務的獨立第三方向出租人提供的擔保餘值為0元。

綜上所述,租賃收款額=900,000+20,000=920,000(元)

第三步,確認租賃投資總額。

租賃投資總額=「應收融資租賃款——租賃收款額」=在融資租賃下出租人應收的租賃收款額+未擔保餘值=920,000+0=920,000(元)

第四步,確認租賃投資淨額的金額和未實現融資收益。

租賃投資淨額(考慮貨幣時間價值)=應收融資租賃款=等於租賃資產在租賃期開始日公允價值(700,000)+出租人發生的租賃初始直接費用(10,000)=710,000(元)

「應收融資租賃款——未實現融資收益」=租賃投資總額-租賃投資淨額
=920,000-710,000=210,000(元)

第五步,計算租賃內含利率。

租賃內含利率是使租賃投資總額的現值(租賃投資淨額)等於租賃資產在租賃開始日的公允價值與出租人的初始直接費用之和的利率,即150,000×(P/A,r,6)+20,000×(P/F,r,6)=710,000。計算得到租賃內含利率為7.82%。

第六步,2018年1月1日,甲公司出租租賃資產初始業務及其資金運動分析。

「應收融資租賃款——租賃收款額」帳戶(借方)920,000元;「應收融資租賃款——未實現融資收益」帳戶(貸方)210,000元;租賃資產公允價值700,000元,其中帳面價值600,000元,初始直接費用10,000元。

借:應收融資租賃款——租賃收款額　　　　　　　920,000
　　貸:銀行存款　　　　　　　　　　　　　　　　　10,000

融資租賃資產	600,000
資產處置損益	100,000
應收融資租賃款——未實現融資收益	210,000

第七步，甲出租人在出租期內確認與計量租賃期內各期間的利息收入，並收到各期的租賃費（見表 5-9）。

表 5-9　未實現融資收益分期攤銷表　　　　　　　　　　單位：元

年度	期初應收租金 A	租金收入 B=A×7.82%	未實現融資收益	現金總流入 C	應收租金收現 D=C-B	期末應收租金 E=A-D
出租日	710,000		210,000	—	—	—
第 1 年	710,000	55,522	154,478	150,000	94,478	615,522
第 2 年	615,522	48,134	106,344	150,000	101,866	513,656
第 3 年	513,656	40,168	66,176	150,000	109,832	403,824
第 4 年	403,824	31,579	34,597	150,000	118,421	285,403
第 5 年	285,403	22,319	12,278	150,000	127,681	157,722
第 6 年	157,722	12,278	0	150,000	137,722	20,000
總額	—	210,000	—	900,000	690,000	20,000

註：為避免小數點計算誤差，最後一年租金收入是倒推出來的。

每年年末：

（1）甲公司收租金 15 萬元及增值稅銷項稅額 1.95 萬元；

（2）甲公司分攤確認未實現融資收益，確認租金收入。

各年會計處理如表 5-10 所示。

表 5-10　各年會計處理

會計業務	會計分錄	第 1 年	第 2 年	第 3 年	第 4 年	第 5 年	第 6 年
收到租金及增值稅	借：銀行存款	169,500					
	貸：應交稅費——應交增值稅（銷項稅額）	19,500					
	貸：應收融資租賃款——租賃收款額	150,000					
確認租金收入	借：應收融資租賃款——未實現融資收益	55,522	48,134	40,168	31,579	22,319	12,278
	貸：租賃收入						

註：若各年發生金額相同，則進行了合併單元格，並以同一個數字代表各年數字。

第八步，租賃期屆滿時，承租人行使購買權，行權價格為 20,000 元，不含增值稅，增值稅稅率為 13%。出租人帳務處理如下：

借：銀行存款	22,600
貸：租賃收入	20,000
應交稅費——應交增值稅（銷項稅額）	2,600

（三）融資租賃變更的會計處理

（1）同時符合下列條件的，出租人應當將該變更作為一項單獨租賃進行會計處

理：該變更通過增加一項或多項租賃資產的使用權而擴大了租賃範圍或延長了租賃期限；增加的對價與租賃範圍擴大部分或租賃期限延長部分的單獨價格按該合同情況調整後的金額相當。

（2）如未作為一項單獨租賃進行會計處理，且滿足假如變更在租賃開始日生效，該租賃會被分類為經營租賃的，出租人應當自租賃變更生效日開始將其作為一項新租賃（經營租賃）進行會計處理，並以租賃變更生效日前的租賃投資淨額作為經營租賃下租賃資產的帳面價值。

[例5-17] 承租人就某套機器設備與出租人簽訂了一項為期5年的租賃，構成融資租賃。在第2年年初，承租人和出租人同意對原租賃進行修改，再增加1套機器設備用於租賃，租賃期也為5年。擴租的設備從第2年第2季度末時可供承租人使用。租賃總對價的增加額與新增的該套機器設備的當前出租市價扣減相關折扣後相當。其中，折扣反應了出租人節約的成本，即若將同樣設備租賃給新租戶出租人會發生的成本，如營銷成本等。

此情況下，該變更通過增加一項租賃資產的使用權而擴大了租賃範圍，增加的對價與租賃範圍擴大部分的單獨價格按該合同情況調整後的金額相當，應將該變更作為一項新的租賃進行處理。

[例5-18] 承租人就某套機器設備與出租人簽訂了一項為期5年的租賃，構成融資租賃。合同規定，每年年末承租人向出租人支付租金10,000元，租賃期開始日出租資產公允價值為37,908元。根據公式，$10,000\times(P/A,r,5)=37,908$元，計算得出租賃內含利率為10%，租賃收款額為50,000元，未確認融資收益為12,092元。在第2年年初，承租人和出租人同意對原租賃進行修改，縮短租賃期限到第3年年末，每年支付租金時點不變，年租金從10,000元變更為11,500元。假設本例中不涉及未擔保餘值、擔保餘值、終止租賃罰款等。該變更導致租賃類型由融資租賃改為經營租賃。

在出租日，出租資產（應收融資租賃款）公允價值為37,908元。其中，租賃收款額50,000元，未實現融資收益12,092元，折現率為10%。

在變更日，應收融資租賃款的「應收融資租賃款——租賃收款額」帳戶（貸方）為40,000元，「應收融資租賃款——未實現融資收益」帳戶（借方）為8,301元（12,092-37,908×10%）。

借：固定資產　　　　　　　　　　　　　　　　　31,699
　　應收融資租賃款——未實現融資收益　　　　　 8,301
　貸：應收融資租賃款——租賃收款額　　　　　　40,000

如變更未作為一項單獨租賃處理，且滿足假如變更在租賃開始日生效，該租賃會被分類為融資租賃的，出租人應當按照《企業會計準則第22號——金融工具確認和計量》關於修改或重新議定合同的規定進行會計處理。

未導致應收融資租賃款終止確認，但導致未來現金流量發生變化的，出租人應當重新計算該應收融資租賃款的帳面餘額，並將相關利得或損失計入當期損益。

出租人一般按原折現率或按照《企業會計準則第24號——套期會計》重新計算的折現率折現的現值確定。

對於修改或重新議定租賃合同所產生的所有成本和費用，企業應當調整修改後的

應收融資租賃款的帳面價值,並在修改後的應收融資租賃款的剩餘期限內進行攤銷。

[例5-19] 承租人就某套機器設備與出租人簽訂了一項為期5年的租賃合同,構成融資租賃。合同規定,每年年末承租人向出租人支付租金10,000元,租賃期開始日租賃資產公允價值為37,908元,租賃內含利率10%。在第2年年初,承租人和出租人因為設備適用性等原因同意對原租賃進行修改,從第2年開始,每年支付租金額變為9,500元,租金總額從40,000元變更到38,000元。

變更生效日(第2年年初),新租賃投資淨額為30,114元[9,500×(P/A,10%,4)],原租賃投資淨額帳面餘額31,699元[37,908-(10,000-37,908×10%)],應收融資租賃款減少1,585元,其中「應收融資租賃款——租賃收款額」帳戶(貸方)減少2,000元,「應收融資租賃款——未實現融資收益」帳戶(借方)減少415元,計入當期損益。

借:租賃收入 1,585
　　應收融資租賃款——未實現融資收益 415
　　貸:應收融資租賃款——租賃收款額 2,000

三、出租人對經營租賃的會計處理

(一) 租金

在租賃期內各個期間,出租人應採用直線法或其他系統合理的方法將經營租賃的租賃收款額確認為租金收入。如果其他系統合理的方法能夠更好地反應因使用租賃資產所產生經濟利益的消耗模式的,出租人應採用該方法。

(二) 出租人對經營租賃提供激勵措施

出租人提供免租期的,出租人應將租金總額在不扣除免租期的整個租賃期內,按直線法或其他合理的方法進行分配,免租期內應當確認租金收入。出租人承擔了承租人某些費用的,應將該費用自租金收入總額中扣除,按扣除後的租金收入餘額在租賃期內進行分配。

(三) 初始直接費用

出租人應資本化至租賃標的資產的成本,在租賃期內按照與租金收入相同的確認基礎分期計入當期損益。

(四) 折舊和減值

對於經營租賃資產中的固定資產,出租人應採用類似資產的折舊政策計提折舊;對於其他固定資產,出租人應根據該資產適用的企業會計準則,採用系統合理的方法進行攤銷。

出租人應當按照《企業會計準則第8號——資產減值》的規定,確定經營租賃資產是否發生減值,並對已識別的減值損失進行會計處理。

(五) 可變租賃收款額

出租人取得的與經營租賃有關的可變租賃收款額,如果是與指數或比率掛鉤的,應在租賃期開始日計入租賃收款額;除此之外,應當在實際發生時計入當期損益。

(六) 經營租賃的變更

經營租賃發生變更的,出租人應自變更生效日開始,將其作為一項新的租賃進行會計處理;與變更前租賃有關的預收或應收租賃收款額視為新租賃的收款額。

[例5-20] 出租人經營租賃的會計處理。

甲公司於 2019 年 12 月 25 日與乙公司簽訂租賃合同，甲公司將數控機床出租給乙公司用於生產，租期 2 年，從 2020 年 1 月 1 日至 2021 年 12 月 31 日，每年租金 120 萬元。甲公司在簽訂合同後已經收取乙公司支付的租金。假設不考慮相關稅費，該設備每月應計提折舊額為 5 萬元。

(1) 2019 年 12 月，甲公司收到租金。

借：銀行存款　　　　　　　　　　　　　　1,200,000
　　貸：預收帳款　　　　　　　　　　　　　　1,200,000

(2) 2020 年每月甲公司將租金轉收入和計提折舊。

借：預收帳款　　　　　　　　　　　　　　100,000
　　貸：其他業務收入　　　　　　　　　　　　100,000
借：其他業務成本　　　　　　　　　　　　 50,000
　　貸：累計折舊　　　　　　　　　　　　　　 50,000

其他年度帳務處理相同（略）。

第四節　特殊租賃業務的會計處理

一、轉租賃

轉租出租人對原租賃合同和轉租賃合同分別根據承租人和出租人會計處理要求進行會計處理。承租人在對轉租賃進行分類時，轉租出租人應基於原租賃中產生的使用權資產，而不是租賃資產（如作為租賃對象的不動產或設備）進行分類。原租賃資產不歸轉租出租人所有，原租賃資產也未計入其資產負債表。因此，轉租出租人應基於其控制的使用權資產進行會計處理。

原租賃為短期租賃，且轉租出租人作為承租人已採用簡化會計處理方法的，應將轉租賃分類為經營租賃。

在轉租的情況下，若轉租的租賃內含利率無法確定，轉租出租人可以採用原租賃的折現率（根據與轉租有關的初始直接費用進行調整）計量轉租投資淨額。

[例5-21] 甲企業（原租賃承租人）與乙企業（原租賃出租人）就 5,000 平方米的辦公場所簽訂了一項為期 5 年的租賃（原租賃）。在第 3 年年初，甲企業將該 5,000 平方米的辦公場所轉租給丙企業，期限為原租賃的剩餘 3 年時間（轉租賃）。假設不考慮初始直接費用。

甲企業應基於原租賃形成的使用權資產對轉租賃進行分類。轉租賃的期限覆蓋了原租賃的所有剩餘期限，綜合考慮其他因素，甲企業判斷其實質上轉移了與該項使用權資產有關的幾乎全部風險和報酬，甲企業將該項轉租賃分類為融資租賃。

甲企業的會計處理如下：

(1) 終止確認與原租賃相關且轉給丙企業（轉租承租人）的使用權資產，並確認轉租賃投資淨額。

(2) 將使用權資產與轉租賃投資淨額之間的差額確認為損益。

（3）在資產負債表中保留原租賃的租賃負債，該負債代表應付原租賃出租人的租賃付款額。在轉租期間，中間出租人既要確認轉租賃的融資收益，也要確認原租賃的利息費用。

[例5-22] 甲企業（原租賃承租人）與乙企業（原租賃出租人）就5,000平方米辦公場所簽訂了一項為期5年的租賃（原租賃）。在原租賃的租賃期開始日，甲企業將該5,000平方米的辦公場所轉租給丙企業，期限為兩年（轉租賃）。

甲企業將該轉租賃分類為經營租賃。簽訂轉租賃合同時，中間出租人在其資產負債表中繼續保留與原租賃相關的租賃負債和使用權資產。在轉租期間，甲企業的會計處理如下：

（1）確認使用權資產的折舊費用和租賃負債的利息費用。
（2）確認轉租賃的租賃收入。

二、生產商或經銷商出租人的融資租賃會計處理

生產商或經銷商通常為客戶提供購買或租賃其產品或商品的選擇。如果出租構成融資租賃，則該交易產生的損益應相當於按照考慮適用的交易量或商業折扣後的正常售價直接銷售標的資產所產生的損益。

構成融資租賃的，生產商或經銷商出租人在租賃期開始日應當按照租賃資產公允價值與租賃收款額按市場利率折現的現值兩者孰低確認收入，並按照租賃資產帳面價值扣除未擔保餘值的現值後的餘額結轉銷售成本，收入和銷售成本的差額作為銷售損益。

由於取得融資租賃發生的成本主要與生產商或經銷商賺取的銷售利得相關，生產商或經銷商出租人應當在租賃期開始日將其計入損益。與其他融資租賃出租人不同，生產商或經銷商出租人取得融資租賃發生的成本不屬於初始直接費用，不計入租賃投資淨額。

[例5-23] 甲公司是一家設備生產商，與乙公司（生產型企業）簽訂了一份租賃合同，向乙公司出租所生產的設備，合同主要條款如下：

（1）租賃資產：某設備。
（2）租賃期：2017年1月1日至2019年12月31日，共3年。
（3）租金支付：自2017年起每年年末支付年租金1,000,000元。
（4）租賃合同規定的利率：5%（年利率），與市場利率相同。
（5）該設備2017年1月1日的公允價值為2,700,000元，帳面價值為2,000,000元。
（6）甲公司取得該租賃發生的相關成本為5,000元。
（7）該設備於2017年1月1日交付乙公司，預計使用壽命為8年，無殘值；租賃期屆滿時，乙公司可以100元購買該設備，預計租賃到期日該設備的公允價值不低於1,500,000元，乙公司對此金額提供擔保；租賃期內該設備的保險、維修等費用均由乙公司自行承擔。以上款項均不包含增值稅，增值稅稅率為13%。

（1）出租人出租日發生租賃業務的會計處理如下：

第一步，判斷租賃類型。購買行權價遠低於租賃到期日租賃資產公允價值，甲公司將該租賃認定為融資租賃。

第二步，根據孰低原則，確定收入金額。
應收融資租賃-租賃收款額=租金×期數+購買價格
$$= 1,000,000 \times 3 + 100 = 3,000,100 \text{（元）}$$
租賃收款額現值$= 1,000,000 \times (P/A, 5\%, 3) + 100 \times (P/F, 5\%, 3)$
$$= 2,723,286 \text{（元）}$$
租賃資產的公允價值為 2,700,000 元。根據孰低原則，確認收入為 2,700,000 元。
「應收融資租賃款——未實現融資收益」$= 3,000,100 - 2,700,000 = 300,100 \text{（元）}$
「應收融資租賃款——租賃收款額」為 3,000,100 元。
租賃收入（主營業務收入）為 2,700,000 元。

借：應收融資租賃款——租賃收款額	3,000,100	
貸：主營業務收入		2,700,000
應收融資租賃款——未實現融資收益		300,100

第三步，計算租賃資產帳面價值扣除未擔保餘值的現值後的餘額，確定銷售成本金額。
銷售成本=帳面價值-未擔保餘值的現值$= 2,000,000 - 0 = 2,000,000 \text{（元）}$

借：主營業務成本	2,000,000	
貸：庫存商品		2,000,000

甲公司發生了 5,000 元相關支出，該支出類似於銷售費用。

借：銷售費用	5,000	
貸：銀行存款		5,000

（2）計算租賃期內各期的租賃收入

根據孰低原則，甲公司在確定營業收入和租賃投資淨額（應收融資租賃款）時，基於租賃資產的公允價值。因此，甲公司需要根據租賃收款額、未擔保餘值和租賃資產公允價值重新計算租賃內含利率。
$$1,000,000 \times (P/A, r, 3) + 100 \times (P/F, r, 3) = 2,700,000$$
$r = 5.46\%$

甲公司需要按照 5.46% 的折現率將未實現的融資收益 300,100 元分期確認為各期的租賃收入。應收融資租賃款為 270 萬元，其中租賃收款額 300.01 萬元，未實現融資收益為 30.01 萬元。折現率為 5.46%。

未實現融資收益分期攤銷表如表 5-11 所示。

表 5-11　未實現融資收益分期攤銷表　　　　　　　　單位：元

年度	期初應收租金 A	租金收入 B=A×5.46%	未實現融資收益	現金總流入 C	應收租金收現 D=C-B	期末應收租金 E=A-D
出租日	2,700,000	—	300,100	—	—	—
第 1 年	2,700,000	147,436	152,664	1,000,000	852,564	1,847,436
第 2 年	1,847,436	100,881	51,783	1,000,000	899,119	948,317
第 3 年	948,317	51,783	0	1,000,000	948,217	100
	—	—	—	100	—	0
總額	—	300,100	—	3,000,100	2,700,000	

註：為避免小數點計算誤差，最後一年租金收入是倒推出來的。

各年會計處理如表 5-12 所示。

表 5-12　各年會計處理

會計業務	會計分錄	第 1 年	第 2 年	第 3 年
收到租金及增值稅	借：銀行存款	1,130,000	1,130,000	113
	貸：應交稅費——應交增值稅（銷項稅額）	130,000	130,000	13
	貸：應收融資租賃款——租賃收款額	1,000,000	1,000,000	100
確認租金收入	借：應收融資租賃款——未實現融資收益	147,436	100,881	51,783
	貸：租賃收入	147,436	100,881	51,783

（3）每年年末，甲公司收租金 100 萬元及增值稅銷項稅額 13 萬元；分攤確認未實現融資收益，確認租金收入。

[例 5-24] 甲公司是一家設備生產商，與乙公司（生產型企業）簽訂了一份租賃合同，向乙公司出租所生產的設備，合同主要條款如下：

（1）租賃資產：某設備。
（2）租賃期：2013 年 1 月 1 日至 2019 年 12 月 31 日，共 7 年。
（3）租金支付：自 2013 年起每年年末支付年租金 475,000 元。
（4）租賃合同規定的利率：6%（年利率），與市場利率相同。
（5）該設備於 2013 年 1 月 1 日的公允價值為 2,700,000 元，帳面價值為 2,000,000 元，甲公司認為租賃到期時該設備餘值為 72,800 元，乙公司及其關聯方未對餘值提供擔保。
（6）甲公司取得該租賃發生的相關成本為 5,000 元。
（7）該設備於 2013 年 1 月 1 日交付乙公司，預計使用壽命為 7 年；租賃期內該設備的保險、維修等費用均由乙公司自行承擔。以上款項不含增值稅，增值稅稅率為 13%。

（1）出租人在出租日發生租賃業務的會計處理如下：

第一步，判斷租賃類型。租賃期與租賃資產預計使用壽命一致，另外租賃收款額的現值為 2,651,450 元（計算過程見後），約為租賃資產公允價值的 98%，認定為融資租賃。

第二步，計算租賃期開始日租賃收款額按市場利率折現的現值，確定收入金額。
應收融資租賃款-租賃收款額＝475,000×7＝3,325,000（元）
租賃收款現值＝475,000×(P/A,6%,7)＝475,000×5.582＝2,651,450（元）
按照租賃資產公允價值（2,700,000 元），根據孰低原則，確認收入為 2,651,450 元。
未實現融資收益為 673,350 元（3,325,000－2,651,450）。
「應收融資租賃款——租賃收款額」為 3,325,000 元。
租賃收入（主營業務收入）為 2,651,450 元。
「應收融資租賃款——未實現融資收益」為 673,350 元。

借：應收融資租賃款——租賃收款額　　　　　　3,325,000
　　貸：主營業務收入　　　　　　　　　　　　　　2,651,450
　　　　應收融資租賃款——未實現融資收益　　　　673,350

第三步，確認銷售成本。
「應收融資租賃款——未擔保餘值」為 72,800 元。
未擔保餘值的現值 = 72,800×(P/F,6%,7) = 48,419（元）
「應收融資租賃款——未實現融資收益」為 24,381 元。
銷售成本 = 帳面價值 - 未擔保餘值的現值 = 2,000,000 - 48,419 = 1,951,581（元）
借：主營業務成本　　　　　　　　　　　　　　1,951,581
　　應收融資租賃款——未擔保餘值　　　　　　　　72,800
　　貸：庫存商品　　　　　　　　　　　　　　2,000,000
　　　　應收融資租賃款——未實現融資收益　　　　　24,381
甲公司發生了 5,000 元相關支出，該支出類似於銷售費用。
借：銷售費用　　　　　　　　　　　　　　　　　 5,000
　　貸：銀行存款　　　　　　　　　　　　　　　 5,000
（2）計算租賃期內各期的租賃收入
應收融資租賃款 = 2,651,450 + 48,419 = 2,699,869（元）
未實現融資收益 = 673,550 + 24,381 = 697,931（元）
折現率為 6%。
未實現融資收益分期攤銷表如表 5-13 所示。

表 5-13　未實現融資收益分期攤銷表　　　　　　　　　　　單位：元

年度	期初應收租金 A	租金收入 B=A×6%	未實現融資收益	現金總流入 C	應收租金收現 D=C-B	期末應收租金 E=A-D
出租日	2,699,869	—	697,931	—	—	—
第 1 年	2,699,869	161,992	535,939	475,000	313,008	2,386,861
第 2 年	2,386,861	143,212	392,727	475,000	331,788	2,055,073
第 3 年	2,055,073	123,304	269,423	475,000	351,696	1,703,377
第 4 年	1,703,377	102,203	167,220	475,000	372,797	1,330,580
第 5 年	1,330,580	79,835	87,385	475,000	395,165	935,415
第 6 年	935,415	56,125	31,260	475,000	418,875	516,540
第 7 年	516,540	31,260	0	475,000	443,740	72,800
	—	—	—	72,800	—	0
總額	—	697,931	—	3,397,800	2,699,869	—

註：為避免小數點計算誤差，最後一年租金收入是倒推出來的。

各年的會計處理如表 5-14 所示。

表 5-14　各年的會計處理

會計業務	會計分錄	第 1 年	第 2 年	第 3-7 年
收到租金及增值稅	借：銀行存款	536,750	536,750	536,750
	貸：應交稅費——應交增值稅(銷項稅額)	61,750	61,750	61,750
	貸：應收融資租賃款——租賃收款額	475,000	475,000	475,000
確認租金收入	借：應收融資租賃款——未實現融資收益	161,992	143,212	（略）
	貸：租賃收入	161,992	143,212	（略）

2019 年 12 月 31 日，甲公司到期收回該租賃資產。
借：融資租賃資產   72,800
　　貸：應收融資租賃款——未擔保餘值   72,800

三、售後租回交易

售後租回交易是一種特殊形式的租賃業務，是指賣主（承租人）將資產出售後，又將該項資產從買主（出租人）租回，習慣上稱之為「回租」。通過售後租回交易，資產的原所有者（承租人）在保留了對資產的佔有權、使用權和控制權的前提下，將固定資本轉化為貨幣資本，在出售時可以取得全部價款的現金，而租金是分期支付的，從而獲得了所需的資金；而資產的新所有者（出租人）通過售後租回交易，找到了一個風險小、回報高的有保障的投資機會。

由於在售後租回交易中資產的售價和租金是相互關聯的，是以一攬子方式談判的，因此資產的出售和租回應視為一項交易。

承租人和出租人應當按照《企業會計準則第 14 號——收入》的規定，評估確定售後租回交易中的資產轉讓是否屬於銷售，並區別進行會計處理。

如果承租人在資產轉移給出租人之前已經取得對標的資產的控制，則該交易屬於售後租回交易。如果承租人未能取得的，即便承租人在資產轉移給出租人之前先獲得標的資產的法定所有權，該交易也不屬於售後租回交易。

（一）售後租回交易中的資產轉讓屬於銷售

賣主（承租人）應當按原資產帳面價值中與租回獲得的使用權有關的部分，計量售後租回形成的使用權資產，並僅就轉讓至買主（出租人）的剩餘權利確認相關利得或損失。

買主（出租人）根據其他適用的企業會計準則對資產購買進行會計處理，並根據企業會計準則對資產出租進行會計處理。

如果銷售對價的公允價值與資產的公允價值不同，或者出租人未按市場價格收取租金，會計處理應進行以下調整：

（1）銷售對價低於市場價格的，應作為預付租金進行會計處理。

（2）銷售對價高於市場價格的，應作為買方兼出租人向賣方兼承租人提供的額外融資處理。

同時，承租人按照公允價值調整相關銷售利得或損失，出租人按市場價格調整租金收入。

在進行上述調整時，企業應當按以下兩者中較易確定者進行會計處理：

（1）銷售對價的公允價值與資產的公允價值的差異。

（2）合同付款額的現值與按市場租金計算的付款額的現值的差異。

（二）售後租回交易中的資產轉讓不屬於銷售

賣主（承租人）不終止確認所轉讓的資產，應當將收到的貨幣資金作為金融負債的對價，並按照《企業會計準則第 22 號——金融工具確認和計量》進行會計處理。

買主（出租人）不確認被轉讓資產，應當將支付的貨幣資金作為獲得的金融資產對價，並按照《企業會計準則第 22 號——金融工具確認和計量》進行會計處理。

[例5-25] 甲公司（賣方兼承租人）以銀行存款 2,400 萬元的價格向乙公司（買方兼出租人）出售一棟建築物，交易前該建築物的帳面原值是 2,400 萬元，累計折舊是 400 萬元。與此同時，甲公司與乙公司簽訂了合同，取得了該建築物 18 年的使用權（全部剩餘使用年限為 40 年），年租金為 200 萬元，於每年年末支付，租賃期滿時，甲公司將以 100 元購買該建築物。根據交易的條款和條件，甲公司轉讓建築物不滿足銷售成立的條件。以上款項不含增值稅，銷售和購買不動產增值稅稅率為 13%，不動產出租增值稅稅率為 9%。該建築物在銷售當日的公允價值為 3,600 萬元。

由於甲公司會行使購買權，意味著該資產風險與報酬沒有轉移。在租賃期開始日，甲公司將所收到的款項作為「長期應付款」處理。在租賃期開始日，乙公司將所付出的款項作為「長期應收款」處理。

[例5-26] 甲公司賣主（承租人）以銀行存款 4,000 萬元的價格向乙公司買主（出租人）出售一棟建築物，交易前該建築物的帳面原值為 2,400 萬元，累計折舊 400 萬元。與此同時，甲公司與乙公司簽訂了合同，取得了該建築物 18 年的使用權（全部剩餘使用年限為 40 年），年租金為 240 萬元，於每年年末支付。根據交易的條款和條件，甲公司轉讓建築物符合《企業會計準則第 14 號——收入》中關於銷售成立的條件。假設不考慮初始費用，該建築物在銷售當日的公允價值為 3,600 萬元。以上款項均不包含增值稅，銷售和購建不動產增值稅稅率為 13%，不動產出租增值稅稅率為 9%。甲、乙公司均確定租賃內含年利率為 4.5%。

甲公司業務處理如下：
（1）在租賃期開始日，甲公司對該交易的會計處理如下：
①超額售價的確定。
銷售對價為 4,000 萬元。
該資產的公允價值為 3,600 萬元。
超額售價 400 萬元確認為乙公司向甲公司提供的額外貸款。
②確認資產出售收益。
該資產公允價值為 3,600 萬元。
其帳面價值為 2,400-400＝2,000 萬元。
資產處置損益＝3,600-2,000＝1,600 萬元。
超額售價 400 萬元確認為額外貸款。
確認資產出售收益如下：原值 2,400 萬元，折舊 400 萬元，公允價值 3,600 萬元（不含增值稅，增值稅稅率為 13%），處置收益 1,600 萬元。
超額售價的會計處理如下：

| 借：銀行存款 | 4,000,000 |
| 　　貸：長期應付款 | 4,000,000 |

資產出售收益的會計處理如下：

借：銀行存款	40,680,000
累計折舊	4,000,000
貸：固定資產	24,000,000
資產處置損益	16,000,000
應交稅費——應交增值稅（銷項稅額）	4,680,000

③確認租賃負債和使用權資產。

年付款額現值 = 2,400,000×(P/A,4.5%,18) = 29,183,980元。其中，4,000,000元與額外融資相關，剩下的25,183,980元即為租賃付款額現值（租賃負債和使用權資產金額）。

年付款額240萬元中，額外融資年付款額＝2,400,000×(4,000,000÷29,183,980)≈328,948（元）。

租賃相關年付款額＝2,400,000－328,948＝2,071,052（元）

總的「租賃負債——租賃付款額」＝2,071,052×18＝37,278,936（元）

總的「租賃負債——未確認融資費用」＝37,278,936－25,183,980＝12,094,956（元）

租賃付款額現值（租賃負債和使用權資產）為25,183,980元。

「租賃負債——租賃付款額」為37,278,936元。

「租賃負債——未確認融資費用」為12,094,956元。

借：使用權資產　　　　　　　　　　　　　　　　25,183,980
　　租賃負債——未確認融資費用　　　　　　　　12,094,956
　貸：租賃負債——租賃付款額　　　　　　　　　　　37,278,936

④衝銷未實現的資產處置損益，調整使用權資產帳面價值。

由於是售後回購，使用權資產對應的原固定資產部分使用權的控制權一直掌握在甲公司手中。因此甲公司不應該確認其對應部分的資產處置損益，應將原確認的這部分資產處置損益予以衝銷。

計算該部分與轉讓至乙公司的權利相關的利得如下：

與該建築物使用權相關利得＝16,000,000×(25,183,980÷36,000,000)
　　　　　　　　　　　　＝11,192,880（元）

該部分資產處置損益應予以衝銷，將原確認的資產處置收益中的11,192,880元予以衝銷，並同步衝銷使用權資產。

借：資產處置損益　　　　　　　　　　　　　　　11,192,880
　貸：使用權資產　　　　　　　　　　　　　　　　　11,192,880

（2）甲公司每年年末確認租賃所產生的財務費用。

超額借款每期財務費用分期攤銷情況如表5-15所示。

表5-15　超額借款每期財務費用分期攤銷情況　　　　　　　單位：元

年度	長期應付款年初金額	本期財務費用	現金總流出	長期應付款本金償還額	長期應付款年末餘額
—	①	②＝①×4.5%	③	④＝③－②	⑤＝①－④
第1年	4,000,000	180,000	328,948	148,948	3,851,052
第2年	3,851,052	173,297	328,948	155,651	3,695,401
第3年	3,695,401	166,293	328,948	162,655	3,532,746
第4年	3,532,746	158,974	328,948	169,974	3,362,772
第5年	3,362,772	151,325	328,948	177,623	3,185,149

表5-15(續)

年度	長期應付款 年初金額	本期 財務費用	現金 總流出	長期應付款 本金償還額	長期應付款 年末餘額
第6年	3,185,149	143,332	328,948	185,616	2,999,533
第7年	2,999,533	134,979	328,948	193,969	2,805,564
第8年	2,805,564	126,250	328,948	202,698	2,602,866
第9年	2,602,866	117,129	328,948	211,819	2,391,047
第10年	2,391,047	107,597	328,948	221,351	2,169,696
第11年	2,169,696	97,636	328,948	231,312	1,938,384
第12年	1,938,384	87,227	328,948	241,721	1,696,663
第13年	1,696,663	76,350	328,948	252,598	1,444,065
第14年	1,444,065	64,963	328,948	263,965	1,180,100
第15年	1,180,100	53,105	328,948	275,843	904,257
第16年	904,257	40,692	328,948	288,256	616,001
第17年	616,001	27,720	328,948	301,228	314,773
第18年	314,773	14,175	328,948	314,773	0
總額	—	1,921,064	5,921,064	4,000,000	—

租金支出中未確認融資費用分期攤銷情況如表5-16所示。

表5-16　租金支出中未確認融資費用分期攤銷情況　　　單位：元

年度	租賃負債 年初餘額	本期 財務費用	未確認 融資費用	現金 總流出	租賃負債 本期付現	租賃負債 年末餘額
—	①	②=①×4.5%	③=③-②	④	⑤=④-②	⑥=①-⑤
承租日	25,183,980	—	12,094,956	—	—	—
第1年	25,183,980	1,133,279	10,961,677	2,071,052	937,773	24,246,207
第2年	24,246,207	1,091,079	9,870,598	2,071,052	979,973	23,266,234
第3年	23,266,234	1,046,991	8,823,617	2,071,052	1,024,071	22,242,163
第4年	22,242,163	1,000,997	7,822,720	2,071,052	1,070,155	21,172,008
第5年	21,172,008	952,740	6,869,980	2,071,052	1,118,312	20,053,696
第6年	20,053,696	902,416	5,967,564	2,071,052	1,168,636	1,8,885,060
第7年	18,885,060	849,828	5,117,736	2,071,052	1,221,224	17,663,836
第8年	17,663,836	794,873	4,322,863	2,071,052	1,276,179	16,387,657
第9年	16,387,657	737,445	3,585,418	2,071,052	1,333,607	15,054,050
第10年	15,054,050	677,432	2,907,996	2,071,052	1,393,620	13,660,430
第11年	13,660,430	614,719	2,293,267	2,071,052	1,456,333	12,204,097
第12年	12,204,097	549,184	1,744,083	2,071,052	1,521,868	10,682,229
第13年	10,682,229	480,700	1,263,383	2,071,052	1,590,352	9,091,877
第14年	9,091,877	409,134	854,249	2,071,052	1,661,918	7,429,959

表5-16(續)

年度	租賃負債 年初餘額	本期 財務費用	未確認 融資費用	現金 總流出	租賃負債 本期付現	租賃負債 年末餘額
第15年	7,429,959	334,348	519,901	2,071,052	1,736,704	5,693,255
第16年	5,693,255	256,196	263,705	2,071,052	1,814,856	3,878,399
第17年	3,878,399	174,528	89,177	2,071,052	1,896,524	1,981,875
第18年	1,981,875	89,177	0	2,071,052	1,981,875	0
總額	—	12,094,956	—	37,278,936	25,183,980	—

（3）甲公司第1年年末會計業務處理（其他各年略）如下：
①超額借款所應確認的利息費用為18萬元。
②支付長期應付款及應付利息，共計328,948元。

借：財務費用　　　　　　　　　　　　　　　　　180,000
　　貸：應付利息　　　　　　　　　　　　　　　　　180,000
借：應付利息　　　　　　　　　　　　　　　　　180,000
　　長期應付款　　　　　　　　　　　　　　　　148,948
　　貸：銀行存款　　　　　　　　　　　　　　　　328,948

③確認租金中本期應承擔的融資費用為1,133,279元。

借：財務費用　　　　　　　　　　　　　　　　　1,133,279
　　貸：租賃負債——未確認融資費用　　　　　　　1,133,279

④支付租金2,071,052元及增值稅186,395元。

借：租賃負債——租賃付款額　　　　　　　　　　2,071,052
　　應交稅費——應交增值稅（進項稅額）　　　　　186,395
　　貸：銀行存款　　　　　　　　　　　　　　　2,257,447

乙公司業務處理如下：

（1）在租賃期開始日，綜合考慮後，乙公司將該建築物的租賃分類為經營租賃。買價為3,600萬元，不含增值稅，增值稅稅率為13%，提供額外支持400萬元。

借：固定資產　　　　　　　　　　　　　　　　　36,000,000
　　長期應收款　　　　　　　　　　　　　　　　4,000,000
　　應交稅費——應交增值稅（進項稅額）　　　　　4,680,000
　　貸：銀行存款　　　　　　　　　　　　　　　44,680,000

（2）乙公司第1年年末會計業務處理（其他各年略）如下：
①超額借款的收回，本金收回148,948元，利息收入18萬元。

借：銀行存款　　　　　　　　　　　　　　　　　328,948
　　貸：財務費用　　　　　　　　　　　　　　　　180,000
　　　　長期應收款　　　　　　　　　　　　　　　148,948

②收到租金2,071,052元及增值稅186,395元（適用的增值稅稅率為9%）。

借：銀行存款　　　　　　　　　　　　　　　　　2,257,447
　　貸：租賃收入　　　　　　　　　　　　　　　　2,071,052
　　　　應交稅費——應交增值稅（銷項稅額）　　　　186,395

第五節　租賃業務的會計信息列報

《企業會計準則第21號——租賃》分別對承租人和出租人提出了具體的信息列報要求。

一、表內列示

（1）承租人應當在資產負債表中單獨列示使用權資產和租賃負債。其中，租賃負債通常分別按非流動負債和一年內到期的非流動負債列示。

（2）在利潤表中，承租人應當分別列示租賃負債的利息費用與使用權資產的折舊費用。租賃負債的利息費用在財務費用項目列示。

（3）在現金流量表中，償還租賃負債本金和利息所支付的現金應當計入籌資活動現金流出，支付的按簡化處理的短期租賃付款額和低價值資產租賃付款額以及未納入租賃負債計量的可變租賃付款額應當計入經營活動現金流出。

（4）出租人應當根據資產的性質，在資產負債表中列示經營租賃資產。

二、表外披露

（一）承租人應當在附註中披露與租賃有關的信息

（1）各類使用權資產的期初餘額、本期增加額、期末餘額以及累計折舊額和減值金額。

（2）租賃負債的利息費用。

（3）計入當期損益的按簡化處理的短期租賃費用和低價值資產租賃費用。

（4）未納入租賃負債計量的可變租賃付款額。

（5）轉租使用權資產取得的收入。

（6）與租賃相關的總現金流出。

（7）售後租回交易產生的相關損益。

（8）其他按照《企業會計準則第37號——金融工具列報》應當披露的有關租賃負債的信息。

（9）承租人對短期租賃和低價值資產租賃進行簡化處理的，應當披露這一事實。

（二）承租人應當根據理解財務報表的需要，披露有關租賃活動的其他定性和定量信息

（1）租賃活動的性質，如對租賃活動基本情況的描述。

（2）未納入租賃負債計量的未來潛在現金流出。

（3）租賃導致的限制或承諾。

（4）售後租回交易除相關損益之外的其他信息。

（5）其他相關信息。

（三）出租人應當在附註中披露與融資租賃有關的信息

（1）銷售損益、租賃投資淨額的融資收益以及與未納入租賃投資淨額的可變租賃付款額相關的收入。

（2）資產負債表日後連續五個會計年度每年將收到的未折現租賃收款額以及剩餘年度將收到的未折現租賃收款額總額。

（3）未折現租賃收款額與租賃投資淨額的調節表。

（四）出租人應當在附註中披露與經營租賃有關的信息

（1）租賃收入，並單獨披露與未計入租賃收款額的可變租賃付款額相關的收入。

（2）將經營租賃固定資產與出租人持有自用的固定資產分開，並按經營租賃固定資產的類別提供《企業會計準則第4號——固定資產》要求披露的信息。

（3）資產負債表日後連續五個會計年度每年將收到的未折現租賃收款額以及剩餘年度將收到的未折現租賃收款額總額。

（五）出租人應當根據理解財務報表的需要，披露有關租賃活動的其他定性和定量信息

（1）租賃活動的性質，如對租賃活動基本情況的描述。

（2）對其在租賃資產中保留的權利進行風險管理的情況。

（3）其他相關信息。

□思考題

1. 何為租賃？租賃的基本分類有哪些？如何劃分經營租賃與融資租賃？
2. 租賃的主要作用是什麼？
3. 什麼是租賃的分拆？如何進行分拆？不進行租賃分拆的條件是什麼？如何進行不分拆業務的處理？
4. 何為租賃的合併？如何進行租賃合併的會計處理？
5. 承租人在租賃期開始日應當確認哪些內容？何為使用權資產？何為租賃期開始日？
6. 使用權資產應當如何進行初始計量？何為租賃激勵？何為初始直接費用？
7. 何為已識別資產？何為主導已識別資產？
8. 何為租賃負債？如何進行租賃負債的初始計量？採用什麼樣的折現率？有什麼樣的可以選擇方法？
9. 何為租賃付款額？其包含哪些內容？何為實質固定付款額？何為可變租賃付款額？
10. 何為擔保餘值？何為未擔保餘值？何為租賃內含利率？何為承租人增量借款利率？
11. 何為租賃變更？承租人如何進行會計處理？
12. 何為短期租賃？何為低價值資產租賃？企業應如何進行此兩類業務的會計處理？
13. 從出租人的角度來看，何為融資租賃？融資租賃的確定條件有哪些？如何進行融資租賃的會計處理？對轉租業務有何特殊要求？
14. 何為售後租回交易？簡述在售後租回業務中承租人與出租人的會計處理方法。
15. 中國會計準則對租賃業務的會計信息列報有何特殊要求？承租人一方在財務報表附註中要列報哪些內容？出租人一方在財務報表附註中要列報哪些內容？

第六章
衍生金融工具會計

【學習目標】

通過本章的學習，學生應瞭解金融工具的概念及分類，瞭解衍生金融工具的會計處理原理，瞭解套期保值的會計處理方法，熟悉衍生金融工具披露的基本要求。

第一節 金融工具概述

一、金融工具的相關概念

（一）金融工具

金融工具（financial instruments）也稱金融商品。

美國財務會計準則委員會（Financial Accounting Standards Board，FASB）於1991年12月發布的《第107號財務會計準則公告——金融工具公允價值的披露》（SFAS107）中指出，金融工具是指現金、一個實體的所有者權益憑證或一份同時具備以下特徵的合約：對一個實體形成合約義務，向另一個實體交割現金或另一種金融工具，或者在潛在不利的條件下與另一個實體交換金融工具；賦予另一個實體合約權利，從前一個實體接受現金或另一種金融工具，或者在潛在有利的條件下與前一個實體交換金融工具。

國際會計準則理事會在2004年修訂後的《國際會計準則第32號——金融工具：列報》中指出，金融工具是指形成一個企業的金融資產並形成另一個企業的金融負債或權益工具的合約。該準則指出：合約是指雙方或多方之間的具有明確的經濟結果的協議，該協議通常在法律上具有強制性。

中國《企業會計準則第22號——金融工具確認和計量》中，對金融工具的概念界定與國際會計準則基本一致。金融工具是指形成一個企業的金融資產，並形成其他單位的金融負債或權益工具的合同。

綜上所述，可以看出，把握金融工具定義的關鍵，是從「合約」的角度正確理解金融資產、金融負債、權益工具的含義。「合約」的簽訂決定了簽約者交易的法律性質，「合約」的各方也由此擁有相應的權利或承擔相應的義務。

金融工具的概念裡，還涉及三個關鍵詞：金融資產、金融負債、權益工具。

（二）金融資產、金融負債和權益工具

1. 金融資產

金融資產是指企業持有的現金、其他方的權益工具以及符合下列條件之一的資產：

（1）從其他方收取現金或其他金融資產的合同權利。

（2）在潛在有利條件下，與其他方交換金融資產或金融負債的合同權利。

（3）將來須用或可用企業自身權益工具進行結算的非衍生工具合同，且企業根據該合同將收到可變數量的自身權益工具。

（4）將來須用或可用企業自身權益工具進行結算的衍生工具合同，但以固定數量的自身權益工具交換固定金額的現金或其他金融資產的衍生工具合同除外。

正確理解金融資產概念的關鍵之一是從「合約」的角度將金融資產與非金融資產予以區分。企業是否形成收取現金或其他金融資產（或者交換金融負債或權益工具）的合約權利，是判斷金融資產與非金融資產的主要標準。

現金等貨幣資金是金融資產，因為其代表交換的媒介，並因此成為在財務報表中對所有交易進行計量和報告的基礎。在銀行或類似金融機構中的存款是金融資產，因為其代表了這樣一種合同權利，即存款人有權從該機構中取得現金，或者根據其存款餘額簽發支票或類似工具付給債權人，以償付金融負債。

代表在未來收取現金的合約權利的資產，如應收帳款、應收票據等，也是金融資產。

債務工具的持有人以自身擁有的債務工具投資（債券投資）、權益工具的持有人以自身擁有的權益工具投資（股票投資）也屬於金融資產。

存貨、固定資產、租入資產和無形資產都不屬於金融資產，因為控制這些有形和無形資產雖然能夠創造產生現金或其他金融資產流入的機會，但並不引起收取現金或其他金融資產的現時權利。

預付費用不是金融資產，因為預付費用產生的未來經濟利益是收取商品或服務而不是收取現金或另外一項金融資產的權利。

經營租賃作為一項未完成的合約，要求出租方在未來期間提供資產給承租方使用，出租方繼續核算的是租賃資產本身而不是根據合同在未來應收取的租金，因此經營租賃不被視為金融工具。融資租賃被視為一項金融工具，因為出租方是以租賃合同下的應收金額而不是租賃資產本身來核算投資。相應地，融資租賃的出租方租賃合同下的長期應收款是金融資產，因為出租方租賃合同下連續收款的權利實質上與貸款協議下收取本息的權利是一樣的。

正確理解金融資產概念的一個關鍵是明確廣義金融資產概念與具體企業會計準則中對金融資產類別界定的關係。2017 年修訂後的《企業會計準則第 22 號——金融工具確認和計量》中，將金融資產分為以下三類：以攤餘成本計量的金融資產、以公允價值計量且其變動計入其他綜合收益的金融資產和以公允價值計量且其變動計入當期損益的金融資產。結合金融資產概念和這一分類規範，我們可以梳理出財務會計教學體系中金融資產的組成內容，如圖 6-1 所示。

```
                    ┌ 貨幣資金
         ┌《企業會計準則第22號——金融  ┌ 以攤餘成本計量的金融資產
廣義    │  工具確認和計量》規範的金融資產 ┤ 以公允價值計量且其變動計入其他綜合收益的金融資產
金融   ┤                                 └ 以公允價值計量且其變動計入當期損益的金融資產
資產   │                                 ┌ 對子公司的股權投資
         └《企業會計準則第2號——長期    ┤ 對合營企業的股權投資
           股權投資》規範的股權投資      └ 對聯營企業的股權投資
```

圖 6-1　金融資產的組成內容

2. 金融負債

金融負債是指企業的下列負債：

（1）向其他單位交付現金或其他金融資產的合同義務。

（2）在潛在不利條件下，與其他單位交換金融資產或金融負債的合同義務。

（3）將來須用或可用企業自身權益工具進行結算的非衍生工具合同義務，企業根據該合同將交付非固定數量的自身權益工具。

（4）將來須用或可用企業自身權益工具進行結算的衍生工具的合同義務，但企業以固定金額的現金或其他金融資產換取固定數量的自身權益工具的衍生工具合同義務除外。

與金融資產相類似，理解金融負債定義的關鍵之一是從「合約」的角度將金融負債與非金融負債予以區分。企業是否形成支付現金或其他金融資產、金融負債或自身權益工具的合同義務，是判斷金融負債與非金融負債的標誌。代表在未來交付現金的合同義務的金融負債，通常包括應付帳款、應付票據、應付貸款以及應付債券等；融資租賃的承租方在租賃合同下的一系列應付金額，也構成一部分金融負債；因政府的法定要求而徵收的所得稅等非合同性的負債，不屬於金融負債。

正確理解金融負債需要注意將金融負債與權益工具相區別。

3. 權益工具

權益工具指能證明擁有某個企業在扣除所有負債後的資產中剩餘利益的合同。同時滿足下列條件的，發行方應當將發行的金融工具分類為權益工具：

（1）該金融工具不包括交付現金或其他金融資產給其他方，或者在潛在不利條件下與其他方交換金融資產或金融負債的合同義務。

（2）將來須用或可用企業自身權益工具進行結算該金融工具的，如果該金融工具為非衍生工具，不包括交付可變數量的自身權益工具進行結算的合同義務；如果該金融工具為衍生工具，企業只能通過以固定金額的現金或其他金融資產換取固定數量的自身權益工具結算該金融工具。

權益工具的例子包括不可回售的普通股、優先股（不包括可贖回優先股）、企業發行的使持有者有權以固定價格購買固定數量該企業普通股的認股權證等。

與金融負債一樣，為了正確理解權益工具，我們要注意將權益工具與金融負債相區別。

下面舉一簡單的例子說明金融工具合同涉及的金融資產、金融負債與權益工具。

[例6-1] 區分金融資產、金融負債與權益工具。

甲企業鑒於戰略調整與業務發展的需要，分別採取兩種方式募集資金：一是發

行普通股 2,000 萬股,每股面值 1 元,每股發行價格 5 元;二是按面值發行 3 年期企業債券,面值 1,500 萬元,票面利率 5%。為簡化起見,假定丙企業購入甲企業發行的股票之後能對甲企業施加重大影響,丙企業購入甲企業發行的債券並分類為以攤餘成本計量的金融資產,相關費用略。

說明在此例中涉及的金融資產、金融負債和權益工具,並進行相應的帳務處理。

對這兩個金融工具合同涉及的金融工具要素進行比較。股票買賣交易的結果:乙企業購買股票確認股權投資會形成本企業的金融資產,甲企業發行股票需確認股本和股本溢價,形成本企業的權益工具。債券發行與購買的結果:在丙企業形成債權投資這一金融資產的同時,甲企業形成應付債券本息這一金融負債。

相關企業進行確認與計量的會計處理如下:

①甲企業發行股票。

借:銀行存款	100,000,000
貸:股本	20,000,000
資本公積——股本溢價	80,000,000

②甲企業發行債券。

借:銀行存款	15,000,000
貸:應付債券——面值	15,000,000

③乙企業購入甲企業股票。

借:長期股權投資	100,000,000
貸:銀行存款	100,000,000

④丙企業購入甲企業債券。

借:債權投資	15,000,000
貸:銀行存款	15,000,000

二、金融工具的分類

服務於不同的分類目的,金融工具可以有不同的分類標準。按金融工具風險管理的需要,金融工具可分為高風險的金融工具、一般風險的金融工具和低風險的金融工具;按金融工具會計研究的需要,金融工具可按其發展順序進行分類,分為基本金融工具和衍生金融工具兩大類。

(一) 基本金融工具

基本金融工具 (primary financial instruments),即傳統的金融工具,基本上已構成傳統財務報表項目。基本金融工具的以下兩個特點使其有別於衍生金融工具:

(1) 基本金融工具的取得或發生通常伴隨著資產的流入或流出。

(2) 基本金融工具的價值取決於標的物本身的價值。

基本金融工具主要包括現金、存放於金融機構的款項等貨幣資金、普通股和優先股等股權證券、代表在未來期間收取金融資產的合同權利或支付金融資產的合同義務的債務投資、應付債券、應收帳款、應收票據、其他應收款、應付帳款、應付票據、其他應付款、存入保證金、存出保證金、客戶貸款、客戶存款等。

(二) 衍生金融工具

衍生金融工具 (derivative financial instruments) 又稱衍生金融產品、派生金融產

品或衍生品等，是相對於基本金融工具而言的金融工具。

1. 衍生金融工具的概念界定

根據《企業會計準則第22號——金融工具確認和計量》的規定，衍生金融工具是指具有下列特徵的金融工具或其他合同：

（1）其價值隨特定利率、金融工具價格、商品價格、匯率、價格指數、費率指數、信用等級、信用指數或其他類似變量的變動而變動。

（2）不要求初始淨投資，或者與對市場因素變化預期有類似反應的其他合同相比，要求較少的初始淨投資。

（3）在未來某一日期結算。

[例6-2] 衍生金融工具的判斷。

ABC公司與XYZ公司簽訂了一項按1億元名義本金確定的利率互換合同，該合同要求ABC公司按8%的固定利率向XYZ公司支付利息，XYZ公司按3個月期的倫敦銀行同業拆借利率（按季調整）的變動金額向ABC公司支付利息，雙方並不交換名義本金。該合同是否屬於衍生金融工具？

該合同屬於衍生金融工具，因為合同價值隨基礎變量（倫敦銀行同業拆借利率）的變動而變動，而且沒有初始淨投資，在未來某一日期結算。

[例6-3] 衍生金融工具的判斷。

ABC公司與XYZ公司簽訂了一項遠期合約，約定1年後按每股55元的價格購入現行市價為每股50元的T股票100萬股，ABC公司在合同開始時按約定預付5,000萬元。此項遠期合約是否屬於衍生金融工具？

該合約不屬於衍生金融工具，因為合約開始時預付的5,000萬元不符合衍生金融工具的特徵。ABC公司在合約開始時也可以按50元的價格購買T股票100萬股。

2. 衍生金融工具的特點

與基本金融工具相比，衍生金融工具最主要的特點如下：

（1）衍生性。前已述及，衍生金融工具派生於基本金融工具，衍生金融工具的價值受特定利率、金融工具價格、商品價格、匯率、價格或利率指數、信用等級、信用指數或其他變量變動的影響。其之所以得以衍生，始於人們規避風險（套期保值）和投機（套利）的需求。

（2）槓桿性。衍生金融工具不要求初始淨投資或要求很小的初始淨投資，並往往採用淨額結算。正是這種「以小博大」的槓桿效應，才能夠滿足人們規避風險（套期保值）和投機（套利）的需要。

衍生金融工具的衍生性、槓桿性，不僅直接說明了衍生金融工具的基本功用，也清楚地顯示了衍生金融工具的創新性和高風險性。

3. 衍生金融工具的功用

衍生金融工具的功能主要是對沖風險。在滿足人們規避投資與籌資活動中特定風險的同時，衍生金融工具也被一些試圖冒險的牟利者用來進行投機。因此，衍生金融工具被廣泛用於避險（套期保值）與投機套利。

衍生金融工具的作用主要表現在以下幾個方面：

（1）滿足了市場對規避風險和保值的要求。

（2）促進了基礎金融工具的發展。
　　（3）拓寬了金融機構的業務。
　　（4）提高了金融體系的效率。
　　（5）降低了企業的籌資成本（如互換）。
　　（6）促進了金融市場的證券化。
　4. 衍生金融工具的風險
　　根據1994年7月國際證券監管委員會（IOSCO）發布的《衍生工具管理指南》的規定，衍生金融工具的風險主要如下：
　　（1）信用風險（credit risk）。這是指交易雙方可能由於各種原因無法履行合約而發生的損失（店頭交易的客戶信譽無法保證，發生風險的可能性比較大）。
　　（2）市場風險（market risk）。這是指市場價格不利的變化造成虧損的風險。對於期貨和互換而言，市場風險是其價格基礎或利率變動的風險；對於期權而言，市場風險還受基礎價格波動幅度和期權行使期限的影響。所有衍生金融工具的市場風險均受市場流動性及全球和地方性的政治經濟事件的影響。
　　（3）流動性風險（liquidity risk）。這是指市場業務量不足或無法獲得市場價格而導致的無法平倉的風險以及資金流動風險（因流動資金不足出現合同到期時無法履行支付義務或在市場出現逆勢時無法按要求追加保證金）。對於期貨而言，流動性風險是指因缺乏對手公司不能實現平倉或不能以同等或接近市場價格平倉而變現的風險。
　　（4）作業風險（operation risk）。這是指因人為錯誤、溝通不良、缺乏瞭解、未經授權、管理不善、監督不周或系統故障招致損失的風險。
　　（5）法律風險（legal risk）。這是指因合約無法履行或條文不當而招致的風險。
　　（6）現金流量風險（cash flow risk）。這是指與貨幣性金融工具相關的未來現金流量金額波動的風險。
　　中國《企業會計準則第37號——金融工具列報》要求企業披露與各種金融工具風險相關的定性和定量信息，以便財務報表使用者評估報告期末金融工具產生的風險的性質和程度，更好地評價企業面臨的風險敞口。該準則指出相關風險包括信用風險、流動性風險、市場風險等。
　　毫無疑問，金融工具尤其是衍生金融工具的各種風險帶來的損失乃至金融災難，使衍生金融工具的風險披露越來越成為重點信息需求；而金融工具乃至衍生金融工具會計信息呈報的需求，引發了國際會計界對金融工具會計的關注與研究，並帶來金融工具會計的不斷發展。
　5. 衍生金融工具的種類
　　衍生金融工具包括的內容很多，從不同的角度可以進行不同的分類。衍生金融工具的常見分類如表6-1所示。
　　在表6-1中，第一種分類是基本分類方法，第四種分類是目前最常見的分類方法。

表 6-1　衍生金融工具的常見分類

分類標準	類別及主要內容	
	類別	主要內容
（1）按衍生金融工具據以衍生的基本金融工具及應用領域不同劃分	①股票衍生工具	股票期貨 股票期權 股指期貨 股指期權
	②外匯衍生工具	遠期外匯合約 外匯期貨 外匯期權 貨幣互換
	③利率衍生工具	遠期利率協議 利率期貨 利率期權 利率互換
（2）按風險和收益的對稱與否劃分	①風險和收益對稱式衍生工具（也稱遠期式衍生工具）	遠期外匯合約 ⎫ 遠期利率協議 ⎭ 遠期合約 股票期貨 ⎫ 股指期貨 ⎬ 期貨合約 貨幣期貨 ⎪ 利率期貨 ⎭ 貨幣互換 ⎫ 互換合約 利率互換 ⎭
	②風險和收益不對稱式衍生工具（也稱期權式衍生工具）	股票期權 ⎫ 股指期權 ⎬ 期權合約 貨幣期權 ⎪ 利率期權 ⎭ 利率上限 ⎫ 利率下限 ⎬ 期權的變形 認股權證 ⎭
（3）按交易方式不同劃分	①場內交易的衍生工具（也稱交易所交易的衍生工具）	期貨合約 部分標準化的期權合約
	②場外交易的衍生工具（也稱櫃臺交易的衍生工具）	遠期合約 互換合約 大部分期權合約
（4）按交易方式和特點進行劃分	①金融遠期	遠期外匯合約 遠期利率協議
	②金融期貨	貨幣期貨 利率期貨 股指期貨
	③金融期權	股票期權 股指期權 貨幣期權 利率期權
	④金融互換	貨幣互換 利率互換

(1) 金融遠期。金融遠期屬於遠期合約。遠期合約（forward contract）是買賣雙方現在約定的在未來的特定日期以約定價格交割特定數量標的物的合約。金融遠期，是指合約雙方現在約定的在未來的某一特定日期按照事先商定的價格和方式買賣約定數量的某種金融工具的合約。金融遠期是衍生金融工具最基本的類別。作為衍生金融工具的早期形態，金融遠期在 19 世紀 80 年代就已存在，雖然其風險較小，但其具有的非標準化、流通性差、多需進行實物交割等特點，使金融期貨、金融期權和金融互換等金融遠期的延伸和變形成為必然。金融遠期主要包括遠期外匯合約和遠期利率協議等。

　　(2) 金融期貨。金融期貨屬於期貨合約。期貨（futures）合約是遠期合約的標準化。期貨合約與遠期合約都是「先買賣，後交割」的合約，但是兩者無論在合約形式、交易方式、交易的主要目的還是交易的標的物上，都有所不同。金融期貨是指合約雙方在有組織的交易所內，根據交易規則，通過公開競價的方式達成的在未來特定時間交割特定數量的特定金融工具的標準合約。金融期貨主要包括貨幣期貨、利率期貨以及股指期貨等。

　　(3) 金融期權。期權（option）又稱選擇權，是指持權人（買方）有權選擇在未來是否買賣一定數量標的物的合約。金融期權是指合約雙方達成的是否在約定日（或以前）按約定價格買賣特定數量的某種金融工具的合約。金融期權包括股票期權、股指期權、貨幣期權、利率期權。值得注意的是，金融期權除了上述幾種常見類型之外，還包括一些與基本金融工具結合而成的新興的金融工具，如可轉換債券、認股權證等。

　　(4) 金融互換。金融互換（financial swap）又稱掉期，是指兩個或兩個以上的個體以特定方式在未來某一時段內交換一系列現金流的協議。就金融遠期、金融期貨、金融期權三種合約而言，如果未來標的物價格變化，交易雙方必有一方獲利而另一方發生損失，與此不同的是，金融互換通常有雙贏甚至三贏的結果。金融互換主要有貨幣互換和利率互換。

　　綜上所述，金融遠期是衍生金融工具的最基本類別，金融互換可以看成金融遠期的組合，金融期貨標誌著衍生金融工具的成型，金融期權則更加拓寬了衍生金融工具的應用領域。如果說金融遠期是衍生金融工具的最早形態，那麼金融期貨、金融期權則標誌著衍生金融工具的成熟和發展，而金融互換更成為衍生金融工具的新興力量。如果說金融遠期、金融期貨、金融期權主要被用來規避風險和投機套利，那麼金融互換則很少用於投機。如果說金融遠期、金融期貨、金融期權只導致單方獲利，那麼金融互換則將帶來雙贏。另外，必須看到，隨著金融產品的不斷創新，金融產品基本類別之間的組合又不斷導致新衍生產品的開發。

第二節　金融工具會計的基本問題

一、基本業務確認與計量概要

(一) 金融資產、金融負債確認與計量的基本處理要點

1. 初始確認與計量

根據金融工具會計準則，當企業成為金融工具合同的一方時，應當確認一項金融資產或金融負債。

企業初始確認金融資產或金融負債，應當按照公允價值計量，但支付的交易費用在不同類別的金融資產或金融負債中，處理方法有所不同。

表 6-2 歸納了金融資產、金融負債初始計量的原則性規定。

表 6-2　金融資產、金融負債初始計量的原則性規定

金融資產類別	金融負債類別	初始計量
以攤餘成本計量的金融資產	以攤餘成本計量的金融負債	公允價值+交易費用
以公允價值計量且其變動計入其他綜合收益的金融資產		公允價值+交易費用
以公允價值計量且其變動計入當期損益的金融資產	以公允價值計量且其變動計入當期損益的金融負債	公允價值 [交易費用計入當期損益(投資損益)]

2. 後續計量

金融資產、金融負債的後續計量主要涉及兩個問題：一是區分以攤餘成本還是以公允價值進行後續計量的問題；二是金融資產減值問題。

各類金融資產、金融負債在報告期末按攤餘成本還是公允價值進行後續計量，取決於相關資產、負債的具體分類。表 6-3 是金融資產、金融負債後續計量的原則性規定。

表 6-3　金融資產、金融負債後續計量的原則性規定

金融資產類別	金融負債類別	後續計量	
以攤餘成本計量的金融資產	以攤餘成本計量的金融負債	攤餘成本	金融資產的攤餘成本＝初始入帳金額－已償還本金±累計攤銷額－累計計提的金融資產損失準備
			金融負債的攤餘成本＝初始入帳金額－已償還本金±累計攤銷額
以公允價值計量且其變動計入其他綜合收益的金融資產		公允價值	公允價值變動計入其他綜合收益
以公允價值計量且其變動計入當期損益的金融資產	以公允價值計量且其變動計入當期損益的金額負債	公允價值	公允價值變動計入當期損益（公允價值變動損益）

3. 金融資產的重分類

根據 2017 年修訂後的《企業會計準則第 22 號——金融工具確認和計量》的規

定，企業只有在改變管理金融資產的業務模式時，才可以對金融資產進行重分類。企業管理金融資產的業務模式發生改變是比較罕見的情形。

金融資產重分類的會計處理原則是：自重分類日起採用未來適用法進行相關會計處理。這裡的「重分類日」是指導致企業對金融資產重分類的業務模式發生變更後的首個報告期間的第一天。

金融資產重分類的會計處理，需要根據各類別金融資產的分類規範和未來適用法的原理，以下幾點尤其值得注意：第一，不需要對以前已確認的利得、損失（包括減值損失或利得）以及利息進行追溯調整；第二，其他類別金融資產重分類為以公允價值計量且其變動計入當期損益的金融資產時，相關帳務處理中可能需要確認重分類損益；第三，以公允價值計量且其變動計入當期損益的金融資產重分類為其他兩類金融資產時，自重分類日起對該金融資產適用金融資產減值的相關規定；第四，以攤餘成本計量的金融資產與以公允價值計量且其變動計入其他綜合收益的金融資產兩個類別之間重分類時，不影響其實際利率和預期信用損失的計量。

(二) 金融資產減值的基本處理要點

根據《企業會計準則第 22 號——金融工具確認和計量》的規定，金融資產減值的確認與計量應採用預期信用損失模型計提減值準備。

1. 預期信用損失模型的適用範圍

採用預期信用損失模型計提資產減值準備的資產包括分類為以攤餘成本計量的金融資產、以公允價值計量且其變動計入其他綜合收益的金融資產中的債務工具投資、租賃應收款、合同資產、符合條件的貸款承諾和財務擔保合同等。

由此可見，以公允價值計量且其變動計入當期損益的金融資產和以公允價值計量且其變動計入其他綜合收益的金融資產中的權益工具投資，不需要預先確認資產減值損失並計提資產減值準備。

2. 預期信用損失模型的基本原理

預期信用損失模型與已發生損失模型相比，提前計提金融資產減值損失。採用預期信用損失模型，企業應在資產負債表日對相關金融資產評估其信用風險自初始確認後是否顯著增加，並按照下列三種情形分別計量其損失準備、確認預期信用損失及其變動：

情形一：如果該金融資產的信用風險自初始確認後並無顯著增加，企業應當按照相當於該金融資產未來 12 個月內預期信用損失的金額，計量其損失準備，並按金融資產的帳面餘額與實際利率計算確定利息收入。

情形二：如果該金融資產的信用風險自初始確認後已顯著增加，企業應當按照相當於該金融資產整個存續期內預期信用損失的金額，計量其損失準備，並按金融資產的帳面餘額與實際利率計算確定利息收入。

情形三：如果該金融資產已發生信用減值，企業應當按照相當於該金融資產整個存續期內預期信用損失的金額，計量其損失準備，但需要按金融資產的攤餘成本與實際利率計算確定利息收入。

3. 預期信用損失模型下的幾個相關概念

以上關於預期信用損失模型的基本原理中，涉及以下幾個關鍵詞：

（1）預期信用損失。預期信用損失是指以發生違約的風險為權重的金融工具信用損失的加權平均值。

（2）信用損失。信用損失是指企業按照原實際利率折現的、根據合同應收的所有合同現金流量與預期收取的所有現金流量之間的差額，即全部現金短缺的現值。

（3）未來 12 個月內預期信用損失。未來 12 個月內預期信用損失是指因資產負債表日後 2 個月內（若金融工具的預計存續期少於 12 個月，則為預計存續期）可能發生的金融工具違約事件而導致的預期信用損失，是整個存續期預期信用損失的一部分。

（4）整個存續期預期信用損失。整個存續期預期信用損失是指因金融工具整個存續期所有可能發生的違約事件而導致的預期信用損失。

（5）金融資產已發生信用減值的判斷。金融資產已發生信用減值的證據包括如下可觀察信息：

①發行方或債務人發生重大財務困難。

②債務人違反合同，如償付利息或本金違約或逾期等。

③債權人出於與債務人財務困難有關的經濟或合同考慮，給予債務人在任何其他情況下都不會做出的讓步。

④債務人很可能破產或進行其他財務重組。

⑤發行方或債務人財務困難導致該金融資產的活躍市場消失。

⑥以大幅折扣購買或源生一項金融資產，該折扣反應了發生信用損失的事實。

4. 預期信用損失模型應用中的簡化情形

對於不具有重大融資成分的應收帳款，企業應當自始至終按照相當於整個存續期內預期信用損失的金額計量其損失準備。

對於購買或源生的已發生信用減值的金融資產，企業應當在資產負債表日僅將自初始確認後整個存續期內預期信用損失的累計變動確認為損失準備。

對於具有重大融資成分的應收帳款、租賃應收款，企業可以做出按照相當於整個存續期內預期信用損失的金額計量損失準備的會計政策選擇。

5. 金融資產減值的會計處理

企業對分類為以攤餘成本計量的金融資產計提減值準備時，按應確認的預期信用損失金額，借記「信用減值損失」科目，貸記「壞帳準備」「貸款減值準備」「債權投資減值準備」等相關資產的備抵科目。企業對分類為以公允價值計量且其變動計入其他綜合收益的金融資產中的債務工具投資計提減值準備時，按應確認的預期信用損失金額，借記「信用減值損失」科目，貸記「其他綜合收益」科目。根據預期信用損失的有利變動確認減值利得時，企業應做相反的會計處理。

[例6-4] 金融資產初始確認與計量、後續計量的會計處理。

甲公司於 2018 年 11 月 15 日購入 10 年期，利率為 5%（實際利率也是 5%），公允價值為 1,000 萬元的公司債券。2018 年 12 月 31 日，由於市場利率變動，該債券公允價值跌至 950 萬元，甲公司認為信用風險無顯著增加，按 12 個月預期信用損失 30 萬元計提減值準備。為簡化起見，暫不考慮交易費用、利息收入確認等問題。

分別假定甲公司將該項投資分類為以攤餘成本計量的金融資產和以公允價值計

量且其變動計入其他綜合收益的金融資產，進行兩種分類假設下甲公司的有關會計處理，並指出 2018 年報告期末該投資在資產負債表中的報告價值。

兩種分類假設下甲公司有關會計處理如下：
（1）分類為以攤餘成本計量的金融資產。
2018 年 11 月 15 日，甲公司購入該債券。

借：債權投資　　　　　　　　　　　　　　10,000,000
　　貸：銀行存款等　　　　　　　　　　　　　　　10,000,000

2018 年 12 月 31 日，甲公司確認預期信用損失。

借：信用減值損失　　　　　　　　　　　　300,000
　　貸：債權投資減值準備　　　　　　　　　　　　300,000

報告期末該投資在資產負債表中的報告價值＝1,000−30＝970（萬元）
（2）分類為以公允價值計量且其變動計入其他綜合收益的金融資產。
2018 年 11 月 15 日，甲公司購入該債券。

借：其他債權投資　　　　　　　　　　　　10,000,000
　　貸：銀行存款等　　　　　　　　　　　　　　　10,000,000

2018 年 12 月 31 日，甲公司確認公允價值變。

借：其他綜合收益　　　　　　　　　　　　500,000
　　貸：其他債權投資　　　　　　　　　　　　　　500,000

2018 年 12 月 31 日，甲公司確認預期信用損失時。

借：信用減值損失　　　　　　　　　　　　300,000
　　貸：其他綜合收益　　　　　　　　　　　　　　300,000

報告期末該投資在資產負債表中的報告價值＝1,000−50＝950（萬元）

［例 6-5］金融資產的重分類和減值的會計處理。
甲公司一項債權投資的有關資料如下：
（1）期初，甲公司以公允價值（帳面價值）500,000 元購入一項債券投資組合。
（2）後來，甲公司變更了債券管理模式，假定重分類日該債券組合的公允價值為 490,000 元。
（3）如果該組合在緊鄰重分類日之前以攤餘成本計量或以公允價值計量且其變動計入其他綜合收益，重分類日已確認的減值損失為 6,000 元（反應了自初始確認後信用風險顯著增加，因此以整個存續期預期信用損失計量）。
（4）重分類日，12 個月預期信用損失為 4,000 元。
（5）為簡化起見此處不列示確認利息收入的會計分錄。
根據上述資料，分別對六種重分類情形進行有關帳務處理。
各種重分類情形下的有關會計處理比較如表 6-4 所示。

表 6-4　各種重分類情形下的有關會計處理比較　　　　　　　　單位：元

重分類的情形	確認與計量的帳務處理		
	初始投資時	後續計量時	重分類日
1. 從以攤餘成本計量的金融資產重分類為以公允價值計量且其變動計入當期損益的金融資產	借：債權投資　　　500,000 　貸：銀行存款　　　500,000	借：信用減值損失　　6,000 　貸：債權投資減值準備　6,000	借：交易性金融資產　490,000 　　債權投資減值準備　6,000 　　投資收益　　　　4,000[1] 　貸：債權投資　　　500,000
2. 從以公允價值計量且其變動計入當期損益的金融資產重分類為以攤餘成本計量的金融資產	借：交易性金融資產 500,000 　貸：銀行貸款　　　500,000	借：公允價值變動損益 10,000 　貸：交易性金融資產　10,000	借：債權投資　　　490,000 　貸：交易性金融資產　490,000 借：信用減值損失　4,000[2] 　貸：債權投資減值準備 4,000 借：投資收益　　　10,000 　貸：公允價值變動損益 10,000
3. 從以攤餘成本計量的金融資產重分類為以公允價值計量且其變動計入其他綜合收益的金融資產	借：債權投資　　　500,000 　貸：銀行貸款　　　500,000	借：信用減值損失　　6,000 　貸：債權投資減值準備　6,000	借：其他債權投資　490,000 　　債權投資減值準備　6,000 　　其他綜合收益　　4,000[3] 　貸：債權投資　　　500,000
4. 從以公允價值計量且其變動計入其他綜合收益的金融資產重分類為以攤餘成本計量的金融資產	借：其他債權投資　500,000 　貸：銀行貸款　　　500,000	借：其他綜合收益　　10,000 　貸：其他債權投資　10,000 借：信用減值損失　　6,000 　貸：其他綜合收益　　6,000	借：債權投資　　　500,000 　貸：其他債權投資　490,000 　　其他綜合收益　　4,000[4] 　　債權投資減值準備　6,000
5. 從以公允價值計量且其變動計入當期損益的金融資產重分類為以公允價值計量且其變動計入其他綜合收益的金融資產	借：交易性金融資產 500,000 　貸：銀行貸款　　　500,000	借：公允價值變動損益 10,000 　貸：交易性金融資產　10,000	借：其他債權投資　490,000 　貸：交易性金融資產　490,000 借：信用減值損失　4,000[5] 　貸：其他綜合收益　　4,000 借：投資收益　　　10,000 　貸：公允價值變動損益 10,000
6. 從以公允價值計量且其變動計入其他綜合收益的金融資產重分類為以公允價值計量且其變動計入當期損益的金融資產	借：其他債權投資　500,000 　貸：銀行貸款　　　500,000	借：其他綜合收益　　10,000 　貸：其他債權投資　10,000 借：信用減值損失　　6,000 　貸：其他綜合收益　　6,000	借：交易性金融資產　490,000 　貸：其他債權投資　490,000 借：投資收益　　　4,000 　貸：其他綜合收益　　4,000[6]

註：[1]重分類損益。

[2]從重分類日起適用減值規範。

[3]4,000＝公允價值變動 10,000－累計減值 6,000。

[4]結轉現有餘額。

[5]從重分類日起適用減值規範。

[6]將其他綜合收益現有餘額予以結轉並同時確認重分類損益。

(三) 金融資產與金融負債的終止確認

金融資產、金融負債的終止確認是指將之前確認的金融資產、金融負債從資產負債表中予以轉出。

1. 金融資產的終止確認

金融資產滿足下列條件之一的，應當終止確認：

（1）收取該金融資產現金流量的合同權利終止。

（2）該金融資產已經轉移，且符合《企業會計準則第 23 號——金融資產轉移》規定的金融資產終止確認條件。

顯而易見，終止確認金融資產的第一個條件比較好理解。企業收回應收帳款、企業在到期日收回債權投資的本息和等事項，就屬於「收取該金融資產現金流量的合同權利終止」的情形。

終止確認金融資產的第二個條件與金融資產轉移有關。

[例6-6] 金融資產的終止確認。

甲企業有兩張應收票據：一張是向乙企業銷貨收到的面值為800萬元的不帶息商業匯票，另一張是向丙企業銷貨收到的面值為1,000萬元的不帶息商業匯票。在票據到期日，甲企業收到乙企業支付的票款800萬元。由於甲企業急於使用資金，將付款人為丙企業的票據辦理貼現，貼現所得款為990萬元。

如何根據這兩筆業務理解金融資產終止確認的處理規範？

一方面，甲企業收到乙企業按期支付的票款時，進行如下會計處理：

借：銀行存款　　　　　　　　　　　　　　8,000,000
　　貸：應收票據　　　　　　　　　　　　　　8,000,000

毫無疑問，貸記「應收票據」科目800萬元的處理，就實現了對該筆金融資產的終止確認。

另一方面，甲企業在對於付款方為丙企業的應收票據進行貼現的相關會計處理過程中，借記「銀行存款」科目990萬元的同時，是否可以貸記「應收票據」科目還不確定。這就涉及在金融資產轉移的情況下金融資產終止確認的條件問題。

2. 金融負債的終止確認

金融負債的終止確認的條件是當金融負債（或金融負債的一部分）消除時，即合同中規定的義務解除、取消或到期時。這裡需要說明以下幾個問題：

（1）企業將用於償付金融負債的資產轉入某個機構或設立信託，償付債務的現時義務仍然存在，不應終止確認該金融負債，也不能終止確認轉出的資產。

（2）金融負債的「以舊換新」。如果根據協議承擔以新的金融負債替換現存的金融負債，新、舊負債的合同條款實質上不同，應當終止確認現存的金融負債，同時確認新的金融負債。類似地，對現存的全部金融負債或部分金融負債的條款的重大修改，也應作為現存的金融負債的消除和一項新的金融負債的確認。

（3）確認終止確認金融負債的損益。消除或轉讓的金融負債（全部或部分）的帳面價值與所支付的對價（包括轉讓的非現金資產和承擔的負債）之間的差額，應當計入損益。

（4）回購部分金融負債。回購部分金融負債時，企業應當在回購日按照繼續確認部分和終止確認部分的相對公允價值，將該金融負債整體的帳面價值進行分配。分配給終止確認部分的帳面價值與支付的對價之間的差額，計入當期損益。

（四）權益工具確認與計量的基本規範

1. 發行權益工具

企業發行權益工具時，按所收到的對價扣除交易費用後，確認為股本（或實收資本）、股本溢價（或資本溢價）。

企業自身權益工具經初始確認後，不確認公允價值變動。

2. 回購、註銷、出售權益工具

企業回購自身權益工具時，按支付的對價和交易費用，減少所有者權益。企業回購、出售或註銷自身權益工具，均不應當確認利得或損失。企業回購的股份尚未註銷或轉讓的，按庫存股管理，庫存股的計量採用成本法。

3. 對權益工具持有方的各種分配

對權益工具持有方的各種分配（股票股利除外），減少所有者權益。

上述內容的具體闡述和舉例參見《中級財務會計》教材。

二、幾個難點業務的確認與計量

(一) 金融資產轉移

1. 金融資產轉移的含義

金融資產轉移是指企業（轉出方）將金融資產（或其現金流量）讓與或交付給該金融資產發行方以外的另一方（轉入方）。金融資產轉移示意圖如圖6-2所示。

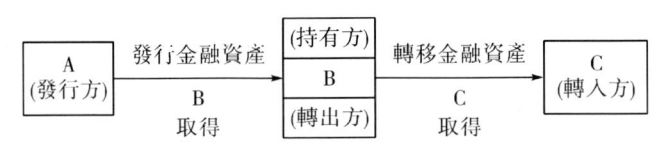

```
         發行金融資產   (持有方)    轉移金融資產
  A  ─────────────→     B    ─────────────→    C
(發行方)      B        (轉出方)       C      (轉入方)
            取得                    取得
```

圖6-2　金融資產轉移示意圖

2. 金融資產轉移的確認與計量原則

企業在發生金融資產轉移時，應當評估其保留金融資產所有權上的風險與報酬的程度，並區分以下情形進行處理：

（1）終止確認。如果企業轉讓了金融資產所有權上的幾乎所有風險和報酬，則企業就應終止確認該金融資產，並將在轉讓中產生或保留的權利和義務單獨確認為資產或負債。

企業可以終止確認所轉移的金融資產的情形主要如下：

①不附任何追索權方式出售金融資產。

②附回購協議的金融資產出售，回購價為回購時該金融資產的公允價值。

③附優先回購權的金融資產出售，回購價為回購時該金融資產的公允價值。

④附重大價外看跌期權的金融資產出售，持有該看跌期權的金融資產買方在期權到期時或到期前行權的可能性極小。

⑤附重大價外看漲期權的金融資產出售，持有該看漲期權的金融資產賣方在期權到期時或到期前行權的可能性極小等。

[例6-7] 符合終止確認條件的金融資產轉移。

沿用 [例6-6] 的資料，只是假設付款人為丙企業的票據屬於無追索權的票據。如何根據這筆貼現業務理解金融資產終止確認的處理規範？

在 [例6-6] 中，甲企業將付款人為丙企業的應收票據貼現這一交易，就屬於金融資產轉移。在此項交易中，如果該票據屬於無追索權的票據，則甲企業應於貼現時終止確認該應收票據。

借：銀行存款　　　　　　　　　　　　　　　9,900,000
　　財務費用　　　　　　　　　　　　　　　　100,000
　　貸：應收票據　　　　　　　　　　　　　10,000,000

（2）繼續確認。如果企業保留了金融資產所有權上幾乎所有的風險和報酬，則企業應當繼續確認該金融資產。這種情形主要如下：

①採用附追索權方式出售金融資產。

②附回購協議的金融資產出售，回購價固定或是原售價加合理回報。

③附總回報互換的金融資產出售，該互換使市場風險又轉回給了金融資產出售方。

④將信貸資產或應收款項整體出售，同時保證對金融資產購買方可能發生的信用損失等進行全額補償。

⑤附重大價內看跌期權的金融資產出售，持有該看跌期權的金融資產買方很可能在期權到期時或到期前行權。

⑥附重大價內看漲期權的金融資產出售，持有該看漲期權的金融資產賣方很可能在期權到期時或到期前行權等。

對於不符合終止確認條件的金融資產轉移，企業要繼續確認所轉移資產，同時將收到的轉移對價確認為一項負債。該繼續確認的資產與確認的相關金融負債不得互相抵銷。隨後各期間企業應繼續確認該資產的收入和該負債的費用，所轉移資產以攤餘成本計量的，確認的相關負債不能指定為以公允價值計量且其變動計入當期損益的金融負債。

[**例6-8**] 不符合終止確認條件的金融資產轉移。

沿用 [**例6-6**] 的資料，假設付款人為丙企業的票據屬於附追索權的票據。

如何根據這筆貼現業務理解金融資產的終止確認？

假定在 [**例6-6**] 中所貼現票據屬於有追索權的票據，則甲企業貼現時不能對其進行終止確認，因為一旦票據到期日貼現銀行無法收到丙企業支付的票款，就需要向甲企業追回已貼現票款。因此，甲企業的相關會計處理如下：

①貼現時，甲企業不能對應收票據終止確認。

借：銀行存款　　　　　　　　　　　　　　　9,900,000
　　短期借款——利息調整　　　　　　　　　　100,000
　　貸：短期借款——本金　　　　　　　　　　　　10,000,000

②貼現息100,000元應在票據貼現期間採用實際利率法確認為利息費用。甲企業應借記「財務費用」科目，貸記「短期借款——利息調整」科目。

③票據到期時，如果丙企業支付到期票款，甲企業應對貼現票據進行終止確認。

借：短期借款——本金　　　　　　　　　　　10,000,000
　　貸：應收票據　　　　　　　　　　　　　　　10,000,000

④票據到期時，如果丙企業沒有及時支付到期票款，一方面，甲企業要退回已貼現票款。

借：短期借款——本金　　　　　　　　　　　10,000,000
　　貸：銀行存款　　　　　　　　　　　　　　　10,000,000

另一方面，甲企業要對到期應收票據予以終止確認。

借：應收帳款　　　　　　　　　　　　　　　10,000,000
　　貸：應收票據　　　　　　　　　　　　　　　10,000,000

[**例6-9**] 不符合終止確認條件的金融資產轉移。

2018年4月1日，甲公司將其持有的一筆國債出售給丙公司，售價為200,000元，年利率為3.5%。同時，甲公司與丙公司簽訂了一項回購協議：3個月後由甲公司將該筆債券按201,750元的價格回購。2018年7月1日，甲公司購回該債券。假定

實際利率與合同利率的差異較小。甲公司應怎樣進行相關會計處理？

甲公司對這筆買斷式回購賣出債券的有關會計處理如下：

① 4 月 1 日，甲公司出售金融資產。

借：銀行存款　　　　　　　　　　　　　　　200,000
　　貸：賣出回購金融資產款　　　　　　　　　　　200,000

② 6 月 30 日，甲公司確認利息費用。

借：財務費用　　　　　　　　　　　　　　　1,750
　　貸：應付利息　　　　　　　　　　　　　　　1,750

③ 7 月 1 日，甲公司回購該債券。

借：賣出回購金融資產款　　　　　　　　　　200,000
　　應付利息　　　　　　　　　　　　　　　1,750
　　貸：銀行存款　　　　　　　　　　　　　　　201,750

（3）繼續涉入。如果企業既沒有轉移也沒有保留金融資產所有權上幾乎所有風險和報酬，則企業應當判定其是否保留了對金融資產的控制。如果沒有保留控制，企業應當終止確認金融資產，並將在轉讓中產生或保留的權利和義務單獨確認為資產或負債。如果保留了控制，企業應當根據主體對該金融資產的繼續涉入程度繼續確認該金融資產。繼續涉入所轉移金融資產的程度是指該金融資產價值變動使企業面臨的風險水準。

在繼續涉入情況下如何對繼續涉入資產和繼續涉入負債進行確認與計量，是繼續涉入的關鍵。其基本的會計處理原則是：在轉移金融資產時，企業應根據繼續涉入的程度，在充分反應保留的權利和承擔的義務的基礎上，確認有關金融資產，並相應確認有關負債。在後續計量時，企業應對繼續涉入所形成的有關資產確認其產生的收益，對有關負債確認其產生的費用，繼續涉入形成的有關資產和有關負債不得互相抵銷。在部分繼續涉入的情況下，企業要按轉讓日因繼續涉入而繼續確認部分和不再確認部分的相對公允價值，分配帳面價值。

繼續涉入的方式主要有：企業通過對被轉移金融資產提供擔保方式繼續涉入；企業因持有看漲期權或簽出看跌期權而繼續涉入被轉移金融資產；企業因持有看漲期權或簽出看跌期權（或兩者兼有，即上下限期權）而繼續涉入被轉移金融資產；企業採用基於被轉移金融資產的現金結算期權或類似條款的形式繼續涉入；等等。

企業會計準則為各種繼續涉入方式下的繼續涉入資產、繼續涉入負債提供了具體的計量規範。以提供擔保為例，根據企業會計準則的規定，企業通過對被轉移金融資產提供擔保方式繼續涉入的，應當在轉移日按照金融資產的帳面價值和擔保金額兩者的較低者，繼續確認被轉移金融資產，同時按照擔保金額和擔保合同的公允價值（通常是提供擔保收到的對價）之和確認相關負債。擔保金額是指企業收到的對價中，可被要求償還的最高金額。在後續會計期間，擔保合同的初始確認金額應當隨擔保義務的履行進行攤銷，計入當期損益。被轉移金融資產發生減值的，計提的損失準備應從被轉移金融資產的帳面價值中抵減。

[**例 6-10**] 提供擔保方式的繼續涉入。

甲銀行有一項可提前償付的貸款組合，其票面利率和實際利率均為 10%，本金

和攤餘成本為 10,000 萬元。甲銀行與某受讓方簽署協議，將該組合貸款轉移給該受讓方，協議的主要條款如下：

（1）受讓人支付 9,115 萬元以取得收取 9,000 萬元本金和按照 9.5%的利率計算的這部分本金的利息的權利，甲銀行則保留了收取 1,000 萬元本金加上按照 10%利率計算的這部分本金的利息以及剩餘 9,000 萬元本金的 0.5%的利率差價部分。

（2）收到的借款人提前支付款，按照 1：9 的比例在甲銀行和受讓方之間進行分配，但是所有的拖欠要從主體保留的對 1,000 萬元本金所擁有的權益中扣除，直到全部扣除完畢。假定交易日該貸款的公允價值為 10,100 萬元，0.5%的利率差價的估計公允價值為 40 萬元。甲銀行應如何對該金融資產轉移進行會計處理？

首先，判斷是否應採用繼續涉入法。在本例中，甲銀行已經轉移了相關金融資產（貸款組合）部分所有權上的重大風險與報酬（如重大的提前償付風險），但是也保留了某些所有權上的重大風險與報酬（次級剩餘權益的存在），並保留了控制，因此應該採用繼續涉入法。

其次，進行有關計算。

①出讓 90%份額貸款的損益。出讓 90%和保留 10%貸款的價值分配如下：

	估計公允價值	百分比	帳面價值分配
轉讓部分	9,090	90%	9,000
保留部分	1,010	10%	1,000
總計	10,100	100%	10,000

出讓 90%份額所收對價＝10,100×90%＝9,090（萬元）

出讓收益＝9,090-9,000＝90（萬元）

②向受讓人提供信用增級而收取的對價，包括兩個部分：一部分是次級剩餘權益向受讓人提供信用增級收到的對價 25 萬元（9,115-9,090）；另一部分是 0.5%的利率差價的公允價值 40 萬元。因此，為提供信用增級已經收到的對價 25 萬元和將收利息的現值 40 萬元之和，構成為提供信用增級所獲得的總對價 65 萬元。

③繼續涉入資產的計量。繼續涉入資產的價值包括兩個部分：一是為提供信用增級將獲利息的現值 40 萬元（以利率差價形式收取對價形成的資產）；二是剩餘權益（為信用損失提供信用增級而予以次級化了的剩餘權益）1,000 萬元。因此，繼續涉入資產的價值為 1,040 萬元（40+1,000）。

④繼續涉入負債的計量。繼續涉入負債的價值也包括兩個部分：上述 65 萬元作為提供信用增級的對價，實際上也意味著甲銀行有提供信用增級的義務；保留的 1,000 萬元本金收款權也因需要先為受讓方提供擔保而使權益次級化，實際上也意味著有擔保義務 1,000 萬元。因此，繼續涉入負債的金額是 1,065 萬元（65+1,000）。

最後，根據上述分析，甲銀行有關會計處理如下：

轉移日。

①甲銀行對 90%的貸款進行終止確認，並確認轉讓收益。

借：存放中央銀行款　　　　　　　　　　　　　　90,900,000
　　貸：貸款　　　　　　　　　　　　　　　　　　　　90,000,000
　　　　其他業務收入　　　　　　　　　　　　　　　　　　900,000

②10%繼續涉入。
借：存放中央銀行款項　　　　　　　　　　　250,000
　　繼續涉入資產——超額帳戶　　　　　　　　400,000
　　　　　　　——次級權益　　　　　　　　10,000,000
　貸：繼續涉入負債　　　　　　　　　　　　10,650,000
如果將上述兩項會計處理合併，則整合的會計處理如下：
借：存放中央銀行款項　　　　　　　　　　91,150,000
　　繼續涉入資產——次級權益　　　　　　　10,000,000
　　　　　　　——超額帳戶　　　　　　　　　400,000
　貸：貸款　　　　　　　　　　　　　　　　90,000,000
　　繼續涉入負債　　　　　　　　　　　　　10,650,000
　　其他業務收入　　　　　　　　　　　　　　　900,000
後續期間的相關會計處理。
①甲銀行將信用增級的對價確認為各期收入（總額65萬元，應分期確認）。
借：繼續涉入負債　　　　　　　　　　　　　　650,000
　貸：其他業務收入　　　　　　　　　　　　　650,000
②甲銀行分期計提已確認資產利息。
借：貸款　　　　　　　　　　　　　　　　　1,000,000
　貸：利息收入（1,000×10%）　　　　　　　1,000,000
③甲銀行分期確認超額利差的利息收入。
借：繼續涉入資產　　　　　　　　　　　　　　50,000
　貸：利息收入（9,000×0.5%-40）　　　　　　50,000
④甲銀行收回本息和。
借：存放中央銀行款項　　　　　　　　　　11,000,000
　貸：貸款　　　　　　　　　　　　　　　11,000,000
⑤甲銀行結清繼續涉入項目。
借：繼續涉入負債　　　　　　　　　　　　10,000,000
　　存放中央銀行款項（9,000×0.5%）　　　　450,000
　貸：繼續涉入資產　　　　　　　　　　　10,450,000

（二）金融負債與權益工具的劃分

通常情況下，企業比較容易分辨所發行的金融工具是權益工具還是金融負債。例如，[**例6-1**]中甲企業發行股票確認的權益工具與發行債券確認的金融負債就是權益工具與金融負債最常見的例子。

值得注意的是，有些時候，金融負債與權益工具的區分也會遇到比較複雜的情況，這就需要根據金融工具的實質而不是其法定形式進行判斷。也就是說，有些金融工具的法定形式表現為權益，但實質上卻是負債（如可贖回優先股）；而有些金融工具則可能同時兼有權益工具和金融負債的特徵（如可轉換公司債券）。尤其是企業發行的、須用自身權益工具進行結算的金融工具，可能因為結算方式不同，導致金融負債與權益工具的確認結果不同。

金融負債與權益工具的關鍵區別在於合約義務的存在與否，即是否存在交付現金或其他金融資產的合約義務。如果對於金融工具的發行者來說，一項金融工具產生向金融工具的持有者交付另一項金融資產或在可能不利的條件下交換另一項金融工具的義務，則該項金融工具符合金融負債的定義。如果對於金融工具的發行者來說，一項金融工具不產生向金融工具的持有者交付另一項金融資產，或者在可能不利的條件下交換另一項金融工具的義務，則該項金融工具是權益工具。

具體來講，區分金融負債與權益工具要注意以下幾種情況：

（1）企業發行的、將來不以自身權益工具結算的金融工具，初始確認為權益工具，需滿足下列條件之一：

①該金融工具沒有包括交付現金或其他金融資產給其他單位的合同義務。

②該金融工具沒有包括在潛在不利條件下與其他單位交換金融資產或金融負債的合同義務。

（2）企業發行的、將來須用或可用自身權益工具結算的金融工具，初始確認為權益工具，需滿足下列條件之一：

①該金融工具是非衍生工具，且企業沒有義務交付非固定數量的自身權益工具進行結算。

②該金融工具是衍生工具，且企業只有通過交付固定數量的自身權益工具換取固定數額現金或其他金融資產進行結算。

例如，企業出售股票的遠期，採用「交付固定數量的自身股票換取固定金額的現金」結算方式的，確認為權益工具；採用「以現金淨額結算」結算方式的，確認為金融負債。又如，企業簽出的股票買入期權（看漲期權），採用「收取固定金額現金交付固定數量的自身股票」結算方式的，確認為權益工具；採用「以現金淨額結算」結算方式的，確認為金融負債。再如，企業簽出的股票賣出期權（看跌期權），採用「支付固定金額現金買入固定數量的自身股票」結算方式的，確認為權益工具；採用「以現金淨額結算」或「以股票淨額結算」結算方式的，確認為金融負債。

（3）交付現金、其他金融資產進行結算與否，取決於發行方和持有方均不能控制的未來不確定事項的發生與否的金融工具，初始確認為權益工具，需滿足下列條件之一：

①可認定要求以現金、其他金融資產結算的或有結算條款相關的事項不會發生。

②只有在發行方發生企業清算的情況下才需要以現金、其他金融資產結算。

下面來看一組有關區分金融資產、金融負債、權益工具的例題。

[例6-11] 購入股票看漲期權——按現金淨額結算。

2018年2月1日，甲主體與乙主體簽訂一份歐式期權合同，該合同要求乙主體承擔一項交付義務，同時賦予甲主體一項可在2019年1月31日以每股102元的價格購回本公司股票1,000股的權利。如果甲主體到期行權，該合同將以現金淨額結算。有關甲主體股票市價及看漲期權公允價值資料見表6-5。假定甲主體在行權日行使了該買權。甲主體應如何進行會計處理呢？

表 6-5　甲主體股票市價及看漲期權公允價值資料　　　　　　　　單位：元

項目	2018 年 2 月 1 日	2018 年 12 月 31 日	2019 年 12 月 31 日
股票的每股價格	100	104	104
看漲期權的公允價值	5,000	3,000	2,000

①根據表 6-5 整理出甲主體持有的看漲期權公允價值資料如表 6-6 所示。

表 6-6　甲主體持有的看漲期權公允價值資料　　　　　　　　　單位：元

項目	2018 年 2 月 1 日	2018 年 12 月 31 日	2019 年 12 月 31 日
公允價值(1)	5,000	3,000	2,000
內在價值(2)=(市價－行權價)×1,000	0	2,000	2,000
時間價值(3)=(1)-(2)	5,000	1,000	0

　　合同簽訂日的數據表明，行權價 102 元超過了股票市價 100 元，因此沒有內在價值，只有時間價值，該期權為價外期權。這時看來，甲主體行權並不經濟。合同到期日，該看漲期權為價內期權，甲主體應該行權。

　　②從合同規定的結算方式來看，以現金淨額結算，意味著結算時甲主體應向乙主體交付 102,000 元，乙主體則應向甲主體交付 104,000 元，因此甲主體按淨額收取 2,000 元。換句話說，甲主體購入的期權合約令其具有將來按股票市價大於行權價之差計算的向乙主體收取現金淨額的權利，因此應該確認金融資產。

　　根據上述資料和分析，甲主體按現金淨額結算的股票看漲期權的會計處理如表 6-7 所示。

表 6-7　甲主體按現金淨額結算的股票看漲期權的會計處理　　　單位：元

日期	內容	帳務處理	
2018 年 2 月 1 日	確認按初始公允價值買入看漲期權	借：衍生工具——看漲期權資產 　貸：銀行存款	5,000 5,000
2018 年 12 月 31 日	確認看漲期權的公允價值變動損失	借：公允價值變動損益 　貸：衍生工具——看漲期權資產	2,000 2,000
2019 年 12 月 31 日	確認看漲期權的公允價值變動損失	借：公允價值變動損益 　貸：衍生工具——看漲期權資產	1,000 1,000
	以現金淨額結算期權合同	借：銀行存款 　貸：衍生工具——看漲期權資產	2,000 2,000

[**例 6-12**] 購入股票看漲期權——按股票淨額結算。

　　有關資料參照 [**例 6-11**]，結算方式改為按股票淨額結算。甲主體應如何進行會計處理呢？

　　根據期權合同規定的結算方式，行權時乙主體有義務向甲主體交付價值為 104,000 元的甲主體股票，以換取價值為 102,000 元的甲主體股票。因此，乙主體向甲主體交付淨額為 2,000 元的甲主體股票。對於甲主體來說，其相當於收回本公司的股票約 19.2 股（2,000÷104）。因此，甲主體的有關會計處理與表 6-7 基本相同，只是行權日結算合同的會計處理如下：

借：庫存股（或股本）等權益類科目	2,000	
貸：衍生工具——看漲期權資產		2,000

[例 6-13] 購入股票看漲期權——按實物總額結算。

有關資料仍參照 **[例 6-11]**，結算方式改為按實物總額結算，即行權時甲主體將以支付固定金額的現金來收取固定數量的本公司股票的方式與乙主體結算期權合同。甲主體應如何進行會計處理呢？

根據金融資產的含義，金融資產中包括將來須用或可用企業自身權益工具進行結算的衍生金融工具合同權利，但企業以固定金額的現金或其他金融資產換取固定數量的自身權益工具合同權利除外。因此，甲主體簽訂的購入看漲期權合同，符合權益工具的定義，不能確認金融資產。

甲主體按實物總額結算的股票看漲期權的會計處理如表 6-8 所示。

表 6-8　甲主體按實物總額結算的股票看漲期權的會計處理　　　　單位：元

日期	內容	帳務處理	
2018 年 2 月 1 日	按初始公允價值確認買入看漲期權形成的權益工具	借：資本公積 　　貸：銀行存款	5,000 5,000
2018 年 12 月 31 日	權益工具確認後，不確認公允價值變動		
2019 年 1 月 31 日	以實物總額結算期權合同	借：庫存股(或股本)等權益類科目 　　貸：銀行存款	102,000 102,000

[例 6-14] 簽出股票看漲期權——按現金淨額結算。

2018 年 2 月 1 日，甲主體與乙主體簽訂了一份以現金淨額結算的歐式期權合同，賦予乙主體一項以每股 102 元的行權價向甲主體收取 1,000 股甲主體普通股公允價值的權利，同時使甲主體承擔一項支付的義務。甲主體股票市價及看漲期權公允價值資料見表 6-5。假定乙主體在行權日行使了該買權。甲主體應如何進行會計處理呢？

甲主體簽出看漲期權，合同規定的結算方式是以現金淨額結算，意味著如果乙主體在 2019 年 1 月 31 日行使這項權利，則甲主體有按行權日甲主體普通股的公允價值超過行權價之差計算的向乙主體交付現金的義務，因此應該確認為金融負債。根據上述資料和分析，甲主體按現金淨額結算的股票看漲期權的會計處理如表 6-9 所示。

表 6-9　甲主體按現金淨額結算的股票看漲期權的會計處理　　　　單位：元

日期	內容	帳務處理	
2018 年 2 月 1 日	確認按初始公允價值簽出看漲期權	借：銀行存款 　　貸：衍生工具——看漲期權負債	5,000 5,000
2018 年 12 月 31 日	確認看漲期權的公允價值變動利得	借：衍生工具——看漲期權負債 　　貸：公允價值變動損益	2,000 2,000
2019 年 1 月 31 日	確認看漲期權的公允價值變動利得	借：衍生工具——看漲期權負債 　　貸：公允價值變動損益	1,000 1,000
	以現金淨額結算期權合同	借：衍生工具——看漲期權負債 　　貸：銀行存款	2,000 2,000

[**例6-15**] 簽出股票看漲期權——按實物總額結算。

有關資料參照 [**例6-14**]，結算方式改為按實物總額結算。假定乙主體在行權日行使了該買權。甲主體應怎樣進行會計處理呢？

根據會計規範，企業承擔的將以固定價格交付指定數量的企業自身股票的義務，不屬於金融負債。實際上，該看漲期權將導致簽出方在持權方行權時發行指定數量的股票以換取固定金額的現金。甲主體按實物總額結算的股票看漲期權的會計處理如表6-10所示。

表6-10　甲主體按實物總額結算的股票看漲期權的會計處理　　　　單位：元

日期	內容	帳務處理
2018年2月1日	確認按初始公允價值簽出看漲期權	借：銀行存款　　　　　　　　5,000 　貸：資本公積等權益類科目　　5,000
2018年12月31日	不確認權益工具的公允價值變動損益	
2019年1月31日	記錄期權合同的結算	借：銀行存款　　　　　　　　102,000 　貸：股本等有關科目　　　　　102,000

（三）嵌入衍生工具

1. 嵌入衍生工具的概念

嵌入衍生工具是指嵌入非衍生工具（主合同）中的衍生工具。嵌入衍生工具與主合同構成混合工具，使混合工具的全部或部分現金流量隨特定利率、金融工具價格、商品價格、匯率、價格指數、費率指數、信用等級、信用指數或其他類似變量的變動而變動。

對嵌入衍生工具概念的理解，應該注意以下三個方面：

（1）關於主合同。主合同通常包括租賃合同、保險合同、服務合同、特許權合同、債務工具合同、合營合同等。嵌入衍生工具與主合同構成混合工具，如企業持有的可轉換公司債券等。

（2）關於嵌入衍生工具的表現方式。在混合工具中，嵌入衍生工具通常以具體合同條款體現。例如，甲公司簽訂了按通脹率調整租金的3年期租賃合同。根據該合同，第1年的租金先約定，從第2年開始，租金按前1年的一般物價指數調整。在此例中，主合同是租賃合同，嵌入衍生工具體現為一般物價指數調整條款。除一般物價指數調整條款外，以下條款也可能體現嵌入衍生工具：在可轉換公司債券中嵌入的股份轉換選擇權條款（對應可轉換公司債券）、與權益工具掛勾的本金或利息支付條款、與商品或其他非金融項目掛勾的本金或利息支付條款、看漲期權條款、看跌期權條款、提前還款權條款、信用違約支付條款等。

（3）附在主合同上的衍生工具，如果可以與主合同分開並且能夠單獨轉讓，或者具有與該金融工具不同的交易對手方，則不能作為嵌入衍生工具，而應作為一項獨立存在的衍生工具處理。例如，某貸款合同可能附有一項相關的利率互換條款。如該互換能夠單獨轉讓，那麼該互換是一項獨立存在的衍生工具，而不是嵌入衍生工具，即使該互換與主合同（貸款合同）的交易對手（借款人）是同一方也是如此。

2. 嵌入衍生工具的會計處理原則

（1）包含金融資產主合同的混合工具。如果混合工具包含的主合同屬於《企業

會計準則第 22 號——金融工具確認和計量》規範的金融資產的，企業不應將嵌入衍生工具從該混合工具中分拆出來，而應當將該混合工具作為一個整體，使用企業會計準則關於金融資產分類的相關規定進行相應的會計處理。

（2）其他混合工具——嵌入衍生工具應當分拆的。如果混合工具包含的主合同不屬於《企業會計準則第 22 號——金融工具確認和計量》規範的金融資產，且同時符合下列規定條件的，企業應當將嵌入衍生工具從混合工具中予以分拆，作為單獨存在的衍生工具進行會計處理。這些條件如下：

①嵌入衍生工具的經濟特徵和風險與主合同的經濟特徵和風險不緊密相關。
②與嵌入衍生工具具有相同條款的單獨工具符合衍生工具的定義。
③該混合工具不是以公允價值計量且其變動計入當期損益進行會計處理。

嵌入衍生工具從混合工具中分拆的，一方面，企業應當按照適用的會計準則對混合工具的主合同進行會計處理；另一方面，企業對分拆出來的嵌入衍生工具要以公允價值進行初始計量，後續計量時將公允價值變動計入當期損益。在確定嵌入衍生工具的公允價值時，如果企業無法根據嵌入衍生工具的條款和條件可靠計量嵌入衍生工具的公允價值，應當根據混合工具公允價值和主合同公允價值兩者之間的差額確定該嵌入衍生工具的公允價值。如果使用了上述方法後仍然無法單獨計量該嵌入衍生工具在取得日或後續計量日的公允價值，企業應當將該混合工具整體指定為以公允價值計量且其變動計入當期損益的金融工具。

（3）其他混合工具——嵌入衍生工具不需要分拆的。如果混合工具包含一項或多項嵌入衍生工具，且主合同不屬於《企業會計準則第 22 號——金融工具確認和計量》規範的金融資產的，企業可以將其整體指定為以公允價值計量且其變動計入當期損益的金融工具，但下列情形除外：

①嵌入衍生工具不會對混合工具的現金流量產生重大改變。
②在初次確定類似的混合工具是否需要分拆時，幾乎不需要分析就能明確其包含的嵌入衍生工具不應分拆。例如，嵌入貸款的提前還款權，允許持有人以接近攤餘成本的金額提前償還貸款，該提前還款權不需要分拆。

綜上所述，嵌入衍生工具可否從混合工具中分拆的基本判斷思路如圖 6-3 所示。

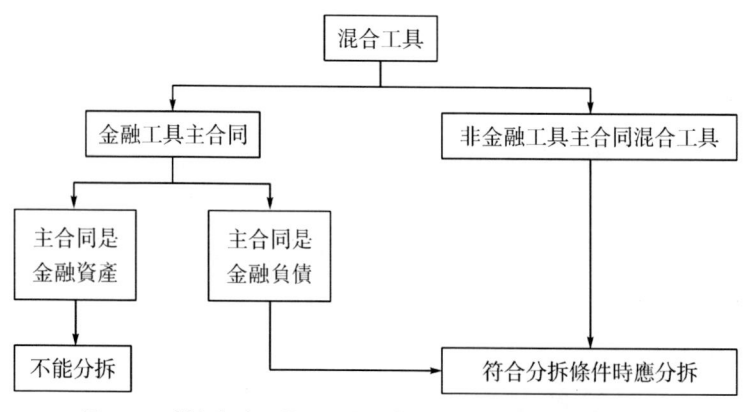

圖 6-3　嵌入衍生工具可否從混合工具中分拆的基本判斷思路

[**例6-16**] 嵌入衍生工具。

假定某企業在第 1 年年初按每份面值 1,000 元發行了 2,000 份可轉換公司債券，期限為 3 年，年名義利率為 6%，每年年末支付利息。每份債券可在到期前的任何時間轉換為 250 股普通股。該債券發行時不具備轉換選擇權的類似債券的市場利率為 9%。該企業將發行的該債券歸類為以攤餘成本計量的金融負債。該企業應如何進行會計處理呢？

首先，主合同不是《企業會計準則第 22 號——金融工具確認和計量》規範的金融資產，另假定符合分拆的其他條件。

其次，分拆的過程如下：

①本金的現值。按 9% 的折現率計算的第 3 年年末應付 2,000,000 元的現值為 1,544,367 元。

②利息的現值。按 9% 的折現率計算的第 3 年內每年應付 120,000 元的現值為 303,755 元。

③負債部分總額。面值的現值與利息的現值之和為 1,848,122 元。

④債券發行收入為 2,000,000 元。

⑤權益部分金額為 151,878 元（2,000,000－1,848,122）。

最後，初始確認的會計處理如下：

借：銀行存款　　　　　　　　　　　　　　　　　2,000,000
　　應付債券——利息調整　　　　　　　　　　　　151,878
　貸：應付債券——面值　　　　　　　　　　　　　2,000,000
　　　資本公積——其他資本公積　　　　　　　　　　151,878

第三節　衍生金融工具用於套期保值的會計處理

一、套期會計概述

(一) 套期的概念

套期（hedge），原義是建立「防護牆」，有規避風險之意。根據《企業會計準則第 24 號——套期會計》的規定，套期是指企業為管理外匯風險、利率風險、價格風險、信用風險等特定風險引起的風險敞口，指定金融工具為套期工具，以使套期工具的公允價值或現金流量變動，預期抵銷被套期項目全部或部分公允價值或現金流量變動的風險管理活動。

企業運用商品期貨進行套期時，其套期保值策略通常是，買入（賣出）與現貨市場數量相當，但交易方向相反的期貨合同，以期在未來某一時間通過賣出（買入）期貨合同來補償現貨市場價格變動帶來的實際價格風險。

相對於非金融企業，金融企業面臨較多的金融風險，如利率風險、外匯風險、信用風險等，對套期保值有更多的需求。例如，某上市銀行為規避匯率變動風險，與某金融機構簽訂外幣期權合同對現存數額較大的美元敞口進行套期保值。

（二）套期保值的分類

為運用套期會計方法，套期保值（以下簡稱套期）按套期關係（套期工具和被套期項目之間的關係）可劃分為公允價值套期、現金流量套期和境外經營淨投資套期。

1. 公允價值套期

公允價值套期是指對已確認資產或負債、尚未確認的確定承諾，或者該資產或負債、尚未確認的確定承諾中可辨認部分的公允價值變動風險進行的套期。該類價值變動源於某類特定風險，且將影響企業的損益。

以下是公允價值套期的例子：

（1）某企業對承擔的固定利率負債的公允價值變動風險進行套期。

（2）航空公司簽訂了一項3個月後以固定外幣金額購買飛機的合同（未確認的確定承諾），為規避外匯風險對該確定承諾的外匯風險進行套期。

（3）電力公司簽訂了一項6個月後以固定價格購買煤炭的合同（未確認的確定承諾），為規避價格變動風險對該確定承諾的價格變動風險進行套期。

2. 現金流量套期

現金流量套期是指對現金流量變動風險進行的套期。該類現金流量變動源於與已確認資產或負債、很可能發生的預期交易有關的某類特定風險，且將影響企業的損益。

以下是現金流量套期的例子：

（1）企業對承擔的浮動利率債務的現金流量變動風險進行套期。

（2）航空公司為規避3個月後預期很可能發生的與購買飛機相關的現金流量變動風險進行套期。

（3）商業銀行對3個月後預期很可能發生的與可供出售金融資產處置相關的現金流量變動風險進行套期。

對確定承諾的外匯風險進行的套期，企業可以作為現金流量套期或公允價值套期。

3. 境外經營淨投資套期

境外經營淨投資套期是指對境外經營淨投資外匯風險進行的套期。境外經營淨投資是指企業在境外經營淨資產中的權益份額。

企業既無計劃也無可能於可預見的未來會計期間結算的長期外幣貨幣性應收項目（含貸款），應當視同境外經營淨投資的組成部分。因銷售商品或提供勞務等形成的期限較短的應收帳款不構成境外經營淨投資。

（三）套期工具和被套期項目

1. 套期工具

（1）可以作為套期工具的金融工具。套期工具是指企業為進行套期而指定的、其公允價值或現金流量變動預期可抵銷被套期項目的公允價值或現金流量變動的衍生工具，對外匯風險進行套期還可以將非衍生金融資產或非衍生金融負債作為套期工具。

下列幾個方面有助於理解套期工具：

①衍生工具通常可以作為套期工具。衍生工具包括遠期合同、期貨合同、互換和期權以及具有遠期合同、期貨合同、互換和期權中一種或一種以上特徵的工具。例如，某企業為規避庫存銅價格下跌的風險，可以賣出一定數量銅期貨合同。其中，銅期貨合同即是套期工具。

但是，某項衍生工具無法有效地對沖被套期項目風險的，不能作為套期工具。例如，企業發行的期權就不能作為套期工具，因為該期權的潛在損失可能大大超過被套期項目的潛在利得，從而不能有效地對沖被套期項目的風險。對於利率上下限期權，或者由一項發行的期權和一項購入的期權組成的期權，其實質相當於企業發行一項期權的（企業收取了淨期權費），不能將其指定為套期工具。與此不同的是，購入期權的一方可能承擔的損失最多就是期權費，而可能擁有的利得通常等於或大大超過被套期項目的潛在損失，因此購入期權的一方可以將購入的期權作為套期工具。

②非衍生金融資產或非衍生金融負債通常不能作為套期工具，但被套期風險為外匯風險時，某些非衍生金融資產或非衍生金融負債可以作為套期工具。例如，某種外幣借款可以作為對同種外幣結算的銷售（確定）承諾的套期工具。又如，持有至到期投資可以作為規避外匯風險的套期工具。

③無論是衍生工具還是某些非衍生金融資產或非衍生金融負債，其作為套期工具的基本條件就是其公允價值應當能夠可靠地計量。因此，在活躍市場上沒有報價的權益工具投資以及與該權益工具掛勾並須通過交付該權益工具進行結算的衍生工具，由於其公允價值難以可靠地計量，不能作為套期工具。

企業自身的權益工具既非企業的金融資產也非金融負債，因此也不能作為套期工具。

④在運用套期會計方法時，只有涉及報告主體以外的主體的工具（含符合條件的衍生工具或非衍生金融資產或非衍生金融負債）才能作為套期工具。這裡所指的報告主體，指企業集團或集團內的各企業，也指提供分部信息的各分部。因此，在分部或集團內各企業的財務報表中，只有涉及這些分部或企業以外的主體的工具及相關套期指定，才能在符合《企業會計準則第24號——套期會計》規定條件時運用套期會計方法，而在集團合併財務報表中，如果這些套期工具及相關套期指定並不涉及集團外的主體，則不能對其運用套期會計方法進行處理。

（2）對套期工具的指定。

①企業對套期工具進行計量時，通常以該工具整體為對象，採用單一的公允價值基礎對其進行計量；同時，由於引起套期工具公允價值變動的因素具有相互關聯性，因此企業應當將其整體或其一定比例（如其名義金額的50%）指定為套期工具。

但是，由於期權的內在價值和遠期合同的升水通常可以單獨計量，為便於提高某些套期策略的有效性，《企業會計準則第24號——套期會計》允許企業在對套期工具進行指定時，就期權和遠期合同做出例外處理，即對於期權，企業可以將期權的內在價值和時間價值分開，只就內在價值變動將期權指定為套期工具；對於遠期合同，企業可以將遠期合同的利息和即期價格分開，只就即期價格變動將遠期合同

指定為套期工具。

②企業通常可以將單項衍生工具指定為對一種風險進行套期，但同時滿足下列條件的，也可以指定為對一種以上的風險進行套期：各項被套期風險可以清晰辨認；套期有效性可以證明；可以確保該衍生工具與不同風險頭寸之間存在具體指定關係。

其中，套期有效性是指套期工具的公允價值或現金流量變動能夠抵銷被套期風險引起的被套期項目公允價值或現金流量變動的程度。

例如，甲企業的記帳本位幣是人民幣，承擔了一項5年期美元浮動利率負債。為規避該金融負債的外匯風險和利率風險，甲企業可以與某金融機構簽訂一項交叉貨幣利率互換合同，使該互換合同的條款與該金融負債的條款相「匹配」，並將該互換合同指定為套期工具。根據該互換合同，甲企業可以定期收取按美元浮動利率計算確定的利息，同時支付按人民幣固定利率計算確定的利息。

③企業可以將兩項或兩項以上衍生工具的組合或該組合的一定比例指定為套期工具。對於外匯風險套期，企業可以將兩項或兩項以上非衍生工具的組合或該組合的一定比例，或者將衍生工具和非衍生工具的組合或該組合的一定比例指定為套期工具。

④企業雖然可以將整體套期工具的一定比例指定為套期工具，但不能在套期關係中將套期工具剩餘期限內的某一時段進行套期指定。

例如，某公司擁有一項支付固定利息、收取浮動利息的互換合同，打算將其用於對所發行的浮動利率債券進行套期。該互換合同的剩餘期限為10年，而債券的剩餘期限為5年。在這種情況下，甲公司不能在互換合同剩餘期限中的某5年將互換指定為套期工具。

2. 被套期項目

（1）可以作為被套期項目的項目。被套期項目是指使企業面臨公允價值或現金流量變動風險，且被指定為被套期對象的下列項目：

①單項已確認資產、負債、確定承諾、很可能發生的預期交易，或者境外經營淨投資。

②一組具有類似風險特徵的已確認資產、負債、確定承諾、很可能發生的預期交易，或者境外經營淨投資。

③分擔同一被套期利率風險的金融資產或金融負債組合的一部分（僅適用於利率風險公允價值組合套期）。其中，確定承諾是指在未來某特定日期或期間，以約定價格交換特定數量資源、具有法律約束力的協議；預期交易是指尚未承諾但預期會發生的交易。

下列幾個方面有助於理解被套期項目：

①被套期項目應當使企業面臨公允價值或現金流量變動風險（被套期風險），在本期或未來期間會影響企業的損益。與之相關的被套期風險，通常包括外匯風險、利率風險、商品價格風險、股票價格風險、信用風險等。企業的一般經營風險（如固定資產毀損風險等）不能作為被套期風險，因為這些風險不能具體辨認和單獨計量。同樣地，企業合併交易中，與購買另一個企業的確定承諾相關的風險（不包括外匯風險）也不能作為被套期風險。

②衍生工具不能作為被套期項目，但對於外購的、嵌在另一項金融工具（主合同）中的期權，如果其與主合同存在緊密關係，且混合工具沒有被指定為以公允價值計量且其變動計入當期損益的金融工具，則可以作為被套期項目。

③對於信用風險或外匯風險，企業可以將持有至到期投資作為被套期項目，而對於利率風險或提前還款風險，則不可以作為被套期項目。

④採用權益法核算的股權投資不能在公允價值套期中作為被套期項目，因為權益法下，投資方只是將其在聯營企業或合營企業中的損益份額確認為當期損益，而不確認投資的公允價值變動。與之相類似，在母公司合併財務報表中，對子公司投資也不能作為被套期項目，但境外經營淨投資可以作為被套期項目，因為相關的套期指定針對的是外匯風險，而非境外經營淨投資的公允價值變動風險。

⑤只有涉及報告主體以外的主體的資產、負債、確定承諾或很可能發生的預期交易才能作為被套期項目。因此，企業集團內的各組成企業或分部之間發生的套期活動，只能在各組成企業的財務報表或分部的分部報告中運用套期會計方法，而不能在企業集團合併財務報表中對其予以反應。但是，發生在企業集團內兩個組成企業或兩個分部之間的外幣交易形成的外幣貨幣性項目（如外幣應收款項），如果其外幣匯兌損益不能相互抵銷，則可以在企業集團合併財務報表中運用套期會計方法。例如，按照《企業會計準則第19號——外幣折算》的規定，當企業集團內的兩個關聯企業採用不同的記帳本位幣時，它們之間形成的應收（應付）款項產生的外匯匯兌損益通常不能全額抵銷。與之類似，企業集團內部兩個關聯企業之間很可能發生的預期交易，按照進行此項交易的主體的記帳本位幣以外的貨幣標價（按外幣標價），且相關的外匯風險將影響合併利潤或損失的，很可能發生的預期交易（外匯風險）可以在合併財務報表中作為被套期項目。

（2）對被套期項目的指定。

①將金融項目指定為被套期項目。對於金融資產或金融負債而言，將其指定為被套期項目具有較多選擇。只要被套期風險可以辨認且套期有效性可以計量，僅與金融資產或金融負債現金流量或公允價值的一部分相關的風險，均可以作為被套期風險。相應地，相關金融資產或金融負債可以指定為被套期項目。例如，某附息金融資產或金融負債全部利率風險中的可辨認且可單獨計量的部分（如無風險利率組成部分），就可以作為被套期風險，與之相關的金融資產和金融負債可以指定為被套期項目。

金融資產和金融負債現金流量的一部分指定為被套期項目時，被指定部分的現金流量應當少於該金融資產或金融負債現金流量總額。但是，企業可以僅就一項特定風險（LIBOR變動形成的風險等），將金融資產或金融負債整體的所有現金流量進行指定。例如，假定企業有一項實際利率為LIBOR-1%的附息金融負債，則其不能將債務本金和以LIBOR確定的利息指定為被套期項目，也不能將-1%指定為被套期項目，但企業可以就LIBOR變動引起的該金融負債整體（債務本金和以LIBOR-1%確定的利息）公允價值或現金流量變動，將該金融負債整體指定為被套期項目。

在金融資產或金融負債組合利率風險的公允價值套期中（也僅限於這種套期），企業可以將某種貨幣金額（如人民幣、美元或歐元金額）而不是單項資產或負債指

定為被套期項目，並對與其相關的利率風險部分進行套期。在風險管理實務中，一項組合中可能既包括金融資產，也包括金融負債，但指定的貨幣金額應當是一項金融資產或負債金額。

②將非金融項目指定為被套期項目。在通常情況下，企業難以區分和計量與非金融項目特定風險（不包括外匯風險）相關的公允價值或現金流量變動。因此，企業在將非金融資產或非金融負債指定為被套期項目時，對應的被套期風險只限於與該非金融資產或非金融負債相關的全部風險或外匯風險。

例如，甲公司預期從乙公司購買一批輪胎。甲公司和乙公司的記帳本位幣分別為美元和人民幣。由於輪胎是非金融項目，因此甲公司只能將與輪胎有關的所有風險或其中的外匯風險指定為被套期風險。

③將若干項目的組合指定為被套期項目。對具有類似風險特徵的資產或負債組合進行套期時，該組合中的各單項資產或負債應當同時承擔被套期風險，且該組合內各單項金融資產或單項金融負債由被套期風險引起的公允價值變動，應當預期與該組合由被套期風險引起的公允價值整體變動基本成比例。例如，當被套期組合因被套期險形成的公允價值變動為10%時，該組合中各單項金融資產或單項金融負債因被套期風險形成的公允價值變動應當限制在9%～11%較小的範圍內。

套期有效性是通過比較套期工具（或一組類似的套期工具）和被套期項目（或一組類似的被套期項目）的公允價值或現金流量變動而確定的，因此在運用套期會計方法時，企業不能將金融資產和金融負債形成的淨頭寸指定為被套期項目。例如，企業不能將具有類似期限的固定利率金融資產和固定利率金融負債形成的淨頭寸指定為被套期項目。在這種情況下，企業往往可以通過其他辦法達到幾乎相同的規避風險效果。例如，某商業銀行有承擔類似風險與到期期限的金融資產和金融負債分別為1億元與9,000萬元，兩者形成的淨頭寸為1,000萬元。對此，該商業銀行可以僅將金融資產總額中的1,000萬元指定為被套期項目。如果相關的資產和負債是固定利率項目，對應的套期關係是公允價值套期；如果是浮動利率項目，對應的套期關係是現金流量套期。

（四）運用套期保值會計的條件

對於滿足《企業會計準則第24號——套期會計》規定條件的公允價值套期、現金流量套期和境外經營淨投資套期，企業可運用套期會計方法進行處理。套期會計方法是指企業將套期工具和被套期項目產生的利得或損失在相同會計期間計入當期損益（或其他綜合收益）以反應風險管理活動影響的方法。

1. 運用套期保值會計方法應遵循的原則

公允價值套期、現金流量套期或境外經營淨投資套期同時滿足下列條件的，才能運用套期會計方法進行處理：

(1) 套期關係僅由符合條件的套期工具和被套期項目組成。

(2) 在套期開始時，企業正式指定了套期工具和被套期項目，並準備了關於套期關係和企業從事套期的風險管理策略與風險管理目標的書面文件。

(3) 套期關係符合套期有效性要求。

套期關係是指套期工具和被套期項目之間的關係。只有當企業的風險管理策略

將這兩個要素有機地連接起來，才構成一項套期關係。

2. 套期有效性評價方法

套期有效性是指套期工具的公允價值或現金流量變動能夠抵銷被套期風險引起的被套期項目公允價值或現金流量變動的程度。套期工具的公允價值或現金流量變動大於或小於被套期項目的公允價值或現金流量變動的部分為套期無效部分。套期同時滿足下列條件的，企業應當認定套期關係符合套期有效性要求：

（1）被套期項目和套期工具之間存在經濟關係。該經濟關係使得套期工具和被套期項目的價值因面臨相同的被套期風險而發生方向相反的變動。

（2）被套期項目和套期工具經濟關係產生的價值變動中，信用風險的影響不占主導地位。

（3）套期關係的套期比率應當等於企業實際套期的被套期項目數量與對其進行套期的套期工具實際數量之比，但不應當反應被套期項目和套期工具相對權重的失衡，這種失衡會導致套期無效，並可能產生與套期會計目標不一致的會計結果。

運用套期會計方法的條件實際上隱含了以下兩項套期有效性評價要求：

（1）預期性評價，即評價套期在未來會計期間是否高度有效。這就要求企業在套期開始時以及至少在中期報告或年度財務報告日對套期有效性進行評價。

（2）回顧性評價，即評價套期在以往的會計期間實際上是否高度有效。這就要求企業至少在中期報告或年度財務報告日對套期有效性進行評價。

一般情況下，企業難以實現套期工具和被套期項目的公允價值或現金流量變動完全抵銷，因此會出現無效套期的較小金額範圍。無效套期的形成源於多方面的因素。這些因素通常包括：

（1）套期工具和被套期項目以不同的貨幣表示。
（2）套期工具和被套期項目有不同的到期期限。
（3）套期工具和被套期項目內含不同的利率或權益指數變量。
（4）套期工具和被套期項目使用不同市場的商品價格標價。
（5）套期工具和被套期項目對應不同的交易對手。
（6）套期工具在套期開始時的公允價值不等於零。

套期有效性評價方法應當與企業的風險管理策略相吻合，並在套期開始時就在風險管理有關的正式文件中詳細加以說明。在這些正式文件中，企業應當就套期有效性評價的程序和方法、評價時是否包括套期工具的全部利得或損失、是否包括套期工具的時間價值等做出說明。

常見的套期有效性評價方法有三種：即主要條款比較法、比率分析法、迴歸分析法。

（1）主要條款比較法。主要條款比較法是通過比較套期工具和被套期項目的主要條款，以確定套期是否有效的方法。如果套期工具和被套期項目的所有主要條款均能準確地匹配，可認定因被套期風險引起的套期工具和被套期項目公允價值或現金流量變動可以相互抵銷。套期工具和被套期項目的主要條款包括名義金額或本金、到期期限、內含變量、定價日期、商品數量、貨幣單位等。

企業在以利率互換對利率風險進行套期時，可以採用主要條款比較法。此外，

企業以遠期合同對很可能發生的預期商品購買進行套期保值，也可以採用主要條款比較法。例如，當以下全部條件同時符合時，企業可以認定該套期是高度有效的：

①遠期合同與被套期的預期商品購買交易，在商品購買時間、地點、數量、質量等方面條款相同。

②遠期合同初始確認時的公允價值為零。

③進行套期有效性評價時，不考慮遠期合同溢價或折價變動對其價值的影響，或者預期商品購買交易的預計現金流量變動以商品的遠期價格為基礎確定。

值得注意的是，採用這種方法對套期有效性評價雖然不需要進行計算，但適用的情形往往有限，而且只能用於套期預期性評價。即使是套期工具和被套期項目的主要條款均能準確地匹配，企業依然需要進行套期的回顧性評價。因為在這種情況下，套期無效仍可能出現。例如，套期工具的流動性或其交易對手的信用等級發生變化時，通常會導致套期無效。

(2) 比率分析法。比率分析法也稱金額對沖法，是通過比較被套期風險引起的套期工具和被套期項目公允價值或現金流量變動比率，以確定套期是否有效的方法。運用比率分析法時，企業可以根據自身風險管理政策的特點進行選擇，以累積變動數（自套期開始以來的累積變動數）為基礎比較，或者以單個期間變動數為基礎比較。如果上述比率沒有超過80%～125%的範圍，可以認定套期是高度有效的。

應當注意的是，以累積變動數和單個期間變動數分別作為比較基礎，可能會得出不同結論。如果以單個期間變動數為基礎，套期可能不是高度有效的，但若以累積變動數為基礎，套期卻可能是高度有效的。

(3) 迴歸分析法。迴歸分析法是一種統計學方法，是在掌握一定量觀察數據基礎上，利用數理統計方法建立自變量和因變量之間迴歸關係函數的方法。將此方法運用到套期有效性評價中，需要研究分析套期工具和被套期項目價值變動之間是否具有高度相關性，進而判斷確定套期是否有效。運用迴歸分析法，自變量反應被套期項目公允價值變動或預計未來現金流量現值變動，而因變量反應套期工具公允價值變動。相關迴歸模型如下：

$$y = kx + b + \varepsilon$$

其中：

y 表示因變量，即套期工具的公允價值變動。

k 表示迴歸直線的斜率，反應套期工具價值變動/被套期項目價值變動的比率。

b 表示 y 軸上的截距。

x 表示自變量，即被套期風險引起的被套期項目價值變動。

ε 表示均值為零的隨機變量，服從正態分佈。

企業運用線性迴歸分析確定套期有效性時，套期只有滿足以下全部條件才能認為是高度有效的：

①迴歸直線的斜率必須為負數，且數值應在-0.8～-1.25。

②相關係數（$R2$）應大於或等於0.96，該系數表明套期工具價值變動由被套期項目價值變動影響的程度。當 $R2=96\%$ 時，說明套期工具價值變動的96%是由於某特定風險引起被套期項目價值變動形成的。$R2$ 越大，表明迴歸模型對觀察數據的擬

合越好，用迴歸模型進行預測效果也就越好。

③整個迴歸模型的統計有效性（F 測試）必須是顯著的。F 值也稱置信程度，表示自變量 x 與因變量 y 之間線性關係的強度。F 值越大，置信程度越高。

3. 套期關係再平衡

套期關係由於套期比率的原因而不再符合套期有效性要求，但指定該套期關係的風險管理目標沒有改變的，企業應當進行套期關係再平衡。

套期關係再平衡是指對已經存在的套期關係中被套期項目或套期工具的數量進行調整，以使套期比率重新符合套期有效性要求。基於其他目的對被套期項目或套期工具指定的數量進行變動，不構成套期關係再平衡。

[例 6-17] 甲公司於 2017 年 1 月 1 日預期將在 2018 年 1 月 1 日對外出售一批商品。為了規避商品價格下降的風險，甲公司於 2017 年 1 月 1 日與其他方簽訂了一項遠期合同（套期工具）在 2018 年 1 月 1 日以預期相同的價格（作為遠期價格）賣出相同數量的商品。合同簽訂日，該遠期合同的公允價值為零。假定套期開始時，該現金流量套期高度有效。

甲公司每季度採用比率分析法對套期有效性進行評價。在套期期間，套期工具的公允價值及其變動、被套期項目的預計未來現金流量現值及其變動如表 6-11~表 6-13 所示。

表 6-11　以單個期間為基礎比較

	3 月 31 日	6 月 30 日	9 月 30 日	12 月 31 日
當季套期工具公允價值變動（萬元）	（100）	（50）	110	140
當季被套期項目預計未來現金流量現值變動（萬元）	90	70	（110）	（140）
當季套期有效程度	111%	71.4%	100%	80%
評價	80%~125%	非高度有效	80%~125%	

註：以單季度為基礎比較，第 2 季度非高度有效；帶括號的數據，表明是淨減少額，下同。

表 6-12　以累積變動數為基礎比較

	3 月 31 日	6 月 30 日	9 月 30 日	12 月 31 日
至本月止套期工具公允價值累積變動（萬元）	（100）	（150）	（40）	100
至本月止被套期項目預計未來現金流量現值累積變動（萬元）	90	160	50	（90）
至本月止累積套期有效程度	111%	93.8%	80%	111%
評價	80%~125%			

註：以累積數為基礎比較，第 2 季度高度有效。

表 6-13　確定應計入所有者權益/當期損益的套期工具公允價值變動

	3 月 31 日	6 月 30 日	9 月 30 日	12 月 31 日
直接在所有者權益中反應的套期工具公允價值變動額（萬元）	（90）	（150）	（40）	90

表6-13(續)

	3月31日	6月30日	9月30日	12月31日
當季套期工具公允價值變動中的有效部分（計入所有者權益）（萬元）	(90)	(60)	110	130
當季套期工具公允價值變動中的無效部分（計入當期損益）（萬元）	(10)	10	0	10
當季套期工具公允價值變動（萬元）	(100)	(50)	110	140

4. 套期有效性評價應注意的問題

（1）對於利率風險，套期有效性可以通過編製金融資產和金融負債的到期期限表進行估計。該表反應了每一時期利率的淨敞口，只要此淨敞口與產生這種淨敞口的特定資產或負債（或者特定資產組合、特定負債組合，或者其中的一部分）有關，套期的有效性就可以根據這些資產和負債來評價。

（2）在評價套期的有效性時，企業通常要考慮貨幣的時間價值。被套期項目的固定利率不需要與指定為公允價值套期的互換的固定利率完全吻合。帶息資產或負債的浮動利率與指定為現金流量套期的互換的浮動利率亦無須相同。互換的公允價值來自其結算金額。如果互換的固定利率和浮動利率按同樣的數額變動，則該變動對互換合約的金額結算不會產生影響。

（3）某企業不符合套期有效性標準時，該企業應該從符合套期有效性的最後日期開始停止運用套期會計。但是，如果企業能夠識別引起套期關係不符合有效性標準的事件或環境變化，並且能證明在該事件或環境變化之前套期是有效的，企業應從該事件或環境變化之日起停止運用套期會計。

（五）套期關係的終止

企業發生下列情形之一的，應當終止運用套期會計：

（1）因風險管理目標發生變化，導致套期關係不再滿足風險管理目標。

（2）套期工具已到期、被出售、合同終止或已行使。

（3）被套期項目與套期工具之間不再存在經濟關係，或者被套期項目和套期工具經濟關係產生的價值變動中，信用風險的影響開始占主導地位。

（4）套期關係不再滿足運用套期會計方法的其他條件。在適用套期關係再平衡的情況下，企業應當首先考慮套期關係再平衡，然後評估套期關係是否滿足運用套期會計方法的條件。

終止套期會計可能會影響套期關係的整體或其中一部分，在僅影響其中一部分時，剩餘未受影響的部分仍適用套期會計。

二、套期保值的會計處理

（一）科目設置

企業應設置「套期工具」「被套期項目」和「套期損益」科目，對套期活動進行確認和計量。

「套期工具」科目核算企業開展套期保值業務（包括公允價值套期、現金流量套期和境外經營淨投資套期）。套期工具公允價值變動形成的資產或負債，可按套

期工具類別進行明細核算。其主要會計處理如下：

（1）企業將已確認的衍生工具等金融資產或金融負債指定為套期工具的，應按其帳面價值，借記或貸記「套期工具」科目，貸記或借記「衍生工具」等科目。

（2）資產負債表日，對於有效套期，企業應按套期工具產生的利得，借記「套期工具」科目，貸記「公允價值變動損益」「其他綜合收益」等科目；套期工具產生損失編製相反的會計分錄。

（3）金融資產或金融負債不再作為套期工具核算的，企業應按套期工具形成的資產或負債，借記或貸記有關科目，貸記或借記「套期工具」科目。

「套期工具」科目期末借方餘額，反應企業套期工具形成資產的公允價值；期末貸方餘額，反應企業套期工具形成負債的公允價值。

「被套期項目」科目核算企業開展套期保值業務被套期項目公允價值變動形成的資產或負債，可按被套期項目類別進行明細核算。其主要會計處理如下：

（1）企業將已確認的資產或負債指定為被套期項目，應按其帳面價值，借記或貸記「被套期項目」科目，貸記或借記「庫存商品」「長期借款」「持有至到期投資」等科目。已計提跌價準備或減值準備的，企業還應同時結轉跌價準備或減值準備。

（2）資產負債表日，對於有效套期，企業應按被套期項目產生的利得，借記「被套期項目」科目，貸記「公允價值變動損益」「資本公積——其他資本公積」等科目；被套期項目產生損失編製相反的會計分錄。

（3）資產或負債不再作為被套期項目核算的，企業應按被套期項目形成的資產或負債，借記或貸記有關科目，貸記或借記「被套期項目」科目。

「被套期項目」科目期末借方餘額，反應企業被套期項目形成資產的公允價值；「被套期項目」科目期末貸方餘額，反應企業被套期項目形成負債的公允價值。

可見，「套期工具」和「被套期項目」均屬於共同類科目。

為了核算套期保值業務中有效套期關係中套期工具或被套期項目的公允價值變動，企業可以設置「套期損益」科目，也可以在「公允價值變動損益」科目中核算此項內容。

（二）公允價值套期會計

1. 公允價值套期滿足運用套期會計方法條件的處理規定

（1）套期工具。產生的利得或損失應當計入當期損益。如果套期工具是對選擇以公允價值計量且其變動計入其他綜合收益的非交易性權益工具投資（或其組成部分）進行套期的，套期工具產生的利得或損失應當計入其他綜合收益。

（2）被套期項目。

①已確認資產或負債。因被套期風險敞口形成的利得或損失應當計入當期損益，同時調整未以公允價值計量的已確認被套期項目的帳面價值。被套期項目為分類為以公允價值計量且其變動計入其他綜合收益的金融資產（或其組成部分）的，其因被套期風險敞口形成的利得或損失應當計入當期損益，其帳面價值已經按公允價值計量，不需要調整。被套期項目為企業選擇以公允價值計量且其變動計入其他綜合收益的非交易性權益工具投資（或其組成部分）的，其因被套期風險敞口形成的利得或損失應當計入其他綜合收益，其帳面價值已經按公允價值計量，不需要調整。

②尚未確認的確定承諾。被套期項目為尚未確認的確定承諾（或其組成部分）的，其在套期關係指定後因被套期風險引起的公允價值累計變動額應當確認為一項資產或負債，相關的利得或損失應當計入各相關期間損益。當履行確定承諾而取得資產或承擔負債時，企業應當調整該資產或負債的初始確認金額，包括已確認的被套期項目的公允價值累計變動額。

2. 公允價值套期會計處理舉例

[例6-18] 2017年1月1日，ABC公司為規避所持有存貨X公允價值變動風險，與某金融機構簽訂了一項衍生工具合同（衍生工具Y），並將其指定為2017年上半年存貨X價格變化引起的公允價值變動風險的套期。衍生工具Y的標的資產與被套期項目存貨在數量、質次、價格變動和產地方面相同。

2017年1月1日，衍生工具Y的公允價值為零，被套期項目（存貨X）的帳面價值和成本均為1,000,000元，公允價值是1,100,000元。2017年6月30日，衍生工具Y的公允價值上漲了25,000元，存貨X的公允價值下降了25,000元。當日，ABC公司將存貨X出售，並將衍生工具Y結算。

ABC公司採用比率分析法評價套期有效性，即通過比較衍生工具Y和存貨X的公允價值變動評價套期有效性。ABC公司預期該套期完全有效。

假定不考慮衍生工具的時間價值、商品銷售相關的增值稅及其他因素，ABC公司的會計處理如下：

(1) 2017年1月1日。

借：被套期項目——庫存商品　　　　　　　　　　1,000,000
　　貸：庫存商品——X　　　　　　　　　　　　　　　1,000,000

(2) 2017年6月30日。

借：套期工具——衍生工具Y　　　　　　　　　　　25,000
　　貸：套期損益　　　　　　　　　　　　　　　　　　25,000
借：套期損益　　　　　　　　　　　　　　　　　　25,000
　　貸：被套期項目——庫存商品X　　　　　　　　　　25,000
借：應收帳款或銀行存款　　　　　　　　　　　　1,075,000
　　貸：主營業務收入　　　　　　　　　　　　　　　1,075,000
借：主營業務成本　　　　　　　　　　　　　　　　975,000
　　貸：被套期項目——庫存商品X　　　　　　　　　　975,000
借：銀行存款　　　　　　　　　　　　　　　　　　25,000
　　貸：套期工具——衍生工具Y　　　　　　　　　　　25,000

由於ABC公司採用了套期策略，規避了存貨公允價值變動風險，因此其存貨公允價值下降沒有對預期毛利額100,000元（1,100,000-1,000,000）產生不利影響。

假定2017年6月30日，衍生工具Y的公允價值上漲了22,500元，存貨X的公允價值下降了25,000元。其他資料不變，ABC公司的會計處理如下：

(1) 2017年1月1日。

借：被套期項目——庫存商品X　　　　　　　　　　1,000,000
　　貸：庫存商品——X　　　　　　　　　　　　　　　1,000,000

（2）2017 年 6 月 30 日。

借：套期工具——衍生工具 Y　　　　　　　　　22,500
　　貸：套期損益　　　　　　　　　　　　　　　　22,500
借：套期損益　　　　　　　　　　　　　　　　　25,000
　　貸：被套期項目——庫存商品 X　　　　　　　25,000
借：應收帳款或銀行存款　　　　　　　　　　1,075,000
　　貸：主營業務收入　　　　　　　　　　　　1,075,000
借：主營業務成本　　　　　　　　　　　　　　975,000
　　貸：被套期項目——庫存商品 X　　　　　　975,000
借：銀行存款　　　　　　　　　　　　　　　　22,500
　　貸：套期工具——衍生工具 Y　　　　　　　22,500

說明：兩種情況的差異在於，前者不存在「無效套期損益」，後者存在「無效套期損益」2,500 元，從而對 ABC 公司當期利潤總額的影響相差 2,500 元。本例中，套期工具公允價值變動 22,500 元與被套期項目公允價值變動 25,000 元的比率為 90%（22,500/25,000），這一比率在 80%～125%，可以認為該套期是高度有效的。

[**例 6-19**] 2017 年 1 月 1 日，GHI 公司以每股 50 元的價格，從二級市場上購入 MBI 公司股票 20,000 股（占 MBI 公司有表決權股份的 3%），且將其劃分為其他權益工具投資。為規避該股票價格下降風險，GHI 公司於 2017 年 12 月 31 日支付期權費 120,000 元購入一項看跌期權。該期權的行權價格為每股 65 元，行權日期為 2019 年 12 月 31 日。GHI 公司購入的 MBI 公司股票和賣出期權的公允價值如表 6-14 所示。

表 6-14　GHI 公司購入的 MBI 股票和賣出期權的公允價值　　　　單位：元

	2017 年 12 月 31 日	2018 年 12 月 31 日	2019 年 12 月 31 日
MBI 公司股票			
每股價格	65	60	57
總價	1,300,000	1,200,000	1,140,000
賣出期權			
時間價值	120,000	70,000	0
內在價值	0	100,000	160,000
總價	120,000	170,000	160,000

GHI 公司將該賣出期權指定為對其他權益工具投資（MBI 股票投資）的套期工具，在進行套期有效性評價時將期權的時間價值排除在外，即不考慮期權的時間價值變化。

假定 GHI 公司於 2019 年 12 月 31 日行使了賣出期權，同時不考慮稅費等其他因素的影響。

據此，GHI 公司套期有效性分析及會計處理如下：

(1) 套期有效性分析如表 6-15 所示。

表 6-15　套期有效性分析

日期	期權內在價值變化 （利得）損失	MBI 股票市價變化 （利得）損失	套期有效率
2018 年 12 月 31 日	（100,000）元	100,000 元	100%
2019 年 12 月 31 日	（60,000）元	60,000 元	100%

(2) 會計處理如下：
① 2017 年 1 月 1 日。
借：其他權益工具投資——成本　　　　　　　　　　1,000,000
　　貸：銀行存款　　　　　　　　　　　　　　　　　　　1,000,000
（確認購買 MBI 公司股票）
② 2017 年 12 月 31 日。
借：其他權益工具投資——公允價值變動　　　　　　300,000
　　貸：其他綜合收益　　　　　　　　　　　　　　　　　300,000
（確認 MBI 公司股票價格上漲）
借：被套期項目——其他權益工具投資　　　　　　1,300,000
　　貸：其他權益工具投資　　　　　　　　　　　　　　1,300,000
（指定其他權益工具投資為被套期項目）
借：套期工具——賣出期權　　　　　　　　　　　　120,000
　　貸：銀行存款　　　　　　　　　　　　　　　　　　　120,000
（購入賣出期權並指定為套期工具）
(3) 2018 年 12 月 31 日。
借：套期工具——賣出期權　　　　　　　　　　　　100,000
　　貸：套期損益　　　　　　　　　　　　　　　　　　　100,000
（確認套期工具公允價值變動——內在價值變動）
借：套期損益　　　　　　　　　　　　　　　　　　100,000
　　貸：被套期項目——其他權益工具投資　　　　　　　　100,000
（確認被套期項目公允價值變動）
借：套期損益　　　　　　　　　　　　　　　　　　50,000
　　貸：套期工具——賣出期權　　　　　　　　　　　　　50,000
（確認套期工具公允價值變動——時間價值）
(4) 2019 年 12 月 31 日。
借：套期工具——賣出期權　　　　　　　　　　　　60,000
　　貸：套期損益　　　　　　　　　　　　　　　　　　　60,000
（確認套期工具公允價值變動——內在價值變動）
借：套期損益　　　　　　　　　　　　　　　　　　60,000
　　貸：被套期項目——其他權益工具投資　　　　　　　　60,000
（確認被套期項目公允價值變動）
借：套期損益　　　　　　　　　　　　　　　　　　70,000
　　貸：套期工具——賣出期權　　　　　　　　　　　　　70,000

（確認套期工具公允價值變動——時間價值）

借：銀行存款　　　　　　　　　　　　　　　　320,000

　　貸：套期工具——賣出期權　　　　　　　　　　160,000

　　　　被套期項目——其他權益工具投資　　　　　160,000

（確認賣出期權行權）

借：其他綜合收益　　　　　　　　　　　　　　　300,000

　　貸：盈餘公積　　　　　　　　　　　　　　　　 30,000

　　　　未分配利潤　　　　　　　　　　　　　　　270,000

（將計入其他綜合收益的其他權益工具投資價值變動轉入留存收益）

[例6-20] 甲公司為境內商品生產企業，採用人民幣作為記帳本位幣。2019年2月3日，甲公司與某境外公司簽訂了一項設備購買合同（確定承諾），設備價格為外幣X（本題下稱FCX）270,000元，交貨日期為2019年5月1日。

2019年2月3日，甲公司簽訂了一項購買外幣Y（本題下稱FCY）240,000元的遠期合同。根據該遠期合同，甲公司將於2019年5月1日支付人民幣147,000元購入FCY 240,000元，匯率為1FCY＝0.612,5元人民幣（2019年5月1日的現行遠期匯率）。

甲公司將該遠期合同指定為對由於人民幣/FCX匯率變動可能引起的、確定承諾公允價值變動風險的套期工具，且通過比較遠期合同公允價值總體變動和確定承諾人民幣公允價值變動評價套期有效性。假定最近3個月，人民幣對FCY、人民幣對FCX之間的匯率變動具有高度相關性。2019年5月1日，甲公司履行確定承諾並以淨額結算了遠期合同。

與該套期有關的遠期匯率如表6-16所示。

表6-16　與該套期有關的遠期匯率

日　　期	2019年5月1日 FCY/元人民幣的遠期匯率	2019年5月1日 FCX/人民幣元的遠期匯率
2019年2月3日	1FCY＝0.612,5元人民幣	1FCX＝0.545,4元人民幣
2019年3月31日	1FCY＝0.598,3元人民幣	1FCX＝0.531,7元人民幣
2019年5月1日	1FCY＝0.577,7元人民幣	1FCX＝0.513,7元人民幣

根據上述資料，甲公司進行如下分析和會計處理：

（1）套期有效性評價。甲公司預期該套期高度有效，原因在於：第一，2019年2月3日，FCY240,000元與FCX270,000元按2019年5月1日的遠期匯率換算，相差（僅為258元人民幣）不大；第二，遠期合同和確定承諾將在同一日期結算；第三，最近3個月，人民幣對FCY、人民幣對FCX之間的匯率變動具有高度相關性。

但是，該套期並非完全有效，因為與遠期合同名義金額FCY240,000元等值人民幣的變動，與將支付的FCX270,000元等值人民幣的變動存在差異。另外，應注意，即期匯率與遠期匯率之間的差異無須在評價套期有效性時考慮，因為確定承諾公允價值變動是以遠期匯率來計量的。

遠期合同和確定承諾的公允價值變動如表6-17所示。

表 6-17　遠期合同和確定承諾的公允價值變動

	2月3日	3月31日	5月1日
A. 遠期合同			
5月1日結算用的人民幣/FCY 的遠期匯率	0.612,5	0.598,3	0.577,7
金額單位：FCY	240,000	240,000	240,000
遠期價格（FCY240,000 元折算成人民幣元）	147,000	143,592	138,648
合同價格（人民幣元）	(147,000)	(147,000)	(147,000)
以上兩項的差額（人民幣元）	0	(3,408)	(8,352)
公允價值（上述差額的現值，假定折現率為6%）	0	(3,391)	(8,352)
本期公允價值變動		(3,391)	(4,961)
B. 確定承諾			
5月1日結算用的人民幣/FCX 遠期匯率	0.545,4	0.531,7	0.513,7
金額單位：FCX	270,000	270,000	270,000
遠期價格（FCX270,000 元折成人民幣元）	(147,258)	(143,559)	(138,699)
初始遠期價格（人民幣元）（270,000×0.545,4）	147,258	147,258	147,258
以上兩項的差額（人民幣元）	0	3,699	8,559
公允價值（上述差額的現值，假定折現率為6%）	0	3,681	8,559
本期公允價值變動		3,681	4,878
C. 無效套期部分（以 FCY 標價的遠期合同和以 FCX 標價的確定承諾兩者公允價值變動的差額）		290	(83)

（2）會計處理如下（為簡化核算，假定不考慮設備購買有關的稅費因素、設備運輸和安裝費用等）：

①2019 年 2 月 3 日。甲公司無須進行帳務處理，因為遠期合同和確定承諾當日公允價值均為零。

②2019 年 3 月 31 日。

　　借：被套期項目——確定承諾　　　　　　　　　　3,681
　　　　貸：套期損益　　　　　　　　　　　　　　　　　3,681
　　借：套期損益　　　　　　　　　　　　　　　　　3,391
　　　　貸：套期工具——遠期合同　　　　　　　　　　　3,391

③2019 年 5 月 1 日。

　　借：被套期項目——確定承諾　　　　　　　　　　4,878
　　　　貸：套期損益　　　　　　　　　　　　　　　　　4,878
　　借：套期損益　　　　　　　　　　　　　　　　　4,961
　　　　貸：套期工具——遠期合同　　　　　　　　　　　4,961
　　借：套期工具——遠期合同　　　　　　　　　　　8,352
　　　　貸：銀行存款　　　　　　　　　　　　　　　　　8,352
　　（確認遠期合同結算）

借：固定資產——設備　　　　　　　　　　　147,258
　　貸：銀行存款　　　　　　　　　　　　　138,699
　　　　被套期項目——確定承諾　　　　　　　8,559
（確認履行確定承諾購入固定資產）

註：甲公司通過運用套期策略，使所購設備的成本鎖定在將確定承諾的購買價格 FCX270,000 元按 1FCX=0.545,4 元人民幣（套期開始日的遠期合同匯率）進行折算確定的金額上。

（三）現金流量套期會計

現金流量套期滿足運用套期會計方法條件的，應當按照下列規定處理：

（1）套期工具產生的利得或損失中屬於套期有效的部分，作為現金流量套期儲備，應當計入其他綜合收益。現金流量套期儲備的金額，應當按照下列兩項的絕對額中較低者確定：

①套期工具自套期開始的累計利得或損失。

②被套期項目自套期開始的預計未來現金流量現值的累計變動額。

每期計入其他綜合收益的現金流量套期儲備的金額應當為當期現金流量套期儲備的變動額。

（2）套期工具產生的利得或損失中屬於套期無效的部分（扣除計入其他綜合收益後的其他利得或損失），應當計入當期損益。

現金流量套期儲備的金額，應當按照下列規定處理：

（1）被套期項目為預期交易，且該預期交易使企業隨後確認一項非金融資產或非金融負債的，或者非金融資產或非金融負債的預期交易形成一項適用於公允價值套期會計的確定承諾時，企業應當將原在其他綜合收益中確認的現金流量套期儲備金額轉出，計入該資產或負債的初始確認金額。

（2）其他現金流量套期，企業應當在被套期的預期現金流量影響損益的相同期間，將原在其他綜合收益中確認的現金流量套期儲備金額轉出，計入當期損益。

（3）如果在其他綜合收益中確認的現金流量套期儲備金額是一項損失，且該損失全部或部分預計在未來會計期間不能彌補的，企業應當在預計不能彌補時，將預計不能彌補的部分從其他綜合收益中轉出，計入當期損益。

當企業對現金流量套期終止運用套期會計時，在其他綜合收益中確認的累計現金流量套期儲備金額，應當按照下列規定進行處理：

（1）被套期的預期未來現金流量預期仍然會發生的，累計現金流量套期儲備的金額應當予以保留，並按照前述現金流量套期儲備的後續處理規定進行會計處理。

（2）被套期的未來現金流量預期不再發生的，累計現金流量套期儲備的金額應當從其他綜合收益中轉出，計入當期損益。被套期的未來現金流量預期不再極可能發生但可能預期仍然會發生，在預期仍然會發生的情況下，累計現金流量套期儲備的金額應當予以保留，並按照前述現金流量套期儲備的後續處理規定進行會計處理。

現金流量套期會計處理舉例如下：

[例6-21] 2019 年 1 月 1 日，DEF 公司預期在 2019 年 6 月 30 日將銷售一批商品 X，數量為 100,000 噸。為規避該預期銷售有關的現金流量變動風險，DEF 公司

於 2019 年 1 月 1 日與某金融機構簽訂了一項衍生工具合同 Y，且將其指定為對該預期商品銷售的套期工具。衍生工具 Y 的標的資產與被套期預期商品銷售在數量、質次、價格變動和產地等方面相同，並且衍生工具 Y 的結算日和預期商品銷售日均為 2019 年 6 月 30 日。

2019 年 1 月 1 日，衍生工具 Y 的公允價值為零，商品的預期銷售價格為 1,100,000 元。2019 年 6 月 30 日，衍生工具 Y 的公允價值上漲了 25,000 元，預期銷售價格下降了 25,000 元。當日，DEF 公司將商品 X 出售，並將衍生工具 Y 結算。

DEF 公司採用比率分析法評價套期有效性，即通過比較衍生工具 Y 和商品 X 預期銷售價格變動評價套期有效性。DEF 公司預期該套期完全有效。

假定不考慮衍生工具的時間價值、商品銷售相關的增值稅及其他因素，DEF 公司的會計處理如下：

(1) 2019 年 1 月 1 日，DEF 公司不做會計處理。

(2) 2019 年 6 月 30 日。

借：套期工具——衍生工具 Y　　　　　　　　　25,000
　貸：其他綜合收益——套期工具價值變動　　　　　25,000
（確認衍生工具的公允價值變動）

借：應收帳款或銀行存款　　　　　　　　　　　1,075,000
　貸：主營業務收入　　　　　　　　　　　　　　　1,075,000
（確認商品 X 的銷售）

借：銀行存款　　　　　　　　　　　　　　　　25,000
　貸：套期工具——衍生工具 Y　　　　　　　　　　25,000
（確認衍生工具 Y 的結算）

借：其他綜合收益——套期工具價值變動　　　　25,000
　貸：主營業務收入　　　　　　　　　　　　　　　25,000
（確認將原計入其他綜合收益的衍生工具公允價值變動轉出，調整銷售收入）

[例 6-22] ABC 公司於 2018 年 11 月 1 日與境外 DEF 公司簽訂合同，約定於 2019 年 1 月 30 日以外幣（FC）每噸 60 元的價格購入 100 噸橄欖油。ABC 公司為規避購入橄欖油成本的外匯風險，於當日與某金融機構簽訂一項 3 個月到期的遠期外匯合同，約定匯率為 1FC＝45 元人民幣，合同金額 FC 6,000 元。2019 年 1 月 30 日，ABC 公司以淨額方式結算該遠期外匯合同，併購入橄欖油。

假定如下：

(1) 2018 年 12 月 31 日，1 個月 FC 對人民幣遠期匯率為 1FC＝44.8 元人民幣，人民幣的市場利率為 6%。

(2) 2019 年 1 月 30 日，FC 對人民幣即期匯率為 1FC＝44.6 元人民幣。

(3) 該套期符合運用《企業會計準則第 24 號——套期會計》規定的運用套期會計的條件。

(4) 不考慮增值稅等相關稅費。

（簡要提示：根據《企業會計準則第 24 號——套期會計》的規定，對外匯確定承諾的套期既可以劃分為公允價值套期，也可以劃分為現金流量套期。）

情形 1：ABC 公司將上述套期劃分為公允價值套期。

（1）2018 年 11 月 1 日。

遠期合同的公允價值為零，ABC 公司不做會計處理，將套期保值進行表外登記。

（2）2018 年 12 月 31 日。

遠期外匯合同的公允價值=［（45-44.8）×6,000÷(1+6%×1÷12)］≈1,194（元）

借：套期損益	1,194
貸：套期工具——遠期外匯合同	1,194
借：被套期項目——遠期外匯合同	1,194
貸：套期損益	1,194

（3）2019 年 1 月 30 日。

遠期外匯合同的公允價值=（45-44.6）×6,000=2,400（元）

借：套期損益	1,206
貸：套期工具——遠期外匯合同	1,206
借：套期工具——遠期外匯合同	2,400
貸：銀行存款	2,400
借：被套期項目——確定承諾	1,206
貸：套期損益	1,206
借：庫存商品——橄欖油	267,600
貸：銀行存款	267,600
借：庫存商品——橄欖油	2,400
貸：被套期項目——確定承諾	2,400

（將被套期項目的餘額調整橄欖油的入帳價值）

情形 2：ABC 公司將上述套期劃分為現金流量套期。

（1）2018 年 11 月 1 日。

ABC 公司不做帳務處理，將套期保值進行表外登記。

（2）2018 年 12 月 31 日。

遠期外匯合同的公允價值=（45-44.8）×6,000÷(1+6%×1÷12)≈1,194（元）

借：其他綜合收益——套期工具價值變動	1,194
貸：套期工具——遠期外匯合同	1,194

（3）2019 年 1 月 30 日。

遠期外匯合同的公允價值=（45-44.6）×6,000=2,400（元）

借：其他綜合收益——套期工具價值變動	1,206
貸：套期工具——遠期外匯合同	1,206
借：套期工具——遠期外匯合同	2,400
貸：銀行存款	2,400
借：庫存商品——橄欖油	167,600
貸：銀行存款	167,600

ABC 公司將套期工具於套期期間形成的公允價值變動累計額（淨損失）暫記在其他綜合收益中，在處置橄欖油影響企業損益的期間轉出，計入當期損益。該淨損失在未來會計期間不能彌補時，將全部轉出，計入當期損益。

（四）境外經營淨投資套期會計

1. 境外經營淨投資套期會計處理原則

對境外經營淨投資的套期，企業應按以下類似於現金流量套期會計的規定處理：

（1）套期工具形成的利得或損失中屬於有效套期的部分，應當計入其他綜合收益。全部或部分處置境外經營時，上述計入其他綜合收益的套期工具利得或損失應當轉出，計入當期損益。

（2）套期工具形成的利得或損失中屬於無效套期的部分，應當計入當期損益。

2. 境外經營淨投資套期會計處理舉例

[**例 6-23**] 2018 年 10 月 1 日，XYZ 公司（記帳本位幣為人民幣）在其境外子公司 FS 有一項境外淨投資外幣 5,000 萬元（FC5,000 萬元）。為規避境外經營淨投資外匯風險，XYZ 公司與某境外金融機構簽訂了一項外匯遠期合同，約定於 2019 年 4 月 1 日賣出 FC5,000 萬元。XYZ 公司每季度對境外經營淨投資餘額進行檢查，且依據檢查結果調整對淨投資價值的套期。其他有關資料如表 6-18 所示。

表 6-18 其他有關資料

日 期	即期匯率 （FC/人民幣）	遠期匯率 （FC/人民幣）	遠期合同的 公允價值（元）
2018 年 10 月 1 日	1.71	1.70	0
2018 年 12 月 31 日	1.64	1.63	3,430,000
2019 年 3 月 31 日	1.60	不適用	5,000,000

XYZ 公司在評價套期有效性時，將遠期合同的時間價值排除在外。假定 XYZ 公司的上述套期滿足運用套期會計方法的所有條件。

XYZ 公司的會計處理如下：

（1）2018 年 10 月 1 日。

借：被套期項目——境外經營淨投資　　　　　　　　　　85,500,000
　　貸：長期股權投資　　　　　　　　　　　　　　　　85,500,000

外匯遠期合同的公允價值為零，不做會計處理。

（2）2018 年 12 月 31 日。

借：套期工具——外匯遠期合同　　　　　　　　　　　　3,430,000
　　財務費用——匯兌損失　　　　　　　　　　　　　　　70,000
　　貸：其他綜合收益——套期　　　　　　　　　　　　3,500,000
（確認遠期合同的公允價值變動）

借：外幣報表折算差額　　　　　　　　　　　　　　　　3,500,000
　　貸：被套期項目——境外經營淨投資　　　　　　　　3,500,000
（確認對子公司淨投資的匯兌損益）

（3）2019 年 3 月 31 日。

借：套期工具——外匯遠期合同　　　　　　　1,570,000
　　貸：其他綜合收益——套期　　　　　　　　　　1,570,000
（確認遠期合同的公允價值變動）
借：其他綜合收益——套期　　　　　　　　　2,000,000
　　貸：被套期項目——境外經營淨投資　　　　　　2,000,000
（確認對子公司淨投資的匯兌損益）
借：銀行存款　　　　　　　　　　　　　　　5,000,000
　　貸：套期工具——外匯遠期合同　　　　　　　　5,000,000
（確認外匯遠期合同的結算）

註：境外經營淨投資套期（類似現金流量套期）產生的利得在其他綜合收益中列示，直至子公司被處置。

□思考題

1. 如何理解衍生金融工具的含義？
2. 如何理解衍生金融工具對傳統財務會計帶來的影響？
3. 衍生金融工具會計面臨的主要問題是什麼？
4. 「公允價值是衍生金融工具的唯一計量屬性」，對此你有何看法？
5. 什麼是套期會計？
6. 什麼是公允價值套期？什麼是現金流量套期？兩者的會計處理有什麼主要區別？

第七章
企業合併會計

【學習目標】

通過本章的學習，學生應理解企業合併的相關概念，瞭解企業合併的方式及類型，把握同一控制下與非同一控制下企業合併的會計處理原則，掌握同一控制下與非同一控制下企業合併的會計處理方法。

第一節　企業合併概述

一、企業合併的含義

企業合併是企業發展的需要。在市場經濟條件下，隨著企業間競爭的日益激烈，發展對於企業已是生死攸關。企業尋求發展的有效途徑之一便是進行企業間的聯合。企業合併無論是從宏觀經濟的角度還是從微觀經濟的角度來看，都有重大意義。因此，企業合併經常發生。有統計數據顯示，2019 年，中國企業併購交易規模為近五年內最低，但仍達到披露預案 5,454 筆，其中披露金額的有 4,484 筆，交易總金額為 3,779.06 億美元。2019 年共計完成 2,782 筆併購交易，其中披露金額的有 2,412 筆，交易總金額為 2,467 億美元。2019 年併購案例和交易規模主要集中在製造業、醫療健康、信息技術及信息化，其中製造業交易數量最多，共 632 起，占比 26.2%，其次分別為醫療健康、IT 及信息化、金融、房地產以及能源與礦業等。就披露交易規模來看，製造業占比最大，以 482.27 億美元占比 19.5%，緊隨其後的為金融 292.17 億美元，占比 11.8%，房地產、醫療健康以及能源與礦業交易金額分別為 225.08 億美元、188.65 億美元、183.36 億美元，相應占比分別為 9.1%、7.6%、7.4%。超 10 億美元規模完成併購交易 40 筆，超 1 億美元完成併購交易 426 筆，其中交易規模最大的是萬華化學以 82.06 億美元吸收合併萬華化工。2019 年 12 月 4 日，武漢中商以向特定對象非公開發行股份的方式購買居然控股等 24 名交易對方持有的居然新零售 100%的股權，交易總金額為 52.54 億美元。該次交易使居然控股成為武漢中商控股股東，將直接持有武漢中商 42.68%股份。2019 年 12 月 26 日，居然之家成功借殼武漢中商，正式登陸 A 股市場。這同時意味著，繼紅星美凱龍之後，A 股市場又迎來了居然之家這個家居賣場巨頭。2019 年 10 月 18 日，證監會發布《關於修改〈上市公司重大資產重組管理辦法〉的決定》（簡稱《重組辦法》），對多條規則進行修改，理順重組上市功能，發揮資本市場服務實體經濟的積極作用。

那麼，什麼是企業合併呢？《企業會計準則第 20 號——企業合併》對企業合併

的定義為「將兩個或者兩個以上單獨的企業合併形成一個報告主體的交易或事項」。國際會計準則理事會（IASB）在《國際財務報告準則第3號——企業合併》（IFRS3）中將企業合併定義為將單獨的主體或業務集合成為一個報告主體。從會計角度，交易是否構成企業合併，進而是否按照企業會計準則進行會計處理，主要應關注以下兩個方面：

（一）被購買方是否構成業務

企業合併本質上是一種購買行為，但其不同於單項資產的購買，而是一組有內在聯繫、為了某一既定的生產經營目的存在的多項資產組合或多項資產、負債構成的淨資產的購買。企業合併的結果通常是一個企業取得了對一個或多個業務的控制權。要形成會計意義上的「企業合併」，前提是被購買的資產或資產負債組合要形成「業務」。如果一個企業取得了對另一個或多個企業的控制權，而被購買方（或被合併方）並不構成業務，則該交易或事項不形成企業合併。

業務是指企業內部某些生產經營活動或資產負債的組合，該組合具有投入、加工處理過程和產出能力，能夠獨立計算其成本費用或所產生的收入。要構成業務不需要有關資產、負債的組合一定構成一個企業，或者是具有某一具體法律形式。在實務中，雖然也有企業只經營單一業務，但一般情況下企業的分公司、獨立的生產車間、不具有獨立法人資格的分部等也會構成業務。值得注意的是，有關的資產組合或資產、負債組合是否構成業務，不是看其在出售方手中如何經營，也不是看購買方在購入該部分資產或資產、負債組合後準備如何使用。為保持業務判斷的客觀性，對一組資產或資產、負債的組合是否構成業務，要看正常的市場條件下，從一定的商業常識和行業慣例等出發，看有關的資產或資產、負債的組合能否被作為一項具有內在關聯度的生產經營目的整合起來使用。

區分業務的購買，即構成企業合併的交易與不構成企業合併的資產或資產負債組合的購買，意義在於其會計處理方式存在實質上的差異。

（1）企業取得了不形成業務的一組資產或資產、負債的組合時，應識別並確認所取得的單獨可辨認資產及承擔的負債，並將購買成本基於購買日取得各項可辨認資產、負債的相對公允價值，在各單獨可辨認資產和負債間進行分配，不按照《企業會計準則第20號——企業合併》進行處理。分配的結果是取得的有關資產、負債的初始入帳價值有可能不同於購買時點的公允價值（若資產的初始確認金額高於公允價值，需要考慮是否存在資產減值），資產或資產、負債打包購買中多付或少付的部分均需要分解到取得的資產、負債項目中，從而不會產生商譽或購買利得。在被購買資產構成業務，需要作為企業合併處理時，購買日（合併日）的確定，合併中取得資產、負債的計量，合併差額的處理等均需要按照《企業會計準則第20號——企業合併》的有關規定進行處理，如在構成非同一控制下企業合併的情況下，合併中自被購買方取得的各項可辨認資產、負債應當按照其在購買日的公允價值計量，合併成本與取得的可辨認淨資產公允價值份額的差額應當確認為單獨的一項資產——商譽或在企業成本小於合併中取得可辨認淨資產公允價值份額的情況下（廉價購買），將該差額確認計入當期損益。

（2）交易費用在購買資產交易中通常作為轉讓對價的一部分，並根據適用的企

業會計準則資本化為所購買資產成本的一部分；而在企業合併中，交易費用應被費用化。

(3)《企業會計準則第 20 號——企業合併》禁止對在以下交易所記錄的資產和負債初始確認時產生的暫時性差異確認遞延所得稅：非企業合併，且既不影響會計利潤，也不影回應納稅所得額或可抵扣虧損。相應地，資產購買中因帳面價值與稅務基礎不同形成的暫時性差異不應確認遞延所得稅資產或負債；而業務合併中購買的資產和承擔的負債因帳面價值與稅務基礎不同形成的暫時性差異應確認遞延所得稅影響。

(二) 交易發生前後是否涉及對標的業務控制權的轉移

從企業合併的定義看，是否形成企業合併，除要看取得的資產或資產負債組合是否構成業務之外，還要看有關交易或事項發生前後，是否引起報告主體的變化。報告主體的變化產生於控制權的變化。在交易事項發生以後，投資方擁有對被投資方的權利，通過參與被投資方的相關活動享有可變回報，且有能力運用對被投資方的權利影響其回報金額的，投資方對被投資方具有控制，形成母子公司關係，涉及控制權的轉移，該交易或事項發生以後，子公司需要納入母公司合併財務報表的範圍中，從合併財務報告角度形成報告主體的變化。交易事項發生以後，一方能夠控制另一方的全部淨資產，被合併的企業在合併後失去其法人資格，也涉及控制權及報告主體的變化，形成企業合併。

假定在企業合併前 A、B 兩個企業為各自獨立的法律主體，且均構成業務，《企業會計準則第 20 號——企業合併》中界定的企業合併，包括但不限於以下情形：

(1) 企業 A 通過增發自身的普通股自企業 B 原股東處取得企業 B 的全部股權，該交易事項發生後，企業 B 仍持續經營。

(2) 企業 A 支付對價取得企業 B 的全部淨資產，該交易事項發生後，撤銷企業 B 的法人資格。

(3) 企業 A 以自身持有的資產作為出資投入企業 B，取得對企業 B 的控制權，該交易事項發生後，企業 B 仍維持其獨立法人資格繼續經營。

此外，理解企業合併的定義時，尚須注意以下幾個問題：

(1)「單獨的主體」既是獨立的法人主體也是獨立的報告主體，即作為獨立的法人主體，單獨的主體應定期提供單獨的財務報告。

(2)「合併形成一個報告主體」是指多個主體合併後形成的合併體作為一個報告主體，它應該是經濟意義上的一個整體，而從法律意義上看可能是一個法人主體，也可能是多個法人主體。當一個企業將其他一個或幾個企業的資產和負債吸收並入本企業，被合併的企業解散，實施合併的企業繼續保留其法人地位時，合併體既是一個法人主體，也是一個報告主體；當兩家或兩家以上企業合併組成一個新的企業，參與合併的原各企業均不復存在時，這個新的企業作為合併體也同時是一個法人主體和報告主體。由一家企業通過購買其他企業股份或通過交換股份取得其他企業股份的方式，取得對其他企業的控制權的合併中，在保留合併前各法人主體的前提下，合併體構成一個經濟意義上的整體，從而產生一個需要提供合併會計信息的新的報告主體。

[**例 7-1**] 合併概念的理解。

現有甲、乙兩個企業。如果甲、乙合併後只存留下甲企業，合併後的報告主體是甲企業；如果甲、乙合併創設一個新企業丙，合併後的報告主體是丙企業；如果甲、乙合併後甲、乙作為獨立的法人主體仍都存在，但甲取得對乙的控制權，則甲、乙雖然互為獨立的法律主體但構成一個經濟意義上的整體，從編製合併財務報表的角度來看，這個整體就是一個報告主體。

（3）企業合併是一項交易還是一個事項，這實際上是關於企業合併的性質問題。企業合併的「交易」性將決定公允價值的使用，而合併「事項」只能使用帳面價值進行企業合併的確認與計量。

二、企業合併的方式

企業合併按合併方式劃分，包括控股合併、吸收合併和新設合併。

（一）控股合併

控股合併（acquisition），即合併方（或購買方，下同）通過企業合併交易或事項取得對被合併方（或被購買方，下同）的控制權，企業合併後能夠通過所取得的股權等主導被合併方的生產經營決策並自被合併方的生產經營活動中獲益，被合併方在企業合併後仍維持其獨立法人資格繼續經營。控股合併發生後，合併方與被合併方形成母子公司關係，前者是母公司，後者是子公司，被合併方應當納入合併方合併財務報表的編製範圍，從合併財務報表角度，形成報告主體的變化。

（二）吸收合併

吸收合併（merger）或稱兼併，指合併方在企業合併中取得被合併方的全部淨資產，並將有關資產、負債並入合併方自身生產經營活動中。企業合併完成後，註銷被合併方的法人資格，由合併方持有合併中取得的被合併方的資產、負債，在新的基礎上繼續經營。

吸收合併中，因被合併方（或被購買方）在合併發生以後被註銷，從合併方（或購買方）的角度需要解決的問題是其在合併日（或購買日）取得的被合併方有關資產、負債入帳價值的確定以及為了進行企業合併支付的對價與取得被合併方資產、負債的入帳價值之間差額的處理。

企業合併後期間，合併方應將合併中取得的資產、負債作為本企業的資產、負債核算。

（三）新設合併

新設合併（consolidation）或稱創立合併，指參與合併的各方在企業合併後法人資格均被註銷，重新註冊成立一家新的企業，由新註冊成立的企業持有參與合併各企業的資產、負債在新的基礎上經營。新設合併中，各參與合併企業投入新設企業的資產、負債價值以及相關構成新設企業的資本等，一般應按照有關法律法規及各參與合併方的合同、協議執行。

該項劃分實際上是按合併後主體的法律形式的不同進行的分類，企業合併方式簡圖如圖 7-1 所示。

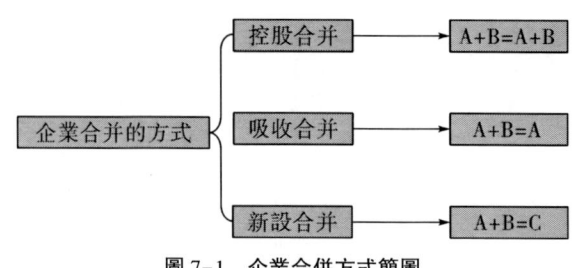

```
                    ┌──── 控股合并 ────→ A+B=A+B
企業合并的方式 ──────┼──── 吸收合并 ────→ A+B=A
                    └──── 新設合并 ────→ A+B=C
```

圖 7-1　企業合併方式簡圖

三、企業合併的類型

企業合併可以從不同的角度進行分類。

（一）按合併雙方合併前後最終控制方是否變化進行分類

按合併雙方合併前後是否屬於同一方或相同的多方最終控制，企業合併分為同一控制下的企業合併和非同一控制下的企業合併。

1. 兩類合併的概念比較

同一控制下的企業合併是指參與合併的企業在合併前後均受同一方或相同的多方最終控制且該控制並非暫時性的。

非同一控制下的企業合併是指參與合併的各方在合併前後不屬於同一方或相同的多方最終控制。

簡而言之，同一控制下的企業合併，參與合併的各方在合併前與合併後均屬於相同的最終控制方控制；非同一控制下的企業合併，參與合併的各方在合併前與合併後分別屬於不同的最終控制方控制。

為了正確理解這兩類企業合併的定義，我們至少應當明確以下幾個問題：

（1）關於「同一方」「相同的多方」。所謂同一方，是指對參與合併的企業在合併前後均實施最終控制的投資者。所謂相同的多方，是指根據投資者之間的協議約定，在對被投資單位的生產經營決策行使表決權時發表一致意見的兩個或兩個以上的投資者。

這就明確了一個非常重要的問題：投資是此處所稱「控制」的前提。

（2）關於「控制」與「最終控制」。所謂控制，是指投資方擁有對被投資方的權利，通過參與被投資方的相關活動而享有可變回報，並且有能力運用對被投資方的權利影響其回報金額[①]。在直接控制的情況下控制方對被控制方的控制就應該是最終控制；在存在間接控制的情況下，間接控制方擁有對被控制方的最終控制權。能夠對參與合併各方在合併前後均實施最終控制的一方，通常是指企業集團中的母公司。

（3）關於「控制並非暫時性」。所謂控制並非暫時性，是指參與合併各方在合併前後較長的時間內受同一方或相同的多方控制的時間通常在 1 年以上（含 1 年）。

（4）企業之間的合併是否屬於同一控制下的企業合併，應綜合構成企業合併交易的各方面情況，按照實質重於形式的原則進行判斷。在通常情況下，同一控制下

[①] 關於「控制」的具體內容，參見「第八章 合併財務報表」。

的企業合併是指發生在同一企業集團內部企業之間的合併。同受國家控制的企業之間發生的合併，不應僅僅因為參與合併各方在合併前後均受國家控制而將其作為同一控制下的企業合併。

[**例 7-2**] 同一控制下的企業合併與非同一控制下的企業合併的比較。

A 企業與 B 企業是兩個歸屬於不同母公司的企業。甲、乙、丙、丁、醜、寅均為股份有限公司，其中，A 企業直接擁有甲企業 80% 的表決權，直接擁有乙企業 70% 的表決權；甲企業直接擁有丙企業 60% 的表決權；B 企業直接擁有丁企業 80% 的表決權，直接擁有醜企業 70% 的表決權；丁企業直接擁有寅企業 60% 的表決權。以上各項表決權的擁有期間都超過 1 年。

根據上述資料，說明合併前存在的最終控制關係以及合併後下列各種合併關係的類別：A、B 合併；甲、乙合併；乙、丙合併；甲、B 合併；丁、醜合併；丙、丁合併；丙、寅、醜合併。

第一，合併前存在的最終控制關係如下：

（1） A 企業直接控制甲企業和乙企業，間接控制丙企業；甲企業直接控制丙企業；A 企業是甲、乙和丙三個企業的最終控制方。

（2） B 企業直接控制丁企業和醜企業，間接控制寅企業；丁企業直接控制寅企業；B 企業是丁、醜和寅三個企業的最終控制方。

第二，如果分別發生上述合併關係，各項企業合併分類見表 7-1。

表 7-1　各項企業合併分類

同一控制下的企業合併		非同一控制下的企業合併
合併前後均受 A 企業最終控制	合併前後均受 B 企業最終控制	
乙、丙合併 甲、乙合併	丁、醜合併	A、B 合併；甲、B 合併；丙、丁合併；丙、寅、醜合併

2. 兩類合併的實質比較

同一控制下的企業合併，一方面，由於合併各方在合併前後的最終控制方沒有發生變化，合併雙方的合併行為可能不完全是自願進行和完成的，這種合併不能算作「交易」，只是一個對合併各方資產、負債進行重新組合的經濟事項；另一方面，即使作為交易來看，合併交易的作價往往因受最終控制方的影響而難以達到公允。因此，同一控制下的企業合併其實質是一椿「事項」。

非同一控制下的企業合併，一方面，由於參與合併各方在合併前後不屬於同一方或相同的多方最終控制，這種合併是非關聯企業之間的合併；另一方面，這種合併以市價為基礎，確定的合併作價相對公允。因此，其實質上是一種交易——合併各方自願進行的交易，其結果是合併方購買了被合併方的控制權。正因為如此，相應的會計處理中需要遵循交易規則，以自願交易的雙方都能夠接受的價值——公允價值為計量基礎。

3. 兩類合併的參與方稱謂比較

正因為兩類合併的實質不同，屬於經濟事項的同一控制下的企業合併和屬於購買交易的非同一控制下的企業合併，參與合併各方的稱謂不同。同一控制下的企業

合併，在合併日取得對其他參與合併企業控制權的一方為合併方，參與合併的其他企業為被合併方；非同一控制下的企業合併，在合併日取得對其他參與合併企業控制權的一方為合併方，也稱購買方，參與合併的其他企業為被合併方，也稱被購買方。

4. 合併日或購買日的確定

合併日或購買日是指被合併方或被購買方淨資產或生產經營決策的控制權轉移給合併方或購買方的日期。由合併實質所決定，同一控制下的企業合併，合併方實際取得對被合併方淨資產或生產經營決策的控制權的日期稱為「合併日」；非同一控制下的企業合併的購買方實際取得被購買方的淨資產或生產經營決策的控制權的日期稱為「合併日」或「購買日」。

同時滿足以下條件的，可認定為實現了控制權的轉移：

（1）企業合併協議已獲股東大會等內部權力機構通過。

（2）企業合併事項需要經過國家有關部門實質性審批的，已取得有關部門的批准；

（3）參與合併各方已辦理了必要的資產交接手續。

（4）合併方或購買方已支付了合併價款的大部分（一般應超過50%），並且有能力付剩餘款項。

（5）合併方或購買方實際上已經制定了被合併方或被購買方的財務和經營政策，並享有相應的利益及承擔風險。

值得一提的是，就非同一控制下的企業合併而言，有時候「購買日」（合併日）與股權投資的「交易日」可能不一致。如果企業合併是通過一次股權交易實現的。股權交易日就是購買日；如果企業合併是通過多次股權交易分步實現的，交易日是各單項投資在投資方財務報表中的確認之日，購買日是購買方獲得對被購買方控制權之日。

[例7-3] 股權交易日與企業合併日的比較。

資料：甲公司於2019年7月1日用銀行存款2,500萬元取得乙公司20%的股份；2019年11月1日，甲公司又以6,800萬元的價格進一步購入乙公司40%的股份。至此，甲公司獲得了對乙公司的控制權。如何區分股權交易日與企業合併日呢？

2019年7月1日、11月1日都屬於股權交易日，但購買日（或合併日）只能是2019年11月1日。

5. 兩類合併的合併對價形式比較

兩類合併下支付的合併對價形式沒有太大區別。同一控制下的企業合併的合併方和非同一控制下的企業合併的購買方，都可能以支付資產、發生或承擔負債以及發行權益性證券等作為合併對價。所不同的是，前者支付的合併對價應按帳面價值計量，後者支付的合併對價需以公允價值計量。這是不同類別的企業合併實質使然。

（二）按合併後主體的法律形式不同進行分類

按合併後主體的法律形式不同，企業合併分為吸收合併、新設合併和控股合併三類。

無論是同一控制下的企業合併還是非同一控制下的企業合併，從合併後主體的

法律地位上看，都有可能產生兩種結果：一種結果是合併不形成母子公司關係，另一種結果是合併形成母子公司關係。不形成母子公司關係的企業合併，包括吸收合併和新設合併兩種情況；形成母子公司關係的企業合併，就是通常所說的控股合併（見圖 7-2）。

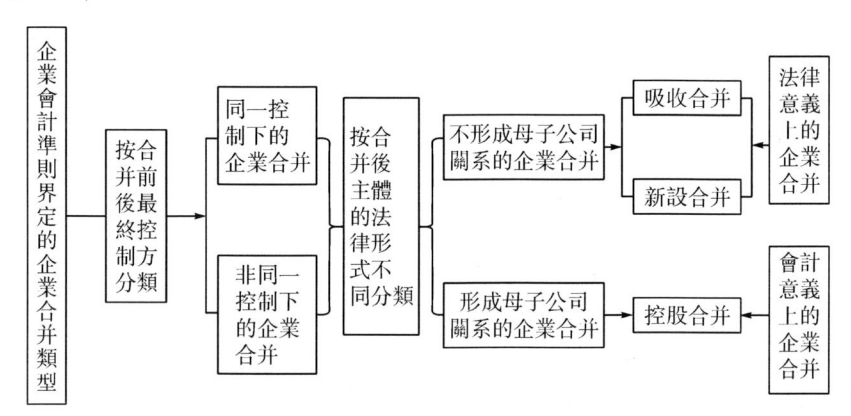

圖 7-2　兩種企業合併分類方法的關係圖

1. 吸收合併

吸收合併（merger）或稱兼併，是指合併方（或購買方）通過企業合併取得被合併方（或被購買方）的全部淨資產，合併後註銷被合併方（或被購買方）的法人資格，被合併方（被購買方）原持有的資產、負債，在合併後成為合併方（或購買方）的資產、負債。

2. 新設合併

新設合併（consolidation）或稱創立合併，是指兩家或兩家以上的企業合併組成一個新的企業，參與合併的原企業都不復存在的合併類型。新設合併的方法是由參與合併的多家企業以其淨資產換取新設企業的股份。

3. 控股合併

控股合併（acquisition）是指合併方（或購買方）在企業合併中取得對被合併方（或被購買方）的控制權，被合併方（或被購買方）在合併後仍保持其獨立的法人資格並繼續經營，合併方（或購買方）確認企業合併形成的對被合併方（或被購買方）的投資。

值得一提的是，無論是不形成母子公司關係的吸收合併、新設合併，還是形成母子公司關係的控股合併，合併方在企業合併中都取得了對其他參與合併的企業的「控制權」。不過，這種「控制權」有兩種表現形式：在吸收合併或新設合併下，這種「控制權」表現為取得被合併方的淨資產；在控股合併下，這種「控制權」表現為取得被合併方的股權。這一點對企業合併的會計確認與計量至關重要，同時對正確理解企業合併與長期股權投資的關係也很重要。根據企業會計準則的規定，企業合併與長期股權投資的關係如圖 7-3 所示。

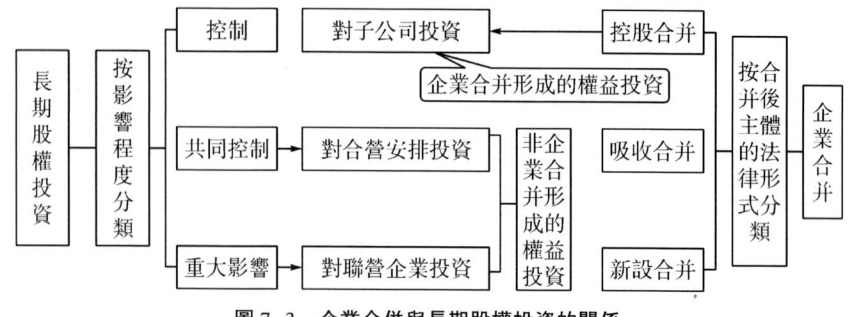

圖 7-3　企業合併與長期股權投資的關係

四、企業合併會計的主要內容

企業合併有關的會計處理主要涉及兩個方面的內容：一是合併日合併方如何對企業合併事項或交易進行確認與計量；二是合併日是否需要以及如何編製合併財務報表。毫無疑問，對合併交易或事項的確認與計量是本章的關鍵問題，而合併日合併財務報表的內容將在第八章闡述。

如前所述，無論是同一控制下的企業合併還是非同一控制下的企業合併，兩類企業合併的結果都包括不形成母子公司關係和形成母子公司關係兩種情況；兩類企業合併的實施都需要合併方支付合併對價；兩類企業合併的進行都有可能發生合併費用。那麼，各類企業合併業務中的這些相關內容都應該如何進行確認與計量，必然是企業合併會計首先需要解決的問題。

合併日合併方對企業合併進行確認與計量的會計處理基本思路如表 7-2 所示。

表 7-2　企業合併會計處理基本思路

吸收合併、新設合併	控股合併
借：有關資產帳戶 ｝ [取得淨資產] 　貸：有關負債帳戶 　　　銀行存款 　　　庫存商品 ｝ [支付的合併對價] 　　　應付債券、股本等 　　　銀行存款等　[支付的合併費用]	借：長期股權投資　　[取得的股權] 　貸：銀行存款 　　　庫存商品 ｝ [支付的合併對價] 　　　應付債券、股本等 　　　銀行存款等　[支付的合併費用]

現在需要回答的問題主要有：在同一控制下的企業合併和非同一控制下的企業合併中，合併方對合併日取得的淨資產或股權應如何計量？支付的合併對價應如何計量？兩者如果有差異，應如何處理？支付的合併費用應如何處理？

下面將依據中國《企業會計準則第 20 號——企業合併》的規定，介紹企業合併的會計處理。

第二節　同一控制下的企業合併的會計處理

一、確認與計量的基本要求

（一）合併方取得的淨資產或股權投資——按帳面價值入帳

同一控制下企業合併的合併方，對吸收合併和新設合併中取得的資產和負債，按照合併日合併方有關資產、負債的帳面價值計量；對控股合併中取得的長期股權投資，按照合併日享有的被合併方在最終控制方合併財務報表中所有者權益帳面價值的份額作為其初始投資成本。

（二）合併方支付的合併對價——按帳面價值轉帳

對作為合併對價所付出的資產、發生或承擔的負債，合併方按其帳面價值結轉，發行的股份按面值總額記錄。也就是說，合併方不需要確認支付的合併對價的轉讓損益。

（三）股東權益的調整

合併方取得的淨資產或長期股權投資的帳面價值與所支付的合併對價的帳面價值（或發行股份面值總額）之間如有差額，應當調整資本公積（股本溢價）；需要調整減少資本公積時，資本公積（股本溢價）不足沖減的，調整減少留存收益。

（四）合併費用的處理

合併方為進行企業合併發生的審計費用、評估費用、法律服務費用等各項直接相關費用，應當於發生時計入當期損益（管理費用）。

合併方為進行企業合併發生的其他費用，分別按以下兩種情況進行處理：合併方為進行企業合併發行的債券或承擔其他債務支付的手續費、佣金等，應當計入發行債券或其他債務的初始計量金額，即構成有關債務的入帳價值的組成部分。合併方在企業合併中發行權益性證券發生的手續費、佣金等，應當沖減權益性證券溢價收入，溢價收入不足沖減的，沖減留存收益。

總之，對於合併方而言，無論是吸收合併、新設合併還是控股合併，其支付的評估、審計、諮詢等費用以及為發行證券（作為合併對價）支付的發行費用，都不計入吸收合併或新設合併取得的淨資產的入帳價值，也不計入控股合併取得的長期股權投資的初始投資成本。

二、一次投資實現企業合併的會計處理

同一控制下的企業合併時，合併方確認合併業務會計處理的基本思路如下：

（一）吸收合併與新設合併

(1) 支付資產實施的企業合併。

借：有關資產帳戶	[取得的被合併方資產帳面價值]	A
貸：有關負債帳戶	[承擔的被合併方負債帳面價值]	B
銀行存款、庫存商品等	[支付的合併對價的帳面價值]	C
資本公積	[（A–B）大於C的差額]	D

注意：如果需要借記「資本公積」科目，則以合併方「資本公積」科目的股本溢價貸方餘額為上限，不足部分衝減合併方「留存收益」帳面餘額（下同）。

(2) 發行債券或承擔其他債務實施的企業合併。

借：有關資產帳戶	[取得的被合併方資產帳面價值]	A
貸：有關負債帳戶	[承擔的被合併方負債帳面價值]	B
應付債券	[發行債券的面值-手續費、佣金等]	C
銀行存款等	[實際發生的與債務相關的手續費、佣金]	D
資本公積	[差額]	E

(3) 發行權益性證券實施的企業合併。

借：有關資產帳戶	[取得的被合併方資產帳面價值]	A
貸：有關負債帳戶	[承擔的被合併方負債帳面價值]	B
股本	[發行證券的面值總額]	C
銀行存款等	[實際發生的與證券相關的手續費、佣金等]	D
資本公積	[差額]	E

(4) 支付的與企業合併相關的評估、審計、諮詢費用。

借：管理費用

　　貸：銀行存款等

(二) 控股合併

(1) 支付資產實施的企業合併。

借：長期股權投資	[按享有的被合併方淨資產帳面價值份額]	A
貸：銀行存款、庫存商品等	[支付的合併對價的帳面價值]	B
資本公積	[A-B 的差額]	C

注意：如果需要借記「資本公積」科目，則以合併方「資本公積」科目的股本溢價貸方餘額為上限，不足部分衝減合併方「留存收益」帳面餘額（下同）。

(2) 發行債券或承擔其他債務實施的控股合併以及發行權益性證券實施的控股合併。

借：長期股權投資	[按享有的被合併方淨資產帳面價值份額]	A
貸：股本	[發行證券的面值總額]	B1
應付債券	[發行債券的面值-手續費、佣金等]	B2
銀行存款等	[實際發生的與證券相關的手續費、佣金等]	C
資本公積	[A 與（B1+B2+C）的差額]	D

(3) 支付的與企業合併相關評估、審計、諮詢等費用。

借：管理費用

　　貸：銀行存款等

[例 7-4] 以發行股票作為合併對價的吸收合併。

表 7-3、表 7-4 分別是甲公司、乙公司 2019 年 12 月 31 日的資產負債表（簡表），假定在甲公司合併乙公司之前，乙公司在最終控制方合併財務報表中所有者權益帳面價值等於 100 萬元。2020 年 1 月初，假設甲公司發行每股面值為 10 元的普通股 80,000 股對乙公司進行吸收合併。

表7-3　甲公司資產負債表（簡表）

2019年12月31日　　　　　　　　　　　　　　　　　　單位：萬元

資產（年末數）		負債和所有者權益（年末數）	
流動資產		流動負債	
貨幣資金	100	短期借款	28
應收票據及應收帳款	5	應付票據及應付帳款	18
存貨	35	其他應付款	14
非流動資產		非流動負債	
固定資產	340	長期借款	200
無形資產	8	所有者權益	
		股本	160
		資本公積	25
		留存收益	43
資產總計	488	負債和所有者權益總計	488

表7-4　乙公司資產負債表（簡表）

2019年12月31日　　　　　　　　　　　　　　　　　　單位：萬元

資產（年末數）		負債和所有者權益（年末數）	
流動資產		流動負債	
貨幣資金	60	短期借款	8
應收票據及應收帳款	15	應付票據及應付帳款	30
存貨	25	其他應付款	12
非流動資產		非流動負債	
固定資產	200	長期借款	150
無形資產	0	所有者權益	
		股本	60
		資本公積	10
		留存收益	30
資產總計	300	負債和所有者權益總計	300

　　根據上述資料進行甲公司吸收合併乙公司雙方的會計處理，編製合併後甲公司的資產負債表，分析合併前後淨資產的變化。

　　（1）雙方的會計處理（簡化）。

　　①乙公司註銷淨資產（假定固定資產原值為2,600,000元，累計折舊為600,000元）。

　　借：累計折舊　　　　　　　　　　　　　　　　　　600,000
　　　　短期借款　　　　　　　　　　　　　　　　　　 80,000
　　　　應付帳款等　　　　　　　　　　　　　　　　　300,000
　　　　其他應付款　　　　　　　　　　　　　　　　　120,000
　　　　長期借款　　　　　　　　　　　　　　　　　1,500,000
　　　　股本　　　　　　　　　　　　　　　　　　　　600,000
　　　　資本公積　　　　　　　　　　　　　　　　　　100,000
　　　　盈餘公積、利潤分配　　　　　　　　　　　　　300,000

貸：庫存現金等貨幣資金		600,000
應收帳款等		150,000
庫存商品等存貨		250,000
固定資產		2,600,000

②甲公司取得淨資產。

借：庫存現金等貨幣資金		600,000
應收帳款等		150,000
庫存商品等存貨		250,000
固定資產		2,000,000
貸：短期借款		80,000
應付帳款等		300,000
其他應付款		120,000
長期借款		1,500,000
股本		800,000
資本公積		200,000

（2）合併後甲公司資產負債表如表 7-5 所示。
（3）合併前後淨資產的變化。
①根據表 7-3、表 7-4 可知：
合併前兩個公司資產總額合計 = 488+300 = 788（萬元）
合併前兩個公司負債總額合計 = 260+200 = 460（萬元）
合併前兩個公司所有者權益總額合計 = 228+100 = 328（萬元）
②根據表 7-5，合併後甲公司資產總計為 788 萬元，負債總計為 460 萬元，所有者權益總計為 328 萬元。

表 7-5　甲公司資產負債表
2020 年 1 月 1 日　　　　　　　　　　　　　　　單位：萬元

資產（年末數）		負債和所有者權益（年末數）	
		流動負債	
流動資產		短期借款	36
貨幣資金	160	應付票據及應付帳款	48
應收票據及應收帳款	20	其他應付款	26
存貨	60	非流動負債	
非流動資產		長期借款	350
固定資產	540	所有者權益	
無形資產	8	股本	240
		資本公積	45
		留存收益	43
資產總計	788	負債和所有者權益總計	788

可見，甲公司對乙公司採用增發股票方式實施的吸收合併，並未增加合併後主體的資產和負債，所有者權益帳面價值總額也沒有變化。對於參與合併的同一控制下的兩個公司而言，此項合併導致了所有者權益按帳面價值的結合。

[**例7-5**] 以發行股票作為合併對價的控股合併。

沿用 [**例7-4**] 的資料，假定 2020 年 1 月初甲公司對乙公司實施的是控股合併，取得乙公司全部股權。

根據上述資料進行甲公司控股合併乙公司的會計處理。

甲公司對企業合併事項的會計處理如下：

借：長期股權投資　　　　　　　　　　　　　1,000,000
　　貸：股本　　　　　　　　　　　　　　　　　　800,000
　　　　資本公積——股本溢價　　　　　　　　　　200,000

[**例7-6**] 以支付資產作為合併對價的吸收合併和 100% 控股合併比較。

A 公司與 B 公司為甲公司的兩個子公司。2019 年 6 月末，A 公司將帳面價值 500 萬元、公允價值 580 萬元的庫存商品和 100 萬元的銀行存款支付給甲公司，實施與 B 公司的合併。合併前 A 公司、B 公司淨資產價值資料分別見表 7-6、表 7-7，假定在甲公司合併財務報表中 B 公司的所有者權益帳面價值也等於 700 萬元。

表 7-6　合併方淨資產價值資料　　　　　　　　　　　　單位：萬元

資產		權益	
項目	帳面價值	項目	帳面價值
貨幣資金	500	應付帳款等	1,000
庫存商品等	800	股本	1,000
固定資產	1,500	資本公積	380
		盈餘公積	200
		未分配利潤	220

表 7-7　被合併方淨資產價值資料　　　　　　　　　　　單位：萬元

資產		權益	
項目	帳面價值	項目	帳面價值
原材料等	200	應付帳款等	400
固定資產	900	股本	400
		資本公積	100
		盈餘公積	50
		未分配利潤	150

根據上述資料，按吸收合併和 100% 控股合併兩種情況分別進行合併日合併方的會計處理。

A 公司合併日確認合併事項的相關會計處理見表 7-8。

表 7-8　A 公司合併日確認合併事項的相關會計處理

吸收合併		控股合併	
借：原材料等	2,000,000	借：長期股權投資	7,000,000
固定資產	9,000,000	貸：庫存商品	5,000,000
貸：應付帳款等	4,000,000	銀行存款	1,000,000
庫存商品	5,000,000	資本公積	1,000,000
銀行存款	1,000,000		
資本公積	1,000,000		

註：1,000,000 =（2,000,000+9,000,000-4,000,000）-（5,000,000+1,000,000）

　　1,000,000 = 7,000,000 -（5,000,000+1,000,000）

從[例7-6]可以看出,無論是吸收合併還是控股合併,合併方由於取得的淨資產(或股權)的帳面價值700萬元大於支付的資產帳面價值600萬元,這就使得A公司合併後淨資產增加100萬元,並導致確認了100萬元的資本公積。

[例7-7] 非100%控股的情形。

沿用[例7-6]的資料,假定A公司只是取得了B公司80%的股份,其他資料不變。

根據上述資料進行合併日合併方的會計處理。

合併日合併方的會計處理如下:

借:長期股權投資	5,600,000
資本公積	400,000
貸:庫存商品	5,000,000
銀行存款	1,000,000

[例7-8] 吸收合併時合併費用的處理。

沿用[例7-4]的資料,假定甲公司為企業合併另付審計費用、評估費用、法律服務費用等各項直接相關費用20,000元,發行股票手續費10,000元。

根據上述資料進行合併日合併方的會計處理。

合併日甲公司有關企業合併的會計處理如下:

借:庫存現金等貨幣資金	600,000
應收帳款等	150,000
庫存商品等存貨	250,000
固定資產	2,000,000
管理費用	20,000
貸:短期借款	80,000
應付帳款等	300,000
其他應付款	120,000
長期借款	1,500,000
股本	800,000
庫存現金等貨幣資金	30,000
資本公積——股本溢價	190,000

[例7-9] 控股合併時合併費用的處理。

沿用[例7-5]的資料,假定甲公司為合併另付審計費用、評估費用、法律服務費用等各項直接相關費用20,000元,發行股票手續費10,000元。

根據上述資料進行合併日合併方的會計處理。

合併日甲公司有關控股合併的會計處理如下:

借:長期股權投資	1,000,000
管理費用	20,000
貸:股本	800,000
資本公積——股本溢價	190,000
庫存現金等貨幣資金	30,000

三、分步實現企業合併的帳務處理

企業通過多次交易分步取得同一控制下被投資單位的股權，最終形成企業合併的，應當判斷多次交易是否屬於「一攬子交易」①。屬於「一攬子交易」的，合併方應當將各項交易作為一項取得控制權的交易進行會計處理。不屬於「一攬子交易」的，取得控制權日，企業應按照以下步驟進行會計處理：

（一）分步實現的控股合併

（1）確定同一控制下企業合併形成的長期股權投資的初始投資成本。

以按持股比例計算的合併日應享有被合併方所有者權益帳面價值的份額作為該項股權投資的初始投資成本。這裡所謂的被合併方所有者權益帳面價值，是指被合併方的所有者權益相對於最終控制方而言的帳面價值。

（2）長期股權投資的初始投資成本與合併對價帳面價值之間的差額的處理。

合併日長期股權投資的初始投資成本，與達到合併前的原股權投資帳面價值加上合併日進一步取得股份而新支付對價的帳面價值之和的差額，調整資本公積（股本溢價或資本溢價）。如需衝減資本公積，資本公積不足衝減的衝減留存收益。

（二）分步實現的吸收合併

企業通過多次投資分步實現同一控制下吸收合併的，按照前述同一控制下控股合併相同的原則進行處理。

（三）合併日之前持有的被合併方股權涉及其他綜合收益的

企業在合併日之前持有的被合併方股權因採用權益法核算而涉及其他綜合收益的，暫不進行會計處理，直至處置該項投資時採用與被投資單位直接處置相關資產或負債相同的基礎進行會計處理（轉入盈餘公積和未分配利潤）；因採用權益法核算而確認的被投資單位淨資產中除淨損益、其他綜合收益和利潤分配以外的所有者權益其他變動，暫不進行會計處理，直至處置該項投資時轉入當期損益（投資收益）。企業在合併日之前持有的被合併方股權分類為以公允價值計量的金融資產而確認的其他綜合收益，在合併日也暫不進行會計處理，直至處置該投資時再轉入處置當期的投資收益。

[例7-10] 分步投資實現同一控制下的控股合併（原投資採用權益法核算）。

甲公司與乙公司在實現合併前即為同受 A 公司控制的兩個公司。甲公司於 2019 年 7 月初用銀行存款 2,500 萬元取得乙公司 20% 的股份，當日乙公司可辨認淨資產帳面價值為 9,800 萬元、公允價值為 10,000 萬元。取得投資後甲公司派人參與乙公

---

① 各項交易的條款、條件以及經濟影響符合以下一種或多種情況的，通常應將多次交易事項作為「一攬子交易」進行會計處理：
第一，這些交易是同時或者在考慮了彼此影響的情況下訂立的。
第二，這些交易整體才能達成一項完整的商業結果。
第三，一項交易的發生取決於至少一項其他交易的發生。
第四，一項交易單獨看是不經濟的，但是和其他交易一併考慮時是經濟的。
例如，A 公司擬收購 B 公司 90% 的股權，總金額為 9,000 萬元。A 公司分 2 次交易，第 1 次，支付 8,000 萬元，取得 B 公司 50% 的股權；第 2 次支付 1,000 萬元，取得餘下 40% 的股權。這兩項交易屬於「一攬子交易」，因為 2 次交易是相互關聯、密不可分的。如果單獨區分，8,000 萬元只得到 50% 的股權，A 公司不會同意。如果花 1,000 萬元取得 B 公司 40% 的股權，B 公司也不會同意。A 公司之所以能夠在第 2 次以 1,000 萬元取得 40% 的股權，是因為有第 1 次交易為前提。

司的生產經營決策，對該投資採用權益法核算。2019年下半年乙公司實現淨利潤1,500萬元，甲公司確認投資收益300萬元（假定本例中投資時被投資方可辨認淨資產公允價值與帳面價值之差對權益法下投資收益的確定沒有產生影響）。在此期間，乙公司未宣告發放現金股利或利潤。2020年1月，甲公司支付6,800萬元進一步購入乙公司40%的股份，從而因擁有乙公司60%的表決權資本實現了與乙公司的合併。合併日乙公司可辨認淨資產的帳面價值為11,300萬元、公允價值為15,000萬元。假定乙公司淨資產公允價值高於帳面價值的差額屬於固定資產的評估增值；甲、乙公司合併日乙公司在最終控制方A公司合併財務報表中的所有者權益帳面價值為11,300萬元。不考慮相關稅費及其他會計事項。根據上述資料，進行甲公司的有關會計處理。

甲公司的有關會計處理如下：
(1) 與個別財務報表有關的確認與計量。
①2019年7月初甲公司進行股權投資。

借：長期股權投資——投資成本　　　　　　　　25,000,000
　　貸：銀行存款　　　　　　　　　　　　　　　25,000,000

②2019年甲公司確認投資收益。

借：長期股權投資——損益調整　　　　　　　　3,000,000
　　貸：投資收益　　　　　　　　　　　　　　　3,000,000

③2020年1月甲公司追加投資。

借：長期股權投資　　　　　　　　　　　　　　68,000,000
　　貸：銀行存款　　　　　　　　　　　　　　　68,000,000

④甲公司將此前持有的原投資由權益法轉為成本法。

借：長期股權投資　　　　　　　　　　　　　　28,000,000
　　貸：長期股權投資——投資成本　　　　　　　25,000,000
　　　　　　　　　　——損益調整　　　　　　　30,00,000

⑤甲公司調整長期股權投資帳面價值。

按初始投資成本與其原長期股權投資帳面價值加上合併日進一步取得股份而新支付對價的帳面價值之和的差額，調整資本公積。

合併日的初始投資成本＝11,300×60%＝6,780（萬元）
合併日長期股權投資的帳面價值＝2,500+300+6,800＝9,600（萬元）
應調整金額＝9,600-6,780＝2,820（萬元）
調整分錄編製如下：

借：資本公積　　　　　　　　　　　　　　　　28,200,000
　　貸：長期股權投資　　　　　　　　　　　　　28,200,000

至此，合併日甲公司對作為子公司的乙公司的長期股權投資帳面餘額為6,780萬元。

(2) 與合併日合併財務報表有關的會計處理見第八章。

[例7-11] 分步投資實現同一控制下的控股合併（原持有股權分類為以公允價值計量的金融資產）。

沿用 [**例 7-10**] 的資料，假定 2019 年 7 月初甲公司將對乙公司的股權投資分類為以公允價值計量且其變動計入其他綜合收益的金融資產，且 2019 年年末該投資的公允價值為 2,510 萬元。根據上述資料進行甲公司的會計處理。

甲公司的會計處理如下：

（1）2019 年 7 月初甲公司進行股權投資。

借：其他權益工具投資——成本　　　　　　　　　　　25,000,000
　　貸：銀行存款　　　　　　　　　　　　　　　　　　25,000,000

（2）2019 年年末甲公司確認公允價值變動。

借：其他權益工具投資——公允價值變動　　　　　　　　100,000
　　貸：其他綜合收益　　　　　　　　　　　　　　　　　100,000

（3）2020 年 1 月甲公司追加投資。

借：長期股權投資　　　　　　　　　　　　　　　　　68,000,000
　　貸：銀行存款　　　　　　　　　　　　　　　　　　68,000,000

（4）甲公司將此前持有的投資進行轉帳。

借：長期股權投資　　　　　　　　　　　　　　　　　25,100,000
　　貸：其他權益工具投資——成本　　　　　　　　　　25,000,000
　　　　　　　　　　　　——公允價值變動　　　　　　　100,000

（5）甲公司調整長期股權投資帳面價值。

合併日的初始投資成本＝11,300×60%＝6,780（萬元）

合併日長期股權投資的帳面價值＝2,510+6,800＝9,310（萬元）

應調整金額＝9,310-6,780＝2,530（萬元）

調整分錄編製如下：

借：資本公積　　　　　　　　　　　　　　　　　　　25,300,000
　　貸：長期股權投資　　　　　　　　　　　　　　　　25,300,000

至此，合併日甲公司對作為子公司的乙公司的長期股權投資帳面餘額為 6,780 萬元。

四、同一控制下的企業合併涉及的或有對價

同一控制下的企業合併形成的控股合併，在確認長期股權投資初始投資成本時，應按照《企業會計準則第 13 號——或有事項》的規定，判斷是否應就或有對價確認預計負債或確認資產以及確認的金額；確認預計負債或資產的，該預計負債或資產金額與後續或有對價結算金額的差額不影響當期損益，而應當調整資本公積（資本溢價或股本溢價），資本公積（資本溢價或股本溢價）不足衝減的，調整留存收益。

第三節　非同一控制下的企業合併的會計處理

一、確認與計量的基本要求

（一）購買方取得的可辨認淨資產按其公允價值入帳（吸收合併和新設合併），取得的長期股權投資按合併成本作為初始投資成本（控股合併）

就控股合併而言，非同一控制下的企業合併本質上為市場化購買，其處理原則與一般的單項資產購買有相同之處，同時亦有區別。相同之處在於因為交易本身是按照市場化原則進行的，購買方在支付有關對價後，對於該項交易中自被購買方取得的各項資產、負債應當按照其在購買日的公允價值計量。與單項資產購買的不同之處在於，企業合併是構成業務的多項資產及負債的整體購買，由於在交易價格形成過程中購買方與出售方之間議價等因素的影響，交易的最終價格與通過交易取得被購買方持有的單項資產、負債的公允價值之和一般存在差異。該差異主要是源於兩種情況：一是購買方支付的成本大於通過該項交易自被購買方取得的各單項可辨認資產、負債的公允價值之和，差額部分是交易各方在作價時出於對被購買方業務整合獲利能力等因素的考慮，即被購買方業務中有關資產、負債整合在一起預期會產生高於其中單項資產、負債的價值，即為商譽的價值。二是購買方支付的成本小於該項交易中自被購買方取得的各單項資產、負債的公允價值之和，差額部分是購買方在交易作價過程中通過自身的議價能力得到的折讓。應當予以說明的是，按照中國企業會計準則的規定，對子公司長期股權投資在取得以後，在母公司帳簿及個別財務報表中都體現為單項資產——長期股權投資，且採用成本法計量，上述商譽因素包含在相關對子公司長期股權投資的初始投資成本中，僅在編製合併財務報表時才會體現。負商譽的因素不影響母公司帳面及個別財務報表中持有的對子公司初始投資成本的確定，在編製合併財務報表時，體現為企業合併發生當期合併利潤表的損益。其實質是一項「交易」。購買交易中取得的資產、承擔的負債或取得的股權，需要採用公允價值計量，而不應該採用帳面價值計量。

（二）購買方合併成本的確定

1. 一般情況下企業合併成本的確定

企業合併成本包括購買方付出的資產、發生或承擔的負債、發行的權益性證券的公允價值之和。這就意味著：一方面，購買方在合併中付出的資產（發生或承擔的負債），其公允價值構成合併成本；另一方面，購買方在合併中付出的資產在按其帳面價值予以註銷（表示相關資產退出企業）的同時，需將相關資產公允價值與帳面價值的差額，作為資產轉讓損益計入當期損益。

2. 非同一控制下企業合併涉及的或有對價

在某些情況下，企業合併各方可能在合併協議中約定，根據未來一項或多項或有事項的發生，購買方通過發行額外證券、支付額外現金或其他資產等方式追加合併對價，或者要求返還之前已經支付的對價，這將導致產生企業合併的或有對價問題。企業會計準則規定，購買方應當將合併協議約定的或有對價作為企業合併轉移

對價的一部分，按照其在購買日的公允價值計入企業合併成本。或有對價符合權益工具和金融負債定義的，購買方應當將支付或有對價的義務確認為一項權益或負債；符合資產定義並滿足資產確認條件的，購買方應當將符合合併協議約定條件的、可收回的部分已支付合併對價的權利確認為一項資產。同時，購買日12個月內出現對購買日已存在情況的新的或進一步證據，需要調整或有對價的，購買方應當予以確認並對原計入合併商譽的金額進行調整。對於其他情況下發生的或有對價變化或調整，購買方應當區分情況進行會計處理：或有對價為權益性質的，購買方不進行會計處理；或有對價為資產或負債性質的，如果屬於企業會計準則規定的金融工具，購買方應當以公允價值計量且其變動計入當期損益，不得指定為以公允價值計量且其變動計入其他綜合收益的金融資產。

上述關於或有對價的規定，主要側重於兩個方面：一是在購買日應當合理估計或有對價並將其計入企業合併成本，購買日後12個月內取得新的或進一步證據表明購買日已存在狀況，從而需要對企業合併成本進行調整的，購買方可以據以調整企業合併成本。二是無論是購買日後12個月內還是其他時點，如果是由於出現新的情況導致對原估計或有對價進行調整的，購買方不能再對企業合併成本進行調整。相關或有對價屬於金融工具的，購買方應以公允價值計量，公允價值變動計入當期損益。上述會計處理的出發點在於對企業合併交易原則上確認和計量時點應限定為購買日，購買日以後視新的情況對原購買成本進行調整的，不能視為購買日的情況，因此不能據以對企業合併成本進行調整。

（三）合併商譽的確認與計量

購買方對合併成本與取得的被購買方可辨認淨資產或股權的公允價值份額之間的差額，分別按以下兩種情形進行處理：

1. 合併成本大於取得的可辨認淨資產或股權的公允價值份額的差額，確認為合併商譽

企業合併交易中，購買方一方面要按公允價值對取得的被購買企業可辨認淨資產或取得的被購買方股權份額進行入帳；另一方面要按合併成本反應付出的合併對價的公允價值。這時，後者大於前者的差額，可能與被購買方的地理位置、產品品牌、員工素質、管理水準、市場潛力、企業合併的協同效應等各種對合併主體獲利能力的影響因素有關。這就涉及合併商譽的確認問題。

（1）合併商譽的確認與初始計量。商譽是由不能分別辨認並單獨確認的資產所形成的未來經濟利益。目前，國際會計界尚沒有確認和計量企業自創商譽的規範，只有企業合併才有可能確認合併商譽。根據《國際財務報告準則第3號——企業合併》（IFRS3）和《企業會計準則第20號——企業合併》的規定，購買方應當將合併成本超過合併中取得的被購買方可辨認淨資產公允價值份額的差額，確認為商譽。

值得一提的是，不形成母子公司關係的企業合併交易，即吸收合併和新設合併，購買日購買方的帳務處理中就能夠單獨確認商譽，從而在合併後存續企業的個別資產負債表中單項列示。形成母子公司關係的控股合併交易，因為合併日帳務處理中作為長期股權投資的初始投資成本入帳的合併成本中就包括商譽價值，所以在合併日購買方的個別資產負債表中商譽並未單獨列報，而是包含在「長期股權投資」項

目中。在合併日合併資產負債表中才需要單獨列報合併商譽。也就是說，如果企業的個別資產負債表中列有商譽，說明該商譽來自企業曾經對其他企業實施的吸收合併或新設合併；如果企業的合併資產負債表中列有商譽，意味著該商譽來自企業曾經對其他企業實施的控股合併。

(2) 合併商譽的後續計量。企業合併形成的商譽，經初始確認為資產項目以後，不予以攤銷，而是至少在每年年末進行減值測試，並確認相應的減值損失，然後按其成本扣除累計減值損失的金額予以計量①。

2. 合併成本小於取得的被購買方可辨認淨資產的公允價值的差額，計入當期損益

根據第 20 號企業會計準則，非同一控制下的企業合併交易中，當購買方的合併成本小於取得的被購買方可辨認淨資產的公允價值時，首先，要對產生該差額的有關因素進行復核，即一方面要對取得的被購買方各項可辨認資產、負債及或有負債的公允價值進行復核；另一方面要對購買方確定的合併成本進行復核。經過復核認定合併成本確實小於取得的被購買方可辨認淨資產的公允價值之後，將其差額計入當期損益。這種方法與 IFRS3 的規定相同。

(四) 合併費用的處理

合併方為進行非同一控制下企業合併而發生的審計費用、評估費用、法律服務費用等各項直接相關費用，應當於發生時計入當期損益（管理費用）。

合併方為進行企業合併發行的債券或承擔其他債務支付的手續費、佣金等，應當計入所發行債券或其他債務的初始計量金額，即構成有關債務的入帳價值的組成部分；合併方在企業合併中發行權益性證券發生的手續費、佣金等，應當抵減權益性證券溢價收入，溢價收入不足沖減的，沖減留存收益。

可見，對於合併方而言，無論是吸收合併、新設合併還是控股合併，其支付的評估審計、諮詢等費用，都不影響吸收合併或新設合併取得的淨資產的入帳價值，也不影響控股合併取得的長期股權投資的初始投資成本，這與同一控制下企業合併是一致的。但合併方為發行證券（作為合併對價）支付的發行費用，雖然處理原則與同一控制下企業合併是相同的，但其結果卻有區別。由於證券發行費用構成發行證券的入帳價值的組成部分，從而影響合併成本，並進而影響控股合併時取得股權的入帳價值或吸收合併與新設合併時確認的合併商譽（或「負商譽」）的價值。

(五) 遞延所得稅的處理

非同一控制下的企業合併如按稅法規定作為免稅合併②處理的情況下，合併方要注意以下兩個與遞延所得稅有關的問題：

(1) 按照企業會計準則確認的合併商譽，其計稅基礎為零，由此產生了合併商譽帳面價值大於計稅基礎的應納稅暫時性差異。根據企業會計準則的規定，該暫時

---

① 合併商譽的會計處理方法一般有三種：一是確認為永久性資產，不予攤銷；二是確認為一項資產，並分期攤銷；三是將合併商譽直接調整併購當期的股東權益（留存收益）。目前，《企業會計準則第 20 號——企業合併》與《國際財務報告準則第 3 號——企業合併》（IFRS3）一致，擯棄了原來採用分期攤銷的方法。2019 年 1 月 7 日，財政部會計準則委員會稱會計準則諮詢委員大部分同意商譽進行攤銷，而不是減值測試。

② 免稅合併是指被合併方的資產、負債在並入合併方時，依照稅法的有關規定，按照原資產、負債的帳面價值「轉讓」，不產生轉讓所得，不計算繳納所得稅。因此，這些資產、負債並入合併方時，應當按照原帳面價值作為計稅基礎。

性差異的未來納稅影響不應予以確認，即不確認與該商譽的暫時性差異有關的遞延所得稅負債。

（2）按照企業會計準則的規定將取得的被購買方可辨認淨資產按公允價值進行初始計量，但其計稅基礎卻等於原計稅基礎，由此導致的暫時性差異的納稅影響要予以確認，並調整合併商譽。

二、一次投資實現企業合併的帳務處理

非同一控制下企業合併時，合併方帳務處理的基本思路歸納如下：

（一）吸收合併與新設合併

1. 支付資產實施的企業合併

（1）支付貨幣資金、出讓貨物實施合併時。

借：有關資產帳戶	［取得的被合併方資產公允價值］	A
商譽	［C 大於（A-B）］	D1
貸：有關負債帳戶	［承擔的被合併方負債公允價值］	B
銀行存款、主營業務收入	［支付的合併對價的公允價值］	C
營業外收入	［C 小於（A-B）］	D2

（2）出讓固定資產等實施合併時

借：有關資產帳戶	［取得的被合併方資產公允價值］	A
商譽	［C 大於（A-B）］	D1
貸：有關負債帳戶	［承擔的被合併方負債公允價值］	B
固定資產清理		
無形資產等	［支付的合併對價的公允價值］	C
資產處置損益等		
營業外收入	［C 小於（A-B）］	D2

2. 發行權益性證券實施的企業合併

借：有關資產帳戶	［取得的被合併方資產公允價值］	A
商譽	［（C+D+E）大於（A-B）］	F1
貸：有關負債帳戶	［承擔的被合併方負債公允價值］	B
股本	［發行證券的面值總額］	C
資本公積	［發行證券的溢價-手續費等］	D
銀行存款等	［實際發生的手續費等］	E
營業外收入	［（C+D+E）小於（A-B）］	F2

3. 承擔債務實施的企業合併

借：有關資產帳戶	［取得的被合併方資產公允價值］	A
商譽	［（C+D+E）大於（A-B）］	F1
貸：有關負債帳戶	［承擔的被合併方負債公允價值］	B
應付債券——面值	［發行債券的面值］	C
——利息調整	［發行債券的溢價-手續費等］	D
銀行存款等	［實際發生的手續費等］	E
營業外收入	［（C+D+E）大於（A-B）］	F2

注意：如有折價，企業將折價與手續費之和借記「應付債券——利息調整」科目，下同。

(二) 控股合併

1. 支付資產實施的企業合併

借：長期股權投資　　　　　　　　　　　　　　　　　B＝A
　　貸：庫存現金、營業收入等　　　　　　　　　　　　A

2. 發行權益性證券實施的企業合併

借：長期股權投資　　　　［A＋B＋C］　　　　　　　　D
　　貸：股本　　　　　　［發行證券的面值總額］　　　A
　　　　資本公積　　　　［發行證券的溢價−手續費等］　B
　　　　銀行存款等　　　［實際發生的手續費等］　　　C

3. 承擔債務實施的企業合併

借：長期股權投資　　　　［A＋B＋C］　　　　　　　　D
　　貸：應付債券（面值）　［發行債券的面值］　　　　A
　　　　應付債券（利息調整）［發行債券的溢價−手續費等］B
　　　　銀行存款等　　　　［實際發生的手續費等］　　C

無論是吸收合併、新設合併還是控股合併，企業發生的評估、審計、諮詢等費用都需要進行如下帳務處理：

借：管理費用
　　貸：銀行存款等

[**例7-12**] 沒有合併費用時合併成本的計算。

A 企業在與 B 企業的合併交易中，用帳面價值 500 萬元、公允價值 600 萬元的庫存商品和 300 萬元的貨幣資金購買 B 企業的 100% 控制權。其他資料略。計算 A 企業的合併成本。

A 企業的合併成本計算如下：

A 企業確認的合併成本＝600＋300＝900（萬元）

A 企業確認的資產轉讓收益＝600−500＝100（萬元）

A 企業確認的長期股權投資初始成本＝900（萬元）

[**例7-13**] 發生合併費用時合併成本的計算。

沿用 [**例7-12**] 的資料，假定在企業併購交易中 A 企業用銀行存款支付 3 萬元的評估費用等合併費用。計算 A 企業的合併成本。

A 企業的合併成本計算如下：

A 企業確認的合併成本＝600＋300＝900（萬元）

A 企業確認的資產轉讓收益＝600−500＝100（萬元）

A 企業確認的長期股權投資初始成本＝900（萬元）

此項合併交易的確認對 A 企業合併當年稅前利潤的影響額＝100−3＝97（萬元）

[**例7-14**] 計入合併成本的預計負債。

沿用 [**例7-13**] 的資料，假設合併協議中約定，如果 B 企業在合併後兩年內每年實現的淨利潤均超過 500 萬元，A 企業就在原購買出價的基礎上另付 5% 的價款。

A 企業根據對已有信息的分析，認為 B 企業今後兩年各年實現的淨利潤很可能超過 500 萬元。計算 A 企業的合併成本。

A 企業的合併成本計算如下：

A 企業確認的合併成本 =（600+300）×105% = 945（萬元）

[**例 7-15**] 調整合併成本。

A 企業與 B 企業為非同一控制下的兩個企業。2019 年 6 月末，A 企業用帳面價值 500 萬元、公允價值 580 萬元的庫存商品和 300 萬元的銀行存款實施與 B 企業的吸收合併。在合併日，B 企業淨資產帳面價值資料見表 7-9。由於當時無法及時準確地確定 B 企業各項資產、負債的公允價值，A 企業按 B 企業資產、負債的帳面價值作為暫時價值對企業合併交易進行確認。2019 年 12 月末，B 企業固定資產的公允價值應為 1,000 萬元。假設 A 企業合併 B 企業後，對合併進來的固定資產採用直線法按 10 年計提折舊。相關稅費略。

表 7-9　B 企業（被購買方）淨資產帳面價值資料　　　　　單位：萬元

資產		負債及股東權益	
項目	帳面價值	項目	帳面價值
原材料等	200	應付帳款等	400
固定資產	900	股本	400
		資本公積	100
		盈餘公積	50
		未分配利潤	150

根據上述資料進行 A 企業的帳務處理。

A 企業有關帳務處理見表 7-10。

表 7-10　A 企業有關帳務處理　　　　　單位：元

2019 年 6 月 30 日確認合併交易		2019 年 12 月 31 日調整合併成本	
借：原材料等	2,000,000	借：固定資產	1,000,000
固定資產	9,000,000	貸：商譽	1,000,000
商譽	1,800,000	同時，補提有關固定資產的折舊：	
貸：應付帳款等	4,000,000	借：管理費用等	50,000
主營業務收入	5,800,000	貸：累計折舊	50,000
銀行存款	3,000,000		
借：主營業務成本	5,000,000		
貸：庫存商品	5,000,000		

[**例 7-16**] 合併成本大於取得的被購買方可辨認淨資產或股權的公允價值份額的情況。

沿用[**例 7-15**]的資料，假定購買日 B 企業淨資產公允價值為 800 萬元，超過帳面價值的 100 萬元為固定資產評估增值，即固定資產的公允價值為 1,000 萬元。

根據上述資料，按吸收合併和控股合併兩種情況分別進行購買日購買方的帳務處理。

A 企業在購買日進行的帳務處理見表 7-11。

表 7-11　A 企業在購買日進行的帳務處理　　　　　　　　單位：元

吸收合併		控股合併	
借：長期股權投資	2,000,000	借：長期股權投資	8,800,000
固定資產	10,000,000	貸：主營業務收入	5,800,000
商譽	800,000	銀行存款	3,000,000
貸：應付帳款等	4,000,000	借：主營業務成本	5,000,000
主營業務收入	5,800,000	貸：庫存商品	5,000,000
銀行存款	3,000,000		
借：主營業務成本	5,000,000		
貸：庫存商品	5,000,000		

註：800,000＝(5,800,000＋3,000,000)－(2,000,000＋10,000,000－4,000,000)

[例 7-17] 合併成本小於取得的被購買方可辨認淨資產或股權的公允價值份額的情況。

假定 2019 年 6 月末 A 企業用發行 600 萬股普通股的方式合併 B 企業，發行的股票每股面值為 1 元、市場價格為 1.3 元，另付手續費 6 萬元。購買日 B 企業淨資產價值資料參見 [例 7-15]。

根據上述資料，按吸收合併和控股合併兩種情況分別進行購買方的帳務處理。

A 企業購買日進行的帳務處理見表 7-12。

表 7-12　A 企業購買日進行的帳務處理　　　　　　　　單位：元

吸收合併		控股合併	
借：原材料等	2,000,000	借：長期股權投資	7,800,000
固定資產	10,000,000	貸：股本	6,000,000
貸：應付帳款等	4,000,000	資本公積——股本溢價	1,740,000
股本	6,000,000	銀行存款	60,000
資本公積——股本溢價	1,740,000		
銀行存款	60,000		
營業外收入	200,000		

註：1,740,000＝6,000,000×(1.30－1.00)－60,000，手續費抵減發行溢價。

[例 7-18] 與企業合併有關的遞延所得稅問題。

A 企業與 B 企業為非同一控制下的兩個企業。2019 年 6 月末，A 企業用自身股票作為合併對價實施與 B 企業的吸收合併。A 企業向 B 企業股東發行本公司普通股 700 萬股，每股面值 1 元，市場價格 1.2 元。在合併日，B 企業淨資產帳面價值資料見表 7-9，公允價值為 800 萬元，超過帳面價值的 100 萬元為固定資產評估增值，即固定資產的公允價值為 1,000 萬元。企業適用的企業所得稅稅率為 25%。假定此項合併符合稅法規定的免稅合併條件。

根據上述資料，進行 A 公司合併日確認企業合併的帳務處理。

A公司購買日確認企業合併的帳務處理如下:

借:原材料等 2,000,000
　　固定資產 10,000,000
　　商譽 650,000
　貸:應付帳款等 4,000,000
　　股本 7,000,000
　　資本公積 1,400,000
　　遞延所得稅負債（1,000,000×25%） 250,000

三、分步投資實現企業合併的帳務處理

（一）購買日的確定

如果企業合併是通過多次股權投資交易分步實現的，交易日是各單項投資在購買方財務報表中確認之日，購買日則是獲得控制權之日。也就是說，每一單項交易發生之日並不一定就是購買日，購買日應是多次交易之後實現控制權轉移之日。

（二）初始投資成本的確定

通過多次投資交易分步實現的企業合併，購買日改按成本法核算的長期股權投資的初始投資成本等於購買日之前持有的被購買方的股權投資帳面價值與購買日新增股權投資成本之和。

（三）帳務處理思路

根據上面的分析，購買方在購買日應按照以下步驟對合併交易進行確認:

（1）購買方在購買日之前持有的對被購買方的投資，原採用權益法核算的，帳面價值保持不變；在購買日之前持有的對被購買方的投資，原採用《企業會計準則第22號——金融工具確認和計量》進行會計處理的（其他權益工具投資及交易性金融資產），將帳面價值調整至公允價值，公允價值與帳面價值之間的差額計入當期投資收益。

（2）購買方在購買日之前持有的對被購買方的投資，因採用權益法而確認的其他綜合收益，應當在處置該項投資時採用與被購買方為直接處置相關資產或負債相同的基礎進行會計處理（一般是轉入投資收益）。購買方因被投資單位除淨損益、其他綜合收益和利潤分配以外的其他所有者權益變動而確認的所有者權益（資本公積——其他資本公積），應在處置該項投資時轉入當期損益（投資損益）。購買方在購買日之前持有的對被購買方的投資作為按公允價值計量且其變動計入其他綜合收益的金融資產核算的，原計入其他綜合收益的累計公允價值變動應當在改按成本法核算時轉入留存收益（盈餘公積和未分配利潤）。

（3）購買方在購買日追加的投資，按購買日支付的合併對價的公允價值計量，並將該新增投資成本與購買日之前持有的對被購買方的股權投資帳面價值之和，作為購買日的初始投資成本，報告長期股權投資。

購買日與合併財務報表有關的帳務處理參見第八章。

[**例7-19**] 分步投資實現控股合併（原投資為權益法核算的長期股權投資）。

沿用[**例7-10**]的資料，假設甲公司與乙公司在實現合併前為非同一控制下的

兩個公司，其他資料不變。根據上述資料進行甲公司與個別財務報表有關的帳務處理。

甲公司與個別財務報表有關的帳務處理如下：

（1）2019年7月初，甲公司進行股權投資。

借：長期股權投資——投資成本　　　　　　　　　　25,000,000
　　貸：銀行存款　　　　　　　　　　　　　　　　　25,000,000

（2）2019年，甲公司確認投資收益。

借：長期股權投資——損益調整　　　　　　　　　　3,000,000
　　貸：投資收益　　　　　　　　　　　　　　　　　3,000,000

（3）2020年1月，甲公司追加投資（購買日）。

借：長期股權投資　　　　　　　　　　　　　　　　68,000,000
　　貸：銀行存款　　　　　　　　　　　　　　　　　68,000,000

（4）甲公司將權益法核算的長期股權投資結轉為成本法核算的長期股權投資。

借：長期股權投資　　　　　　　　　　　　　　　　28,000,000
　　貸：長期股權投資——投資成本　　　　　　　　　25,000,000
　　　　長期股權投資——損益調整　　　　　　　　　3,000,000

至此，購買日甲公司對作為子公司的乙公司的長期股權投資初始成本為9,600萬元。

[**例7-20**] 分步投資實現控股合併（原投資為其他權益工具投資）。

沿用 [**例7-10**] 的資料，假定2019年7月初甲公司將對乙公司的股權投資分類為以公允價值計量且其變動計入其他綜合收益的金融資產，且2019年年末該投資的公允價值為2,510萬元。其他資料不變。根據上述資料進行甲公司與個別財務報表有關的帳務處理。

甲公司與個別財務報表有關的帳務處理如下：

（1）2019年7月初，甲公司進行股權投資。

借：其他權益工具投資——成本　　　　　　　　　　25,000,000
　　貸：銀行存款　　　　　　　　　　　　　　　　　25,000,000

（2）2019年年末，甲公司確認公允價值變動。

借：其他權益工具投資——公允價值變動　　　　　　100,000
　　貸：其他綜合收益　　　　　　　　　　　　　　　100,000

（3）2020年1月，甲公司追加投資。

借：長期股權投資　　　　　　　　　　　　　　　　68,000,000
　　貸：銀行存款　　　　　　　　　　　　　　　　　68,000,000

（4）甲公司將此前持有的投資轉換為長期股權投資。

借：長期股權投資　　　　　　　　　　　　　　　　25,100,000
　　貸：其他權益工具投資——成本　　　　　　　　　25,000,000
　　　　　　　　　　　　　——公允價值變動　　　　100,000

（5）甲公司將原累積的其他綜合收益進行重分類（假定甲公司按淨利潤的10%提取盈餘公積）。

借：其他綜合收益　　　　　　　　　　　　　　　　100,000
　　貸：盈餘公積　　　　　　　　　　　　　　　　　10,000
　　　　利潤分配——未分配利潤　　　　　　　　　　90,000

至此，購買日甲公司對作為子公司的乙公司的長期股權投資初始成本為9,310萬元。

四、被購買方可辨認淨資產公允價值的確定

被購買方可辨認淨資產的公允價值是指合併中取得的被購買方可辨認資產的公允價值減去負債及或有負債公允價值後的餘額。

（一）公允價值的確定方法

（1）貨幣資金按照購買日被購買方的原帳面價值確定。

（2）有活躍市場的股票、債券、基金等金融工具，按照購買日活躍市場中的市場價值確定。

（3）應收款項、短期應收款項，一般按應收取的金額作為公允價值；長期應收款項應以適當的利率折現後的現值確定其公允價值。在確定應收款項的公允價值時，企業要考慮發生壞帳的可能性及收款費用。

（4）存貨、產成品和商品按其估計售價減去估計的銷售費用、相關稅費以及購買方出售類似的產成品或商品可能實現的利潤確定；在產品按完工產品的估計售價減去至完工仍將發生的成本、預計銷售費用、相關稅費以及基於同類或類似產成品的基礎估計的出售可能實現的利潤確定；原材料按現行重置成本確定。

（5）不存在活躍市場的金融工具，如權益性投資等，應當參照《企業會計準則第22號——金融工具確認和計量》等，採用估值技術確定其公允價值。

（6）房屋建築物、機器設備、無形資產，存在活躍市場的，應以購買日的市場價格確定其公允價值；不存在活躍市場的，但同類或類似資產存在活躍市場的，應參照同類或類似資產的市場價格確定其公允價值；同類或類似資產也不存在活躍市場的，應按照估值技術確定其公允價值。

採用估值技術確定的公允價值估計數的變動區間很小，或者在公允價值估計數變動區間內，各種用於確定公允價值估計數的概率能夠合理確定的，視為公允價值能夠可靠計量。

（7）應付帳款、應付票據、應付職工薪酬、應付債券、長期應付款，其中的短期負債，一般按照應支付的金額確定其公允價值；長期負債應當按照適當的折現率折現後的現值作為其公允價值。

（8）企業取得的被購買方的或有負債，其公允價值在購買日能夠可靠計量的，應確認為預計負債。此項負債應當按照假定第三方願意代購買方承擔該項義務，就其所承擔義務需要購買方支付的金額作為其公允價值。

（9）遞延所得稅資產和遞延所得稅負債。對於企業合併中取得的被購買方各項可辨認資產、負債及或有負債的公允價值與其計稅基礎之間存在差額的，企業應當按照《企業會計準則第18號——所得稅》的規定確認相應的遞延所得稅資產或遞延所得稅負債，確認的遞延所得稅資產或遞延所得稅負債的金額不應折現。

（二）購買方將被購買方可辨認淨資產公允價值單獨予以確認的條件

對被購買方各項可辨認資產、負債以及或有負債，符合以下條件的，購買方應當單獨予以確認：

（1）合併中取得的被購買方除無形資產以外的其他各項資產（不僅限於被購買方原已確認的資產），其帶來的未來經濟利益預計能夠流入企業且公允價值能夠可靠計量的，企業應當按照公允價值確認。合併中取得的無形資產，其公允價值能夠可靠計量的，企業應當單獨確認為無形資產並以公允價值計量。

（2）合併中取得的被購買方除或有負債以外的其他各項負債，履行有關的義務很可能導致經濟利益流出企業且公允價值能夠可靠計量的，企業應當按照公允價值確認。

（3）合併中取得的被購買方或有負債，其公允價值能夠可靠計量的，企業應當按照公允價值單獨確認為負債。

第四節　企業合併的會計信息列報

一、表內列示

表內列示主要表現在企業合併形成的淨資產或股權在個別財務報表中的列示。

二、表外披露

《企業會計準則第 20 號——企業合併》將企業合併分為同一控制下的企業合併和非同一控制下的企業合併，要求合併方（購買方）在合併當期報表附註中披露有關信息。

（一）同一控制下的企業合併
（1）參與合併企業的基本情況。
（2）屬於同一控制下企業合併的判斷依據。
（3）合併日的確定依據。
（4）以支付現金、轉讓非現金資產以及承擔債務作為合併對價的，所支付對價在合併日的帳面價值；以發行權益性證券作為合併對價的，合併中發行權益性證券的數量及定價原則以及參與合併各方交換有表決權股份的比例。
（5）被合併方的資產、負債在上一會計期間資產負債表日及合併日的帳面價值，被合併方自合併當期期初至合併日的收入、淨利潤、現金流量等情況。
（6）合併合同或協議約定將承擔被合併方或有負債的情況。
（7）被合併方採用的會計政策與合併方不一致所做調整情況的說明。
（8）合併後已處置或準備處置被合併方資產、負債的帳面價值和處置價格等。

（二）非同一控制下的企業合併
（1）參與合併企業的基本情況。
（2）購買日的確定依據。
（3）合併成本的構成及其帳面價值、公允價值以及公允價值的確定方法。
（4）被購買方各項可辨認資產、負債在上一會計期間資產負債表日及購買日的帳面價值和公允價值，企業合併中取得的被購買方無形資產的公允價值及公允價值的確定方法。

（5）合併合同或協議約定將承擔被購買方或有負債的情況。
（6）被購買方自合併日起至報告期期末的收入、淨利潤、現金流量等情況。
（7）商譽的金額及其確定方法。
（8）因合併成本小於合併中取得的被購買方可辨認淨資產公允價值的份額計入當期損益的金額。
（9）合併後已處置或準備處置被購買方資產、負債的帳面價值和處置價格等。

□思考題

1. 什麼是企業合併？
2. 什麼是同一控制下的企業合併？什麼是非同一控制下的企業合併？
3. 什麼是吸收合併、新設合併和控股合併？
4. 如何理解購買法、權益結合法的基本內容？
5. 如何理解中國現行企業會計準則對企業合併的會計處理規範？

第八章
合併財務報表

【學習目標】

通過本章的學習，學生應瞭解合併財務報表的合併範圍，掌握合併財務報表的編製程序及原理，能夠編製合併資產負債表、合併利潤表、合併所有者權益變動表和合併現金流量表的抵銷分錄，能夠正確編製合併資產負債表、合併利潤表、合併所有者權益表和合併現金流量表。

第一節 合併財務報表概述

一、合併財務報表的含義

（一）合併財務報表的概念

合併財務報表（或稱合併報表）是指反應母公司和其全部子公司形成的企業集團整體的財務狀況、經營成果和現金流量情況的財務報表。

控股合併以後，母公司及其所屬的子公司各自仍為獨立的法人實體，因此仍應單獨編製各自的財務報表。但是控股合併形成的企業集團還應對外公開報告企業集團整體的財務信息，以便於母公司及企業集團的投資者、債權人和其他報表使用者瞭解企業集團整體的資源總量及其來源，瞭解企業集團整體對外交易的經營成果。因此，企業集團還要編製合併財務報表。

合併財務報表的特點主要從合併財務報表與個別財務報表（或稱個別報表）和與匯總財務報表相比較兩個方面來看。

相對於個別財務報表，合併財務報表有如下特點：

（1）反應的對象不同。合併財務報表以企業集團這一非法律主體為會計主體，反應該主體的財務會計信息；個別財務報表則只反應既是法律主體又同時是會計主體的單個企業的財務會計信息。

（2）編製主體不同。合併財務報表由企業集團的控股公司或母公司編製，個別財務報表由各單個企業自行編製。

（3）編製基礎不同。合併財務報表以個別財務報表為基礎，個別財務報表由各單個企業系統的會計帳簿記錄資料作為編製基礎。

（4）編製方法不同。合併財務報表要採用工作底稿這一特殊手段，並在工作底稿中編製調整與抵銷分錄，對個別財務報表數據進行加總、抵銷、調整，整理出合併數，據以填列合併財務報表；個別財務報表根據系統的帳簿記錄，直接或間接計

算填列各報表項目。

合併財務報表與匯總財務報表比較，在編製目的、編製主體、確定編報範圍的依據以及編製方法上有所不同。

(二) 合併財務報表與投資的關係

合併財務報表與投資有關，但投資並不一定必須編製合併財務報表。

短期投資（如為交易目的而持有的投資）的目的決定了投資企業並不成為經濟意義上的一體，投資企業不會對被投資企業實施控制，而只是將暫時閒置的資金用來謀求一定的投資收益。短期投資不可能也沒有必要要求投資企業編製合併財務報表。

長期債權投資情況下不需要編製合併財務報表。長期債權投資的投資者是被投資者的債權人而不是股權擁有者，這就決定了投資企業與被投資企業並不構成一個經濟整體。兩個互為獨立的經濟主體只需各自編報反應自身財務狀況、經營成果和現金流量信息的個別財務報表即可。

長期股權投資按投資企業對被投資企業的影響不同分為三種情況：控制、共同控制、重大影響。

根據中國企業會計準則的規定，當投資企業對被投資企業能夠實施控制（無論是直接控制還是間接控制），投資雙方構成一個經濟意義上的整體時，才需要編製反應這一經濟整體財務狀況、經營成果和現金流量信息的合併財務報表。

可見，編製合併財務報表的前提是存在長期股權投資，但合併財務報表的編製與否最終取決於投資企業與被投資企業是否存在控制與被控制關係。

(三) 合併財務報表與企業合併方式的關係

合併財務報表與企業合併有必然的聯繫，但是並非每一種合併方式下都需要編製合併財務報表。

合併財務報表的編製與否與企業合併是否屬於同一控制下的合併無關，而與企業合併的法律結果有關。在吸收合併情況下，合併前的兩個或多個企業被其中一個企業合併，被合併方均不復存在，在合併後只有一個獨立的法律主體和會計主體，這時顯然不存在編製合併財務報表問題；在新設合併情況下，合併前的兩個或多個企業共同組成一個新的企業，這時當然也不必編製合併財務報表；只有在控股合併情況下，合併方與被合併方仍各為獨立的法律主體和會計主體，而作為合併後的企業集團這一經濟意義上的整體來說，為了反應其總體的財務狀況、經營成果和現金流量，需要編製合併財務報表。

(四) 合併財務報表的局限性

合併財務報表的局限性主要表現在以下幾個方面：

（1）納入合併範圍的只是母公司及其能夠實施控制的子公司，不包括企業集團中的母公司對其權益性資本在半數以下的、不能對其實施控制但能對其施加重大影響的被投資公司，這就不能全面反應企業集團整體的、完整的財務信息。

（2）多元化經營的企業集團，由於子公司行業不同、經營範圍各異，必然影響合併財務報表信息的可理解性和相關性。

（3）對於跨國企業集團而言，由於境外子公司個別財務報表的外幣折算採用的

匯率不同，加上各國通貨膨脹程度各異，合併財務報表的相關性受到影響。

（4）對於需要瞭解特定公司、特定信息的報表使用人來講，合併財務報表不能提供企業集團中具體個體的償債能力、股利支付能力和獲利能力等有用信息。因此，合併財務報表的局限性使得分部報告、關聯方關係及其交易的披露成為必然。

二、合併財務報表的種類

（一）按編製時間及目的不同進行分類

合併財務報表按編製時間及目的不同，分為合併日合併財務報表和合併日後合併財務報表兩類。

合併日合併財務報表是指取得控制權當天編製的合併財務報表。編製合併日合併財務報表，是企業股權取得日的重要會計事項之一。同一控制下的企業合併，母公司在合併日編製的合併財務報表包括資產負債表、期初至合併日的合併利潤表和合併現金流量表；非同一控制下的企業合併，母公司在購買日只編製資產負債表。

合併日後合併財務報表是指控股合併日後的每一個資產負債表編製的合併財務報表。同合併日相比，合併日以後的各報告期內發生了投資收益的確認、內部交易、股利分配等許多控股權取得日不曾有的經濟事項，對與之相關的會計報表數據進行抵銷和調整，就構成了合併日後合併財務報表工作底稿中與合併日合併財務報表工作底稿不同的內容。

（二）按反應的具體內容不同進行分類

合併財務報表按反應的具體內容不同，分為合併資產負債表、合併利潤表、合併所有者權益變動表、合併現金流量表以及附註。

合併資產負債表是由母公司編製的，反應報告期末企業集團整體的資產、負債和股東權益情況的報表。

合併利潤表是由母公司編製的，反應報告期內企業集團整體的經營成果情況的報表。

合併所有者權益變動表是由母公司編製的，反應報告期內企業集團整體所有者權益變動情況的報表。

合併現金流量表是由母公司編製的，反應報告期內企業集團整體的現金流入、現金流出數量及增減變動情況的報表。

三、合併範圍的確定

（一）合併範圍的確定原則

合併範圍是指可納入合併財務報表的主體範圍。正確界定合併範圍是編製合併財務報表的重要前提。企業會計準則如何界定合併範圍，對於完善合併會計理論體系、避免合併財務報表實務中的主觀隨意性、提高合併財務報表信息的相關性，都具有重要意義。

《企業會計準則第33號——合併財務報表》規定，合併財務報表的合併範圍應當以控制為基礎加以確定。該準則同時還規定，母公司應當將其全部子公司納入合併財務報表的合併範圍（母公司是投資性主體時可能會有例外）。這就意味著解決

合併範圍的關鍵是要正確理解控制的含義與判斷標準，正確理解母公司、子公司的概念。

（二）母公司、子公司的概念

母公司是指控制一個或一個以上主體（含企業、被投資單位中可分割的部分以及企業所控制的結構化主體等）的主體。子公司是指被母公司控制的主體。

投資方通常應當對是否控制被投資方整體進行判斷。因此，通常情況下子公司是投資方控制的企業主體。但在極個別情況下，子公司可能是投資方控制的被投資方中可分割的部分。當有確鑿證據表明同時滿足下列條件並且符合相關法律法規規定，投資方應當將被投資方的一部分視為被投資方可分割的部分（單獨主體），進而判斷是否控制該部分（單獨主體）：

（1）該部分的資產是償付該部分負債或該部分其他權益的唯一來源，不能用於償還該部分以外的被投資方的其他負債。

（2）除與該部分相關的各方外，其他方不享有與該部分資產相關的權利，也不享有與該部分資產剩餘現金流量相關的權利。

根據《國際財務報告準則第10號——合併財務報表》（IFRS10）的規定，在某些情況下，投資者可能通過法律和合同安排擁有對特定一組資產和負債（被投資者的一部分）的權益。在某些司法管轄區，法人主體被劃分為若干部分〔通常被稱為「分支」（silo）〕。這種情況產生了在進行合併評估時是否有可能僅將被投資者的個別分支或部分（而非整個法人主體）視為一個單獨主體的問題。確定是否存在分支應基於個別分支實質上是否可以與被投資者整體單獨區分開來或「劃清界線」。如果被投資者的一部分在經濟上可以與被投資者整體單獨區分開來，並且投資者控制了被投資者的該部分，則該部分應被視為投資者的子公司。

投資方控制的結構化主體也屬投資方的子公司。結構化主體是指被設計為表決權或類似權利並非決定該主體控制方的主導因素的主體。例如，證券化載體、資產抵押融資以及某些投資基金等。

（三）控制的基本內涵

控制是指投資方擁有對被投資方的權利，通過參與被投資方的相關活動而享有可變回報，並且有能力運用被投資方的權利影響其回報金額。

1. 控制的三要素

正確進行控制的判斷，必須注意到控制概念涉及的以下三個相關要素：

（1）主導被投資方的權利。該權利最常見的產生方式是通過權益工具授予的表決權，但也可以通過其他合同安排產生。表決權的有無，是判斷有無控制的關鍵。

（2）通過參與被投資方的相關活動取得可變回報的權利。這裡的相關活動是指對被投資方的回報產生重大影響的活動，通常包括購買和出售商品或服務、管理金融資產、購買和處置資產、研發活動以及融資活動等。這裡的可變回報是指投資方自被投資方取得的回報可能會隨著被投資方業績的變化而變動。採用術語「回報」（而非「利益」）以明確面臨的被投資者的經濟風險可以是正面的、負面的或兩者兼有的。參與被投資者的相關活動所取得的回報，如對主體投資的價值變動、結構化主體現金流量中的剩餘權益、股利、利息、管理費或服務費安排、擔保、稅務利

益、其他權益持有人可能無法獲得的任何其他回報。儘管某些經濟權益可能是固定的（例如，債務工具固定的票息或基於管理資產的固定的資產管理費），其仍可能會導致可變的回報，因為投資者仍然面臨諸如債務工具信用風險和資產管理安排的不履約風險等的變動風險。

（3）利用對被投資方的權利影響可變回報的能力。這一控制要素考慮了前兩項控制要素之間的相互關係。為控制被投資者，投資者必須不僅具有主導被投資者的權利和因參與被投資者的相關活動而面臨可變回報的風險或取得可變回報的權利，而且要有能力利用對被投資者的權利影響被投資者的回報。

在判斷投資方是否控制被投資方時，如果投資方同時具備以上三項要素，則可以認定投資方能夠控制被投資方。

投資方應在綜合考慮所有相關事實和情況的基礎上對是否控制被投資方進行判斷。一旦相關事實和情況的變化導致對控制的定義涉及的相關要素發生變化時，投資方應當進行重新評估。這裡的相關事實和情況主要包括：被投資方的設立目的、被投資方的相關活動及如何做出有關此類活動的決策，投資者擁有的使其在當前主導相關活動、投資者是否通過參與被投資方相關活動而享有可變回報的權利，投資者是否具有能力運用對被投資者的權利影響投資者回報金額以及投資方與其他方的關係。

2. 投資方對被投資方擁有權利的一般標誌

前已述及，權利最常見的產生方式是通過權益工具授予的表決權，但也可以通過其他合同安排產生。

除非有確鑿證據表明其不能主導被投資方的相關活動，下列情況表明投資方對被投資方擁有權利：

（1）投資方持有被投資方半數以上的表決權。

（2）投資方持有被投資方半數或以下的表決權，但通過與其他表決權持有人的協議能夠控制半數以上表決權。

表決權是指對被投資單位經營計劃、投資方案、年度財務預算和決算方案、利潤分配方案和彌補虧損方案、內部管理機構的設置、聘任或解聘公司經理及其報酬、公司的基本管理制度等事項持有的表決權，不包括應由股東大會（或股東會）行使的修改公司章程、增加或減少註冊資本、發行公司債券以及公司合併、分立、解散或變更公司形式等事項持有的表決權。表決權比例通常與出資比例一致，除非公司章程另有規定。

投資方擁有被投資方半數以上的表決權的方式，包括直接擁有、間接擁有、直接和間接合計擁有三種方式。例如，A公司擁有B公司90%的表決權，B公司擁有C公司80%的表決權，則A公司直接擁有B公司半數以上的表決權、間接擁有C公司半數以上的表決權，B公司直接擁有C公司半數以上表決權。又如，E公司擁有F公司90%的表決權，直接擁有G公司30%的表決權，F公司直接擁有G公司50%的表決權，則E公司直接擁有F公司半數以上的表決權，直接加間接合計擁有G公司半數以上的表決權。

確定直接加間接合計擁有的被投資單位表決權的比例通常有以下兩種計算方法：

一種是乘法，另一種是加法。以上述 E、F、G 公司為例，間接表決權比例按乘法計算，E 公司間接持有 G 公司 45%的表決權（90%×50%），直接加間接合計持有 75%的表決權。按加法計算，E 公司間接持有 G 公司 50%的表決權，直接加間接合計有 G 公司 80%的表決權。

按照中國現行企業會計準則的有關規範，企業在確定對間接持股的被投資單位的表決權比例時，不採用乘法而是採用加法。

（3）投資方持有半數或半數以下的表決權，但對被投資方擁有權利的其他情形。

有時投資者僅持有半數或半數以下的表決權，但綜合考慮下列事實和情況後，判斷投資方持有的表決權足以使其目前有能力主導被投資方相關活動的，視為投資方對被投資方擁有權利：

①投資方持權份額大小以及其他投資方持權的分散程度高低。
②投資方和其他投資方持有被投資方潛在表決權。
③其他合同安排產生的權利。
④被投資方以往的表決權行使情況等。

3. 判斷投資方對被投資方是否擁有主導權利的其他情形

（1）需要根據單方面主導被投資方相關活動的證據來判斷是否擁有對被投資方的權利的情形。

在某些情況下，投資方可能難以判斷其享有的權利是否足以使其擁有對被投資方的權利，這時投資方應考慮其具有實際能力以單方面主導被投資方相關活動的證據，從而到判斷其是否擁有對被投資方的權利。投資方應考慮的因素包括但不限於下列事項：

①投資方能否任命或批准被投資方的關鍵管理人員。
②投資方能否出於其自身利益決定或否決被投資方的重大交易。
③投資方能否掌控被投資方董事會等類似權力機構成員的任命程序，或者從其他表決權持有人手中獲得代理權。
④投資方與被投資方的關鍵管理人員或董事會等類似權力機構中的多數成員是否存在關聯方關係。

（2）在有多個投資者有權主導被投資方不同的相關活動時對擁有主導權利一方的判斷。

如果兩個或兩個以上的投資者有權主導不同的相關活動，則投資者必須決定哪一項相關活動對被投資者的回報構成最大影響。能夠主導對被投資方回報產生最重大影響活動的一方，擁有對被投資方的權利。例如，兩個投資者成立一家公司以開發和推銷醫療產品。其中一個投資者負責開發醫療產品及獲得監管部門的批准——該責任包括單方面做出所有關於產品開發及獲得監管部門批准的決策的能力。一旦產品獲得監管部門批准，另一個投資者將製造並推銷該產品——該投資者具有單方面做出所有關於產品製造和推銷的決策的能力。如果所有活動——醫療產品的開發和獲得監管部門批准以及製造和推銷都是相關活動，則每一個投資者需要確定其是否有能力主導對被投資者回報構成最大影響的活動。據此，每一個投資者都需要考

慮對被投資者回報構成最大影響的活動是醫療產品的開發及獲得監管部門批准,還是醫療產品的製造和推銷,及其能否主導該活動。在確定哪一個投資者擁有主導的權利時,投資者將考慮以下因素:

①被投資者的目的和設計。
②確定被投資者利潤率、收入和價值的因素以及醫療產品的價值。
③每一投資者就②所述因素的決策權對於被投資者回報的影響。
④投資者面臨的可變回報的風險。
⑤獲得監管部門批准的不確定性及所需的工作(考慮投資者以往成功開發醫療產品並獲得監管部門批准的記錄)。
⑥哪一個投資者將在開發階段取得成功後控制該醫療產品。

(3) 投資方擁有多數表決權但並未擁有對被投資方的權利的情形。

擁有多數表決權但無權支配被投資方的情況主要有被投資方的相關活動聽從於政府、法院、接收方、清算者等的命令。

綜上所述,我們可以發現,確定投資方是否對被投資方擁有主導權利乃至投資方是否控制被投資方,要依據「實質重於形式」的原則根據具體情況進行判斷。

(四)「控制」的其他問題

1. 潛在表決權

投資方在確定能否控制被投資方時,還要考慮潛在表決權因素。這裡應該注意解決三個問題:什麼是潛在表決權?誰持有的潛在表決權?何時的潛在表決權才能影響到控制關係的判斷?

潛在表決權是指可能賦予一個企業對另一個企業在財務和經營上的表決權的認股權證、股票買入期權、可轉換債券和可轉換股票等工具。持有被投資企業的認股權證、股票買入期權、可轉換債券和可轉換股票等工具的企業如果執行或轉換這些工具,將增加本企業或減少其他企業對被投資企業的表決權。也就是說,投資單位持有的被投資單位的潛在表決權一旦執行或轉換,將增加投資單位的表決權比例;相反,其他單位持有的被投資單位的潛在表決權一旦執行或轉換,將減少本投資單位的表決權比例。當然,如果潛在表決權直至將來某一日期發生某一事項時才能執行或轉換,則該潛在表決權就不是當前可執行或可轉換的,自然也就不會對本期控制關係的判斷產生影響。

因此,出於確定合併範圍的需要,投資方在評估本企業是否有統馭被投資方的財務和經營政策的權利時,需要考慮本企業和其他企業持有的被投資方的當期可轉換公司債券、當期可執行的認股權證。

例如,投資者A持有被投資者70%的表決權;投資者B持有被投資者30%的表決權以及購入投資者A一半表決權的選擇權。該選擇權可在未來兩年內按固定價格行使並且深度蝕價(且預計在該兩年期間內一直會保持深度蝕價)。投資者A一直行使其表決權並積極主導被投資者的相關活動。在這種情況下,投資者A很可能滿足擁有權利的標準,因為其似乎在當前有能力主導相關活動。儘管投資者B擁有當前可行使的購買額外表決權的選擇權(若行使該選擇權,投資者B將取得被投資者占多數的表決權),但是該選擇權相關的條款和條件使得該選擇權不被視為具有實

質性。又如，投資者 A 及其他兩個投資者各自持有被投資者 1/3 的表決權。被投資者的經營活動與投資者 A 緊密相關。除權益工具外，投資者 A 還持有可以在任何時候按固定價格轉換成被投資者普通股的債務工具，該工具為蝕價（但非深度蝕價）。如果對該債務工具進行轉換，投資者 A 將持有被投資者 60%的表決權。如果該債務工具被轉換成普通股，投資者 A 將能夠從所實現的協同效應中獲益。投資者 A 具有主導被投資者的權利，因為其持有的被投資者表決權連同潛在表決權使其在當前有能力主導相關活動。

2. 實質性權利與保護性權利

投資方在判斷其是否擁有對被投資方的權利時，應當僅考慮與被投資方相關的實質性權利，包括自身享有的實質性權利以及其他方享有的實質性權利。僅享有保護性權利的投資方不擁有對被投資方的權利。

實質性權利是指持有人在對相關活動進行決策時有實際能力行使的可執行權利。判斷一項權利是否為實質性權利，應當綜合考慮所有相關因素，包括權利持有人行使該項權利是否存在財務、價格、條款、機制、信息、營運、法律法規等方面的障礙（如若行使該權利則必須支付大額罰款或費用）；當權利由多方持有或行權需要多方同意時，是否存在實際可行的機制使得這些權利持有人在其願意的情況下能夠一致行權；權利持有人能否從行權中獲利（如通過行使「溢價」看漲期權獲利）；等等。在某些情況下，其他方享有的實質性權利有可能會阻止投資方對被投資方的控制。這種實質性權利既包括提出議案以供決策的主動性權利，也包括對已提出議案做出決策的被動性權利。

保護性權利是指僅為了保護權利持有人利益卻沒有賦予權利持有人對相關活動決策權的一項權利。保護性權利通常只能在被投資方發生根本性改變或某些例外情況發生時才能行使，它既沒有賦予其持有人對被投資方擁有權利，也不能阻止其他方對被投資方擁有權利。保護性權利的例子可能包括批准新的債務融資的權利、持有被投資者非控制性權益的一方批准被投資者發行額外權益工具的權利，或者放款人在違約時取得資產的權利。

3. 委託人與代理人問題

投資方在判斷是否控制被投資方時，應當確定其自身是以主要責任人還是代理人的身分行使決策權；在其他方擁有決策權的情況下，還需要確定其他方是否以其代理人的身分代為行使決策權。如果代理人僅代表主要責任人行使決策權，不控制被投資方。投資方將被投資方相關活動的決策權委託給代理人的，應當將該決策權視為自身直接持有。在判斷決策者是不是代理人時，我們應綜合考慮該決策者與被投資方以及其他投資方之間的關係。存在單獨一方擁有實質性權利可以無條件罷免決策者的，該決策者為代理人。此外，我們應綜合考慮決策者對被投資方的決策權範圍、其他方享有的實質性權利、決策者的薪酬水準、決策者因持有被投資方中的其他權益所承擔可變回報的風險等相關因素。

(五) 母公司是投資性主體時合併範圍的確定

母公司同時滿足下列條件時，該母公司屬於投資性主體：

(1) 以向投資者提供投資管理服務為目的。

（2）該公司的唯一經營目的是通過資本增值、投資收益或兩者兼有而讓投資者獲得回報。

（3）該公司按照公允價值對幾乎所有投資的業績進行考量及評價。

作為投資性主體的母公司，其通常應具有如下特徵：

（1）擁有一項以上投資。

（2）擁有一個以上投資者。

（3）投資者不是該主體的關聯方。

（4）其所有者權益以股權或類似權益方式存在。

母公司屬於投資性主體時，應當納入其合併範圍的僅是為其投資活動提供相關服務的子公司，其他子公司不應納入合併範圍。母公司對非為其投資活動提供相關服務的子公司的投資，應按公允價值計量並將公允價值變動計入當期損益。可見，只存在「非為其投資活動提供相關服務的子公司」時，母公司不編製合併財務報表。

投資性主體的母公司本身不是投資性主體的，該母公司應當將其控制的全部主體（包括那些通過投資性主體所間接控制的主體）納入合併範圍。

母公司由投資性主體轉變為非投資性主體時，應將原未納入合併範圍的子公司於轉變日納入合併範圍，原未納入合併範圍的子公司在轉變日的公允價值視同購買的交易對價。當母公司由非投資性主體轉變為投資性主體時，除僅將為其投資活動提供相關服務的子公司納入合併範圍之外，企業自轉變之日起對其他子公司不再予以合併，按照視同在轉變日處置子公司但保留剩餘股權的原則進行會計處理。

四、合併財務報表的編製程序

（一）編製原則

編製合併財務報表，應該在統一會計期間、統一會計政策的前提下，遵循以下原則：

（1）以個別財務報表為基礎原則。一方面，以個別財務報表為基礎是真實性原則的要求；另一方面，以個別財務報表為基礎這一原則也解釋了為什麼在合併日後的以後各期編製合併財務報表時需要在合併財務報表工作底稿中對「未分配利潤（期初）」項目進行調整。

（2）一體性原則。這一原則決定了在編製合併財務報表時對集團內部交易和事項要予以抵銷。

（3）重要性原則。根據這一原則，對合併財務報表項目可進行適當的取捨，對集團內部交易或事項可根據需要決定是否全部予以抵銷。

（二）基礎工作

合併財務報表的編製，必須做好以下基礎工作：

（1）統一會計政策。母公司應當統一子公司採用的會計政策，使子公司採用的會計政策與母公司的會計政策保持一致。如果子公司採用的會計政策與母公司的會計政策不一致，子公司應當按照母公司的會計政策對財務報表進行必要的調整，或者按照母公司的會計政策另行編製財務報表。

（2）統一會計期間。母公司應當統一子公司的會計期間，使子公司的會計期間與母公司的會計期間保持一致。如果子公司的會計期間與母公司的會計期間不一致，子公司應當按照母公司的會計期間對財務報表進行必要的調整，或者按照母公司的會計期間另行編製財務報表。

（3）備齊相關資料。子公司除了應當向母公司提供財務報表以外，還應當向母公司提供下列有關資料：採用的與母公司不一致的會計政策及其影響金額，與母公司不一致的會計期間說明，與母公司、其他子公司之間發生的所有內部交易的相關資料，所有者權益變動的有關資料，編製合併財務報表需要的其他有關資料。

（三）編製步驟

合併財務報表的編製需要以母公司和納入合併範圍的子公司的個別財務報表為依據，還要進行必要的調整與抵銷處理，數據量以及處理數據的工作量都比較龐大，因此一般要借助於計算表格或工作底稿來整理數據。本書主要介紹工作底稿法。工作底稿法編製合併財務報表的步驟如圖 8-1 所示。

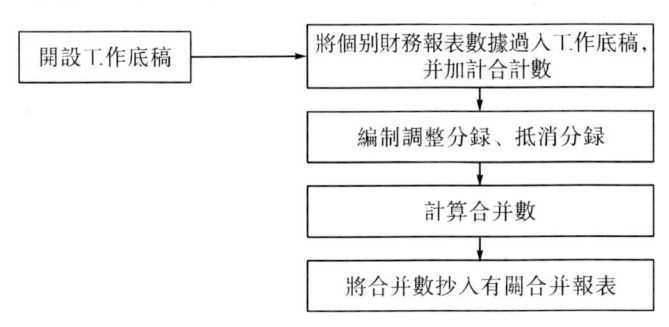

開設工作底稿 → 將個別財務報表數據過入工作底稿，并加計合計數 → 編制調整分錄、抵消分錄 → 計算合并數 → 將合并數抄入有關合并報表

圖 8-1　工作底稿法編製合併財務報表的步驟

第一步：開設合併財務報表工作底稿。一般地，合併利潤表工作底稿、合併所有者權益變動表工作底稿和合併資產負債表工作底稿合在一張工作底稿中，合併現金流量表工作底稿單獨設置。

合併財務報表工作底稿的格式為：縱向設置報表項目，橫向分別設置「個別財務報表」「合計數」「調整與抵銷分錄」以及「合併數」四大欄。合併財務報表工作底稿具體格式參見表 8-1。

表 8-1　合併財務報表工作底稿　　　　　　　　　　　　　單位：元

項目	個別財務報表		合計數	調整與抵銷分錄		合併數
	母公司	子公司		借	貸	
資產負債表項目						
……						
利潤表項目						
……						
所有者權益變動表中的有關利潤分配的項目						
……						

第二步：將母公司和納入合併範圍的子公司的個別財務報表資料過入合併財務報表工作底稿中的「個別財務報表」大欄中的具體欄目，並加計合計數。

第三步：根據有關資料，在合併財務報表工作底稿「調整與抵銷分錄」欄中編製調整與抵銷分錄。為了清楚起見，也可以分別設置「調整分錄」欄和「抵銷分錄」欄，這時抵銷分錄的編製基礎就是「個別財務報表」數據與「調整分錄」數據之和。這裡的調整分錄主要是指編製抵銷分錄前對個別財務報表有關項目所做的調整，這裡的抵銷分錄則是為了抵銷內部交易對個別財務報表有關項目的影響。

第四步：根據「合計數」欄與「調整與抵銷分錄」欄資料，計算各項目的合併數。合併數的具體計算方法如下：

（1）資產類項目、成本費用類項目、利潤分配項目等，用「合計數」加上「調整與抵銷分錄」欄的借方金額，減去「調整與抵銷分錄」欄的貸方金額，得出合併數。

（2）負債類項目、股東權益類項目、收入類項目等，用「合計數」加上「調整與抵銷分錄」欄的貸方金額，減去「調整與抵銷分錄」欄的借方金額，得出合併數。

（3）資產備抵項目、彌補虧損項目分別與資產類項目、利潤分配項目的計算方法中在「調整與抵銷分錄」欄借方和貸方金額的加、減方向相反。

第五步：根據合併財務報表工作底稿中的「合併數」欄資料，登記各合併財務報表。可見，工作底稿法下合併財務報表編製過程的關鍵步驟是有關調整和抵銷分錄的處理。

（四）關於調整處理

進行抵銷處理之前需要對個別財務報表有關項目進行調整。由於企業合併分為同一控制下企業合併和非同一控制下企業合併兩種類型，而兩種類型的企業合併形成的子公司在合併資產負債表中淨資產的報告價值及其對合併所有者權益的影響結果有所不同，因此兩種類型的合併財務報表工作底稿的調整內容可能有所不同。有關的調整處理主要有以下兩類：

第一類：為統一會計政策、統一會計期間所做的調整，以實現抵銷前的數據基礎可比性。母公司應當統一子公司採用的會計政策，使子公司採用的會計政策與母公司的會計政策保持一致。如果子公司採用的會計政策與母公司的會計政策不一致，子公司應當按照母公司的會計政策對財務報表進行必要的調整，或者按照母公司的會計政策另行編製財務報表。母公司應當統一子公司的會計期間，使子公司的會計期間與母公司的會計期間保持一致。如果子公司的會計期間與母公司的會計期間不一致，子公司應當按照母公司的會計期間對子公司的財務報表進行必要的調整，或者要求子公司按照母公司的會計期間另行編製財務報表。

第二類：對非同一控制下企業合併取得的子公司，要對子公司可辨認淨資產按合併日公允價值為報告基礎進行調整，以滿足選擇的合併理念的要求。根據實體理念，子公司各項可辨認淨資產在合併財務報表中應以合併日公允價值為基礎進行報告。合併日合併財務報表中子公司各項可辨認淨資產按合併日公允價值報告，而在合併日後每期期末的合併資產負債表中，子公司可辨認淨資產的報告價值並不是期

未評估的公允價值,而是以合併日公允價值作為基礎,再結合相關資產、負債報告期內的價值變動,對子公司個別財務報表帳面價值進行調整。這樣做的結果,使子公司淨資產在合併財務報表中的報告既保持了各期合併財務報表對子公司淨資產報告價值的連續性,又維護了與相關會計準則對各項資產、負債後續計量規範的一致性。

值得一提的是,母公司對子公司長期股權投資的成本法結果還可以按權益法進行調整。這一調整滿足了會計實務工作者長期以來對抵銷分錄編製基礎的慣性思維。需要注意的是,將母公司對子公司長期股權投資的成本法結果調整到權益法結果並非編製合併財務報表的必要程序。從母公司對子公司的長期股權投資來看,從「消除公司間關係一切痕跡」的理念出發,抵銷分錄的結果只能有一個:母公司對子公司的「長期股權投資」和「投資收益」等一切受到對子公司股權投資影響的有關報表項目的影響金額均應抵銷為零。既然如此,在成本法基礎上進行抵銷和在權益法基礎上進行抵銷,都能達到這個結果,只不過抵銷分錄涉及的具體項目或金額不完全相同而已。從這個意義上來說,工作底稿中將成本法調整為權益法這一調整工作實際上可以省略,現行企業會計準則也允許不做成本法到權益法的調整。

(五)關於抵銷處理

合併財務報表編製程序中的核心環節是進行有關的抵銷處理,也就是說,要在合併財務報表工作底稿中,編製各類有關的抵銷分錄。現在的問題是:第一,為什麼要編製抵銷分錄?第二,抵銷分錄的類別主要有哪些?

1. 抵銷處理的意義

合併財務報表編製程序中抵銷處理的目的在於確定合併財務報表數據。從合併財務報表的特點可知,合併財務報表反應的是包括母公司和納入合併範圍的子公司在內的、經濟意義上的一個整體的財務狀況、經營成果和現金流量信息。因此,構成這個整體的各成員企業之間的交易,從合併財務報表的視角來看,屬於內部交易;在依據個別財務報表編製合併財務報表時,內部交易對相關成員企業個別財務報表產生的影回應予以抵銷,以便生成能夠真正反應相關成員企業構成的企業集團整體的「合併」財務信息。例如,母公司、子公司期末「應收帳款」的餘額分別是3,000萬元和2,000萬元,如果母公司應收帳款餘額中有900萬元是應向子公司收取的銷貨款,則母、子公司構成的一個報告主體提供的合併財務報表,應收帳款報告價值應為4,100萬元,表示該主體應向本主體以外債務人收取的貨款。因此,在合併財務報表工作底稿中,企業要將內部交易導致的債權、債務予以抵銷。

需要注意的是,由於這裡的抵銷分錄只能在合併財務報表工作底稿裡編製,因此抵銷分錄中涉及的對象應該是有關的報表項目而不是會計科目。這就可以解釋以下兩個問題:第一,為什麼合併資產負債表、合併利潤表以及合併所有者權益變動表的工作底稿需合併設置,而合併現金流量表工作底稿則與上述合併財務報表工作底稿沒有聯繫;第二,因為抵銷分錄只在合併工作底稿中完成,並非帳簿記錄依據,未在參與合併的母、子公司的個別財務報表中反應,對母、子公司個別財務報表沒有任何影響,從而導致以後報告期末編製合併財務報表時可能涉及對「未分配利潤(期初)」項目的調整。

2. 抵銷處理的類別

按內部交易類別對抵銷處理進行歸類，合併財務報表工作底稿中的抵銷處理可以分為以下四大類：

第一類：與內部股權投資有關的抵銷處理。

第二類：與內部債權、債務有關的抵銷處理。

第三類：與內部資產交易有關的抵銷處理，主要有內部存貨交易、固定資產交易、無形資產交易等。

第四類：與內部現金流動有關的抵銷處理。

顯而易見，上述第四類抵銷處理，只能影響到合併現金流量表項目，從而僅與合併現金流量表的編製有關。上述第一類、第二類、第三類抵銷處理，直接或間接服務於合併資產負債表、合併利潤表以及合併所有者權益變動表的信息生成。其中，有的抵銷分錄僅僅涉及合併資產負債表有關項目（如抵銷內部應收帳款和應付帳款），有的抵銷分錄則只與合併利潤表項目有關（如抵銷內部資產交易導致的營業收入和營業成本），而有的抵銷分錄則同時影響合併資產負債表和合併利潤表項目（如抵銷按內部應收帳款計提的壞帳準備）。正因為如此，我們從第二節開始，就依據內部交易類別的抵銷處理這一線索來分析合併資產負債表、合併利潤表、合併所有者權益變動表、合併現金流量表的編製。第二節、第三節和第四節主要介紹合併財務報表編製程序中最常見的調整與抵銷處理，第五節則就合併財務報表編製過程中的其他問題進行說明。

第二節 與內部股權投資有關的抵銷處理

一、基本原理

與企業集團內部成員企業之間股權投資有關的業務主要包括：第一，投資方對被投資方進行股權投資；第二，投資後被投資方向投資方宣派股利。以母公司對子公司的股權投資為例①，母公司為取得對子公司的控股權進行股權投資時，一方面增加母公司的長期股權投資，另一方面形成子公司的股本。股權投資之後的各報告期內，子公司宣告分派的現金股利會導致母公司確認投資收益。從企業集團的角度來看，這種股權投資引致的長期股權投資、股本、投資收益以及利潤分配等會計要素的變動，源於內部股權投資業務。從編製合併財務報表的角度來看，這些內部股權投資業務的確認與計量對投資雙方個別財務報表數據產生的影响應予以抵銷。

（一）合併日（控股權取得日）的抵銷處理

在合併日，企業應編製合併財務報表。企業編製合併財務報表時應進行相應的調整與抵銷處理。根據現行企業會計準則的規定，無論是同一控制下的企業合併還是非同一控制下的企業合併，合併日都需編製合併資產負債表。如果是期中進行的

---

① 企業集團內部子公司之間的股權投資，比照母公司對子公司股權投資的抵銷。子公司持有母公司的長期股權投資，應當視為企業集團的庫存股，在合併資產負債表中作為所有者權益的減項。

同一控制下企業合併，合併日還需要編製年初至合併日的合併利潤表、合併現金流量表。合併日的合併財務報表的編製具有以下幾個要點：

第一，需要進行必要的調整處理。

第二，一般只需進行與內部股權投資有關的抵銷處理。

第三，在進行與內部股權投資有關的抵銷處理時，一般只涉及將投資方的長期股權投資與被投資方的股東權益相抵銷（有時還會涉及少數股東權益的確認），而不會涉及股權投資收益有關的抵銷處理。

（二）合併日後的抵銷處理

合併日後的各個資產負債表日，編製合併財務報表的過程中，一方面應將母公司對子公司的長期股權投資餘額與子公司的股東權益中歸屬於母公司的股東權益予以抵銷；另一方面需要將報告期內母公司來自子公司的股權投資收益與子公司的股利分配中歸屬於母公司應享有的部分進行抵銷。

（三）少數股東權益

所謂少數股東權益，也稱非控制性權益（non-controlling interests），是指子公司股東權益中不屬於母公司所擁有的那部分股權，是相對於控股權益而言的。少數股東權益顯然產生於子公司非母公司全資投資的場合，而少數股東權益的報告卻只與合併財務報表有關。與少數股東權益相關的另一個重要概念是少數股東損益。少數股東損益是子公司當年實現淨損益中少數股東應享有的份額，在金額上相當於子公司當年淨損益與少數股東持股比例之乘積。同淨收益將增加公司股東權益一樣，少數股東損益無疑將增加（或減少）企業集團少數股東權益。報告期內子公司股東權益的任何變化都會引起少數股東權益的變動。少數股東權益是在編製合併資產負債表中確認的，少數股東損益則是在編製合併利潤表中確認的。合併資產負債表中少數股東權益的報告價值是多少、如何列報，少數股東損益在合併利潤表中如何列報、金額如何計量，都取決於合併財務報表的不同合併理論。現行企業會計準則基本上採用了實體理論，即將少數股東權益作為合併股東權益的組成部分，在合併資產負債表中的股東權益部分單項列報；少數股東享有的損益，作為合併利潤表中合併淨利潤的組成部分在「淨利潤」項下單獨列報。

無論是在編製合併日的合併財務報表還是在編製合併日後的合併財務報表時，都需要在合併資產負債表中將子公司股東權益中屬於少數股東享有的份額確認為少數股東權益；在編製合併日後各期的合併利潤表時，需要將子公司報告期內實現的淨利潤中屬於少數股東享有的部分，確認為少數股東損益；子公司報告期內股利分配額中歸屬於少數股東的部分，增加少數股東權益。

綜上所述，我們可以得出以下兩個結論：

第一，與內部股權投資相關的抵銷處理的結果是：合併資產負債表中「長期股權投資」項目能夠反應企業集團報告期末的對外長期股權投資價值；合併資產負債表中的股東權益合併數能夠反應母公司的股東和子公司來自除母公司以外的股東對母公司和子公司淨資產所擁有的權益之和；合併利潤表中的「投資收益」項目剔除了來自內部股權投資的收益；合併所有者權益變動表中的股利分配項目只反應對母公司股東進行的股利分配。

第二，理解這一類抵銷分錄的關鍵有三點：一是要區分母公司對子公司的長期股權投資是同一控制下的企業合併形成的還是非同一控制下的企業合併形成的；二是要注意區分母公司對子公司是否是全資投資；三是注意有關長期股權投資減值準備的抵銷思路。

下面區分合併日、合併日後兩種情況，介紹合併財務報表編製過程中與內部股權投資有關的抵銷處理。

二、合併日合併財務報表工作底稿中的相關抵銷處理

（一）同一控制下的企業合併

1. 一次投資實現的控股合併

對於一次投資實現的同一控制下的控股合併，一方面，在編製合併日合併資產負債表時，被合併方的各項資產、負債，應按其帳面價值計量。如果被合併方採用的會計政策和會計期間與合併方不一致，其應按照合併方採用的會計政策和會計期間進行調整，以調整後的帳面價值計量。也就是說，合併方與被合併方的資產、負債應按照一致的會計政策和會計期間下的帳面價值予以合併。另一方面，合併方對被合併方的長期股權投資的入帳價值按合併日被合併方所有者權益帳面價值的份額計量。在這種情況下，合併日合併方與合併資產負債表有關的抵銷分錄如下：

借：股本
　　資本公積
　　其他綜合收益　　［子公司股東權益報告價值］
　　盈餘公積
　　未分配利潤
　貸：長期股權投資　　［母公司對該子公司長期股權投資報告價值］
　　　少數股東權益　　［子公司股東權益與少數股東持股比例之乘積］

[例 8-1] 控股合併形成全資母公司的情況。

A、B 兩個公司合併前的資料見 [例 7-6] 中的表 7-6、表 7-7。2019 年 6 月末，A 公司用帳面價值 500 萬元、公允價值 580 萬元的庫存商品和 100 萬元的銀行存款給 B 公司的原股東，取得 B 公司 100％的股權。有關帳務處理見表 7-8。合併後雙方的個別財務報表資料見表 8-2 中的「個別財務報表」欄目。

進行合併日 A 公司編製合併財務報表工作底稿中的有關處理。

由於 A 公司與 B 公司的合併使 A 公司成為 B 公司的全資母公司，因此合併日 A 公司在編製合併資產負債表時應編製的有關抵銷分錄如下：

借：股本　　　　　　　　　　　　　　　4,000,000
　　資本公積　　　　　　　　　　　　　1,000,000
　　盈餘公積　　　　　　　　　　　　　　500,000
　　未分配利潤　　　　　　　　　　　　1,500,000
　貸：長期股權投資　　　　　　　　　　7,000,000

將上述抵銷分錄抄到合併財務報表工作底稿中，則 A 公司編製的合併日合併財務報表工作底稿（簡表）見表 8-2 中的「調整與抵銷分錄」欄。A 公司應根據工作底稿中計算確定的「合併數」欄數字填製合併日合併資產負債表。

第八章 合併財務報表

表 8-2　合併日合併財務報表工作底稿（簡表）　　　　　　單位：萬元

項目	個別財務報表 母公司（A）	個別財務報表 子公司（B）	調整與抵銷分錄 借	調整與抵銷分錄 貸	合併數
流動資產	700	200			900
固定資產	1,500	900			2,400
長期股權投資	700	0		700	0
負債	1,000	400			1,400
股本	1,000	400	400		1,000
資本公積	480*	100	100		480
盈餘公積	200	50	50		200
未分配利潤	220	150	150		220

註：480＝投資前餘額 380＋投資處理中貸記的金額 100（見 [例7-6]）。

[例8-2] 控股合併形成非全資子公司的情況。

在 [例7-7] 的基礎上，假定 A 公司與 B 公司的合併使 A 公司擁有了 B 公司 80%的股權。進行合併日母公司的有關帳務處理。

合併日 A 公司應在工作底稿中編製將母公司對子公司的長期股權投資與子公司的股東權益相抵銷並確認少數股東權益的分錄。

借：股本　　　　　　　　　　　　　　　　4,000,000
　　資本公積　　　　　　　　　　　　　　　100,000
　　盈餘公積　　　　　　　　　　　　　　　500,000
　　未分配利潤　　　　　　　　　　　　　1,500,000
　貸：長期股權投資　　　　　　　　　　　5,600,000
　　　少數股東權益　　　　　　　　　　　1,400,000

將上述抵銷分錄與調整分錄抄到工作底稿中，則 A 公司編製的合併日合併財務報表工作底稿（簡表）見表 8-3。

表 8-3　合併日財務報表工作底稿（簡表）　　　　　　單位：萬元

項目	個別財務報表 母公司（A）	個別財務報表 子公司（B）	調整與抵銷分錄 借	調整與抵銷分錄 貸	合併數
流動資產	700	200			900
固定資產	1,500	900			2,400
長期股權投資	560	0		560	0
負債	1,000	400			1,400
股本	1,000	400	400		1,000
資本公積	340	100	100		340
盈餘公積	200	50	50		200
未分配利潤	220	150	150		220
少數股東權益	—	—		140	140

註：340＝投資前餘額 380－投資處理中借記的金額 40（見 [例7-7]）。

140 萬元為合併日子公司股東權益中的 20%。合併股東權益為 1,900 萬元，其中歸屬於母公司股東的權益為 1,760 萬元（1,000＋340＋200＋220），少數股東享有 140 萬元。

2. 分步實現的控股合併

通過多次股權投資分步實現的控股合併，合併方在合併日合併財務報表工作底稿中的抵銷分錄與上述一次投資形成控股合併情況下的同一控制下的企業合併合併日編製合併財務報表時的抵銷處理相同。

[例8-3] 分步投資實現控股合併的情況。

沿用 [例7-10] 的資料，即甲公司與乙公司在實現合併前為同一控制下的兩個公司。甲公司於 2019 年 7 月初用銀行存款 2,500 萬元取得乙公司 20% 的股份，當日乙公司可辨認淨資產帳面價值為 9,800 萬元，公允價值為 10,000 萬元。取得投資後甲公司派人參與乙公司的生產經營決策，對該投資採用權益法核算。2019 年下半年，乙公司實現淨利潤 1,500 萬元，甲公司確認投資收益 300 萬元（假定本例中投資時被投資方可辨認淨資產公允價值與帳面價值之差對權益法下投資收益的確定沒有產生影響）。在此期間，乙公司未宣告發放現金股利或利潤。2020 年 1 月，甲公司支付 6,800 萬元進一步購入乙公司 40% 的股份，從而因擁有乙公司 60% 的表決權資本實現了與乙公司的合併。購買日乙公司可辨認淨資產的帳面價值為 11,300 萬元，公允價值為 15,000 萬元。假定乙公司淨資產公允價值高於帳面價值的屬於固定資產的評估增值。甲、乙公司合併日乙公司在最終控制方 A 公司合併財務報表中的所有者權益帳面價值為 11,300 萬元。不考慮相關稅費及其他會計事項。

根據上述資料進行甲公司的有關帳務處理。

（1）個別財務報表相關的確認與計量見 [例7-10]。

（2）與合併日合併財務報表有關的財務處理。

在合併日合併財務報表工作底稿中，母公司對子公司的股權投資與子公司股東權益相抵銷的分錄如下：

借：股本等股東權益　　　　　　　　　　　　113,000,000
　　貸：長期股權投資　　　　　　　　　　　　67,800,000
　　　　少數股東權益　　　　　　　　　　　　45,200,000

（二）非同一控制下的企業合併

1. 一次投資實現的控股合併

一次投資實現的非同一控制下的控股合併，合併日合併資產負債表的編製要點如下：

（1）在合併日合併資產負債表中，因企業合併取得的被購買方各項可辨認資產、負債以及或有負債，應當以公允價值列示。按照合併財務報表的實體理論，無論母公司取得的子公司股權份額是否為 100%，合併資產負債表中子公司各項可辨認資產、負債以及或有負債均按公允價值報告。這就意味著，在母公司非 100% 控股的情況下，合併財務報表中少數股東權益中包含的子公司可辨認淨資產也按其公允價值報告。根據中國《企業會計準則第 30 號——財務報表列報》的規定，子公司可辨認淨資產按公允價值調整後，如果計稅基礎不變，則還需要在合併財務報表中確認相關資產或負債的遞延所得稅。

（2）根據中國現行的企業會計準則的規定，母公司的合併成本大於取得的子公司可辨認淨資產公允價值份額的差額，即母公司對子公司的長期股權投資（按合併

成本計量）大於母公司在子公司所有者權益（按公允價值計量）中所享有的份額的差額，列作商譽。在存在少數股權的情況下，這就意味著合併商譽中並未包含子公司歸屬於少數股東的商譽。

（3）母公司的合併成本小於取得的子公司可辨認淨資產公允價值份額的差額，即母公司對子公司的長期股權投資（按合併成本計量的）小於母公司在子公司的所有者權益（按公允價值計量）中所享有的份額的差額，在合併日合併資產負債表中調整留存收益（該差額應計入營業外收入，因為非同一控制下控股合併的合併日只編製合併資產負債表，所以調整盈餘公積和未分配利潤）。

綜上所述，合併日合併方與合併資產負債表有關的調整與抵銷分錄如下：

第一，將子公司可辨認淨資產調整至公允價值。

借：有關資產　　　　［子公司有關資產公允價值與帳面價值之差］A
　貸：資本公積　　　　［A 與 B 之差］
　　　遞延所得稅負債　［A×所得稅稅率］

資產的調整減值做相反處理，負債的調整與資產的調整方向相反。資產調整減值或負債調整增值還會涉及遞延所得稅資產的確認。

第二，將母公司對子公司的股權投資與子公司的股東權益相抵銷，並確認少數股東權益。

借：股本　　　　　　｜
　　資本公積　　　　｜
　　其他綜合收益　　｝　［子公司調整後價值］　　　　　　　　　　　A
　　盈餘公積　　　　｜
　　未分配利潤　　　｜
　　商譽　　　　　　　　［B 大於 A×母公司持股比例的差額］　　　D1
　貸：長期股權投資　　　［母公司對該子公司長期股權投資的報告價值］B
　　　少數股東權益　　　［A×少數股東持股比例］　　　　　　　　　C
　　　盈餘公積　　　｝
　　　未分配利潤　　｝　［B 小於 A×母公司持股比例的差額］　　　D2

D2 分別按 10%和 90%的比例計入盈餘公積和未分配利潤。

[例 8-4] 母公司的合併成本大於取得的子公司可辨認淨資產公允價值份額，即100%控股的情況。

A、B 公司為非同一控制下的兩個企業。合併前雙方可辨認淨資產價值資料見表 8-4。

表 8-4　合併前雙方可辨認淨資產價值資料　　　　　　　　單位：萬元

項目	A 公司 帳面價值	B 公司 帳面價值	B 公司 公允價值	項目	A 公司 帳面價值	B 公司 帳面價值	B 公司 公允價值
流動資產	1,000	200	200	負債	900	400	400
固定資產	1,800	900	1,000	股本	1,000	400	
長期股權投資	0	0		資本公積	400	100	
				盈餘公積	300	50	
				未分配利潤	400	150	

2019年6月末，A公司用帳面價值為500萬元、公允價值為580萬元的庫存商品和300萬元的銀行存款作為合併對價支付給B公司的原股東，換取B公司100%的股權，從而成為B公司的全資母公司（相關稅費略）。合併後雙方個別資產負債表資料見表8-5中的「個別財務報表」欄。

根據上述資料，說明被購買方各項可辨認淨資產的列示以及合併商譽在合併日合併資產負債表工作底稿中的產生過程。

在合併財務報表工作底稿中，為了將被購買方可辨認資產、負債在合併財務報表中按公允價值報告，購買方就需要將固定資產公允價值大於帳面價值的差額編製調整分錄，之後再編製有關的抵銷分錄。

(1) 調整對子公司有關資產的報告價值。
借：固定資產　　　　　　　　　　　　　　　　　　　　　　1,000,000
　貸：資本公積　　　　　　　　　　　　　　　　　　　　　　　750,000
　　　遞延所得稅負債　　　　　　　　　　　　　　　　　　　　250,000

(2) 抵銷母公司對子公司的投資。
借：股本等股東權益　　　　　　　　　　　　　　　　　　　7,750,000
　　商譽　　　　　　　　　　　　　　　　　　　　　　　　1,050,000
　貸：長期股權投資　　　　　　　　　　　　　　　　　　　8,800,000

將上述調整分錄與抵銷分錄抄入合併日合併財務報表工作底稿（簡表），見表8-5。

表8-5　合併日合併財務報表工作底稿（簡表）　　　　　　　　單位：萬元

項目	個別財務報表		調整與抵銷分錄		合併數
	母公司	子公司	借	貸	
流動資產	200	200			400
固定資產	1,800	900	①100		2,800
長期股權投資	880	0		②880	0
商譽	0	0	②105		105
負債	900	400		①25	1,325
股東、資本公積、留存收益	1,980	700	②775	①75	1,980

註：商譽等於合併成本大於合併中取得的被購買方可辨認淨資產公允價值份額的差額，即105 = 880 - 775。775 = 700 + 75。合併日對取得的子公司固定資產按公允價值報告，即2,800 = 1,800 + (900 + 100)。

上述調整分錄可以與抵銷分錄合編。
借：股本等股東權益　　　　　　　　　　　　　　　　　　　7,000,000
　　固定資產　　　　　　　　　　　　　　　　　　　　　　1,000,000
　　商譽　　　　　　　　　　　　　　　　　　　　　　　　1,050,000
　貸：長期股權投資　　　　　　　　　　　　　　　　　　　8,800,000
　　　遞延所得稅負債　　　　　　　　　　　　　　　　　　　250,000

這種情況下的合併日合併財務報表工作底稿（簡表）如表8-6所示。

表 8-6　合併日合併財務報表工作底稿（簡表）　　　　　　　單位：萬元

項目	個別財務報表 母公司	個別財務報表 子公司	調整與抵銷分錄 借	調整與抵銷分錄 貸	合併數
流動資產	200	200			400
固定資產	1,800	900	100		2,800
長期股權投資	880	0		880	0
商譽	0	0	105		105
負債	900	400		25	1,325
股東、資本公積、留存收益	1,980	700	700		1,980

[**例8-5**] 母公司的合併成本大於取得的子公司可辨認淨資產公允價值份額，即非100%控股的情況。

假定 A 公司 2019 年 6 月末取得的 B 公司股權份額為 80%，其他資料見 [**例8-4**]。編製有關調整與抵銷分錄。

按現行企業會計準則的規定，控股合併日母公司編製合併財務報表時整合編製的調整與抵銷分錄如下：

借：股本等股東權益　　　　　　　　　　　　　　7,000,000
　　固定資產　　　　　　　　　　　　　　　　　1,000,000
　　商譽　　　　　　　　　　　　　　　　　　　2,600,000
　貸：長期股權投資　　　　　　　　　　　　　　8,800,000
　　　少數股東權益（7,750,000×20%）　　　　　1,550,000
　　　遞延所得稅負債　　　　　　　　　　　　　　250,000

合併財務報表工作底稿（簡表）見表 8-7。

表 8-7　合併財務報表工作底稿（簡表）（部分商譽法）　　　單位：萬元

項目	個別財務報表 母公司	個別財務報表 子公司	調整與抵銷分錄 借	調整與抵銷分錄 貸	合併數
流動資產	200	200			400
固定資產	1,800	900	100		2,800
長期股權投資	880	0		880	0
商譽	0	0	260		260
負債	900	400		25	1,325
股東、資本公積、留存收益	1,980	700	700		1,980
少數股東權益	—	—		155	155

註：合併日對取得的子公司固定資產100%按公允價值報告，即2,800＝1,800＋(900＋100)，符合合併財務報表的實體理論。

由於子公司可辨認淨資產全部按公允價值報告，合併商譽卻僅按母公司擁有的部分計量，因此少數股東權益只能按子公司可辨認淨資產公允價值中少數股東擁有的份額計算。

商譽等於合併成本大於合併中取得的被購買方可辨認淨資產公允價值份額的差額，即合併成本(880)－可辨認淨資產帳面價值(1,100－400)＋資產增值(100)－資產增值確認的遞延所得稅負債(25×80%)。可見，這裡不包括歸屬於少數股東的商譽65萬元［(880÷80%－775)×20%］，這即是「部分商譽法」。如果按照「全部商譽

法」，本例中有關合併商譽應包括少數股東應享有的合併商譽。如果用母公司合併成本隱含的子公司購買價格作為子公司公允價值的話，全部商譽法下的合併商譽為 325 萬元（880÷80%-775），則合併財務報表工作底稿（簡表）見表 8-8。

表 8-8　合併財務報表工作底稿（簡表）（全部商譽法）　　　　單位：萬元

項目	個別財務報表 母公司	個別財務報表 子公司	調整與抵銷分錄 借	調整與抵銷分錄 貸	合併數
流動資產	200	200			400
固定資產	1,800	900	100		2,800
長期股權投資	880	0		880	0
商譽	0	0	325		325
負債	900	400		25	1,325
股東、資本公積、留存收益	1,980	700	700		1,980
少數股東權益	—	—		220	220

註：220=（775+325）×20%。

[例 8-6] 母公司的合併成本小於取得的子公司可辨認淨資產公允價值份額。

沿用 [例 8-4] 的資料，假定 A 公司僅以 580 萬元的存貨（帳面價值為 500 萬元）作為合併對價取得 B 公司全部股權，其他資料不變。編製有關調整與抵銷分錄。

控股合併日編製合併財務報表時母公司整合編製的調整與抵銷分錄如下：

借：股本等股東權益　　　　　　　　　　　　　7,000,000
　　固定資產　　　　　　　　　　　　　　　　1,000,000
　貸：長期股權投資　　　　　　　　　　　　　　5,800,000
　　　未分配利潤　　　　　　　　　　　　　　　1,950,000
　　　遞延所得稅負債　　　　　　　　　　　　　　250,000

註：-195=580-（700+75）×100%。

合併財務報表工作底稿（簡表）見表 8-9。

表 8-9　合併財務報表工作底稿（簡表）　　　　單位：萬元

項目	個別財務報表 母公司	個別財務報表 子公司	調整與抵銷分錄 借	調整與抵銷分錄 貸	合併數
流動資產	500	200			700
固定資產	1,800	900	100		2,800
長期股權投資	580	0		580	0
商譽	0	0			105
負債	900	400		25	1,325
股東、資本公積、留存收益	1,980	700	700	195	2,175

[例 8-7] 母公司的合併成本小於取得的子公司可辨認淨資產公允價值份額，即非 100%控股的情況。

沿用 [例 8-6] 的資料，假定 A 公司僅取得 B 公司 80%的股權，其他資料不變。

A 公司編製合併財務報表時應如何進行調整與抵銷處理？
控股合併日編製合併財務報表時母公司整合編製的調整與抵銷分錄如下：

借：股本等股東權益　　　　　　　　　　　　7,000,000
　　固定資產　　　　　　　　　　　　　　　　1,000,000
　　貸：長期股權投資　　　　　　　　　　　　5,800,000
　　　　少數股東權益　　　　　　　　　　　　1,550,000
　　　　盈餘公積　　　　　　　　　　　　　　　　40,000
　　　　未分配利潤　　　　　　　　　　　　　　360,000
　　　　遞延所得稅負債　　　　　　　　　　　　250,000

註：$-4=[580-(700+75)\times 80\%]\times 10\%$。
　　$-36=[580-(700+75)\times 80\%]\times 90\%$。

合併財務報表工作底稿（簡表）見表 8-10。

表 8-10　合併財務報表工作底稿（簡表）　　　　單位：萬元

項目	個別財務報表 母公司	個別財務報表 子公司	調整與抵銷分錄 借	調整與抵銷分錄 貸	合併數
流動資產	500	200			700
固定資產	1,800	900	100		2,800
長期股權投資	580	0		580	0
商譽	0	0			0
負債	900	400		25	1,325
股東、資本公積、留存收益	1,980	700	700	40	2,020
少數股東權益	—	—		155	155

2. 多次投資分步實現的非同一控制下的控股合併

通過多次股權投資實現的非同一控制下企業合併，合併方在合併日編製合併資產負債表的要點如下：

（1）對於合併日之前已經持有的對被合併方的股權投資，按照其在合併日的公允價值進行重新計量，公允價值與帳面價值之差計入當期投資收益。

（2）合併日之前持有的被合併方股權於合併日的公允價值，加上合併日新購入股權所支付對價的公允價值，兩者之和作為合併日合併財務報表中的合併成本。

（3）比較合併成本與合併日被合併方可辨認淨資產公允價值中合併方應享有的份額，確定合併日應確認的合併商譽或應計入留存收益的金額（「負商譽」本應計入營業外收入，但由於合併日不編製合併利潤表，因此直接計入合併資產負債表的「盈餘公積」和「未分配利潤」項目）。

（4）合併方對於合併日之前持有的被合併方股權涉及的其他綜合收益中合併方應享有的部分，轉為合併日所屬當期投資收益。

[例 8-8] 分步投資實現控股合併時合併財務報表的編製。

沿用 [例 7-19] 的資料，甲公司合併日與個別財務報表相關的確認和計量參見 [例 7-19]。

根據上述資料進行合併日編製合併財務報表時有關的會計處理。

合併日編製合併財務報表時有關的會計處理如下：
(1) 有關計算。
①對原有股權投資進行重新計量。
假定其公允價值為 3,000 萬元。
應調整金額 = 3,000 - (2,500 + 300) = 200 （萬元）
②計算合併成本。
合併成本 = 3,000 + 6,800 = 9,800 （萬元）
③計算合併商譽。
合併商譽 = 9,800 - (15,000 - 3,700 × 25%) × 60% = 1,355 （萬元）
(2) 合併財務報表工作底稿中的有關調整與抵銷分錄。
①將合併前原持有投資帳面價值調整至公允價值。
借：長期股權投資　　　　　　　　　　　　　　　2,000,000
　　貸：投資收益　　　　　　　　　　　　　　　2,000,000
②母公司對子公司的股權投資與子公司股東權益相抵銷，並確認少數股東權益。
借：股本等股東權益　　　　　　　　　　　　　113,000,000
　　固定資產　　　　　　　　　　　　　　　　 37,000,000
　　商譽　　　　　　　　　　　　　　　　　　 13,550,000
　　貸：長期股權投資　　　　　　　　　　　　 98,000,000
　　　　少數股東權益　　　　　　　　　　　　 56,300,000
　　　　遞延所得稅負債　　　　　　　　　　　　9,250,000

三、合併日後合併財務報表工作底稿中的相關抵銷處理

(一) 初步分析

與合併日相比，合併日後各資產負債表日編製合併財務報表時，內部股權投資雙方（以母公司對子公司股權投資為例）的相關報表項目可能已經發生變動，因此相關的抵銷處理也就比較複雜。這個「複雜」表現為需要考慮以下問題：

(1) 母公司對子公司的股權投資收益如何抵銷。
(2) 子公司實現的淨利潤對少數股東損益、少數股東權益的影響如何確認。
(3) 子公司的對內股利分配如何抵銷。
(4) 以前期間的上述抵銷處理對本期期初未分配利潤的影響如何處理。
(5) 內部長期股權投資的減值準備應如何抵銷。
(6) 在進行相關抵銷處理之前，母公司對子公司的長期股權投資是否需要由成本法調整到權益法；調整與不調整兩種情況下的抵銷處理有什麼區別。

如果先不考慮同一控制下的企業合併與非同一控制下的企業合併在抵銷分錄中的區別，也不考慮內部股權投資計提減值準備的抵銷問題，則與內部股權投資有關的抵銷處理分兩種情況闡述如下：

情況1：將母公司對子公司的長期股權投資由成本法調整到權益法之後再進行抵銷處理。

在這種情況下，每期期末編製合併財務報表時與內部股權投資有關的抵銷處理

中，包括與合併資產負債表項目有關的抵銷處理和與合併利潤表以及合併所有者權益變動表項目有關的抵銷處理兩個方面。

(1) 將母公司對子公司的股權投資餘額與子公司的股東權益相抵銷，並確認少數股東權益（涉及合併資產負債表項目）。

借：股本
　　資本公積
　　其他綜合收益　　　　　　［子公司期末報告價值］
　　盈餘公積
　　未分配利潤
　貸：長期股權投資　　　　［母公司對子公司股權調整後價值］
　　　少數股東權益　　　　［子公司股東權益報告價值×少數股東持股比例］

該抵銷分錄主要抵銷內部股權投資形成的投入資本，因此主要涉及合併資產負債表項目。

(2) 將母公司股權投資收益與子公司分配給母公司的股利相抵銷，並確認少數股東享有的收益（涉及合併利潤表和合併所有者權益變動表項目）。

借：投資收益　　　　　　　［子公司當年淨利潤×母公司持股比例］
　　少數股東損益　　　　　［子公司當年淨利潤×少數股東持股比例］
　　未分配利潤（期初）　　［子公司期初未分配利潤］
　貸：提取盈餘公積①　　　　［子公司當年提取數］
　　　應付普通股股利②　　　［子公司當年分配數］
　　　未分配利潤　　　　　　［子公司期末未分配利潤］

該抵銷分錄主要是抵銷內部股權投資形成的投資收益。一方面，這個投資收益（及少數股東享有的部分）在權益法下等於子公司的實現利潤；另一方面，子公司的分配利潤因並不屬於對外分配而應予抵銷。因此，這一抵銷分錄將涉及合併利潤表、合併所有者權益變動表項目。

如果將上述兩個抵銷分錄合併，則有：

借：股本
　　資本公積
　　其他綜合利益　　　　　［子公司的報告價值］
　　盈餘公積
　　投資收益　　　　　　　［子公司當年淨利潤×母公司持股比例］
　　少數股東損益　　　　　［子公司當年淨利潤×少數股東持股比例］
　　未分配利潤（期初）　　［子公司期初未分配利潤］
　貸：長期股權投資　　　　［母公司對子公司股權調整後價值］
　　　少數股東權益　　　　［子公司股東權益報告價值×少數股東持股比例］
　　　應付普通股股利　　　［子公司當年分配數］
　　　提取盈餘公積　　　　［子公司當年提取數］

---

①②兩個項目是所有者權益變動表中利潤分配項目，其他抵銷結果將影響資產負債表的「未分配利潤」項目，下同。

情況2：不將母公司對子公司的長期股權投資由成本法調整到權益法，而是直接按個別財務報表報告價值進行抵銷。

在這種情況下，每期末編製合併財務報表時與內部股權投資有關的抵銷處理為：

借：股本
　　資本公積
　　其他綜合收益　　　［子公司的報告價值］
　　盈餘公積
　　投資收益　　　　　［子公司當年分配股利×母公司持股比例］
　　少數股東損益　　　［子公司當年淨利潤×少數股東持股比例］
　　未分配利潤（期初）［子公司期初未分配利潤×少數股東持股比例］
　貸：長期股權投資　　［母公司對子公司股權投資報告價值］
　　少數股東權益　　　［子公司股東權益報告價值×少數股東持股比例］
　　應付普通股股利　　［子公司當年分配數］
　　提取盈餘公積　　　［子公司當年提取數］

可以看出，上述兩種情況的長期股權投資、投資收益和未分配利潤（期初）三個項目的抵銷金額不同。

下面分別就同一控制下的企業合併和非同一控制下的企業合併兩種情況舉例進行說明。

（二）同一控制下的企業合併

[例8-9] 全資的情形。

2019年年末，甲公司出資4,000萬元貨幣資金，成立一個子公司A公司。投資後第一年A公司實現淨利潤為800萬元，宣告分派現金股利300萬元。

甲公司編製合併財務報表時應如何進行調整與抵銷處理？

雙方與此項內部股權投資有關的帳務處理見表8-11。

表8-11　與個別財務財務報表有關的處理　　　　　　　　　　單位：萬元

甲公司	A公司
①2019年年末投資。 借：長期股權投資　　40,000,000 　貸：銀行存款　　　　40,000,000	①2019年年末接受投資。 借：銀行存款　　　　40,000,000 　貸：股本　　　　　　40,000,000
②2020年確認應收股利。 借：應收股利　　　　3,000,000 　貸：投資收益　　　　3,000,000	②2020年宣告分派現金股利。 借：利潤分配——應付普通股股利 　　　　　　　　　　3,000,000 　貸：應付股利　　　　3,000,000

因此，2020年年末，甲公司在合併財務報表工作底稿中的有關調整與抵銷處理如下：

（1）2020年年末，甲公司編製合併財務報表時，先將母公司的股權投資由成本法調整到權益法，則合併財務報表工作底稿中的調整分錄如下：

借：長期股權投資　　　　　　　　　　　　　　　　　　5,000,000
　貸：投資收益　　　　　　　　　　　　　　　　　　　　5,000,000

（2）與內部股權投資有關的抵銷分錄如下：
①將母公司對子公司的股權投資與子公司的股本相抵銷。
借：股本　　　　　　　　　　　　　　　　　　　40,000,000
　　未分配利潤　　　　　　　　　　　　　　　　 5,000,000
　貸：長期股權投資　　　　　　　　　　　　　　45,000,000
②抵銷子公司的對內股利分配及其影響。
借：投資收益　　　　　　　　　　　　　　　　　 8,000,000
　貸：應付普通股股利　　　　　　　　　　　　　 3,000,000
　　　未分配利潤（期末）　　　　　　　　　　　 5,000,000
將上述兩個抵銷分錄合併。
借：股本　　　　　　　　　　　　　　　　　　　40,000,000
　　投資收益　　　　　　　　　　　　　　　　　 8,000,000
　貸：長期股權投資　　　　　　　　　　　　　　45,000,000
　　　應付普通股股利　　　　　　　　　　　　　 3,000,000

[**例8-10**] 非全資的情形。

假定2018年年末甲公司出資3,600萬元給A公司的原股東，從而擁有A公司90%的表決權資本。投資後第一年A公司實現淨利潤800萬元，宣告分派現金股利300萬元。
問題：甲公司編製合併財務報表時應如何進行調整與抵銷處理？
2019年年末合併財務報表工作底稿中的有關調整與抵銷處理如下：
（1）將母公司的股權投資由成本法調整到權益法的調整分錄如下：
借：長期股權投資　[（8,000,000-3,000,000）×90%]　　4,500,000
　貸：投資收益　　　　　　　　　　　　　　　　 4,500,000
（2）與內部股權投資有關的抵銷分錄如下：
①將母公司對子公司的股權投資與子公司的股東權益期末數相抵銷。
借：股本　　　　　　　　　　　　　　　　　　　40,000,000
　　未分配利潤　　　　　　　　　　　　　　　　 5,000,000
　貸：長期股權投資　　　　　　　　　　　　　　40,500,000
　　　少數股東權益[（4,0,000,000+8,000,000-3,000,000）×10%]
　　　　　　　　　　　　　　　　　　　　　　　 4,500,000
②抵銷子公司對內股利分配及其影響。
借：投資收益　　　　　　　　　　　　　　　　　 7,200,000
　　少數股東損益　　　　　　　　　　　　　　　 　800,000
　貸：應付普通股股利　　　　　　　　　　　　　 3,000,000
　　　未分配利潤（期末）　　　　　　　　　　　 5,000,000
③如果將上述兩個抵銷分錄合併，則整合的調整與抵銷處理如下：
借：股本　　　　　　　　　　　　　　　　　　　40,000,000
　　投資收益　　　　　　　　　　　　　　　　　 7,200,000
　　少數股東損益　　　　　　　　　　　　　　　 　800,000
　貸：長期股權投資　　　　　　　　　　　　　　40,500,000
　　　少數股東權益　　　　　　　　　　　　　　 4,500,000

应付普通股股利　　　　　　　　　　　　　　　　　　　　　3,000,000

母公司将上述调整处理与抵销分录③填入合并财务报表工作底稿中，见表8-12。

表 8-12　合并财务报表工作底稿

2019 年 12 月 31 日　　　　　　　　　　　　　　　　　单位：万元

项目	个别财务报表 母公司	个别财务报表 子公司	调整与抵销分录 借	调整与抵销分录 贷	合并数
资产负债表项目	—	—			—
流动资产各项目	4,500	1,900			6,400
长期股权投资	3,600	0	调 450	抵③4,050	0
固定资产	5,000	3,000			8,000
负债各项目	3,530	400			3,930
股本	9,000	4,000	抵③4,000		9,000
未分配利润	570	500	800	750	1,020
少数股东权益	—	—		抵③450	450
利润表项目	—	—			—
主营业务利润等	1,000	800			1,800
投资收益	270	0	抵③720	调 450	0
净利润	1,270	800	720	450	1,800
其中：少数股东损益	—	—	抵③80		80
所有者权益变动表有关项目	—	—			—
应付普通股股利	700	300		抵③300	700
未分配利润（期末）	570	500	800	750	1,020

说明：对于某一特定时点的合并资产负债表而言，其中的「期初数」栏取自上期合并资产负债表有关项目「期末数」栏相关数据，本期的「期末数」栏则取自本期编制的工作底稿中的「合并数」栏相关数据，下同。

　　一方面，对利润表任何项目的调整与抵销、对利润分配的任何调整与抵销，都必然对所有者权益变动表的「未分配利润（期末）」项目产生影响；对以前年度利润表任何项目的调整与抵销、对以前年度利润分配的任何调整与抵销，也都会对本年所有者权益变动表的「未分配利润（期初）」项目产生影响。工作底稿中「未分配利润（期末）」项目数字抄自所有者权益变动表相应项目数字。

　　另一方面，在以前年度合并财务报表工作底稿中编制的任何抵销分录，都只是用来确定当年合并财务报表的合并数，并未据以记账，因此并未调整个别财务报表有关项目期末数，自然也就未曾对本年个别所有者权益变动表的「未分配利润（期初）」项目产生过影响。因此，在连续编制合并财务报表的情况下，为了满足本年合并所有者权益变动表「未分配利润（期初）」项目与上年度合并所有者权益变动表中「未分配利润（期末）」项目相互勾稽的需要，有时需要对「未分配利润（期初）」项目进行调整与抵销。这正是理解合并财务报表抵销分录的关键之一。

　　[例 8-11]　非全资、连续编制合并财务报表的情形。

　　假定 2020 年 A 公司又实现 200 万元净利润，宣告分派 100 万元现金股利。其他资料见 [例 8-10]。

　　甲公司编制合并财务报表时应如何进行调整与抵销处理？

2020 年年末，甲公司編製合併財務報表時的調整與抵銷分錄如下：

（1）將母公司對子公司的長期股權投資資料由成本法調整到權益法的調整分錄如下：

借：長期股權投資　　　　　　　　　　　　　　　5,400,000
　　貸：投資收益（200×90%-90）　　　　　　　　　　900,000
　　　　未分配利潤（期初）（800×90%-270）　　　4,500,000

（2）與內部股權投資有關的抵銷分錄如下：

①將母公司對子公司的股權投資餘額與子公司的股東權益餘額相抵銷，並確認少數股東權益。

借：股本　　　　　　　　　　　　　　　　　　　40,000,000
　　未分配利潤（期末）　　　　　　　　　　　　　6,000,000
　　貸：長期股權投資　　　　　　　　　　　　　41,400,000
　　　　少數股東權益　　　　　　　　　　　　　　4,600,000

②將母公司股權投資收益與子公司分配給母公司股利相抵銷，並確認少數股東享有的收益。

借：投資收益　　　　　　　　　　　　　　　　　　1,800,000
　　少數股東損益　　　　　　　　　　　　　　　　　200,000
　　未分配利潤（期初）　　　　　　　　　　　　　5,000,000
　　貸：應付普通股股利　　　　　　　　　　　　　1,000,000
　　　　未分配利潤（期末）　　　　　　　　　　　6,000,000

如將以上兩個抵銷分錄合併，則有：

借：股本　　　　　　　　　　　　　　　　　　　40,000,000
　　投資收益　　　　　　　　　　　　　　　　　　1,800,000
　　少數股東損益　　　　　　　　　　　　　　　　　200,000
　　未分配利潤（期初）　　　　　　　　　　　　　5,000,000
　　貸：長期股權投資　　　　　　　　　　　　　41,400,000
　　　　少數股東權益　　　　　　　　　　　　　　4,600,000
　　　　應付普通股股利　　　　　　　　　　　　　1,000,000

母公司將上述調整與抵銷處理填入 2020 年合併財務報表工作底稿中，見表 8-13（為簡化起見，假定雙方 2020 年內無其他業務）。

表 8-13　合併財務報表工作底稿

2020 年 12 月 31 日　　　　　　　　　　　　　　單位：萬元

項目	個別財務報表		調整與抵銷分錄		合併數
	母公司	子公司	借	貸	
資產負債表項目	—	—			—
流動資產各項目	4,590	2,000			6,590
長期股權投資	3,600	0	調 540	抵 4,140	0
固定資產	5,000	3,000			8,000
負債各項目	3,530	400			3,930

表8-13（續）

項目	個別財務報表 母公司	個別財務報表 子公司	調整與抵銷分錄 借	調整與抵銷分錄 貸	合併數
股本	9,000	4,000	抵4,000		9,000
未分配利潤	660	600	700	640	1,200
少數股東權益	—	—		抵460	460
利潤表項目					—
主營業務利潤	0	200			200
投資收益	90	0	抵180	調90	0
淨利潤	90	200	180	90	200
其中：少數股東損益	—	—	抵20		20
所有者權益變動表有關項目					
未分配利潤（期初）	570	500	抵500	調450	1,020
應付普通股股利	0	100		抵100	0
未分配利潤（期末）	660	600	700	640	1,200

[**例8-12**] 不按權益法對母公司股權投資進行調整。

沿用 [**例8-10**] 和 [**例8-11**] 的資料。如果不對母公司股權投資的結果調整至權益法，而是直接按成本法結果對母公司股權投資進行抵銷，則甲公司編製合併財務報表時在合併財務報表工作底稿中應如何進行處理？

有關抵銷分錄如下：

（1）2019年年末，對內部股權投資有關的抵銷分錄如下：

借：股本	40,000,000
投資收益	2,700,000
少數股東損益	800,000
貸：長期股權投資	36,000,000
少數股東權益	4,500,000
應付普通股股利	3,000,000

（2）2020年年末，對內部股權投資有關的抵銷分錄如下：

借：股本	40,000,000
投資收益	900,000
少數股東損益	200,000
未分配利潤（期初）	500,000
貸：長期股權投資	36,000,000
少數股東權益	4,600,000
應付普通股股利	1,000,000

母公司將上述抵銷處理填入合併財務報表工作底稿中，見表8-14、表8-15（為簡化起見，假定雙方無其他業務）。

表 8-14　合併財務報表工作底稿

2019 年 12 月 31 日　　　　　　　　　　　　　　　　　　　單位：萬元

項目	個別財務報表 母公司	個別財務報表 子公司	調整與抵銷分錄 借	調整與抵銷分錄 貸	合併數
資產負債表項目	—	—			—
流動資產各項目	4,500	1,900			6,400
長期股權投資	3,600	0		3,600	0
固定資產	5,000	3,000			8,000
負債各項目	3,530	400			3,930
股本	9,000	4,000	4,000		9,000
未分配利潤	570	500	350	300	1,020
少數股東權益	—	—		450	450
利潤表項目	—	—			—
主營業務利潤	1,000	800			1,800
投資收益	270	0	270		0
淨利潤	1,270	800	270		1,800
其中：少數股東損益	—	—	80		80
所有者權益變動表有關項目	—	—			—
應付普通股股利	700	300		300	700
未分配利潤（期末）	660	500	350	300	1,020

表 8-15　合併財務報表工作底稿

2020 年 12 月 31 日　　　　　　　　　　　　　　　　　　　單位：萬元

項目	個別財務報表 母公司	個別財務報表 子公司	調整與抵銷分錄 借	調整與抵銷分錄 貸	合併數
資產負債表項目	—	—			—
流動資產各項目	4,590	2,000			6,590
長期股權投資	3,600	0		3,600	0
固定資產	5,000	3,000			8,000
負債各項目	3,530	400			3,930
股本	9,000	4,000	4,000		9,000
未分配利潤	660	600	160	100	1,200
少數股東權益	—	—		460	460
利潤表項目	—	—			—
主營業務利潤	0	200			200
投資收益	90	0	90		0
淨利潤	90	200	90		200
其中：少數股東損益	—	—	20		20
所有者權益變動表有關項目	—	—			—
未分配利潤（期初）	570	500	50		1,020
應付普通股股利	0	100		100	0
未分配利潤（期末）	660	600	160	100	1,200

通過將表 8-14 與表 8-12 進行對比，表 8-15 與表 8-13 進行對比後可以發現，在對內部股權投資的相關影響進行抵銷之前，是否將母公司對子公司長期股權投資的成本法結果調整到權益法，對抵銷分錄的編製自然會產生影響，但並不會影響最終提供的合併信息。這一點同樣適用於非同一控制下企業合併的合併財務報表編製程序。

（三）非同一控制下的企業合併

非同一控制下的企業合併的合併日後每個資產負債表日編製合併財務報表時，與上述同一控制下的企業合併相關的抵銷處理不同的是：首先，子公司各項可辨認淨資產需按其在合併日的公允價值為基礎進行調整；其次，少數股東權益也要根據子公司股東權益以合併日公允價值為基礎延續計算的公允價值的一定份額進行計量；最後，可能需要確認合併商譽。

將母公司對子公司股權投資由成本法調整為權益法之後，有關調整分錄與抵銷分錄的編製方法可以歸納如下：

（1）對子公司可辨認淨資產按合併日公允價值為基礎進行調整。

借：有關資產　　　　　［子公司有關資產公允價值大於帳面價值之差］　　A
　貸：資本公積　　　　　［A 與 B 之差］
　　　遞延所得稅負債　　［A×所得稅稅率］　　　　　　　　　　　　　　B

有關資產公允價值小於帳面價值之差做相反處理，負債的調整處理與資產的調整處理方向相反。

（2）與內部股權投資有關的抵銷。

①將母公司對子公司的股權投資與子公司的股東權益相抵銷，並確認少數股東權益。

借：股本　　　　　　⎫
　　資本公積　　　　｜
　　其他綜合收益　　⎬　［子公司調整後期末報告價值］*　　　　　　　　A
　　盈餘公積　　　　｜
　　未分配利潤　　　⎭
　　商譽　　　　　　　［B 大於 A×母公司持股比例的差額］　　　　　　D1
　貸：長期股權投資　　　［母公司對子公司股權投資調整後價值］**　　　 B
　　　少數股東權益　　　［A×少數股東持股比例］　　　　　　　　　　　 C
　　　未分配利潤(期初)［B 小於 A×母公司持股比例的差額］　　　　　　 D2

②將母公司股權投資收益與子公司利潤分配項目相抵銷，並確認少數股東享有的收益。

借：投資收益　　　　　［子公司調整後當年淨利潤×母公司持股比例］*
　　少數股東損益　　　［子公司調整後當年淨利潤×少數股東持股比例］*
　　未分配利潤（期初）［子公司調整後期初未分配利潤］*
　貸：應付普通股股利　　［子公司當年分配數］
　　　提取盈餘公積　　　［子公司當年提取數］
　　　未分配利潤　　　　［子公司調整後期末報告價值］*

(註：＊表示按合併日可辨認淨資產公允價值為基礎進行調整之後；＊＊表示按權益法調整之後。)

將上述①和②抵銷分錄合併，則與內部股權投資有關的抵銷分錄如下：

借：股本、資本公積、其他綜合收益、盈餘公積［子公司調整後報告價值］
　　　投資收益　　　　　　［子公司調整後當年淨利潤×母公司持股比例］
　　　少數股東損益　　　　［子公司調整後當年淨利潤×少數股東持股比例］
　　　未分配利潤（期初）　［子公司調整後期初未分配利潤］
　　　商譽　　　　　　　　［B 大於 A×母公司持股比例的差額］
　　貸：長期股權投資　　　［母公司對子公司股權投資調整後價值］
　　　　少數股東權益　　　［子公司調整後股東權益報告價值×少數股東持股比例］
　　　　應付普通股股利　　［子公司當年分配數］
　　　　提取盈餘公積　　　［子公司當年提取數］
　　　　未分配利潤(期初)［B 小於 A×母公司持股比例的差額］

A＝按合併日可辨認淨資產公允價值調整後的子公司股東權益報告價值。

[例8-13] 連續編製合併財務報表（按權益法對母公司股權投資進行調整後抵銷）。

假定 2018 年年末甲公司出資 3,800 萬元給 A 公司的原股東，從而擁有 A 公司 90%的表決權，A 公司當日的股東權益為 4,000 萬元（均為股本）。2019 年、2020 年，A 公司報告淨利潤分別為 800 萬元、200 萬元，宣告分派現金股利均為 300 萬元。投資時 A 公司某項管理用固定資產公允價值比帳面價值高 50 方元，該固定資產按直線法在 5 年內計提折舊。甲公司 2019 年確認主營業務利潤等 1,000 萬元，宣告分派現金股利 700 萬元。為簡化起見，個別財務報表中的所得稅費用及其他資料略。

甲公司各年在合併財務報表工作底稿中應如何處理？

（1）2018 年年末編製合併財務報表工作底稿時，有關調整與抵銷分錄如下：

①調整子公司有關資產的報告價值。

借：固定資產　　　　　　　　　　　　　　　500,000
　　貸：資本公積　　　　　　　　　　　　　　375,000
　　　　遞延所得稅負債　　　　　　　　　　　125,000

②購買日不需要對母公司股權投資價值按權法進行調整。

③將母公司的股權投資與子公司的股東權益相抵銷，並確認少數股東權益。

借：股本　　　　　　　　　　　　　　　　40,000,000
　　資本公積　　　　　　　　　　　　　　　　375,000
　　商譽（38,000,000−40,375,000×90%）　　1,662,500
　　貸：長期股權投資　　　　　　　　　　　38,000,000
　　　　少數股東權益［(40,000,000+375,000)×10%］　4,037,500

（2）2019 年甲公司編製合併財務報表工作底稿時，有關調整與抵銷分錄如下：

①調整子公司有關資產的報告價值。

借：固定資產　　　　　　　　　　　　　　　400,000
　　管理費用　　　　　　　　　　　　　　　100,000

貸：資本公積		375,000
遞延所得稅負債		100,000
所得稅費用		25,000

為了便於理解，上述會計處理可以分解為以下三個會計分錄：

借：固定資產		500,000
貸：資本公積		375,000
遞延所得稅負債		125,000
借：管理費用		100,000
貸：固定資產——折舊		100,000
借：遞延所得稅負債		25,000
貸：所得稅費用		25,000

子公司該項管理用固定資產在 2018 年年末的應納稅暫時性差異為 500,000 元，確認 125,000 元的遞延所得稅負債，即 2018 年年末遞延所得稅負債應有餘額為 125,000 元（500,000×25%），2019 年年末該項固定資產的應納稅暫時性差異為 400,000 元，即 2019 年年末遞延所得稅負債應有餘額為 100,000 元（400,000×25%），因此需要轉回遞延所得稅負債 25,000 元，即最終只確認 100,000 元遞延所得稅負債。

②對母公司股權投資價值按權益法進行調整。

借：長期股權投資〔(5,000,000-75,000)×90%〕	4,432,500
貸：投資收益〔(5,000,000-75,000)×90%〕	4,432,500

（註：75,000＝100,000-25,000）。

③將母公司的股權投資與子公司的股東權益相抵銷，並確認少數股東權益。

借：股本	40,000,000
資本公積	375,000
未分配利潤（5,000,000-75,000）	4,925,000
商譽（38,000,000-40,375,000×90%）	1,662,500
貸：長期股權投資（38,000,000+4,432,500）	42,432,500
少數股東權益〔4,000,000+(375,000+4,925,000)×10%〕	
	4,530,000

④將母公司股權投資收益與子公司分配給母公司股利相抵銷，並確認少數股東享有的收益。

借：投資收益〔(8,000,000-75,000)×90%〕	7,132,500
少數股東損益〔(8,000,000-75,000)×10%〕	792,500
貸：應付普通股股利	3,000,000
未分配利潤	4,925,000

⑤如將上述③和④合併編製，抵銷分錄如下：

借：股本	40,000,000
資本公積	375,000
投資收益	7,132,500

  少數股東損益   792,500
  商譽   1,662,500
 貸：長期股權投資   42,432,500
  少數股東權益   4,530,000
  應付普通股股利   3,000,000

  母公司將上述 2019 年年末調整與抵銷分錄①、②和⑤填入合併財務報表工作底稿，2019 年有關合併信息的產生過程見表 8-16。

表 8-16 合併財務報表工作底稿

2019 年 12 月 31 日   單位：萬元

項目	個別財務報表 母公司	個別財務報表 子公司	調整與抵銷分錄 借	調整與抵銷分錄 貸	合併數
資產負債表項目	—	—			—
流動資產各項目	4,300	1,900			6,200
長期股權投資	3,800	0	②443.25	⑤4,243.25	0
固定資產	5,000	3,000	①40		8,040
商譽	0	0	⑤166.25		166.25
負債各項目	3,530	400	①10		3,940
股本	9,000	4,000	⑤4,000		9,000
資本公積	0	0	⑤37.5	①37.5	0
未分配利潤	570	500	802.5	745.75	1,013.25
少數股東權益	—	—		5,453	453
利潤表項目					
主營業務利潤等	1,000	840			1,840
管理費用		40	①10		50
投資收益	270	0	⑤713.25	②443.25	0
減：所得稅費用				①2.5	2.5
淨利潤	1,270	800	723.25	445.75	1,792.5
其中：少數股東損益	—	—	⑤79.25		79.25
所有者權益變動表有關項目	—	—			—
未分配利潤（期初）	0	0			0
應付普通股股利	700	300	⑤300		700
未分配利潤（期末）	570	500	802.5	745.75	1,013.25

（3）2020 年，甲公司編製合併財務報表工作底稿時，有關調整與抵銷分錄如下：

①調整子公司有關資產的報告價值。

 借：固定資產   300,000
  管理費用   100,000
  未分配利潤（期初）   75,000
 貸：資本公積   375,000
  遞延所得稅負債   75,000
  所得稅費用   25,000

②將母公司對子公司的長期股權投資資料由成本法調整到權益法的調整分錄如下：

借：長期股權投資　　　　　　　　　　　　　　5,265,000
　　貸：投資收益　　　　　　　　　　　　　　　　832,500
　　　　未分配利潤（期初）　　　　　　　　　　4,432,500

5,265,000=(8,000,000+2,000,000−150,000)×90%−(3,000,000+1,000,000)×90%
832,500=(2,000,000−75,000×90%)−900,000
4,432,500=(8,000,000−75,000)×90%−2,700,000

③內部股權投資有關的抵銷分錄如下：

借：股本　　　　　　　　　　　　　　　　　　40,000,000
　　資本公積　　　　　　　　　　　　　　　　　　375,000
　　投資收益　　　　　　　　　　　　　　　　　1,732,500
　　少數股東損益　　　　　　　　　　　　　　　　192,500
　　商譽　　　　　　　　　　　　　　　　　　　1,662,500
　　未分配利潤（期初）　　　　　　　　　　　　4,925,000
　　貸：長期股權投資　　　　　　　　　　　　43,265,000
　　　　少數股東權益　　　　　　　　　　　　　4,622,500
　　　　應付普通股股利　　　　　　　　　　　　1,000,000

192,500=(2,000,000−100,000+25,000)×10%
1,662,500=38,000,000−40,375,000×90%
4,925,000=5,000,000−75,000
4,622,500=(40,000,000+375,000−200,000+50,000+8,000,000−3,000,000+2,000,000−1,000,000)×10%

母公司將上述抵銷處理填入合併財務報表工作底稿中，2020年有關合併信息的產生過程見表8-17。

表8-17　合併財務報表工作底稿

2020年12月31日　　　　　　　　　　　　　　　　單位：萬元

項目	個別財務報表 母公司	個別財務報表 子公司	調整與抵銷分錄 借	調整與抵銷分錄 貸	合併數
資產負債表項目	—				
流動資產各項目	4,390	2,000			6,390
長期股權投資	3,800	0	②526.5	③4,326.5	0
固定資產	5,000	3,000	①30		8,030
商譽	0	0	③166.25		166.25
負債各項目	3,530	400		①7.5	3,937.5
股本	9,000	4,000	③4,000		9,000
資本公積	0	0	③37.5	①37.5	0
未分配利潤	660	600	702.5	629	1,186.5

表8-17(續)

項目	個別財務報表 母公司	個別財務報表 子公司	調整與抵銷分錄 借	調整與抵銷分錄 貸	合併數
少數股東權益	—	—		③462.25	462.25
利潤表項目	—	—			—
主營業務利潤等	0	240			240
管理費用	0	40	①10		50
投資收益	90	0	③173.25	②83.25	0
減：所得稅費用				①2.5	-2.5
淨利潤	90	200	183.25	85.75	192.5
其中：少數股東損益	—	—	③19.25		19.25
所有者權益變動表有關項目	—	—			—
未分配利潤（期初）	570	500	①7.5	2,443.25	1,013.25
			③492.5		
應付普通股股利	0	100		③100	0
未分配利潤（期末）	660	600	702.5	629	1,186.5

如果直接按母公司對子公司股權投資的成本法結果對內部股權投資進行抵銷時，相關抵銷分錄如下：

借：股本 ⎫
　　資本公積 ⎬ [子公司按合併日公允價值為基礎調整後報告價值]　A
　　其他綜合收益 ⎬
　　盈餘公積 ⎭
　　投資收益　　　　[子公司當年分配股利×母公司持股比例]
　　少數股東損益　　[子公司調整後當年淨利潤×少數股東持股比例]
　　未分配利潤(期初)　[子公司期初未分配利潤×少數股東持股比例]①
　　商譽　　[B大於子公司股東權益調整後報告價值×母公司持股比例的差額]
貸：長期股權投資　　[母公司對子公司股權報告價值]　　　　　　　B
　　少數股東權益　　[子公司股東權益調整後報告價值×少數股東持股比例]
　　應付普通股股利　[子公司當年分配數]
　　提取盈餘公積　　[子公司當年提取數]
　　未分配利潤(期初)[B小於子公司股東權益調整後報告價值×母公司持股比例的差額]

子公司自合併日後的其他資本公積變動中相當於母公司股東享有的部分不包括在此項抵銷中，其屬於合併股東權益中歸屬於母公司股東的權益部分。

子公司股東權益調整後報告價值=A+子公司調整後的期末未分配利潤

[例8-14] 子公司合併日後留存收益發生變動，母公司不將母公司對子公司長

---

① 實際上是對上期期末抵銷的子公司實現淨利潤及分配股利對本期期初未分配利潤的影響數。

期股權投資的成本法結果調整至權益法，直接按成本法結果進行抵銷處理。

沿用 [**例 8-13**] 的資料。母公司如何編製合併財務報表工作底稿？

2020 年編製合併財務報表工作底稿時的有關調整與抵銷分錄如下：

①調整子公司有關資產的報告價值。

借：固定資產	300,000
管理費用	100,000
未分配利潤（期初）	75,000
貸：資本公積	375,000
遞延所得稅負債	75,000
所得稅費用	25,000

②抵銷與內部股權投資有關的影響。

借：股本	40,000,000
資本公積	375,000
投資收益	900,000
少數股東損益	192,500
商譽	1,662,500
未分配利潤（期初）	492,500
貸：長期股權投資	38,000,000
少數股東權益	4,622,500
應付普通股股利	1,000,000

192,500 = (2,000,000 - 100,000 + 25,000) × 10%

1,662,500 = 38,000,000 - 40,375,000 × 90%

492,500 = (5,000,000 - 75,000) × 10%

4,622,500 = (40,000,000 + 375,000 - 200,000 + 50,000 + 8,000,000 - 3,000,000 + 2,000,000 - 1,000,000) × 10%

母公司將 2020 年的有關調整與抵銷處理填入合併財務報表工作底稿中，見表 8-18。

表 8-18　合併財務報表工作底稿

2020 年 12 月 31 日　　　　　　　　　　　　　　　單位：萬元

項目	個別財務報表 母公司	個別財務報表 子公司	調整與抵銷分錄 借	調整與抵銷分錄 貸	合併數
資產負債表項目	—	—			—
流動資產各項目	4,390	2,000			6,390
長期股權投資	3,800	0		②3,800	
固定資產	5,000	3,000	①30		8,030
商譽	0	0	②166.25		166.25
負債各項目	3,530	400		①7.5	3,937.5
股本	9,000	4,000	②4,000		9,000
資本公積	0	0	②37.5	①37.5	0
未分配利潤	660	600	176	102.5	1,186.5

表8-18(續)

項目	個別財務報表 母公司	個別財務報表 子公司	調整與抵銷分錄 借	調整與抵銷分錄 貸	合併數
少數股東權益	—	—		②462.25	462.25
利潤表項目	—	—			—
主營業務利潤等	0	240			240
管理費用		40	①10		50
投資收益	90	0	②90		0
減：所得稅費用				①2.5	-2.5
淨利潤	90	200	100	2.5	192.5
其中：少數股東損益			②19.25		19.25
所有者權益變動表有關項目	—	—			—
未分配利潤（期初）	570	500	①7.5		1,013.25
			②49.25		
應付普通股股利	0	100		②100	0
未分配利潤（期末）	660	600	176	102.5	1,186.5

可見，表8-17與表8-18的合併數結果是相同的。

[**例8-15**] 子公司合併日後其他綜合收益發生變動情況下，比較對母公司的長期股權投資由成本法調整至權益法和不調整至權益法的抵銷處理的不同。

甲公司2020年年初以6,200萬元的貨幣資金作為對價取得乙公司70%的股權，成為乙公司的控股股東。合併日乙公司的股本為5,000萬元，資本公積為3,000萬元，盈餘公積為800萬元，可辨認淨資產的公允價值等於帳面價值。合併當年，乙公司實現淨利潤400萬元，其他權益工具投資公允價值變動利得300萬元，沒有其他涉及股東權益變動的業務。

按調整與不調整兩種情況進行母公司的有關抵銷處理。

2020年年末合併財務報表工作底稿中的有關調整與抵銷分錄的編製方法比較如下：

（1）情況1：先將母公司的長期股權投資調整到權益法再進行抵銷處理。
①調整到權益法。
借：長期股權投資　　　　　　　　　　　　4,900,000
　貸：投資收益　　　　　　　　　　　　　2,800,000
　　　其他綜合收益　　　　　　　　　　　2,100,000
②抵銷處理。
借：股本　　　　　　　　　　　　　　　　50,000,000
　　資本公積　　　　　　　　　　　　　　30,000,000
　　其他綜合收益　　　　　　　　　　　　3,000,000
　　盈餘公積　　　　　　　　　　　　　　8,000,000
　　投資收益　　　　　　　　　　　　　　2,800,000
　　少數股東損益　　　　　　　　　　　　1,200,000
　　商譽　　　　　　　　　　　　　　　　400,000

  貸：長期股權投資   66,900,000
    少數股東權益   28,500,000

  （2）情況2：不對母公司的長期股權投資調整到權益法，而是直接對成本法的結果進行抵銷處理。

  借：股本   50,000,000
    資本公積   30,900,000
    盈餘公積   8,000,000
    少數股東損益   1,200,000
    商譽   400,000
    貸：長期股權投資   62,000,000
      少數股東權益   28,500,000

  可見，以上兩種抵銷處理對於合併財務報表工作底稿中有關項目合併數的影響也是相同的。

（四）內部長期股權投資減值準備的抵銷

  長期股權投資減值準備的計提，一方面減少了資產負債表中長期股權投資項目的報告價值；另一方面增加了利潤表中的資產減值損失，並對以後期間的期初未分配利潤項目帶來影響。以前述直接按母公司對子公司股權投資的成本法結果對內部股權投資進行抵銷的抵銷分錄為例，如果考慮到內部長期股權投資計提的減值準備的抵銷需要，則對內部股權投資進行抵銷時，相關抵銷分錄應為：

  借：股本、資本公積、其他綜合收益、盈餘公積［子公司調整後報告價值］ A
    投資收益   ［子公司當年分配股利×母公司持股比例］
    少數股東損益   ［子公司調整後當年淨利潤×少數股東持股比例］
    未分配利潤（期初）［子公司調整後期初未分配利潤×少數股東持股比例］
    商譽   ［B 大於 A×母公司持股比例的差額］
    貸：長期股權投資 ［母公司對子公司股權報告價值］
            ［內部長期股權投資計提減值準備期初餘額］ B
            ［內部長期股權投資當年計提減值損失］
      資產減值損失 ［當年計提的減值準備］
      少數股東權益 ［子公司調整後股東權益報告價值×少數股東持股比例］
      應付普通股股利 ［子公司當年分配數］
      提取盈餘公積 ［子公司當年提取數］
      未分配利潤（期初） ［B 小於 A×母公司持股比例的差額］

  值得一提的是，抵銷了內部權益性投資減值準備之後，母公司還應抵銷對該減值準備曾確認的所得稅影響。相關抵銷分錄如下：

  借：所得稅費用
    未分配利潤（期初）
    貸：遞延所得稅資產

  [例8-16] 考慮到長期股權投資減值準備情況的抵銷處理。

  沿用［例8-13］的資料，另假設甲公司 2020 年對該項長期股權投資計提減值

準備 12 萬元。

2020 年編製合併財務報表工作底稿時，有關調整分錄①和②同 [例 8-13]，只是與內部股權投資有關的抵銷分錄如下：

①內部股權投資有關的抵銷。

借：股本	40,000,000
資本公積	375,000
投資收益	1,732,500
少數股東損益	192,500
商譽	1,662,500
未分配利潤（期初）	4,925,000
貸：長期股權投資	43,145,000
資產減值損失	120,000
少數股東權益	4,622,500
應付普通股股利	1,000,000

②內部股權投資已提減值準備的所得稅影響的抵銷。

借：所得稅費用（120,000×25%）	30,000
貸：遞延所得稅資產	30,000

四、交叉持股的抵銷處理

企業集團內部子公司互相之間的長期股權投資，企業集團成員企業之間股權投資確認為以公允價值計量的金融資產的，在編製合併財務報表時，與這些權益性投資相關的影響同樣應予以抵銷，基本原理可以比照以上所介紹的母公司對子公司股權投資的抵銷處理。

子公司持有母公司股權的，應當視為企業集團的庫存股，在合併資產負債表中按照子公司取得母公司股權日所確認的長期股權投資初始投資成本，轉為庫存股作為合併財務報表中所有者權益的減項；子公司持有的母公司股權所確認的投資收益，應進行抵銷處理。子公司持有的母公司股權分類為以公允價值計量且其變動計入其他綜合收益的金融資產的，要同時衝銷子公司累計確認的公允價值變動。

[例 8-17] 甲公司是乙公司的母公司，持有乙公司 80% 的表決權股份。

2020 年年末，甲公司對乙公司的長期股權投資帳面價值為 8,000 萬元，乙公司的股本等股東權益為 10,000 萬元；乙公司持有的對甲公司的權益性投資作為長期股權投資按權益法進行核算，帳面價值為 3,100 萬元（投資成本為 3,100 萬元，當年確認投資收益為 100 萬元）。假定不考慮其他因素，甲公可如何編製有關抵銷分錄？

甲公司 2020 年年末編製合併財務報表時，在合併財務報表工作底稿中應編製的抵銷分錄如下：

（1）將母公司對子公司的股權投資與子公司的股東權益相抵銷，並確認少數股東權益。

借：股本等子公司的股東權益項目	100,000,000
貸：長期股權投資	80,000,000
少數股東權益	20,000,000

(2) 將子公司對母公司的股權投資進行抵銷，並確認為企業集團的庫存股。
借：庫存股　　　　　　　　　　　　　　　　　30,000,000
　　投資收益　　　　　　　　　　　　　　　　 1,000,000
　貸：長期股權投資　　　　　　　　　　　　　　31,000,000

如果將[例8-17]中乙公司對甲公司的權益性投資分類為以公允價值計量且其變動計入其他綜合收益的金融資產，並假定該投資帳面餘額3,100萬元中有100萬元是當年確認的公允價值變動利得，則相關的抵銷處理如下：
借：庫存股　　　　　　　　　　　　　　　　　30,000,000
　　其他綜合收益　　　　　　　　　　　　　　 1,000,000
　貸：其他權益工具投資　　　　　　　　　　　　31,000,000

第三節　與內部債權、債務有關的抵銷處理

母公司與子公司之間、子公司相互之間可能由於各種內部交易產生債權、債務，在編製合併財務報表時，對於企業集團成員企業之間的內部債權、債務應予以抵銷，以便使合併財務報表報告的債權、債務反應為企業集團整體的對外債權、債務。另外，與內部債權、債務有關的利息收益、利息費用以及與內部債權有關的壞帳準備或資產減值準備也應予以抵銷。

一、內部債權、債務的抵銷

內部債權、債務餘額的抵銷主要關係到合併資產負債表有關項目的報告價值。內部債權、債務的抵銷分錄主要如下：
(1) 內部應收帳款、應付帳款的抵銷。
借：應付帳款
　貸：應收帳款
(2) 內部應收票據、應付票據的抵銷。
借：應付票據
　貸：應收票據
(3) 內部預收款項、預付款項的抵銷。
借：預收款項
　貸：預付款項
(4) 內部債券投資、應付債券帳面餘額（含已計未付利息）的抵銷。
借：應付債券　　　　　　　[發行方帳面價值]
　貸：債權投資等　　　　　[投資方帳面價值]
借或貸：財務費用或投資收益　[差額]
（借差計入「財務費用」，貸差計入「投資收益」。）
如果債券為分期付息債券，則已計未付利息的抵銷分錄如下：
借：其他應付款
　貸：其他應收款

（5）內部應收股利、應付股利的抵銷。

借：其他應付款

　　貸：其他應收款

（6）內部其他應收款、其他應付款的抵銷。

借：其他應付款

　　貸：其他應收款

[例8-18] 內部債權債務的抵銷處理。

2019年某企業集團母公司A公司年末應收票據90,000元中有30,000元是其子公司甲公司的應付票據，A公司應收股利40,000元為應收子公司甲公司當年宣告派發尚未發放的現金股利。編製合併財務報表時，A公司如何進行抵銷處理？

A公司在合併財務報表工作底稿中的有關抵銷分錄如下：

（1）抵銷內部應收票據、應付票據。

借：應付票據　　　　　　　　　　　　　　　　　30,000

　　貸：應收票據　　　　　　　　　　　　　　　　30,000

（2）抵銷內部應收股利、應付股利。

借：其他應付款　　　　　　　　　　　　　　　　40,000

　　貸：其他應收款　　　　　　　　　　　　　　　40,000

二、與內部債權、債務有關的利息收益、利息費用的抵銷

與內部債權、債務相關的利息收益與利息費用的抵銷，主要關係到合併利潤表有關項目的報告價值。下面以企業集團成員企業的一方持有另一方發行的債券為例予以說明。

如果債券投資方的當年利息收益與債券發行方的當年利息費用金額相等，則本期利息收益與利息費用的抵銷分錄如下：

借：投資收益

　　貸：財務費用

如果債券投資方的當年利息收益與債券發行方的當年利息費用金額不相等，兩者之差實質上屬於債券的推定贖回損益（抵銷內部債券投資、融資導致的債權、債務）。就企業集團而言，債券被推定贖回的當時，相關推定損益既未在贖回方作為損益記錄，也未在發行方作為損益入帳，然而它卻是企業集團已經實現了的損益，因此必須在合併利潤表中確認贖回債券的推定損益對企業集團損益的影響。該損益在合併利潤表中作為贖回損益單項列示，還是調整「投資收益」項目或「財務費用」項目，不同的理念下有不同的解釋。現行會計準則沒有採取單列「贖回損益」項目的做法。那麼，還有一個問題：這個差額是調整「投資收益」項目還是調整「財務費用」項目呢？實際上，這類業務同時涉及集團內部的債券投資、融資，相關損益記入「投資收益」項目還是「財務費用」項目，可以簡化處理。一個簡化的做法是，當債券投資方的本期實際利息收益與債券發行方的本期實際利息費用兩者金額不相等時，借差記入「財務費用」項目，貸差記入「投資收益」項目，也就是相當於按兩者孰低額進行抵銷。

[例8-19] 與內部債權投資有關的利息收益與利息費用相等時的抵銷。

ABC 公司是 EF 公司的全資母公司。EF 公司於 2019 年年初發行了一筆面值為 1,000,000 元、票面利率為 5%、發行價格為 1,000,000 元、期限為 5 年、每年年末付息一次、到期還本的債券。ABC 公司按面值全部購入 EF 公司發行的債券，分類為以攤餘成本計量的金融資產。ABC 公司於 2019 年年末收到當年利息。雙方均按實際利率法確定利息收益、利息費用（實際利率為 5%）。其他資料略。ABC 公司在合併財務報表工作底稿中應如何編製抵銷分錄？

2019 年年末，ABC 公司編製的有關抵銷分錄如下：
①抵銷內部債權、債務。
借：應付債券　　　　　　　　　　　　　　　　　　1,000,000
　貸：債權投資　　　　　　　　　　　　　　　　　　　1,000,000
②抵銷與內部債權、債務相關的利息收益與利息費用。
借：投資收益　　　　　　　　　　　　　　　　　　　50,000
　貸：財務費用　　　　　　　　　　　　　　　　　　　　50,000

ABC 公司將上述抵銷分錄填入合併財務報表工作底稿，見表 8-19。

表 8-19　合併財務報表工作底稿

2019 年 12 月 31 日　　　　　　　　　　　　　　　　單位：元

項目	個別財務報表 ABC 公司	個別財務報表 EF 公司	調整與抵銷分錄 借	調整與抵銷分錄 貸	合併數
資產負債表有關項目					
債權投資	1,000,000	0		11,000,000	0
應付債券	0	1,000,000	11,000,000		0
利潤表有關項目					
投資收益	50,000	0	250,000		0
財務費用	0	50,000		250,000	0

[例8-20] 與內部債權投資有關的利息收益與利息費用不相等時的抵銷。

ABC 公司是 EF 公司的全資母公司。EF 公司於 2019 年年初發行了一筆面值為 1,000,000 元、票面利率為 5%、發行價格為 1,044,490 元、期限為 5 年、每年年末付息一次、到期還本的債券。2020 年年初，ABC 公司按 1,027,755 元的價格購入 EF 公司發行在外的債券，分類為以攤餘成本計量的金融資產。2020 年年末，ABC 公司收到當年利息。雙方均按實際利率法確定利息收益、利息費用（實際利率為 4%）。其他資料略。ABC 公司在合併財務報表工作底稿中應如何編製抵銷分錄？

（1）2020 年年末，ABC 公司與 EF 公司個別財務報表有關項目計算如下：
①ABC 公司。
本期利息收益＝期初帳面價值(1,027,755)×實際利率(4%)≈41,110（元）
本期溢價攤銷額＝應收利息(50,000)−利息收益(41,110)＝8,890（元）
債權投資餘額＝初始投資成本(1,027,755)−溢價攤銷額(8,890)＝1,018,865（元）
②EF 公司。
本期利息費用＝期初帳面價值(1,036,270)×實際利率(4%)≈41,451（元）

本期溢價攤銷額＝應付利息(50,000)－利息費用(41,451)＝8,549（元）
應付債券餘額＝期初帳面價值(1,036,270)－本期溢價攤銷額(8,549)
　　　　　　＝1,027,721（元）
（2）2020年年末ABC公司編製合併財務報表時有關債權、債務的抵銷分錄如下：
①抵銷內部債務。
借：應付債券　　　　　　　　　　　　　　　　　　1,027,721
　貸：債權投資　　　　　　　　　　　　　　　　　　1,018,865
　　　投資收益　　　　　　　　　　　　　　　　　　　　8,856
②抵銷與內部債權、債務相關的利息收益與利息費用。
借：投資收益　　　　　　　　　　　　　　　　　　　　41,110
　貸：財務費用　　　　　　　　　　　　　　　　　　　41,110
ABC公司將上述抵銷分錄填入合併財務報表工作底稿，見表8-20。

表8-20　合併財務報表工作底稿
2020年12月31日　　　　　　　　　　　　　　　單位：元

項目	個別財務報表		調整與抵銷分錄		合併數
	ABC公司	EF公司	借	貸	
資產負債表有關項目					
債權投資	1,018,865	0		11,018,865	0
應付債券	0	1,027,721	11,027,721		0
利潤表有關項目					
投資收益	41,110	0	241,110	18,856	8,856
財務費用	0	41,451		241,110	341

三、內部應收款項計提的壞帳準備和債券投資減值準備的抵銷

在合併財務報表工作底稿中，納入合併範圍的成員企業之間的債權、債務已經抵銷，那麼與該應收款項有關的壞帳準備也應該予以抵銷，同時還應對相關壞帳準備曾確認的所得稅影響予以抵銷。

以應收帳款為例，有關的抵銷分錄為：
借：應收帳款　　　　　　　［內部應收帳款計提的壞帳準備期末餘額］
借或貸：信用減值損失　　　［內部應收帳款本年衝銷或計提的壞帳準備］
　貸：未分配利潤（期初）　［內部應收帳款計提的壞帳準備期初餘額］

[例8-21]　與內部應收款項已計提壞帳準備有關的抵銷處理。

某企業集團母公司按年末應收帳款餘額的0.5%計提壞帳準備。2018年年末，母公司應收帳款餘額30,000元為應向子公司收取的銷貨款；2019年年末，母公司應收帳款餘額50,000元全部為子公司的應付帳款；2020年年末，母公司應收帳款20,000元全部為子公司的應付帳款。3年中子公司各年年末應付帳款餘額分別為35,000元、60,000元、20,000元。所得稅稅率為25%。

上述資料對個別財務報表的影響如何？編製合併財務報表時應如何編製抵銷分錄？

上述資料對個別財務報表的影響及抵銷分錄的編製見表8-21。

表 8-21　合併財務報表工作底稿　　　　　　　　　　　　　　單位：元

項目	個別財務報表 母公司	個別財務報表 子公司	合計數	調整與抵銷分錄 借	調整與抵銷分錄 貸	合併數
2018 年						
利潤表和所有者權益變動表有關項目						
信用減值損失	150		150		②150	0
減：所得稅費用	−37.5		−37.5	③37.5		0
未分配利潤（期末）	−112.5		−112.5	37.5	150	0
資產負債表有關項目						
應收帳款	29,850		29,850	②150	①30,000	0
遞延所得稅資產	37.5		37.5	③37.5		0
應付帳款		35,000	35,000	①30,000		5,000
未分配利潤	−112.5		−112.5	37.5	150	0
2019 年						
利潤表和所有者權益變動表有關項目						
信用減值損失	100		100		②100	0
減：所得稅費用	−25		−25	④25		0
未分配利潤（期初）	−112.5		−112.5	④37.5	③150	0
未分配利潤（期末）	−187.5		−187.5	62.5	250	0
資產負債表項目						
應收帳款	49,750		49,750	③150	①50,000	0
				②100		
遞延所得稅資產	62.5		62.5	④62.5		0
應付帳款		60,000	60,000	①50,000		10,000
未分配利潤	−187.5		−187.5	62.5	250	0
2020 年						
利潤表和所有者權益變動表有關項目						
信用減值損失	−150		−150	②150		0
減：所得稅費用	37.5		37.5		37.5	0
未分配利潤（期初）	−187.5		−187.5	④62.5	③250	0
未分配利潤（期末）	−75		−75	212.5	287.5	0
資產負債表有關項目						
應收帳款	19,900		19,900	③250	①20,000	0
					②150	
遞延所得稅資產	25		25		④25	0
應付帳款		20,000	20,000	120,000		0
未分配利潤	−75		−75	212.5	287.5	0

　　其他內部應收款項的壞帳準備和內部債券投資的減值準備的抵銷，可以比照上述處理方法進行具體操作。

　　需要注意的是，與內部債權、債務有關的抵銷處理中，如果涉及對子公司淨利

潤金額的調整的，企業應對子公司淨利潤增減變動額中歸屬於少數股東的部分，編製相應調整分錄。相關調整分錄如下：

借（或貸）：少數股東損益

　　貸（或借）：少數股東權益

第四節　與內部資產交易有關的抵銷處理

為了滿足編製合併財務報表的需要，母公司在合併財務報表工作底稿中還需要將母公司與子公司之間、子公司相互之間銷售商品、提供勞務或其他形式形成的存貨、固定資產、工程物資、在建工程、無形資產等包含的未實現內部銷售損益予以抵銷，並抵銷與未實現內部銷售損益相關的資產跌價準備或減值準備。

一、內部存貨交易

（一）未實現交易損益的抵銷

1. 交易當期有關的抵銷分錄

企業集團內部存貨購銷交易按交易的實現與否分為兩種情況：一是企業集團內部存貨交易的買方至報告期末已將該存貨銷售出企業集團，即企業集團的內部銷售已經實現；二是企業集團內部存貨交易的買方至報告期期末未將該存貨銷售出企業集團，從企業集團來看，這項銷售並未實現。

對於上述第一種情況——企業集團的內部銷售已經實現，因此不存在對「未實現的銷售」進行抵銷的問題。這裡存在集團內營業收入、營業成本重複報告問題，因此應按集團內部存貨交易的銷售方的營業收入編製如下抵銷分錄：

借：營業收入

　　貸：營業成本

對於上述第二種情況——企業集團內部存貨交易的買方期末存貨成本中包含銷售方已入帳的銷售利潤（或虧損，下同），而從企業集團整體立場來看，這部分利潤尚未實現。因此，在內部交易當年，合併財務報表工作底稿中應將這一未實現利潤及產生這一利潤的未實現銷售均予以抵銷，抵銷分錄為（抵銷未實現損失的分錄借貸方相反，下同）：

借：營業收入　　　　　　［內部交易銷售方的收入］

　　貸：營業成本　　　　　　［內部交易銷售方的成本］

　　　　存貨　　　　　　　　［內部交易銷售方的利潤］

2. 以後各期合併財務報表工作底稿中的有關抵銷分錄

企業在以後各期期末編製合併財務報表時，對前期已實現的內部存貨交易不必再做抵銷處理，因為期初未分配利潤中含有的內部交易利潤是已實現的利潤。企業對於前期未實現的內部交易利潤，企業則還應做抵銷處理。一方面，內部交易銷售方期初未分配利潤中的買方前期存貨中包含的銷售方未實現利潤應予以抵銷，以便使期初未分配利潤合併數與前期期末未分配利潤合併數一致。另一方面，如果該存

貨本年未銷出企業集團，需抵銷期末存貨價值中相當於銷售方利潤的金額；如果該存貨本年售出企業集團，則對集團內部交易的買方依據銷售方銷售收入確定的銷售成本中相當於銷售方利潤的金額予以抵銷，即按當初未實現利潤金額編製如下抵銷分錄：

借：未分配利潤（期初）　　　［以前年度內部交易未實現利潤］
　　貸：存貨　　　　　　　　　［本年仍未實現的利潤］
　　　　營業成本　　　　　　　［本年轉為實現的利潤］

綜上所述，如果將上述三個抵銷分錄的思路整合，則連續編製合併財務報表的情況下，抵銷內部交易存貨未實現損益及其影響的分錄如下：

(1) 抵銷以前年度內部存貨交易未實現利潤對期初未分配利潤的影響。

借：未分配利潤（期初）　　　［以前年度內部交易未實現利潤］
　　貸：營業成本

(2) 抵銷當年發生的內部存貨交易。

借：營業收入　　　　　　　　　［當年內部交易銷售方的收入］
　　貸：營業成本

(3) 抵銷期末存貨價值中包含的未實現內部交易利潤。

借：營業成本
　　貸：存貨　　　　　　　　　［期末存貨價值中包含的未實現利潤］

（二）內部交易存貨計提的跌價準備的抵銷

納入合併財務報表編製範圍的子公司之間或子公司與母公司之間的內部存貨交易中的未實現利潤經過上述抵銷處理之後，還有一個問題需要解決：按未實現利潤計提的資產減值損失準備應如何抵銷。

企業集團有關成員企業發生內部存貨交易後，內部交易的買方期末按存貨的可變現淨值低於該存貨成本（內部交易賣方的價格）的差額計提存貨跌價準備、確認存貨跌價損失。在合併財務財務報表中，該存貨的期末跌價準備和本期應確認的跌價損失應該是以該存貨仍保留在內部交易的賣方為假設條件，按照該存貨的可變現淨值低於其內部交易賣方的帳面價值的差額計提跌價準備、確認跌價損失。為了達到這一目標，就有必要對內部交易存貨已計提的跌價準備進行調整。相關調整分錄如下：

借：存貨　　　　　　　　　　　［多計提的存貨跌價準備金額］
　　貸：資產減值損失　　　　　［本期多確認的存貨跌價損失］
　　　　未分配利潤（期初）　　［前期多確認的存貨跌價損失］

［例如 8-22］可變現淨值小於內部交易賣方賣出存貨成本。

某母公司將 2,000 萬元的存貨按 2,400 萬元的價格銷售給子公司，子公司當年並未將該批存貨售出企業集團。在報告期末，子公司的該批存貨可變現淨值為 1,900 萬元，子公司計提 500 萬元的存貨跌價準備。

母公司編製合併財務報表時應如何編製抵銷分錄？

從合併財務報表來看，該批存貨的報告價值應為 1,900 萬元，因計提存貨跌價準備而確認資產減值損失金額應為 100 萬元。

因此，期末母公司在編製合併財務報表時，編製的與該項內部交易有關的抵銷分錄如下：

①借：營業收入　　　　　　　　　　　　　　　　　24,000,000
　　貸：營業成本　　　　　　　　　　　　　　　　　　24,000,000
②借：營業成本　　　　　　　　　　　　　　　　　　4,000,000
　　貸：存貨　　　　　　　　　　　　　　　　　　　　4,000,000

上述抵銷的結果是：合併資產負債表中「存貨」項目數額為 1,500 萬元（2,400-500-400），「存貨」項目的合併數實際上應為 1,900 萬元（1,900 萬元的可變現淨值低於 2,000 萬元的成本）。同時，合併利潤表中「資產減值損失」項目的數額應為 100 萬元，則應抵銷子公司多計提的存貨跌價準備。

③借：存貨　　　　　　　　　　　　　　　　　　　　4,000,000
　　貸：資產減值損失　　　　　　　　　　　　　　　　4,000,000

合併財務報表工作底稿見表 8-22。

表 8-22　合併財務報表工作底稿　　　　　　　　單位：萬元

項目	個別財務報表 母公司	個別財務報表 子公司	調整與抵銷分錄 借	調整與抵銷分錄 貸	合併數
利潤表有關項目					
營業收入	2,400	0	①2,400		0
營業成本	2,000	0	②400	①2,400	0
營業利潤	400	0	2,800	2,400	0
減：資產減值損失	—	500		③400	100
淨利潤	400	-500	2,800	2,800	-100
資產負債表有關項目	0				
存貨		1,900	③400	②400	1,900
未分配利潤	400	-500	2,800	2,800	0

[**例 8-23**] 可變現淨值等於內部交易賣方賣出存貨成本。

將 [**例 8-22**] 中子公司期末該批存貨的可變現淨值改為 2,000 萬元，且子公司計提的存貨跌價準備為 400 萬元。

母公司編製合併財務報表時應如何編製抵銷分錄？

從合併財務報表來看，該批存貨的報告價值應為 2,000 萬元，不必確認資產減值損失。

因此，期末母公司在編製合併財務報表時，編製的與該項內部交易有關的抵銷分錄與 [**例 8-22**] 相同。合併財務報表工作底稿見表 8-23。

表 8-23　合併財務報表工作底稿　　　　　　　　單位：萬元

項目	個別財務報表 母公司	個別財務報表 子公司	調整與抵銷分錄 借	調整與抵銷分錄 貸	合併數
利潤表有關項目					
營業收入	2,400	0	①2,400		0
營業成本	2,000	0	②400	①2,400	0
營業利潤	400	0	2,800	2,400	0
減：資產減值損失	—	400		③400	0

表23-8(續)

項目	個別財務報表 母公司	個別財務報表 子公司	調整與抵銷分錄 借	調整與抵銷分錄 貸	合併數
淨利潤	400	−400	2,800	2,800	0
資產負債表有關項目	0				
存貨		2,000	③400	②400	2,000
未分配利潤	400	−400	2,800	2,800	0

[**例8-24**] 可變現淨值高於內部交易賣方賣出存貨成本，低於賣方賣出存貨價格。

沿用 [**例8-22**] 的資料，另假定報告期末，子公司該批存貨可變現淨值為2,100萬元，子公司計提300萬元的存貨跌價準備。

母公司編製合併財務報表時應如何編製抵銷分錄？

從合併財務報表來看，該批存貨的報告價值應為2,000萬元，不應計提存貨跌價準備從而也不需確認資產減值損失。

因此，期末母公司在編製合併財務報表時，編製的第③個抵銷分錄為：

借：存貨　　　　　　　　　　　　　　　3,000,000
　　貸：資產減值損失　　　　　　　　　　　　　　3,000,000

期末母公司合併財務報表工作底稿見表8-24。

表8-24　合併財務報表工作底稿　　　　　　　　單位：萬元

項目	個別財務報表 母公司	個別財務報表 子公司	調整與抵銷分錄 借	調整與抵銷分錄 貸	合併數
利潤表有關項目					
營業收入	2,400	0	①2,400		0
營業成本	2,000	0	②400	①2,400	0
營業利潤	400	0	2,800	2,400	0
減：資產減值損失	—	300		③300	0
淨利潤	400	−300	2,800	2,700	0
資產負債表有關項目	0				
存貨		2,100	③300	②400	2,000
未分配利潤	400	−300	2,800	2,700	0

[**例8-25**] 可變現淨值高於內部交易賣方賣出存貨成本，也等於或高於賣方賣出存貨價格。

假定 [**例8-22**] 中子公司期末該批存貨的可變現淨值為2,500萬元，子公司沒有計提跌價準備。

母公司編製合併財務報表時應如何編製抵銷分錄？

從合併財務報表來看，該批存貨的報告價值應為2,000萬元，不應計提存貨跌價準備從而也不需要確認資產減值損失。從個別財務報表來看，子公司也沒有確認此項內部交易存貨的資產減值損失，因此不用編製調整分錄③。

在這種情況下，期末母公司合併財務報表工作底稿見表8-25。

表 8-25 合併財務報表工作底稿
單位：萬元

項目	個別財務報表 母公司	個別財務報表 子公司	調整與抵銷分錄 借	調整與抵銷分錄 貸	合併數
利潤表有關項目					
營業收入	2,400	0	12,400		0
營業成本	2,000	0	②400	①2,400	0
營業利潤	400	0	2,800	2,400	0
減：資產減值損失	—	0			
淨利潤	400	0	2,800	2,400	0
資產負債表有關項目	0				
存貨		2,400		②400	2,000
未分配利潤	400	0	2,800	2,400	0

[**例 8-26**] 前期內部存貨交易對本期合併財務報表的影響。

某母公司 2018 年將成本為 2,000 萬元的商品按 2,400 萬元的價格出售給子公司。期末，該存貨的可變現淨值為 1,900 萬元。假設 2019 年子公司仍未將該存貨售出企業集團，年末其可變現淨值為 1,700 萬元。

此項內部存貨交易對 2019 年個別財務報表的影響如何？合併財務報表工作底稿中應怎樣編製調整與抵銷分錄？

相關影響以及相關調整與抵銷處理見表 8-26（其他業務略）。

表 8-26 合併財務報表工作底稿
單位：萬元

項目	個別財務報表 母公司	個別財務報表 子公司	調整與抵銷分錄 借	調整與抵銷分錄 貸	合併數
利潤表及所有者權益變動表有關項目					
營業收入	0	0			0
營業成本	0	0			0
營業利潤	0	0			0
減：資產減值損失	0	200			200
淨利潤		−200			−200
未分配利潤（期初）	400	−500	①400	②400	−100
未分配利潤（期末）	400	−700	400	400	−300
資產負債表有關項目					
存貨	0	1,700	②400	①400	1,700
未分配利潤	400	−700	400	400	−300

提示：①抵銷期末存貨價值中包含的未實現內部交易利潤及其對期初未分配利潤的影響。

②抵銷上年子公司多計提存貨跌價準備 400 萬元對期初未分配利潤的影響，實際上相當於重編上年有關調整分錄（見表 8-24 中的調整分錄③）。

僅就此項未實現銷售的內部交易存貨而言，母、子公司兩年來損失總額為 300 萬元，即可變現淨值 1,700 萬元低於成本 2,000 萬元之差。其中，200 萬元相當於內部交易的賣方本年應確認的跌價損失，100 萬元（2,000−1,900）相當於上年確認的跌價損失。

（三）遞延所得稅的調整

內部交易存貨未實現利潤的抵銷，調低了該存貨在合併資產負債表中的報告價值，從合併財務報表的角度來看，該存貨的帳面價值低於其計稅基礎，由此產生的可抵扣暫時性差異對應在合併財務報表中予以確認；而內部交易存貨計提跌價準備已確認的所得稅影響，也應隨著相關跌價準備的抵銷而抵銷。

相關的調整分錄如下：

借：遞延所得稅資產　　　　　　［(抵銷的內部存貨交易未實現利潤－已抵銷該資產跌價準備)×所得稅稅率］

借或貸：所得稅費用　　　　　　［本期應調整遞延所得稅］

　　貸：未分配利潤（期初）　　　［前期已調整遞延所得稅］

［例8-27］ 與內部存貨交易相關的遞延所得稅的處理。

2018年9月，母公司將成本為2,000萬元的存貨按2,400萬元的價格出售給子公司，子公司將該購入存貨也作為存貨核算。2018年年末，子公司未將該存貨售給企業集團。子公司於2019年將該存貨中的30%另加10%的毛利售出企業集團；年末剩餘存貨的可變現淨值為1,500萬元。所得稅稅率為25%，其他資料略。

母公司在各相關報告期期末編製合併財務報表時分別應如何進行會計處理？

母公司於報告期期末編製合併財務報表工作底稿時應編製的調整與抵銷分錄如下：

(1) 2018年。

①抵銷期末存貨價值中包含的未實現內部交易利潤。

借：營業收入　　　　　　　　　　　　　　　　24,000,000
　　貸：營業成本　　　　　　　　　　　　　　　20,000,000
　　　　存貨　　　　　　　　　　　　　　　　　 4,000,000

②調整內部交易存貨相關的遞延所得稅。

借：遞延所得稅資產　　　　　　　　　　　　　 1,000,000
　　貸：所得稅費用　　　　　　　　　　　　　　 1,000,000

(2) 2019年。

①抵銷上年內部存貨交易未實現利潤對期初未分配利潤的影響。

借：未分配利潤（期初）　　　　　　　　　　　 4,000,000
　　貸：營業成本　　　　　　　　　　　　　　　 4,000,000

②抵銷期末存貨價值中包含的未實現內部交易利潤。

借：營業成本　　　　　　　　　　　　　　　　 2,800,000
　　貸：存貨　　　　　　　　　　　　　　　　　 2,800,000

③抵銷內部交易存貨本期末已提跌價準備。

借：存貨　　　　　　　　　　　　　　　　　　 1,800,000
　　貸：資產減值損失　　　　　　　　　　　　　 1,800,000

④調整內部交易存貨相關的遞延所得稅。

借：遞延所得稅資產　［(2,800,000－1,800,000)×25%］　　250,000
　　所得稅費用　（1,000,000－250,000）　　　　　　　　750,000
　　貸：未分配利潤（期初）　　　　　　　　　　　　　 1,000,000

將上述調整與抵銷分錄填入合併財務報表工作底稿，此項交易對合併信息生成過程的影響見表 8-27。

表 8-27　合併財務報表工作底稿　　　　　　　　　　　　單位：萬元

項目	個別財務報表 母公司	個別財務報表 子公司	合計數	調整與抵銷分錄 借	調整與抵銷分錄 貸	合併數
2018 年						
資產負債表有關項目						
存貨	0	2,400	2,400		①400	2,000
遞延所得稅資產	0	0	0	②100		100
應交稅費	100	0	100			100
利潤表有關項目						
營業收入	2,400	0	2,400	①2,400		0
營業成本	2,000	0	2,000		①2,000	0
營業利潤	400	0	400	2,400	2,000	0
減：所得稅費用	100	0	100		②100	0
淨利潤	300	0	300	2,400	2,100	0
所有者權益變動表有關項目						
未分配利潤（期初）	0	0	0			0
未分配利潤（期末）	300	0	300	2,400	2,100	0
2019 年						
資產負債表有關項目						
存貨	0	1,500	1,500	③180	②280	1,400
遞延所得稅資產	0	45	45	④25		70
應交稅費	0	0	0			0
利潤表有關項目						
營業收入	0	792	792			792
營業成本	0	720	720	②280	①400	600
減：資產減值損失	0	180	180		③180	0
減：所得稅費用	0	-27	-27	④75		48
淨利潤	0	-81	-81	355	580	144
所有者權益變動表有關項目						
未分配利潤（期初）	300	0	300	①400	④100	0
未分配利潤（期末）	300	-81	219	755	680	144

註：個別財務報表數據只列示與此項內部交易有關的，其他資料略。

期末存貨中包含的未實現利潤 280 = 400 × 70%。

本年的期初未分配利潤等於上年的期末未分配利潤。

二、內部固定資產交易

企業集團內部固定資產交易主要有兩種情況：一是銷售方將產品售給購貨方，後者以此作為固定資產使用；二是銷售方將固定資產售給購貨方，後者仍將其作為

固定資產使用。由於購買方購入固定資產是為了在本企業使用而不是為了出售，因此無論是哪一種情況，都有必要抵銷期末固定資產原價中包含的企業集團未實現的利潤（或損失，下同）。

（一）交易當年，期末合併財務報表工作底稿中的有關抵銷分錄

(1) 抵銷固定資產原價中包含的未實現內部銷售利潤。

如果是上述第一種情況，抵銷分錄如下：

借：營業收入　　　　　［內部交易銷售方的收入］
　貸：營業成本　　　　［內部交易銷售方的成本］
　　　固定資產　　　　［未實現利潤］

如果是上述第二種情況，抵銷分錄如下：

借：資產處置損益
　貸：固定資產　　　　［未實現利潤］

(2) 抵銷購買方當年對該固定資產計提的折舊額中按未實現利潤計提的部分（本年多提折舊）。

借：固定資產　　　　　［本年多計提的折舊額］
　貸：管理費用等

（二）以後各年——到期前使用期間的各期期末的有關抵銷分錄

合併財務報表的編製依據——個別財務報表中，「未分配利潤（期初）」中包含以前年度成員企業的銷售方銷售產品或固定資產的利潤，即企業集團未實現利潤，而在上期期末合併資產負債表中的「未分配利潤」項目中已經抵銷了這部分未實現利潤。只要內部交易的買方未將該固定資產報廢、出售，即未使其退出企業集團，企業就需要抵銷這部分未實現利潤對期初未分配利潤的影響數，以使本期「未分配利潤（期初）」項目的合併數與上期期末「未分配利潤」項目的合併數相符。同時，企業還應抵銷本期及以前各期按未實現利潤計提的折舊。

(1) 抵銷固定資產原價中包含的未實現利潤及其對期初未分配利潤的影響數。

借：未分配利潤（期初）　　［未實現利潤，即最初內部交易賣方的利潤］
　貸：固定資產

(2) 抵銷按未實現利潤計提的折舊。

借：固定資產
　貸：管理費用等　　　　　［當年多計提的折舊額］
　　　未分配利潤（期初）　［以前年度累計多計提的折舊額］

（三）以後各年——到期後至清理前各使用期間各期期末的有關抵銷分錄

由於固定資產使用期滿提足折舊後不再計提折舊，在使用期滿尚未報廢清理期間各年的抵銷分錄中，不存在抵銷按包含在固定資產原價中的年初未實現利潤當年多提折舊問題，因此只需編製如下抵銷分錄：

(1) 抵銷固定資產原價中包含的未實現利潤及其對期初未分配利潤的影響數。

借：未分配利潤（期初）
　貸：固定資產

(2) 抵銷以前年度累計按未實現利潤計提的折舊。

借：固定資產
　　貸：未分配利潤（期初）　［以前年度累計多計提的折舊額］
實際上，上述兩筆抵銷分錄的金額是相同的，因此也可以合編一筆抵銷分錄。
借：固定資產　　　　　　　［以前年度累計多計提的折舊額］
　　貸：固定資產　　　　　　［固定資產原價中包含的未實現利潤］
由於該抵銷分錄借、貸方的金額相等，項目相同，因此這一抵銷分錄也可以不必編製。

（四）清理期的有關抵銷分錄

內部交易的固定資產因報廢或出售而轉入清理時，其原始價值中包含的未實現損益隨著該固定資產退出企業集團而轉為實現。但是，由於固定資產清理導致的固定資產價值的註銷，使得清理期末合併財務報表工作底稿中的抵銷分錄同以前各期有所不同，而且在不同時期清理的固定資產，其未實現損益的抵銷分錄也不相同。下面以報廢清理為例進行歸納。

（1）情況1：提前清理。

在固定資產未滿使用年限提前報廢進行清理核算時，年末合併財務報表工作底稿中的有關抵銷分錄如下：

①調整年初未分配利潤中的未實現部分。
借：未分配利潤（期初）
　　貸：營業外收入（或營業外支出，下同）
②抵銷按未實現利潤多提的折舊。
借：營業外收入
　　貸：管理費用等　　　　　［當年多計提的折舊額］
　　　　未分配利潤（期初）　［以前年度累計多計提的折舊額］

上述兩個抵銷分錄也可以合併。隨著固定資產退出企業集團，年初未分配利潤中的未實現利潤中有一部分轉為實現，相當於以前年度按內部交易實現利潤多提的折舊金額，對此可以不編製抵銷分錄；包含在年初未分配利潤中的固定資產內部交易未實現利潤的另一部分需要編製抵銷分錄，這裡一方面將相當於當年按年初未實現利潤多提的折舊進行調整，另一方面將因提前清理而未計提折舊的年初未實現利潤轉作實現。有關的調整分錄如下：

借：未分配利潤（期初）
　　貸：管理費用等　　　［當年按未實現利潤多計提的折舊］
　　　　營業外收入　　　［尚未按未實現利潤多計提的折舊］

（2）情況2：期滿清理。

內部交易的固定資產在使用期滿轉入清理的情況下，一方面，由於固定資產實體已經退出企業集團，期初未分配利潤中的固定資產內部交易的未實現利潤隨之轉為實現，而且該固定資產原值已經註銷，因此不存在抵銷固定資產原價中包含的未實現利潤的問題；另一方面，由於不存在未實現利潤，隨著固定資產的清理，其累計折舊額已經註銷，也就不存在對按未實現利潤多提折舊的抵銷問題。但是，企業需要將當年按期初未實現利潤多計提的折舊導致的本年管理費用與期初未分配利潤進行調整。有關的調整分錄如下：

借：未分配利潤（期初）
　　貸：管理費用等　　［本年多計提折舊］

(3) 情況 3：超期清理。

內部交易的固定資產在超過預計使用年限後才清理的情況下，由於固定資產已經退出企業集團，其價值已經註銷，年初未分配利潤中的固定資產內部交易未實現利潤已經轉為實現，不存在抵銷未實現利潤的問題。由於已經超期使用，企業本年已不計提折舊，因此也不必調整管理費用。清理年度的年末合併財務報表工作底稿中不必編製任何抵銷分錄。

[例 8-28] 內部固定資產交易的相關抵銷處理。

企業集團內部 A 公司將一臺成本為 60,000 元的產品以 80,000 元出售給 B 公司，後者將其作為固定資產使用，預計使用年限為 8 年，採用直線法計提折舊（假定不考慮預計淨殘值）。

要求：分別假定以下三種情況編製報廢清理期末合併財務報表工作底稿。

情況 1：第 6 年年末清理，清理收益 500 元。

情況 2：第 8 年年末清理，清理收益 200 元。

情況 3：第 10 年年末清理，清理收益 100 元。

合併財務報表工作底稿見表 8-28。

表 8-28　合併財務報表工作底稿　　　　　　　　　　單位：元

項目	個別財務報表 A 公司	個別財務報表 B 公司	調整與抵銷分錄 借	調整與抵銷分錄 貸	合併數
情況 1：第 6 年年末清理					
管理費用		10,000		2,500	7,500
營業外收入		500		5,000	5,500
未分配利潤（期初）	20,000	-50,000	7,500		-37,500
固定資產		0			0
情況 2：第 8 年年末清理					
管理費用		10,000		2,500	7,500
營業外收入		200			200
未分配利潤（期初）	20,000	-70,000	2,500		-52,500
固定資產		0			0
情況 3：第 10 年年末清理					
管理費用		0			0
營業外收入		100			100
未分配利潤（期初）	20,000	-80,000			-60,000
固定資產		0			0

與內部交易形成的固定資產相關的資產減值準備的抵銷處理，比照前述內部交易形成的存貨的相關抵銷處理。

(五) 遞延所得稅的調整

與前面所述的內部存貨交易一樣，內部交易固定資產未實現利潤（或虧損）的抵銷，調低（或調高）了該固定資產在合併資產負債表中的報告價值，從合併財務

報表的角度來看，該固定資產的帳面價值與其計稅基礎不相等，由此產生的可抵扣（或應納稅）暫時性差異對未來的納稅影響應在合併財務報表中予以確認；而隨著內部交易的固定資產計提的減值準備的抵銷，與其相關的所得稅影響也應予以抵銷。

與前面所述的內部存貨交易相關遞延所得稅的調整處理不同的是，內部交易的固定資產不僅在交易當年而且在以後各使用期間都可能會涉及遞延所得稅的相關調整，而且固定資產的折舊因素也會對遞延所得稅的調整產生影響。從連續編製合併財務報表的角度來看，以內部交易存在未實現利潤的情況為例，相關的調整分錄為：

借：遞延所得稅資產　　　[（抵銷的內部交易固定資產的未實現利潤-已抵銷的該資產減值準備）×所得稅稅率]

借或貸：所得稅費用　　　[本期應調整遞延所得稅]

貸：未分配利潤（期初）　[前期已調整遞延所得稅]

[例8-29] 與內部固定資產交易有關的遞延所得稅的處理。

2018年6月末，某企業集團的母公司將一臺成本為60,000元的產品以80,000元的價格出售給子公司，後者將其作為管理用固定資產使用，預計使用年限10年，採用直線法計提折舊（假定不考慮預計淨殘值）。假定所得稅稅率為25%。為了便於對比分析，假定母公司的應交所得稅在2019年尚未繳納。其他資料略。

根據上述資料編製母公司2018年、2019年合併財務報表工作底稿中的有關調整與抵銷分錄。

母公司2018年、2019年合併財務報表工作底稿中的有關調整與抵銷分錄如下：

（1）2018年。

①抵銷期末固定資產價值中包含的未實現內部交易利潤。

借：營業收入　　　　　　　　　　　　　　　　80,000
　　貸：營業成本　　　　　　　　　　　　　　60,000
　　　　固定資產　　　　　　　　　　　　　　20,000

②抵銷當年多計提的折舊。

借：固定資產　　　　　　　　　　　　　　　　1,000
　　貸：管理費用　　　　　　　　　　　　　　1,000

③調整內部交易固定資產相關的遞延所得稅。

借：遞延所得稅資產　　　　　　　　　　　　　4,750
　　貸：所得稅費用　　　　　　　　　　　　　4,750

註：4,750=[（80,000-4,000）-（60,000-3,000）]×25%

（2）2019年。

①抵銷上年內部固定資產交易未分配利潤的影響。

借：未分配利潤（期初）　　　　　　　　　　　20,000
　　貸：固定資產　　　　　　　　　　　　　　20,000

②抵銷累計多計提的折舊。

借：固定資產　　　　　　　　　　　　　　　　3,000
　　貸：管理費用　　　　　　　　　　　　　　2,000
　　　　未分配利潤（期初）　　　　　　　　　1,000

③調整內部交易固定資產相關的遞延所得稅。

借：遞延所得稅資產　　　　　　　　　　　　　　　　4,250
　　所得稅費用（4,750-4,250）　　　　　　　　　　　500
　　貸：未分配利潤（期初）　　　　　　　　　　　　　　　4,750

註：4,250=[（80,000-12,000）-（60,000-9,000）]×25%

將上述調整與抵銷分錄填入合併財務報表工作底稿，則該內部交易對個別財務報表及合併信息的影響見表8-29。

表8-29　合併財務報表工作底稿　　　　　　　　　　單位：元

項目	個別財務報表 母公司	個別財務報表 子公司	調整與抵銷分錄 借	調整與抵銷分錄 貸	合併數
2018年					
資產負債表有關項目					
固定資產	0	76,000	②1,000	①20,000	57,000
遞延所得稅資產	0	0	③4,750		4,750
應交稅費	5,000	0			5,000
利潤表有關項目					
營業收入	80,000	0	①80,000		0
營業成本	60,000	0		①60,000	0
管理費用	0	4,000		②1,000	3,000
營業利潤	20,000	-4,000	80,000	61,000	-3,000
減：所得稅費用	5,000	0		③4,750	250
淨利潤	15,000	-4,000	80,000	65,750	-3,250
所有者權益變動表有關項目					
未分配利潤（期初）	0	0			0
未分配利潤（期末）	15,000	-4,000	80,000	65,750	-3,250
2019年					
資產負債表有關項目					
固定資產	0	68,000	②3,000	20,000	5,1,000
遞延所得稅資產	0	0	③4,250		4,250
應交稅費	5,000	0			5,000
利潤表有關項目					
管理費用	0	8,000		②2,000	6,000
營業利潤	0	-8,000		2,000	-6,000
減：所得稅費用	0	0	③500		500
淨利潤	0	-8,000	500	2,000	-6,500
所有者權益變動表有關項目					
未分配利潤（期初）	15,000	-4,000	①20,000	②1,000	-3,250
				③4,750	
未分配利潤（期末）	15,000	-12,000	20,500	7,750	-9,750

註：本期期初未分配利潤與上期期末未分配利潤相等。

內部無形資產交易等其他資產交易，相關的調整與抵銷比照上述原理進行處理。

值得一提的是，與前述內部債權債務相關抵銷處理中所提示的一樣，內部資產

交易的相關抵銷處理中，如果涉及對子公司淨利潤的增減調整的，要對其中歸屬於少數股東的部分，調整少數股東損益和少數股東權益。

第五節　編製合併財務報表的其他問題

一、與外幣財務報表折算差額有關的合併處理

（一）外幣財務報表折算差額在合併資產負債表中的列報

企業存在境外經營的情況下，報告期末需將納入合併範圍的境外經營的外幣財務報表按照有關會計準則規定的折算方法進行折算，然後將折算後財務報表與母公司財務報表合併，編製合併財務報表。對某一境外經營外幣財務報表進行折算時，不同的報表可能採用不同的折算匯率，同一報表的不同項目也可能採用不同的折算匯率，這就導致了外幣財務報表折算差額。

根據現行會計準則的規定，外幣財務報表折算差額首先應在折算後的資產負債表中所有者權益部分以「其他綜合收益」項目中列報（參見表 8-30 中「個別財務報表」部分）。企業編製合併財務報表時，將境外經營折算後資產負債表與母公司及納入合併範圍的其他成員企業的資產負債表進行合併後，外幣財務報表折算差額自然將反應在合併資產負債表的所有者權益部分（參見表 8-30 中「合併數」部分）。值得注意的是，作為「綜合收益」的組成部分之一，外幣財務報表折算差額無疑還應體現在合併所有者權益變動表中。

（二）外幣財務報表折算差額在合併所有者權益變動表中的列報

合併所有者權益變動表的基本結構參見表 8-31。編製合併所有者權益變動表的關鍵在於明確該表的內容、結構以及該表與合併資產負債表、合併利潤表各項目之間的關係。

1. 一般項目的填列方法

合併所有者權益變動表可以根據合併資產負債表和合併利潤表等資料進行編製。合併所有者權益變動表一般項目的編製原理簡述如下：

（1）各所有者權益項目的「上年年末餘額」和「本年年末餘額」可以分別轉抄自合併資產負債表的「股本」「資本公積」「其他綜合收益」「盈餘公積」「未分配利潤」以及「減：庫存股」等有關項目的年初數和年末數。

（2）「淨利潤」項目轉抄自合併利潤表中的「淨利潤」項目金額。

（3）有關利潤分配各項目轉抄自有關合併財務報表工作底稿中涉及的利潤分配有關項目的合併數。

（4）其他各項目可以分別根據合併利潤表有關項目以及合併資產負債表的「股本」「資本公積」「其他綜合收益」「盈餘公積」等有關項目的年末數和年初數分析填列。

2.「少數股東權益」的列報方法

在母公司非 100% 擁有子公司股權的情況下，合併所有者權益變動表中就需要報告少數股東權益。「少數股東權益」數額相當於子公司所有者權益中少數股東擁有的部分。因此，少數股東權益期末數可以根據合併財務報表工作底稿中第一類抵

銷分錄確定的金額填列，而這個金額無疑應該等於少數股東權益年初餘額與本年淨增加數之和。少數股東權益年初餘額應等於子公司所有者權益年初餘額與少數股權比例之乘積，合併財務報表工作底稿中根據子公司報告期淨利潤確定的少數股東收益與子公司報告期內分配給少數股東的利潤，構成導致少數股東權益發生增減變動的主要因素。毫無疑問，除了上述淨利潤的實現與分配之外，子公司股本和資本公積等項目的變化，都會引起少數股東權益的變動。

更為重要的是，子公司外幣財務報表折算差額中相當於少數股權的部分，也會導致少數股東權益的變動。

3. 外幣財務報表折算差額的列報

境外經營不屬於母公司全資子公司的情況下，外幣財務報表折算差額中應歸屬於企業集團少數股東享有的部分，還需要分配至少數股東權益項目。將外幣財務報表折算差額中歸屬於少數股東權益的部分進行分配時，有關調整分錄如下：

借：其他綜合收益
　　貸：少數股東權益［外幣財務報表折算差額×少數股東持股比例］

「外幣財務報表折算差額」為負數時，調整分錄的借貸方相反。

[**例 8-30**] 外幣財務報表折算差額在合併財務報表中的列報。

某母公司擁有某子公司60%的股權，2019年編製合併財務報表時確定該子公司的外幣財務報表折算差額為20萬元。為簡化起見，假定年度內母公司淨利潤為0，子公司淨利潤為100萬元，其他變動資料略。

合併所有者權益變動表中應如何列報外幣財務報表折算差額？

（1）分攤外幣財務報表折算差額的調整分錄如下：

借：其他綜合收益　　　　　　　　　　　　　　　　80,000
　　貸：少數股東權益　　　　　　　　　　　　　　　　80,000

（2）有關調整分錄對合併財務報表工作底稿的編製過程及其對相關項目合併數據的影響見表8-30。

表8-30　合併財務報表工作底稿　　　　　　　　　　單位：萬元

報表項目	個別財務報表 母公司	個別財務報表 子公司	合計數	調整與抵銷分錄 借	調整與抵銷分錄 貸	合併數
資產負債表有關項目						
長期股權投資	1,800	0	1,800		①1,800	0
其他有關資產項目	9,000	4,110	13,110			13,110
負債	4,000	1,010	5,010			5,010
股本	4,000	3,000	7,000	①3,000		4,000
其他綜合收益	0	20	20	②8		12
未分配利潤	2,800	100	2,900	40		2,860
歸屬於母公司的所有者權益	—	—	—			6,872
少數股東權益	—	—	—		①1,240 ②8	1,248
股東權益合計	6,800	3,120	9,920	3,048	1,248	8,120

表8-30(續)

報表項目	個別財務報表 母公司	個別財務報表 子公司	合計數	調整與抵銷分錄 借	調整與抵銷分錄 貸	合併數
利潤表有關項目						
營業收入等	0	100	100			0
投資收益	0	0	0			0
淨利潤	0	100				100
其中：歸屬於母公司股東的權益	—	—	—			60
歸屬於少數股東的收益	—	—	—		①40	40
其他綜合收益						20
其中：外幣報表折算差額		20				20
……						
綜合收益總額		120				120
其中：歸屬於母公司股東的綜合收益總額	—	—	—			72
歸屬於少數股東的綜合收益總額	—	—	—			48

（3）根據表8-30編製的合併所有者權益變動表見表8-31。

表8-31 合併所有者權益變動表

2019年度　　　　　　　　　　　　　　　　　　　單位：萬元

項目	本年金額 歸屬於母公司的所有者權益 股本	資本公積（資本溢價）	減：庫存股	其他綜合收益	盈餘公積	未分配利潤	小計	少數股東權益	合計	上年金額
一、上年年末餘額	4,000	0	0	0	0	2,800	6,800	1,200	8,000	略
加：會計政策變更										
前期差錯更正										
二、本年年初餘額	4,000	0	0	0	0	2,800	6,800	1,200	8,000	
三、本年增減變動										
（一）綜合收益總額										
1. 淨利潤						60	60	40	100	
2. 其他綜合收益				12			12	8	20	
（二）所有者投入資本										
（三）利潤分配										
（四）所有者權益內部結轉										
四、本年年末餘額	4,000	0	0	12	0	2,860	6,872	1,248	8,120	

二、子公司超額虧損的列報

子公司當期虧損超過子公司期初所有者權益金額的情況下，子公司少數股東分擔的虧損超過了少數股東在該子公司期初所有者權益中所享有的份額的，其餘額仍應沖減少數股東權益。

[例8-31] 子公司超額虧損在合併財務報表中的列報。

2019年年初，母公司股本為1,000萬元，子公司股本為100萬元，母公司擁有子公司80%的股權，對子公司長期股權投資餘額為80萬元，本期子公司發生虧損150萬元。2020年，母、子公司分別實現淨利潤300萬元、260萬元。其他因素略。

2019年、2020年各年合併財務報表工作底稿如何編製？各年合併所有者權益變動表中如何列報子公司超額虧損？

（1）2019年合併財務報表工作底稿的編製。

①2019年合併財務報表工作底稿中應編製的抵銷分錄如下：

借：股本　　　　　　　　　　　　　　　　　　　　　　　　1,000,000
　　少數股東權益［子公司股東權益（1,000,000-1,500,000）×20%］
　　　　　　　　　　　　　　　　　　　　　　　　　　　　　100,000
　貸：長期股權投資　　　　　　　　　　　　　　　　　　　　800,000
　　　少數股東損益（虧損1,500,000×20%）　　　　　　　　　 300,000

②該抵銷分錄過入合併財務報表工作底稿，有關合併數的產生過程見表8-32。

表8-32　合併財務報表工作底稿　　　　　　　　　　　　　　單位：萬元

報表項目	個別財務報表 母公司	個別財務報表 子公司	合計數	調整與抵銷分錄 借	調整與抵銷分錄 貸	合併數
資產負債表有關資產項目						
長期股權投資	80	0	80		①80	0
股本	1,000	100	1,100	①100		1,000
未分配利潤	0	-150	-150		30	-120
歸屬於母公司的所有者權益	—	—	—			880
少數股東權益	—	—	—	①10		-10
股東權益合計	1,000	-50	950	110	30	870
利潤表有關項目						
淨利潤	0	-150	-150			-150
其中：歸屬於母公司股東的收益	—	—	—			-120
歸屬於少數股東的收益	—	—	—	①30		-30

③根據表8-32編製的合併所有者權益變動表見表8-33。

表8-33　合併所有者權益變動表
2019年度　　　　　　　　　　　　　　　　　　　　　　　單位：萬元

項目	本年金額 歸屬於母公司的所有者權益 股本	資本公積（資本溢價）	減：庫存股	其他綜合收益	盈餘公積	未分配利潤	小計	少數股東權益	合計	上年金額
一、上年年末餘額	1,000	0	0	0	0	0	1,000	20	1,020	略
加：會計政策變更										
前期差錯更正										
二、本年年初餘額	1,000	0	0	0	0	0	1,000	20	1,020	

表8-33(續)

項目	本年金額							少數股東權益	合計	上年金額
	歸屬於母公司的所有者權益									
	股本	資本公積(資本溢價)	減：庫存股	其他綜合收益	盈餘公積	未分配利潤	小計			
三、本年增減變動										
(一) 綜合收益總額										
1. 淨利潤						−120	−120	−30	−150	
2. 其他綜合收益										
(二) 所有者投入資本										
(三) 利潤分配										
(四) 所有者權益內部結轉							—			
四、本年年末餘額	1,000	0	0	0	0	−120	880	−10	870	

（2）2020年合併財務報表工作底稿的編製。

①2020年合併財務報表工作底稿中應編製的抵銷分錄如下：

借：股本　　　　　　　　　　　　　　　　　　　　1,000,000
　　少數股東損益（利潤2,600,000×20%）　　　　　　520,000
　貸：長期股權投資　　　　　　　　　　　　　　　　800,000
　　　少數股東權益〔子公司股東權益(−500,000+2,600,000)×20%〕　420,000
　　　期初未分配利潤（上年該抵銷環節的抵銷金額）　　300,000

②將該抵銷分錄過入合併財務報表工作底稿，有關合併數的產生過程見表8-34。

表8-34　合併財務報表工作底稿　　　　　　　　　　　　　　單位：萬元

報表項目	個別財務報表		合計數	調整與抵銷分錄		合併數
	母公司	子公司		借	貸	
資產負債表有關項目						
長期股權投資	80	0	80		①80	0
股本	1,000	100	1,100	①100		1,000
未分配利潤	300	110	410		30	388
歸屬於母公司的所有者權益	—	—				1,388
少數股東權益					①42	42
股東權益總計	1,300	210	1,510	110	30	1,430
利潤表有關項目						
淨利潤	300	260	560			560
其中：歸屬於母公司股東的收益	—	—				508
歸屬於少數股東的收益	—	—		①52		52
所有者權益變動表有關項目						
期初未分配利潤	0	−150	−150		①30	−120
綜合收益總額	300	260	560			560
其中：歸屬於母東權益的綜合收益總額	—	—				508
歸屬於少數股東權益的綜合收益	—	—				52
未分配利潤	300	110	410	52	30	388

③根據表 8-34 編製的合併所有者權益變動表見表 8-35。

表 8-35　合併所有者權益變動表

2020 年度　　　　　　　　　　　　　　　　　　　　　單位：萬元

項目	本年金額									上年金額
	歸屬於母公司的所有者權益							少數股東權益	合計	
	股本	資本公積（資本溢價）	減：庫存股	其他綜合收益	盈餘公積	未分配利潤	小計			
一、上年年末餘額	1,000	0	0	0	0	-120	880	-10	870	略
加：會計政策變更										
前期差錯更正										
二、本年年初餘額	1,000	0	0	0	0	-120	880	-10	870	
三、本年增減變動										
（一）綜合收益										
1. 淨利潤						508	508	52	560	
2. 其他綜合收益										
（二）所有者投入資本										
（三）利潤分配										
（四）所有者權益內部結轉										
四、本年年末餘額	1,000	0	0	0	0	388	1,388	42	1,430	

三、合併現金流量表的編製

（一）主表部分的編製原理

合併現金流量表是由母公司編製的反應企業集團整體報告期內現金流入、現金流出數量及其增減變動情況的合併財務報表。從理論上講，合併現金流量表有兩種編製方法：一種方法是根據合併資產負債表、合併利潤表和合併所有者權益變動表及其他有關資料，按個別現金流量表的編製方法編製；另一種方法是根據集團內部成員企業（母公司及納入合併範圍的子公司，下同）的個別現金流量表，通過抵銷成員企業之間的現金流入和現金流出，採用合併財務報表的一般編製程序編製。

毫無疑問，上述任何一種方法都不能直接根據現有資料簡單合併，都需要有關母、子公司提供比較詳細的合併資產負債表、合併利潤表以及合併所有者權益變動表或個別現金流量表以外的有關記錄，但是兩種方法的編製思路不同，所需資料存在差異。我們認為，就合併現金流量表主表而言，第二種方法比第一種方法更合理、簡便，而且操作性更強。在採用第二種方法的情況下，有關成員企業在提供個別現金流量表的基礎上，主要提供與其他成員企業的現金流動記錄資料。母公司將個別現金流量表加總以後，合併現金流量表編製程序中的關鍵就是抵銷內部現金流動。

下面主要闡述第二種方法下合併現金流量表主表部分的編製原理。

1. 抵銷分錄的特點

按母、子公司個別現金流量表編製合併現金流量表時，同合併資產負債表、合併利潤表以及合併所有者權益變動表的編製程序一樣，也要在工作底稿中編製抵銷分錄。合併現金流量表抵銷分錄的特點如下：

（1）抵銷分錄借、貸方項目均是現金流量表項目，不涉及其他報表項目，因為這裡的抵銷分錄解決的是成員企業之間現金流入與現金流出的抵銷。因此，合併現金流量表的工作底稿可以單獨開設。

（2）抵銷分錄的規律如下：

①貸方抵銷有關收現項目，借方抵銷有關付現項目。

②在經營活動現金流量的抵銷分錄中，一方經營活動現金流入往往與另一方經營活動現金流出相抵銷，但個別情況下可能要求一方經營活動現金流入（或流出）與另一方投資活動（或籌資活動）現金流出（或流入）相抵銷。例如，在抵銷固定資產內部交易的現金流動時，可能需要將銷售方的「銷貨收現」與購買方的「購建固定資產付現」或將銷售方的「處置固定資產收現」與購買方的「購貨付現」相抵銷。

③對投資活動和籌資活動現金流量的抵銷分錄中，一般情況下集團內一方的投資業務往往涉及另一方的籌資業務，因此抵銷分錄的借、貸方分別是投資活動現金流出（或流入）、籌資活動現金流入（或流出），但個別情況下可能要求一方的投資活動現金流入與另一方的投資活動現金流出相抵銷，如對固定資產內部交易的雙方均涉及固定資產的業務，抵銷分錄中將一方「購建固定資產付現」與另一方「處置固定資產收現」抵銷；對集團內部轉讓有價證券投資業務，抵銷分錄中將一方「收回投資收現」與另一方「權益性（或債權性）投資付現」抵銷。

2. 編製合併現金流量表主表部分時需抵銷的項目及其抵銷分錄

（1）成員企業間現銷業務、賒銷業務本期的貨款（不含增值稅）收付的抵銷。

借：經營活動現金流量——購買商品、接受勞務支付的現金
　　貸：經營活動現金流量——銷售商品、提供勞務收到的現金

如果上述業務在交易雙方中一方涉及經營活動而另一方涉及非經營活動，則抵銷分錄如下：

借：經營活動現金流量——購買商品、接受勞務支付的現金
　　貸：投資活動現金流量——處置固定資產等長期資產收到的現金

或

借：投資活動現金流量——購建固定資產等長期資產支付的現金
　　貸：經營活動現金流量——銷售商品、提供勞務收到的現金

（2）成員企業間其他與經營活動有關的現金收付（如罰款、捐贈）的抵銷。

借：經營活動現金流量——支付的其他與經營活動有關的現金
　　貸：經營活動現金流量——收到的其他與經營活動有關的現金

（3）成員企業間籌資本金與投資成本的現金收付的抵銷。

借：投資活動現金流量——投資所支付的現金
　　貸：籌資活動現金流量——吸收投資所收到的現金

（4）成員企業間投資收益與籌資費用的現金收付的抵銷。

借：籌資活動現金流量——分配股利、利潤或償付利息支付的現金
　　貸：投資活動現金流量——取得投資收益收到的現金

（5）收回投資收現與增加投資付現、收回投資收現與減少籌資付現的抵銷。

現金流量表中的企業收回投資主要指出售、轉讓或到期收回現金等價物以外的投資。如果是出售或轉讓投資給集團內其他成員企業，則後者為之付出的現金屬於投資活動付現，前者因此收到的現金屬於投資活動收現。這時的抵銷分錄如下：

借：投資活動現金流量——投資支付的現金
　　貸：投資活動現金流量——收回投資收到的現金

如果企業到期收回投資，對方單位一般是籌資方，雙方均是集團內部成員企業時，抵銷分錄如下：

借：籌資活動現金流量——償還債務所支付的現金

或

借：籌資活動現金流量——支付的其他與籌資活動有關的現金
　　貸：投資活動現金流量——收回投資收到的現金

（6）固定資產、無形資產、其他資產交易雙方現金收付的抵銷。

固定資產、無形資產、其他資產交易的雙方均為集團內部成員企業時，相關的現金流入與現金流出屬於投資活動現金流動，抵銷分錄如下：

借：投資活動現金流量——購建固定資產等長期資產所支付的現金
　　貸：投資活動現金流量——處置固定資產等長期資產收到的現金淨額

[**例 8-32**] 與合併現金流量表有關的抵銷分錄的編製。

表 8-36 是某企業集團母公司及其子公司 2019 年個別現金流量表資料。

表 8-36　現金流量表（簡表）　會企 03 表

2019 年度　　　　　　　　　　　　　　　　　　　　　　單位：萬元

項目	母公司	子公司
一、經營活動產生的現金流量	—	—
銷售商品、提供勞務收到的現金	1,221,200	280,000
收到的稅費返還	0	0
收到的其他與經營活動有關的現金	0	0
經營活動現金流入小計	1,221,200	280,000
購買商品、接受勞務支付的現金	624,000	170,000
支付給職工以及為職工支付的現金	430,000	30,000
支付的各項稅費	205,000	20,000
支付的其他與經營活動有關的現金	90,000	10,000
經營活動現金流出小計	1,339,000	230,000
經營活動產生的現金流量淨額	-127,800	50,000
二、投資活動產生的現金流量	—	—
收回投資收到的現金	0	5,000
取得投資收益收到的現金	20,000	1,000
處置固定資產、無形資產和其他長期資產收回的現金淨額	14,200	500
處置子公司及其他營業單位收到的現金淨額	0	0
收到的其他與投資活動有關的現金	0	0

表8-36(續)

項目	母公司	子公司
投資活動現金流入小計	34,200	6,500
構建固定資產、無形資產和其他長期資產支付的現金	197,000	20,000
投資支付的現金	250,000	0
取得子公司及其他營業單位支付的現金淨額	0	0
支付的其他與投資活動有關的現金	0	0
投資活動現金流出小計	447,000	20,000
投資活動產生的現金流量淨額	-412,800	-13,500
三、籌資活動產生的現金流量	—	—
吸收投資收到的現金	875,000	30,000
取得借款收到的現金	880,000	80,000
收到的其他與籌資活動有關的現金	0	0
籌資活動現金流入小計	1,755,000	110,000
償還債務支付的現金	700,000	80,000
分配股利、利潤或償付利息支付的現金	70,000	80,000
支付的其他與籌資活動有關的現金	0	0
籌資活動現金流出小計	770,000	160,000
籌資活動產生的現金流量淨額	985,000	-50,000
四、匯率變動對現金的影響	0	0
五、現金及現金等價物淨增加額	444,400	-13,500
加：期初現金及現金等價物餘額	1,500,000	126,500
六、期末現金及現金等價物餘額	1,944,400	113,000

　　假定各公司提供的有關資料表明：母公司本年度「銷售商品、提供勞務收到的現金」中有120,000元是銷售商品給子公司（子公司將購自母公司的資產中有100,000元作為原材料使用，另外20,000元作為固定資產使用）而收到的現金；母公司「取得投資收益收到的現金」中有10,000元來自子公司的利潤分配（其他資料略）。

　　與合併現金流量表有關的抵銷分錄編製如下：

借：經營活動現金流量（購買商品、接受勞務支付的現金）　　　100,000
　　投資活動現金流量（購建固定資產、無形資產和其他長期資產支付的現金）
　　　　　　　　　　　　　　　　　　　　　　　　　　　　　　20,000
　　貸：經營活動現金流量（銷售商品、提供勞務收到的現金）　　120,000
②借：籌資活動現金流量（分配股利、利潤或償付利息所支付的現金）
　　　　　　　　　　　　　　　　　　　　　　　　　　　　　　10,000
　　貸：投資活動現金流量（取得投資收益收到的現金）　　　　　 10,000

（二）合併現金流量表補充資料部分的編製

　　如果說合併現金流量表的主表部分採用的上述第二種方法，即以成員企業的個別現金流量表為依據對內部現金流動予以抵銷編製而成的方法比較簡便的話，那麼

補充資料部分將對不同的項目分別根據個別現金流量表和合併資產負債表、合併利潤表及有關資料編製，這是由補充資料本身的特殊性決定的。

1. 補充資料1的編製

補充資料1是間接法下經營活動現金流量的揭示。合併現金流量表的這一部分各項目的編製方法如下：

(1)「淨利潤」合併數：根據合併利潤表中「淨利潤」項目數字填列。

(2)「計提的資產損失準備」合併數：根據成員企業個別現金流量表中本項目數之和扣除內部應收款項及內部交易的資產按未實現利潤計提的損失準備數的差額填列。

(3)「計提的固定資產折舊」合併數：根據成員企業個別現金流量表中本項目數之和扣除內部交易固定資產當年按未實現利潤多提的折舊數的差額填列。

(4)「無形資產攤銷」合併數：根據成員企業個別現金流量表中本項目數之和扣除內部交易無形資產當年按未實現利潤多提的攤銷數的差額填列。

(5)「固定資產報廢損失」「固定資產處置淨損失」「固定資產盤虧損失」項目：根據成員企業個別現金流量表中相應項目數之和填列。

(6)「投資收益」「財務費用」合併數：根據合併利潤表中相應項目數字填列即可（合併利潤表中這兩個項目各自的合併數中已經抵銷了成員企業之間的投資收益和財務費用）。

(7)「遞延所得稅資產（減負債）」合併數：根據合併資產負債表「遞延所得稅資產」「遞延所得稅負債」項目的「期末餘額」與「年初餘額」之差分析填列。

(8)「與經營活動有關的非現金流動資產的增減變動」各項目的合併數：根據合併資產負債表中各項目合併數的「年初餘額」與「期末餘額」及之差扣除其中與經營活動無關的變動數後填列。

(9)「與經營活動有關的流動負債的增減變動」各項目的合併數：根據合併資產負債表中各項目合併數的「年初餘額」與「期末餘額」及之差扣除其中與經營活動無關的變動數後填列。

2. 補充資料2的編製

補充資料2是有關不涉及現金的投資、籌資活動，因此不存在對現金流動的抵銷問題。合併現金流量表這一部分的編製方法是：根據成員企業個別現金流量表的相應部分加總後抵銷其中發生在成員企業之間的投資和籌資活動。

3. 補充資料3的編製

補充資料3是反應現金淨增加情況的。合併現金流量表中這一部分項目可以根據合併資產負債表「貨幣資金」項目及有關成員企業「交易性金融資產」等項目在報告期的變動情況分析填列。

第六節　合併財務報表編製綜合舉例

一、資料

牡丹公司與紫荊公司 2019 年度的資產負債表、利潤及利潤分配情況表和現金流量表（簡表）資料見表 8-37 至表 8-41（盈餘公積略）。

表 8-37　牡丹公司資產負債表

2019 年 12 月 31 日　　　　　　　　　　　　　　　　　單位：元

資產	期末餘額	年初餘額	負債和所有者權益	期末餘額	年初餘額
流動資產			流動負債		
貨幣資金	4,000,000	2,008,000	短期借款	210,000	200,000
應收票據及應收帳款	199,000	796,000	應付票據及應付帳款	1,780,000	950,000
其他應收款	201,000	146,000	應付職工薪酬	800,000	820,000
存貨	500,000	450,000	其他應付款	200,218	440,818
流動資產合計	4,900,000	3,400,000	應交稅費	10,000	8,000
			流動負債合計	3,000,218	2,418,818
非流動資產			非流動負債		
長期股權投資	1,000,000	800,000	長期借款	2,600,000	2,000,000
其他權益工具投資	186,500	0	應付債券	647,000	0
債權投資	100,000	0	非流動負債合計	3,247,000	2,000,000
固定資產	5,413,500	5,500,000	股東權益		
無形資產	200,000	200,000	股本	4,000,000	4,000,000
遞延所得稅資產	200,000	100,000	資本公積	155,000	155,000
非流動資產合計	7,100,000	6,600,000	其他綜合收益	16,500	0
			未分配利潤	1,581,282	1,426,182
			股東權益合計	5,752,782	5,581,182
資產總計	12,000,000	10,000,000	負債和所有者權益總計	12,000,000	10,000,000

表 8-38　紫荊公司資產負債表

2019 年 12 月 31 日　　　　　　　　　　　　　　　　　單位：元

資產	期末餘額	年初餘額	負債和所有者權益	期末餘額	年初餘額
流動資產			流動負債		
貨幣資金	130,500	708,150	短期借款	200,000	300,000
應收票據及應收帳款	99,500	298,500	應付帳款	70,000	180,000
其他應收款	0	0	應付職工薪酬	9,000	14,000
存貨	800,000	503,000	其他應付款	22,040	88,140
流動資產合計	1,030,000	1,509,650	流動負債合計	301,040	582,140
			非流動負債		

表8-38(續)

資產	期末餘額	年初餘額	負債和所有者權益	期末餘額	年初餘額
非流動資產			長期借款	1,000,000	1,130,000
長期股權投資	0	0	應付債券	0	315,000
其他權益工具投資	0	0	非流動負債合計	1,000,000	1,445,000
固定資產	1,460,000	1,700,000	股東權益		
無形資產	0	0	股本	1,000,000	1,000,000
遞延所得稅資產	0	0	資本公積	150,000	150,000
非流動資產合計	1,460,000	1,700,000	未分配利潤	38,960	32,510
			股東權益合計	1,188,960	1,182,510
資產總計	2,490,000	3,209,650	負債和所有者權益總計	2,490,000	3,209,650

表8-39 牡丹公司利潤及利潤分配情況表
2019年度 單位：元

項目	上期金額	本期金額
一、營業收入	3,000,000	4,000,000
減：營業成本	1,800,000	2,500,000
稅金及附加	400,000	600,000
銷售費用	180,000	121,178
管理費用	100,000	200,000
財務費用	50,000	110,000
資產減值損失	15,000	8,000
信用減值損失	5,000	822
加：投資收益	34,178	37,202.5
營業外收入	165,822	40,000
減：營業外支出	15,000	7,202.5
二、利潤總額	635,000	530,000
減：所得稅費用	209,550	174,900
三、淨利潤	425,450	355,100
加：期初未分配利潤	1,150,732	1,426,182
減：應付普通股股利	150,000	200,000
四、期末未分配利潤	1,426,182	1,581,280

表8-40 紫荊公司利潤及利潤分配情況表
2019年度 單位：元

項目	上期金額	本期金額
一、營業收入	800,000	905,000
減：營業成本	500,000	580,000
稅金及附加	70,000	85,000
銷售費用	30,000	40,000

表8-40(續)

項目	上期金額	本期金額
管理費用	60,000	70,000
財務費用	45,000	60,000
資產減值損失	9,100	9,000
信用減值損失	900	1,000
加：投資收益	0	0
營業外收入	5,000	8,000
減：營業外支出	2,000	3,000
二、利潤總額	88,000	65,000
減：所得稅費用	29,040	21,450
三、淨利潤	58,960	43,550
加：期初未分配利潤	0	38,960
減：應付普通股股利	20,000	50,000
四、期末未分配利潤	38,960	32,510

表 8-41　現金流量表（簡表）

2019 年度　　　　　　　　　　　　　　　　　　　　　　單位：元

項目	牡丹公司	南晶公司
一、經營活動產生的現金流量		
銷售商品、提供勞務收到的現金	4,600,000	705,000
收到的其他與經營活動有關的現金	112,000	30,650
購買商品、接受勞務支付的現金	2,910,000	173,000
支付給雇員的現金	200,000	54,000
支付的所得稅	174,900	20,000
支付的其他稅費	93,000	80,000
支付的其他與經營活動有關的現金	122,100	3,000
經營活動現金流量淨額	1,212,000	405,650
二、投資活動產生的現金流量		
收回投資收到的現金	0	0
分得股利收到的現金	11,000	0
處置固定資產、無形資產收到的現金淨額	0	0
權益性投資支付的現金	91,000	0
債權性投資支付的現金	70,000	0
購置固定資產、無形資產等支付的現金	10,000	270,000
投資活動現金流量淨額	-160,000	-270,000
三、籌資活動產生的現金流量		
吸收權益性投資收到的現金	0	0

表8-41(續)

項目	牡丹公司	南晶公司
發行債券收到的現金	600,000	300,000
借款收到的現金	1,500,000	175,000
償還債務支付的現金	1,000,000	
償還利息支付的現金	10,000	13,000
分配股利支付的現金	150,000	20,000
籌資活動現金流量淨額	940,000	442,000
四、現金淨增加額	1,992,000	577,650

其他有關資料如下：

（1）2017年12月末，牡丹公司用銀行存款700,000元購入非同一控制下的紫荊公司55%的表決權資本。紫荊公司當時的可辨認淨資產帳面價值為1,150,000元，評估的公允價值為1,200,000元，公允價值大於帳面價值50,000元為某項管理用固定資產評估增值（假定該固定資產未來折舊年限為5年，按直線法計提折舊，預計淨殘值因素略）。紫荊公司留存收益為0，盈餘公積略。

（2）牡丹公司商品銷售中有一部分是向紫荊公司提供配套商品。2018年、2019年牡丹公司銷售收入中分別有30%、10%來自向紫荊公司銷貨，該商品的銷售毛利率為20%。

（3）紫荊公司來自牡丹公司的外購配套商品中，2018年有40%包括在期末資產負債表「存貨」項目中；2019年期末存貨成本中有140,000元是購自牡丹公司的配套商品。

（4）牡丹公司2018年、2019年年末應收帳款餘額中分別有50,000元、30,000元為紫荊公司的應付帳款（牡丹公司按應收帳款餘額的0.5%確認預期信用損失）。

（5）紫荊公司2019年1月按面值發行5年期、一次還本付息、年利率為5%的債券300,000元，牡丹公司購入其中的10%，並分類為以攤餘成本計量的金融資產。

（6）紫荊公司2018年利潤分配方案中宣告分配現金股利20,000元，2019年利潤分配方案中則宣告分配現金股利50,000元並分別於2019年5月和2020年5月支付2018年和2019年的現金股利。

（7）2017年12月，牡丹公司將一臺帳面原價為80,000元、累計折舊為10,000元的設備以65,000元的價格出售給紫荊公司，後者將其作為固定資產使用，並按5年提取折舊。

（8）假定牡丹公司其他綜合收益增加16,500元係其他權益工具投資公允價值變動所致。

二、要求

根據上述資料，編製牡丹公司與紫荊公司2019年的合併資產負債表、合併利潤表、合併所有者權益變動表和合併現金流量表。

三、合併財務報表的編製

(一) 在合併財務報表工作底稿裡編製調整與抵銷分錄

1. 編製調整分錄①

(1) 牡丹公司將子公司有關資產價值按合併日公允價值為基礎進行調整。

借：固定資產　　　　　　　　　　　　　　　　　　　30,000
　　管理費用（50,000÷5）　　　　　　　　　　　　　10,000
　　未分配利潤（期初）（10,000-10,000×25%）　　　　7,500
　貸：所得稅費用（10,000×25%）　　　　　　　　　　　2,500
　　　遞延所得稅負債（30,000×25%）　　　　　　　　　7,500
　　　資本公積　　　　　　　　　　　　　　　　　　　37,500

2. 編製抵銷分錄

第一，與內部長期股權投資有關的抵銷分錄。

(2) 借：股本　　　　　　　　　　　　　　　　　　　1,000,000
　　　資本公積（150,000+37,500）　　　　　　　　　　187,500
　　　少數股東損益[（43,550-10,000+2,500）×45%]　　 16,222.5
　　　投資收益（50,000×55%）　　　　　　　　　　　　27,500
　　　商譽[700,000-(1,000,000+187,500)×55%]　　　　46,875
　　　未分配利潤（期初）[（38,960-10,000+2,500）×45%] 14,157
　　貸：長期股權投資　　　　　　　　　　　　　　　　700,000
　　　　少數股東權益
　　　　[(1,000,000+187,500+32,510-20,000+5,000)×45%] 542,254.5
　　　　應付普通股股利　　　　　　　　　　　　　　　50,000

2019年的第一類抵銷處理的另一種做法是先調整至權益法再進行抵銷。

①將成本法的結果按權益法進行調整。

借：長期股權投資　　　　　　　　　　　　　　　　　9,630.5
　　投資收益　　　　　　　　　　　　　　　　　　　7,672.5
　貸：未分配利潤（期初數）　　　　　　　　　　　　17,303

上面數字的有關計算如下：

(58,960-10,000+2,500)×55%-20,000×55%=17,303

(43,550-10,000+2,500)×55%-50,000×55%=-7,672.5

17,303-7,672.5=-9,630.5

---

① 為了更好地理解該筆會計分錄，將各年年末相關調整分錄分述於此。2017年年末（購買日），牡丹公司借記「固定資產(原價)」50,000，貸記「資本公積」37,500，貸記「遞延所得稅負債」12,500。2018年年末，牡丹公司借記「固定資產(原價)」50,000，貸記「資本公積」37,500，貸記「遞延所得稅負債」12,500；借記「管理費用」10,000，貸記「固定資產(折舊)」10,000；借記「遞延所得稅負債」2,500，貸記「所得稅費用」2,500。2019年年末，牡丹公司借記「固定資產(原價)」50,000，貸記「資本公積」37,500，貸記「遞延所得稅負債」12,500；借記「管理費用」10,000，貸記「固定資產(折舊)」10,000；借記「期初未分配利潤」10,000，貸記「固定資產(折舊)」10,000；借記「遞延所得稅負債」2,500，貸記「所得稅費用」2,500；借記「遞延所得稅負債」2,500，貸記「期初未分配利潤」2,500，將上述5筆分錄合併即是2019年年末的調整分錄。

②將子公司股東權益期末餘額與母公司股權投資餘額相抵銷，並確認少數股東權益。

借：股本　　　　　　　　　　　　　　　　　　　1,000,000
　　資本公積　　　　　　　　　　　　　　　　　　187,500
　　未分配利潤　　　　　　　　　　　　　　　　　 17,510
　　商譽　　　　　　　　　　　　　　　　　　　　 46,875
　貸：長期股權投資　　　　　　　　　　　　　　　709,630.5
　　　少數股東權益　　　　　　　　　　　　　　　542,254.5

上面數字的有關計算如下：

17,510＝32,510（個別財務報表中）+（-10,000-7,500+2,500）（上述將子公司有關資產價值按合併日公允價值為基礎進行調整時對子公司未分配利潤的淨調整數）

③與子公司當期利潤及利潤分配有關的抵銷處理。

借：投資收益　　　　　　　　　　　　　　　　　　19,827.5
　　少數股東損益　　　　　　　　　　　　　　　　16,222.5
　　未分配利潤（期初數）　　　　　　　　　　　　31,460
　貸：應付普通股股利　　　　　　　　　　　　　　50,000
　　　未分配利潤（期末數）　　　　　　　　　　　17,510

上面數字的有關計算如下：

31,460＝38,960（個別財務報表中）+（-10,000+2,500）（上年編製合併財務報表時調整子公司淨資產公允價值時處理中涉及的）

將上面兩個抵銷分錄合併，則有：

借：股本　　　　　　　　　　　　　　　　　　　1,000,000
　　資本公積　　　　　　　　　　　　　　　　　　187,500
　　投資收益　　　　　　　　　　　　　　　　　　 19,827.5
　　少數股東損益　　　　　　　　　　　　　　　　16,222.5
　　未分配利潤（期初數）　　　　　　　　　　　　31,460
　　商譽　　　　　　　　　　　　　　　　　　　　 46,875
　貸：長期股權投資　　　　　　　　　　　　　　　709,630.5
　　　少數股東權益　　　　　　　　　　　　　　　542,254.5
　　　應付普通股股利　　　　　　　　　　　　　　 50,000

第二，抵銷內部債權債務。

(3) 借：應付帳款　　　　　　　　　　　　　　　　30,000
　　　貸：應收帳款　　　　　　　　　　　　　　　30,000
(4) 借：應收帳款（30,000×0.5%）　　　　　　　　 150
　　　信用減值損失 ［（50,000-30,000）×0.5%］   100
　　　貸：未分配利潤（期初）（50,000×0.5%）　　 250
(5) 借：未分配利潤（期初）（250×25%）　　　　　 62.5
　　　貸：所得稅費用（100×25%）　　　　　　　　 25
　　　　　遞延所得稅資產（150×25%）　　　　　　 37.5

(6) 借：其他應付款 27,500
　　　貸：其他應收款 27,500
(7) 借：應付債券 31,500
　　　貸：債權投資 31,500

第三，抵銷內部存貨交易的相關影響。
(8) 借：未分配利潤（期初）（3,000,000×30%×20%×40%） 72,000
　　　貸：營業成本 72,000
(9) 借：營業收入（4,000,000×10%） 400,000
　　　貸：營業成本 400,000
(10) 借：營業成本（140,000×20%） 28,000
　　　貸：存貨 28,000
(11) 借：遞延所得稅資產（28,000×25%） 7,000
　　　　所得稅費用 11,000
　　　貸：未分配利潤（期初）（72,000×25%） 18,000

第四，抵銷內部固定資產交易的相關影響。
(12) 借：固定資產——原價（80,000-10,000-65,000） 5,000
　　　貸：未分配利潤（期初） 5,000
(13) 借：管理費用（5,000÷5） 1,000
　　　　未分配利潤（期初）（5,000÷5） 1,000
　　　貸：固定資產——累計折舊 2,000
(14) 借：未分配利潤（期初） 1,000
　　　貸：所得稅費用 250
　　　　　遞延所得稅負債 750

第五，抵銷內部債券業務的利息費用與利息收益。
(15) 借：投資收益 1,500
　　　貸：財務費用 1,500
(16) 借：少數股東損益（1,500×45%） 675
　　　貸：少數股東權益 675

第六，抵銷內部現金收付。
(17) 借：經營活動現金流量——購買商品、接受勞務支付的現金 420,000
　　　貸：經營活動現金流量——銷售商品、提供勞務收到的現金 420,000
420,000=內部應付帳款年初餘額(50,000)+本年內部購貨成本(4,000,000×10%)-內部應付帳款年初餘額(30,000)
420,000=內部銷售收入(4,000,000×10%)+內部應收帳款淨減少額(50,000-30,000)
(18) 借：籌資活動現金流量——分配股利或利潤支付的現金 11,000
　　　貸：投資活動現金流量——取得股利或利潤收到的現金 11,000
(19) 借：投資活動現金流量——債權性投資支付的現金 30,000
　　　貸：籌資活動現金流量——發行債券收到的現金 30,000

合併財務報表工作底稿和合併現金流量表工作底稿分別見表 8-42、表 8-43。

表 8-42　合併財務報表工作底稿

2019 年度　　　　　　　　　　　　　　　　　　　　　單位：元

項目	個別財務報表 牡丹公司	個別財務報表 紫荊公司	調整與抵銷分錄 借	調整與抵銷分錄 貸	合併數
資產負債表有關項目					
貨幣資金	4,000,000	708,150			4,708,150
應收票據及應收帳款	199,000	298,500	(4)150	(3)30,000	467,650
其他應收款	201,000	0		(6)27,500	173,500
存貨	500,000	503,000		(10)28,000	975,000
長期股權投資	1,000,000	0		(2)700,000	300,000
其他權益工資投資	186,500				186,500
債權投資	100,000	0		(7)31,500	68,500
固定資產	5,413,500	1,700,000	(1)30,000		
			(12)5,000	(13)2,000	7,146,500
無形資產	200,000	0			200,000
商譽	—	—	(2)46,875		46,875
遞延所得稅資產	200,000	0	(11)7,000	(5)37.5	206,962.5
短期借款	210,000	300,000			510,000
應付票據及應付帳款	1,780,000	180,000	(3)30,000		1,930,000
應付職工薪酬	800,000	14,000			814,000
其他應付款	200,218	88,140	(6)27,500		260,858
應交稅費	10,000	0			10,000
長期借款	2,600,000	1,130,000			3,730,000
應付債券	647,000	315,000	(7)31,500		930,500
遞延所得稅負債				(1)7,500	
	0	0		(14)750	8,250
股本	4,000,000	1,000,000	(2)1,000,000		4,000,000
資本公積	155,000	150,000	(2)187,500	(1)37,500	155,000
其他綜合收益	16,500	0			16,500
未分配利潤	1,581,282	32,510	591,717	549,525	1,571,600
少數股東權益	—	—	(2)542,254.5		542,929.5
				(16)675	
利潤表及所有者權益變動表有關項目	—	—	—	—	—
營業收入	4,000,000	905,000	(9)400,000		4,505,000
減：營業成本	2,500,000	580,000	(10)28,000	(8)72,000	2,636,000
			(9)400,000		
稅金及附加	600,000	85,000			685,000

表8-42(續)

項目	個別財務報表 牡丹公司	個別財務報表 紫荊公司	調整與抵銷分錄 借	調整與抵銷分錄 貸	合併數
管理費用	200,000	70,000	(1)10,000		
			(13)1,000		281,000
銷售費用	121,178	40,000			161,178
財務費用	110,000	60,000		(15)1,500	168,500
資產減值損失	8,000	9,000			17,000
信用減值損失	822	1,000	(4)100		1,922
加:投資收益	37,202.5	0	(15)1,500		8,202.5
			(2)27,500		
營業外收入	40,000	8,000			48,000
減:營業外支出	7,202.5	3,000			10,202.5
所得稅費用	174,900	21,450	(11)11,000	(5)25	204,575
				(1)2,500	
				(14)250	
淨利潤	355,100	43,550	479,100	476,275	395,825
其中:歸屬於母公司所有者利潤	—	—			378,927.5
少數股東損益	—	—	(2)16,222.5		16,897.5
			(16)675		
加:未分配利潤(期初)			(2)14,157		
			(1)7,500	(4)250	
	1,426,182	38,960	(8)72,000	(11)18,000	1,392,672.5
			(13)1,000	(12)5,000	
			(5)62.5		
			(14)1,000		
減:應付普通股股利	200,000	50,000		(2)50,000	200,000
未分配利潤(期末)	1,581,282	32,510	591,717	549,825	1,571,600

表8-43 合併現金流量表工作底稿

2019年度　　　　　　　　　　　　　　　　單位:元

項目	個別財務報表 牡丹公司	個別財務報表 紫荊公司	調整與抵銷分錄 借	調整與抵銷分錄 貸	合併數
一、經營活動產生的現金流量					
銷售商品、提供勞務收到的現金	4,600,000	705,000		(17)420,000	4,885,000
收到的其他與經營活動有關的現金	112,000	30,650			142,650
購買商品、接受勞務支付的現金	2,910,000	173,000	(17)420,000		2,663,000
支付給雇員的現金	200,000	54,000			254,000

表8-43(續)

項目	個別財務報表 牡丹公司	個別財務報表 紫荊公司	調整與抵銷分錄 借	調整與抵銷分錄 貸	合併數
支付的所得稅	174,900	20,000			194,900
支付的其他稅費	93,000	80,000			173,000
支付的其他與經營活動有關的現金	122,100	3,000			125,100
經營活動現金流量淨額	1,212,000	405,650	420,000	420,000	1,617,650
二、投資活動產生的現金流量	—	—			—
收回投資收到的現金	0	0			0
取得股利收到的現金	11,000	0		(18)11,000	0
權益性投資支付的現金	91,000	0			91,000
債券性投資支付的現金	70,000	0	(19)30,000		40,000
購置固定資產、無形資產支付的現金	10,000	270,000			280,000
投資活動現金流量淨額	-160,000	-270,000	30,000	11,000	-411,000
三、籌資活動產生的現金流量	—	—			—
發行債券收到的現金	600,000	300,000		(19)30,000	870,000
取得借款收到的現金	1,500,000	175,000			1,675,000
償還債務支付的現金	1,000,000	0			1,000,000
償還利息支付的現金	10,000	13,000			23,000
分配股利支付的現金	150,000	20,000	(18)11,000		159,000
其中:向少數股東支付現金股利	—				9,000
籌資活動現金流量淨額	940,000	442,000	20,000	39,000	1,363,000
四、現金淨額增加額	1,992,000	577,650	470,000	470,000	2,569,650

(二)根據合併工作底稿整理合併財務報表

根據表8-42、表8-43中「合併數」欄資料,分別填列合併資產負債表、合併利潤表、合併所有者權益變動表和合併現金流量表,分別見表8-44、表8-45、表8-46和表8-47。

表8-44 合併資產負債表

2019年12月31日　　　　　　　　　　　　單位:元

資產	期末餘額	年初餘額（略）	負債和所有者權益	期末餘額	年初餘額（略）
流動資產			流動負債		
貨幣資金	4,708,150		短期借款	510,000	
應收帳款	467,650		應付帳款	1,930,000	
其他應收款	173,500		應付職工薪酬	814,000	
存貨	975,000		其他應付款	260,858	
流動資產合計	6,324,300		應交稅費	10,000	
			流動負債合計	3,524,858	

表8-44(續)

資　產	期末餘額	年初餘額（略）	負債和所有者權益	期末餘額	年初餘額（略）
非流動資產	—		非流動負債		
長期股權投資	300,000		長期借款	3,730,000	
其他權益工具投資	186,500		應付債券	930,500	
債權投資	68,500		遞延所得稅負債	8,250	
固定資產	7,146,500		非流動負債合計	4,668,750	
無形資產	200,000		股東權益		
商譽	46,875		股本	4,000,000	
遞延所得稅資產	206,962.5		資本公積	155,000	
非流動資產合計	8,155,337.5		其他綜合收益	16,500	
			未分配利潤	1,571,600	
			歸屬於母公司的股東權益	5,743,100	
			少數股東權益	542,929.5	
			股東權益合計	6,286,028.5	
資產總計	14,479,637.5		負債和所有者權益總計	14,479,637.5	

表8-45　合併利潤表
2019年度　　　　　　　　　　　　　　　　　單位：元

項　目	上年數（略）	本年數
一、營業收入		4,505,000
減：營業成本		2,636,000
稅金及附加		685,000
管理費用		281,000
銷售費用		161,178
財務費用		168,500
資產減值損失		17,000
信用減值損失		1,922
加：投資收益		8,202.5
二、營業利潤		562,602.5
加：營業外收入		48,000
減：營業外支出		10,202.5
三、利潤總額		600,400
減：所得稅費用		204,575
四、淨利潤		395,825
其中：歸屬於母公司所有者的利潤		378,927.5
歸屬於少數股東的利潤		16,897.5
五、其他綜合收益		16,500
六、綜合收益		412,325
其中：歸屬於母公司所有者的綜合收益總額		395,427.5
歸屬於少數股東的綜合收益總額		16,897.5

表 8-46 合併所有者權益變動表

2019 年度 單位：元

項目	本年金額							
	歸屬於母公司所有者的權益						少數股東權益	所有者權益合計
	股本	資本公積	其他綜合收益	盈餘公積	未分配利潤	小計		
一、上年年末餘額	4,000,000	155,000	0	0	1,392,672.5	5,547,672.5	548,532*	6,096,204.5
加：會計政策變更 前期差錯更正								
二、本年年初餘額	4,000,000	155,000	0	0	1,392,672.5	5,547,672.5	548,532*	6,096,204.5
三、本年增減變動								
（一）綜合收益			16,500		378,927.5	395,427.5	16,897.5	412,325
（二）所有者投入資本								
（三）利潤分配					−200,000	−200,000	−22,500	−222,500
（四）所有者權益 內部結轉								
四、本年年末餘額	4,000,000	155,000	16,500	0	1,571,600	5,743,100	542,929.5	6,286,029.5

註：548,532 = 子公司上年末所有者權益（按合併日公允價值為基礎持續計算）×45% =（1,000,000+150,000+37,500+58,960−10,000+2,500−20,000）×45%

表 8-47 合併現金流量表

2019 年度 單位：元

項目	上年數（略）	本年數
一、經營活動所產生的現金流量		
銷售商品、提供勞務收到的現金		4,885,000
收到的其他與經營活動有關的現金		142,650
購買商品、接受勞務支付的現金		2,663,000
支付給雇員的現金		254,000
支付的所得稅		194,900
支付的其他稅費		173,000
支付的其他與經營活動有關的現金		125,100
經營活動現金流量淨額		1,617,650
二、投資活動產生的現金流量		
權益性投資支付的現金		91,000
債權性投資支付的現金		40,000
購置固定資產、無形資產支付的現金		280,000
投資活動現金流量淨額		−411,000
三、籌資活動產生的現金流量		
發行債券收到的現金		870,000
借款收到的現金		1,675,000

表8-47(續)

項目	上年數（略）	本年數
償還債務支付的現金		1,000,000
償還利息支付的現金		23,000
分配股利支付的現金		159,000
其中：向少數股東支付的現金股利		9,000
籌集活動現金流量淨額		1,363,000
四、現金淨增加額		2,569,650

□思考題

1. 什麼是合併財務報表？
2. 合併財務報表與個別財務報表相比有哪些特點？
3. 合併財務報表與各類企業合併之間的關係怎樣？
4. 合併財務報表的編製應遵循哪些原則？為什麼？
5. 同一控制下的股權取得日，合併財務報表有哪些？為什麼？如何編製？
6. 非同一控制下的股權取得日，合併財務報表有哪些？為什麼？如何編製？
7. 企業編製股權取得日後的合併財務報表時，主要的調整分錄有哪些？
8. 與合併資產負債表有關的調整與抵銷分錄主要有哪些？
9. 合併資產負債表中的少數股東權益是如何確定的？
10. 怎樣編製內部存貨交易的有關抵銷分錄？
11. 怎樣編製內部固定資產交易的有關抵銷分錄？
12. 企業編製合併財務報表時是否需要抵銷內部交易資產的已計提的減值準備？如何抵銷？
13. 如何理解合併利潤表中「淨利潤」項目體現的內容？

第九章
中期財務報告

【學習目標】

通過本章的學習，學生應瞭解中期財務報告的含義、構成及種類，瞭解中期財務報告與年度財務報告之間的主要區別，掌握中期財務報告的編製原則、編製要求，能夠編製中期財務報告，瞭解中期財務報告信息披露要求。

第一節 中期財務報告概述

一、中期財務報告的含義

中期財務報告是指以中期為基礎編製的財務報告。中期是指短於一個完整的會計年度（自公歷1月1日起至12月31日止）的報告期間，它可以是一個月、一個季度或半年，也可以是短於一個會計年度的其他期間，如1月1日至9月30日等。根據編製的期間不同，中期財務報告可以分為月度財務報告、季度財務報告、半年度財務報告以及期初至本中期期末的財務報告。

在市場經濟條件下，投資者、債權人等對公開披露的財務報告信息的及時性和相關性提出了更高的要求，而中期財務報告可以使投資者對企業業績評價和監督管理更加及時，更有助於及時發現企業存在的問題，尋求相應的應對措施，從而規範企業經營者行為，以滿足投資者決策的需求，因此，中期財務報告目前已經成為年度財務報告以外非常重要的財務報告。中國《企業會計準則第32號——中期財務報告》要求中國上市公司必須公開披露半年報，但很多上市公司已經開始自願披露季報。中國的中期報告不要求經過審計。

二、中期財務報告的構成

中期財務報告的構成與年度財務報告大同小異。中國《企業會計準則第32號——中期財務報告》對中期財務報告進行了詳盡的規範。根據《企業會計準則第32號——中期財務報告》的規定，中期財務報告至少應當包括以下幾部分：資產負債表、利潤表、現金流量表、附註。這四部分是中期財務報告最基本的構成。與年度財務報告相比，中期財務報告不要求編製所有者權益變動表。

企業在編製中期財務報告時，應當注意以下幾點：

（1）在中期財務報告中，企業至少要提供資產負債表、利潤表、現金流量表和附註四部分內容。對其他財務報表或相關信息，如所有者權益（或股東權益）變動

表等，企業可以根據需要自行決定提供與否。但如果企業自願提供其他財務報表或相關信息，則必須遵循《企業會計準則第 32 號——中期財務報告》的相關規定。例如，企業若提供中期所有者權益（或股東權益）變動表，則其內容和格式也應當與上年度報告保持一致。

（2）中期財務報告的格式和內容應當與上年度財務報告相一致。如果當年新施行的會計準則對財務報表格式和內容做了修改，中期財務報告應當按照修改後的報表格式和內容編製，與此同時，在中期財務報告中提供的上年度比較財務報表的格式和內容也應當做相應的調整。《企業會計準則第 32 號——中期財務報告》規定，基本每股收益和稀釋每股收益在中期利潤表中應單獨列示，而上年度利潤表中並沒有單獨列示，則企業在提供比較中期財務報告時，對於上年度利潤表應做相應調整，將基本每股收益和稀釋每股收益單獨列示。

（3）中期財務報告中的附註可適當簡化。中期財務報告附註必須充分披露《企業會計準則第 32 號——中期財務報告》規定披露的信息，對於其他信息的披露，企業可以遵循重要性原則，適當簡化。

在中國，上市公司的半年報比較規範，企業除了按照企業會計準則的規定提供半年期資產負債表、半年期利潤表和半年期現金流量表之外，還普遍提供半年期所有者權益變動表。從中國上市公司半年報的結構與披露的內容來看，其與年度報告不存在本質性的區別。中國的上市公司一般都主動提供季報，但季報一般不提供所有者權益變動表，所披露的內容比較簡單。由於中期財務報告無須審計，因此目前中國上市公司提供的中期財務報告一般都不經過審計。

三、中期財務報告的種類

根據中國企業會計準則的要求，作為母公司的上市公司提供的年度財務報表中包括母公司個別財務報表和合併財務報表兩類。與年度財務報告類似，中期財務報告也分為母公司個別財務報表和企業集團合併財務報表。根據《企業會計準則第 32 號——中期財務報告》的要求，對於上年度編製合併財務報表的公司，中期期末也應當編製合併財務報表。對於上年度同時提供母公司個別財務報表和合併財務報表的公司，其在中期期末也應當同時編製母公司個別財務報表和合併財務報表。關於母公司單獨的中期財務報告確認與計量的原則以及編製要求，本章將在後兩節重點闡述。關於中期合併財務報表，其報表的格式、合併範圍和編製方法應當與上年度合併財務報表相一致，本章不再闡述。對於上年度包括在合併財務報表中、本中期處置的子公司，其應當被並入本中期合併範圍；對於本中期新增的子公司，其在本中期期末應當被納入合併範圍。

四、編製中期財務報告的基本原則

與編製年度財務報告一樣，企業在編製中期財務報告時，應當遵守《企業會計準則——基本準則》中的相關原則，尤其要遵守一致性、重要性和及時性的原則。

（一）一致性原則

企業在編製中期財務報告時，應當將中期視同一個獨立的會計期間，採用的會計政策應當與年度財務報告採用的會計政策相一致，且在編製中期財務報告時不得

隨意變更會計政策。

（二）重要性原則

企業在編製中期財務報告時，必須堅持重要性原則。重要性原則是指企業對於某項重要的會計信息，必須在中期財務報告中予以報告，否則就會影響或誤導投資者等會計信息使用者對這段時間企業財務狀況、經營成果和現金流量情況的正確判斷。企業在遵循重要性原則時應注意以下幾點：

（1）重要性程度的判斷應當以中期財務數據為基礎，而不得以預計的年度財務數據為基礎。這裡所指的「中期財務數據」，既包括本中期的財務數據，也包括年初至本中期期末的財務數據。

（2）重要性原則要求企業在中期財務報告中應當提供與理解企業本中期末財務狀況、中期經營成果和中期現金流量相關的所有信息。企業在運用重要性原則時，應當避免中期財務報告中由於不確認、不披露或忽略某些信息而對信息使用者決策產生誤導。

（3）重要性程度的確定需要具體情況具體分析和一定的職業判斷。通常，在判斷某一項目的重要性程度時，企業應當將該項目的金額和性質結合在一起予以考慮，而且在判斷項目金額重要性時，應當以資產、負債、淨資產、營業收入、淨利潤等直接相關項目數字作為比較基礎，並綜合考慮其他相關因素。在一些特殊情況下，單獨依據項目的金額或性質就可以判斷其重要性。例如，企業發生會計政策變更，該變更事項對當期期末財務狀況或當期損益的影響可能比較小，但對以後期間財務狀況或損益的影響比較大，因此會計政策變更從性質上屬於重要事項，應當在中期財務報告中予以披露。

（三）及時性原則

企業編製中期財務報告的目的就是向會計信息使用者提供比年度財務報告更加及時的會計信息，以提高會計信息的決策有用性。中期財務報告涵蓋的會計期間短於一個會計年度，因此提供的會計信息更具有及時性。為了在中期及時提供相關的財務信息，企業在會計計量上應該使用更多的會計估計手段。例如，企業通常會在會計年度末對存貨進行全面、詳細的實地盤點，因此對年末存貨可以達到較為精確的計價，但是在中期期末，由於時間上的限制和成本方面的考慮，不大可能對存貨進行全面、詳細的實地盤點，在這種情況下，對於中期期末存貨的計價就可以在更大程度上依賴會計估計。

就會計原則而言，一致性、重要性和及時性是編製中期財務報告時必須遵守的幾條重要原則，其他一些會計原則，如可比性原則、謹慎性原則、實質重於形式原則等，在編製中期財務報告時也應當予以遵循。

第二節　中期財務報告會計確認與計量的原則

會計確認與計量主要涉及確認什麼、怎樣確認和確認多少等會計問題，涉及的原則應該包括會計準則對會計確認與計量的全部要求，包括會計確認的一般標準（符合要素定義等）、會計確認的基礎（權責發生制）、會計計量屬性的要求（歷史

成本、公允價值、可變現淨值、重置成本和現值）以及會計信息的質量特徵等，在編製年度財務報告時，企業應當根據企業會計準則的基本準則和具體準則的要求對財務報告要素進行正確的確認和計量。與年度財務報告一樣，企業在編製中期財務報告時，也要涉及會計要素的會計確認與計量問題。中期財務報告會計確認與計量是指中期財務報告中相關會計要素的確認與計量，主要涉及以下幾個方面：

一、中期財務報告會計確認與計量的基本原則

企業在編製中期財務報告時，對於中期財務報告會計確認和計量，應該堅持以下基本原則：

（一）與年度財務報告相一致的會計確認與計量原則

中期財務報告中會計要素的確認與計量原則應當與年度財務報告所採用的原則相一致，即企業在中期根據所發生交易或事項對資產、負債、所有者權益（或股東權益）、收入、費用和利潤等會計要素進行確認和計量時，應當符合會計要素的定義以及相關會計確認和計量的標準，不能因為中期財務報告期間的縮短而改變會計確認與計量的原則。企業在編製中期財務報告時，不能根據會計年度內以後中期將要發生的交易或事項來判斷當前中期的有關項目是否符合會計要素的定義，也不能人為地均衡會計年度內各中期的收益和費用。

[例9-1] 中期財務報告營業收入的確認方法。

甲公司是一家圖書代理商，其日常經銷中收到訂單和購書款與發送圖書往往分屬於不同的中期。該圖書代理商如何確認其中期財務報告收入呢？

如果甲公司編製中期財務報告，則中期收入確認的原則如下：

如果甲公司編製中期財務報告，則在其收到訂單和購書款的中期不能確認圖書的銷售收入，因為在此中期，該圖書的控制權尚未轉移，不符合收入確認的條件。甲公司只能在發送圖書的那個中期才能確認收入，因為在這個中期，該圖書的控制權已經轉移。可見，甲公司中期收入的確認標準與年度收入的確認標準應該保持一致。

[例9-2] 中期財務報告資產減值損失的確認方法。

乙公司是一家上市公司，根據現行企業會計準則的規定需要編製半年報。在2019年6月30日，乙公司對存貨進行了盤點，發現一批帳面價值為1萬元的存貨已經損毀。對於這批存貨，乙公司在中期報告中應該如何披露呢？

乙公司發現損毀的1萬元存貨在2019年6月30日已無任何價值，在未來，該存貨不會再給企業帶來任何經濟利益，不再符合資產的定義。因此，乙公司在當年編製半年度財務報告時，不能再將該批存貨作為資產列報，而應當確認為一項損失。在這一問題的處理上，乙公司應該選擇與年度會計處理一致的原則。

[例9-3] 中期財務報告重大事項的披露方法。

丙公司是一家軟件開發商，根據企業的財務制度，按季度編製財務報告。2019年4月1日，丙公司將其2019年新版管理信息系統軟件投放市場。4月10日，丙公司收到戊公司（財務軟件開發商）來函，聲明該管理信息系統軟件中的財務管理軟件包與戊公司開發的並已於2018年申請專利的財務管理系統相同，要求丙公司停止

侵權行為，並賠償損失 1,000 萬元。丙公司不認同，繼續銷售其新產品。戊公司於 4 月 15 日將丙公司告上法庭，要求其停止侵權行為，並賠償戊公司損失 1,000 萬元。法院受理了此案，做了數次調查取證後，初步認定丙公司的確侵犯了戊公司的專利權。根據有關規定，丙公司大約要賠償戊公司 800 萬～1,000 萬元的損失。為此，丙公司在 6 月 30 日提出，希望能夠庭外和解，戊公司表示同意。8 月 2 日，雙方經過數次調解，沒有達成和解協議，只能再次通過法律訴訟程序主張權利。9 月 20 日，法院判決，丙公司立即停止對戊公司的侵權行為，賠償戊公司損失 980 萬元。丙公司上訴。12 月 1 日，二審判決維持原判。2020 年 1 月 20 日，根據最終判決，丙公司被強制執行，向戊公司支付侵權賠償款 980 萬元。

對於此事項，丙公司應如何在中期財務報告中進行相關披露呢？

在本例中，對於丙公司而言，在 2019 年，該賠償事項已經成為確定事項，因此丙公司應在 2019 年年度資產負債表中確認 980 萬元的負債。但是，因為丙公司編製季度財務報告，所以在 2019 年第 2 季度和第 3 季度中期財務報告中，丙公司都需要及時披露此事項。基於例題中的資料，根據會計確認與計量的基本原則，在 2019 年第 2 季度末，丙公司應該確認一項金額為 900 萬元〔(800+1,000)÷2〕的預計負債。在 2019 年第 3 季度財務報告中，由於法院一審已經判決，要求丙公司賠償 980 萬元，因此丙公司在第 3 季度財務報告中應當再確認 80 萬元負債，以反應丙公司在第 3 季度的現實義務。

（二）以年初至本中期期末為基礎的計量原則

《企業會計準則第 32 號——中期財務報告》規定，中期會計計量應當以年初至本中期為基礎，財務報告的頻率不應當影響年度結果的計量。也就是說，無論企業中期財務報告的頻率是月度、季度，還是半年度，企業中期會計計量的結果最終應當與年度財務報告中的會計計量結果相一致。為此，企業中期財務報告的計量應當以年初至本中期期末為基礎，即企業在中期應當以年初至本中期期末作為中期會計計量的期間基礎，而不應當僅僅以本中期作為會計計量的期間基礎。例如，企業編製第 2 季度財務報告，應當以 1 月 1 日至 6 月 30 日為計量期間考慮會計計量問題，而不應該僅僅以第 2 季度的狀況為基礎考慮會計計量問題。

[例 9-4] 中期財務報告借款費用的確認方法。

丁公司於 2019 年 11 月利用專門借款資金開工興建一項固定資產。2020 年 3 月 1 日，該項固定資產建造工程由於資金週轉發生困難而停工，丁公司預計在一個半月內即可獲得補充專門借款。事實上，丁公司直到 6 月 15 日才能解決資金週轉問題，工程才得以重新開工。

對於此項業務，丁公司應如何在中期財務報告中計量與專門借款相關的利息費用呢？

根據《企業會計準則第 17 號——借款費用》的規定，固定資產的購置活動發生非正常中斷並且中斷時間連續超過 3 個月，應當暫停借款費用的資本化，將在中斷期間發生的借款費用計入當期費用，不能計入固定資產成本。據此，如果丁公司編製季報，則在第 1 季度中期財務報告中，由於得知所購建固定資產的非正常中斷時間將短於 3 個月，因此 3 月的借款費用可以計入固定資產的建造成本。但在 2020

年第 2 季度中期財務報告中，如果丁公司僅以第 2 季度發生的交易或事項作為會計計量的基礎，那麼丁公司在第 2 季度發生工程非正常中斷不足 3 個月，因此借款費用依然可以計入固定資產的建造成本。但根據中期財務報告應以年初至本中期期末為基礎的計量原則，丁公司 2020 年第 2 季度發生的借款費用中有兩個半月的費用（4 月 1 日至 6 月 15 日之前的借款費用）應該計入當期損益。因為如果以 2020 年 1 月 1 日至 6 月 30 日為第 2 季度報表計量基礎，那麼固定資產購建活動發生非正常中斷並且中斷時間已經連續超過了 3 個月。不僅如此，第 1 季度已經資本化了的 3 月的借款費用也應當費用化，調減在建工程成本，調增財務費用，這樣才能保證按中期會計計量的最終結果與年度會計計量的結果相一致。

總之，根據現行中期財務報告的規定，單純以某個中期為基礎對中期財務報告進行計量是不正確的。為了避免企業中期會計計量與年度會計計量的不一致，防止企業因財務報告的頻率而影響其年度財務結果的計量，企業必須以年初至本中期期末為基礎進行中期財務報告的會計計量。

（三）會計政策應當與年度財務報告相一致的原則

為了保持企業前後各期會計政策的一貫性，提高會計信息的可比性和有用性，企業在中期應當採用與年度財務報告相一致的會計政策，且不得隨意變更會計政策。如果上年度資產負債表日之後，企業按規定變更了會計政策，且該變更後的會計政策將在本年度財務報告中採用，則中期財務報告也應當採用變更後的會計政策。

對於中期財務報告會計政策的變更，企業應當注意以下兩點：

（1）《企業會計準則第 32 號——中期財務報告》不允許各中期隨意變更會計政策，企業中期會計政策的變更應當符合《企業會計準則第 28 號——會計政策、會計估計變更和差錯更正》規定的條件。只有在滿足下列條件之一時，企業才能在中期進行會計政策變更：

①法律、行政法規或國家統一的會計制度等要求變更。

②會計政策變更能夠提供可靠、更相關的會計信息。

（2）企業在中期進行會計政策變更時，應當確保該項會計政策將在年度財務報告中採用。

（四）關於中期財務報告會計估計的變更

對於中期財務報告項目發生了會計估計變更的，根據《企業會計準則第 32 號——中期財務報告》及《企業會計準則第 28 號——會計政策、會計估計變更和差錯更正》的規定，企業只需在以後中期及年度財務報告中反應會計估計變更後的金額，並在附註中做相應披露，無需對年內前一個或前幾個中期財務報告（如季度）做追溯調整，也無需重編年內前一個或前幾個中期的財務報告（如季報）。

二、季度性、週期性或偶然性收入確認與計量的原則

在通常情況下，企業的是收入都是在一個會計年度內均勻發生的，各中期的營業收入差異不會很大，但也有某些企業的收入具有季節性、週期性或偶然性特徵。季節性收入是指企業取得的具有季節性特徵、不在一個會計年度均勻發生的營業收入，這些營業收入的取得或營業成本的發生主要集中在全年的某一季節或某段期間

內。例如，供暖企業的營業收入主要來自冬季，冷飲企業的營業收入主要來自夏季。週期性收入是企業取得的具有週期性特徵的、不在一個會計年度均勻發生的營業收入，賺取週期性收入的企業往往每隔一個週期就會獲得一筆穩定的營業收入或支付一定的成本。例如，房地產開發企業的開發項目通常需要在 1 年以上，比如 2~3 年才能完成，因此其營業收入通常也是 2~3 年才能完成一個循環週期。偶然性收入是企業從某些偶發事項中取得的一些非經常性收入，比如企業因意外獲得的賠償金等。

對於季節性收入、週期性收入和偶然性收入，《企業會計準則第 32 號——中期財務報告》規定企業應當在發生時予以確認和計量，不應當為了平衡各中期的收益而將這些收入在會計年度的各個中期之間進行分攤。同時，《企業會計準則第 32 號——中期財務報告》還規定，如果季節性、週期性或偶然性收入在會計年度末允許預計或遞延，在中期財務報告中也允許預計或遞延。這些收入的確認標準和計量基礎都應當遵循《企業會計準則第 14 號——收入》的規定。

[例 9-5] 週期性收入在中期財務報告中的確認。

A 公司為一家房地產開發公司，採取滾動方式開發房地產，即每開發完成一個房地產項目，再開發下一個房地產項目。該公司於 2018 年 1 月 1 日開始開發一個住宅小區，小區建設完工需要 2 年。A 公司採用邊開發、邊銷售樓盤的策略。假定 A 公司 2018 年各季度分別收到樓盤銷售款 1,000 萬元、3,000 萬元、2,500 萬元和 2,000 萬元，分別支付開發成本 2,000 萬元、1,500 萬元、2,200 萬元和 1,800 萬元；2019 年各季度分別收到樓盤銷售款 2,500 萬元、3,000 萬元、3,000 萬元和 1,000 萬元，分別支付開發成本 1,000 萬元、1,700 萬元、1,500 萬元和 300 萬元。小區所有商品房於 2019 年 11 月完工，12 月全部交付給購房者，並辦理完有關產權手續。

A 公司如何在中期財務報告中確認其週期性收入？

在本例中，A 公司的經營業務具有明顯的週期性特徵。根據企業會計準則的規定，A 公司只有在每個週期房地產開發項目完成並實現對外銷售後，才能確認收入。因此，A 公司只有在 2019 年 12 月所建商品房完工後，當商品房有關的風險和報酬已經轉移給了購房者時，才能確認收入。A 公司在 2019 年 12 月之前的各中期既不能預計收入，也不能將已經收到的樓盤銷售款直接確認為收入，只能將其作為預收款處理。A 公司對於開發項目發生的成本也應當首先歸集在「開發成本」中，待到確認收入時，再結轉相應的成本。

三、不均勻發生的費用確認與計量的原則

在通常情況下，與企業經營和管理活動有關的費用往往是在一個會計年度的各個中期內均勻發生的，各中期之間發生的費用不會有太大的差異。但是，對於某些費用，如員工培訓費等，往往集中在會計年度的個別中期內，屬於會計年度內不均勻發生的費用。《企業會計準則第 32 號——中期財務報告》規定，企業在會計年度中不均勻發生的費用，應當在發生時予以確認和計量，不應當為了平衡各中期之間的收益而將這些費用在會計年度的各個中期之間進行分攤，但如果企業會計準則允許會計年度內不均勻發生的費用在會計年度末預提或待攤的，在中期末財務報告中也允許預提或待攤。

[例 9-6] 不均勻發生費用在中期財務報告中的確認。

B 公司根據年度培訓計劃，在 2019 年 6 月對員工進行了專業技能和管理知識方面的集中培訓，共發生培訓費用 30 萬元。B 公司應如何在中期財務報告中確認這筆培訓費呢？

在本例中，對於該項培訓費用，B 公司應當直接計入 6 月的損益，不能在 6 月之前預提，也不能在 6 月之後分攤。

四、中期財務報告會計政策更的處理原則

《企業會計準則第 32 號——中期財務報告》規定，企業在中期發生了會計政策變更的，應當按照《企業會計準則第 28 號——會計政策、會計估計變更和差錯更正》的規定處理，並在財務報表附註中做相應的披露。會計政策變更的累積影響數能夠合理確定且涉及本會計年度以前中期財務報表相關項目數字的，應當予以追溯調整，視同該會計政策在整個會計年度一貫採用；同時，上年度可比中期財務報告也應當做相應調整。

《企業會計準則第 32 號——中期財務報告》對中期會計政策變更會計處理的規定如下：當中期會計政策變更時，企業應當根據《企業會計準則第 32 號——中期財務報告》的要求，對以前年度比較中期財務報表最早期間的期初留存收益和其他相關項目的數字，進行追溯調整；同時，涉及本會計年度內會計政策變更以前各中期財務報表相關項目數字的，企業也應當予以追溯調整，視同該會計政策在整個會計年度和可比中期財務報表期間一貫採用。如果會計政策變更的累積影響數不能合理確定以及不涉及本會計年度以前中期財務報表相關項目數字的，企業應當採用未來適用法；同時，在財務報表附註中應說明會計政策變更的性質、內容、原因以及影響數，如果累積影響數不能合理確定的，也應當說明理由。

《企業會計準則第 32 號——中期財務報告》對中期會計政策變更在附註中披露的規定如下：當中期會計政策變更時，企業應當披露會計政策變更對以前年度的累積影響數，包括對比較中期財務報表最早期間期初留存收益的影響數，以前年度可比中期損益的影響數，披露會計政策變更對變更中期、年初至變更中期末損益的影響數，披露會計政策變更對當年度會計政策變更以前各中期損益的影響數。

第三節　比較中期財務報告的編製及披露

中期財務報告的基本構成、基本原則以及會計確認與計量的基礎前面已經闡述，這裡重點闡述比較中期財務報告的編製要求以及中期財務報告附註的披露要求。

一、比較中期財務報告的編製

為了提高財務報告信息的可比性、相關性和有用性，《企業會計準則第 32 號——中期財務報告》規定，企業在中期財務報告中提供的中期財務報表（包括母公司個別財務報表和合併財務報表）必須是比較中期財務報表，要求同時提供可比上期及本中期的相關財務信息。比較中期財務報表要求企業在中期財務報告中，除了提供本中期末資產負債表、本中期利潤表和本中期現金流量表外，還要提供上年度及相關中期的財務報表。比較中期財務報表主要包括以下報表：

（1）本中期期末的資產負債表和上年度末的資產負債表。

（2）本中期的利潤表、年初至本中期期末的利潤表以及上年度可比期間的利潤表。上年度可比期間的利潤表包括上年度可比中期的利潤表和上年度年初至上年可比中期期末的利潤表。

（3）年初至本中期末的現金流量表和上年度年初至上年度可比中期期末的現金流量表。

如果企業同時提供中期所有者權益變動表，也必須是比較所有者權益變動表。由於企業會計準則對於可比中期所有者權益變動表沒有規範，從上市公司實際披露情況來看，做法不完全一致。例如，2013年6月30日，平安銀行半年度財務報告中提供的可比所有者權益變動表有兩張，一張是2012年度平安銀行所有者權益變動表，另一張是2012年上半年平安銀行的所有者權益變動表；而2013年萬科企業股份有限公司（簡稱萬科公司）提供的可比所有者權益變動表只有2012年上半年萬科公司的所有者權益變動表。從理論上分析，比較所有者權益變動表提供的比較財務報表應該指上年度可比期間的報表。

[例9-7] 比較中期財務報告的編製。

C公司按集團財務制度規定編製季度財務報告。C公司每個季度應該編製哪些中期財務報告呢？

根據《企業會計準則第32號——中期財務報告》的規定，C公司在截至2019年3月31日、6月30日和9月30日應當編製的第1季度、第2季度和第3季度中期財務報表分別見表9-1、表9-2和表9-3。

表9-1　C公司2019年第1季度中期財務報表

報表類別	本年度中期財務報表時間(或期間)	上年度比較財務報表時間(或期間)
資產負債表	2019年3月31日	2018年12月31日
利潤表	2019年1月1日至3月31日	2018年1月1日至3月31日
現金流量表	2019年1月1日至3月31日	2018年1月1日至3月31日

表9-2　C公司2019年第2季度中期財務報表

報表類別	本年度中期財務報表時間(或期間)	上年度比較財務報表時間(或期間)
資產負債表	2019年6月30日	2018年12月31日
利潤表(本中期)	2019年4月1日至6月30日	2018年4月1日至6月30日
利潤表(年初至本中期期末)	2019年1月1日至6月30日	2018年1月1日至6月30日
現金流量表	2019年1月1日至6月30日	2018年1月1日至6月30日

表9-3　C公司2019年第3季度中期財務報表

報表類別	本年度中期財務報表時間(或期間)	上年度比較財務報表時間(或期間)
資產負債表	2019年9月30日	2018年12月31日
利潤表(本中期)	2019年7月1日至9月30日	2018年7月1日至9月30日
利潤表(年初至本中期期末)	2019年1月1日至9月30日	2018年1月1日至9月30日
現金流量表	2019年1月1日至9月30日	2018年1月1日至9月30日

通過表 9-1、表 9-2 和表 9-3 可以看出，在第 1 季度，由於「本中期」與「年初至本中期期末」的期間是相同的，因此在 C 公司 2019 第 1 季度財務報表中只需要提供一張利潤表。相應地，在 C 公司上年度比較財務報表中也只需要提供一張利潤表。但在 C 公司 2019 第 2 季度和第 3 季度財務報表中，由於「本中期」與「年初至本中期期末」的期間不同，因此在各個期間都應該分別提供本中期和年初至本中期期末利潤表。

[例 9-8] 比較中期財務報告的編製。

假設 W 公司是一家上市母公司，按企業會計準則的要求每年年末編製母公司單獨財務報表和集團財務報表，並於每年 6 月 30 日提供中期財務報告，且自願提供中期所有者權益變動表。W 公司 2019 年 6 月 30 日應該編製哪些中期財務報告呢？

2019 年 6 月 30 日，W 公司應該編製的比較中期財務報表見表 9-4。

表 9-4　W 公司 2019 年 6 月 30 日比較中期財務報表

報表類別	本年度中期財務報表時間(或期間)	上年度比較財務報表時間(或期間)
合併資產負債表	2019 年 6 月 30 日	2018 年 12 月 31 日
母公司資產負債表	2019 年 6 月 30 日	2018 年 12 月 31 日
合併利潤表	2019 年 1 月 1 日至 6 月 30 日	2018 年 1 月 1 日至 6 月 30 日
母公司利潤表	2019 年 1 月 1 日至 6 月 30 日	2018 年 1 月 1 日至 6 月 30 日
合併現金流量表	2019 年 1 月 1 日至 6 月 30 日	2018 年 1 月 1 日至 6 月 30 日
母公司現金流量表	2019 年 1 月 1 日至 6 月 30 日	2018 年 1 月 1 日至 6 月 30 日
合併所有者權益變動表	2019 年 1 月 1 日至 6 月 30 日	2018 年 1 月 1 日至 6 月 30 日
母公司所有者權益變動表	2019 年 1 月 1 日至 6 月 30 日	2018 年 1 月 1 日至 6 月 30 日

企業在編製比較中期財務報表時，還應注意以下幾個方面：

（1）如果企業在中期因企業會計準則的變化而對財務報表項目進行了重新分類或其他調整，則上年度比較財務報表相關項目及金額也應該相應調整，以確保其與本年度中期財務報表的可比性。同時，企業還應當在附註中說明財務報表項目重新分類的原因及內容。如果企業因原始數據收集、整理或記錄等方面的原因無法對比較財務報表中的有關項目及金額進行調整，企業應當在附註中說明原因。

（2）如果企業在本中期會計政策發生了變更，而且該變更對本會計年度以前中期財務報表淨損益和其他相關項目數字的累積影響數能夠合理確定，企業應當進行追溯調整。如果對比較財務報表可比期間以前的會計政策變更的累積影響數能夠合理確定，企業也應按規定調整比較財務報表最早期間的期初留存收益和其他相關項目。同時，企業還應在財務報表附註中說明會計政策變更的性質、內容、原因以及影響數。無法追溯調整的，企業應當說明原因。

（3）對於在本年度中期內發生的以前年度損益調整事項，企業應當同時調整本年度財務報表相關項目的年初數；同時，比較財務報表中的相關項目及金額也應做相應調整。

二、中期財務報告附註的披露

（一）中期財務報告附註的披露要求

中期財務報告附註是對中期資產負債表、利潤表、現金流量表等報表中項目的文字描述或明細闡述以及對未能在這些報表中列示項目的說明等，其目的是使中期財務報告信息對會計信息使用者的決策更加有用。中期財務報告附註的披露應該堅持以下原則：

1. 以年初至本中期期末會計信息為基礎的披露原則

編製中期財務報告的目的是向報告使用者提供自上年度資產負債表日之後發生的重要交易或事項，因此中期財務報告附註應當以「年初至本中期期末」為基礎進行披露，而不應當僅僅披露本中期發生的重要交易或事項。

［例9-9］中期財務報告附註的披露。

D 公司通常按季度提供財務報告。2019 年 3 月 5 日，D 公司對外投資，設立了一家子公司，該事項對 D 公司來說是一個重大事項。D 公司在季度報告附註中應如何披露該項事項？

由於該事項對 D 公司來說是一個重大事項，根據中期財務報告附註以「年初至本中期期末」為基礎披露的原則，D 公司對此事項不僅應當在 2019 年第 1 季度財務報告附註中予以披露，而且應當在 2019 年第 2 季度財務報告附註和第 3 季度財務報告附註中進行披露。

［例9-10］中期財務報告附註的披露。

E 公司為一家水果生產和銷售企業，一般提供季度財務報告，其收穫和銷售水果主要集中在每年的第 3 季度。E 公司在 2019 年 1 月 1 日至 9 月 30 日累計實現淨利潤 400 萬元，其中第 1 季度發生虧損 1,400 萬元，第 2 季度發生虧損 1,200 萬元，第 3 季度實現淨利潤 3,000 萬元。第 3 季度末的存貨（庫存水果）為 50 萬元，由於過了銷售旺季，可變現淨值已經遠低於帳面價值，E 公司確認了存貨跌價損失 40 萬元。E 公司在季度報告附註中應如何披露該事項呢？

在本例中，儘管該批存貨跌價損失僅僅佔 E 公司第 3 季度淨利潤總額的 1.3%（40÷3000×100%），可能並不重要，但是該項損失佔 E 公司 1~9 月累計淨利潤的 10%（40÷400×100%），對 E 公司 2019 年第 1~9 月的經營成果來講，屬於主要事項。因此，根據中期財務報告附註披露應當以「年初至本中期期末」為基礎披露的原則，E 公司應當在第 3 季度財務報告附註中披露該事項。

2. 披露重要交易或事項的原則

為了全面反應企業財務狀況、經營成果和現金流量，中期財務報告附註應當對自上年度資產負債表日以後發生的，有助於理解企業財務狀況、經營成果和現金流量變化情況的重要交易或事項以「年初至本中期期末」為基礎進行披露。同時，為理解本中期財務狀況、經營成果和現金流量有關的重要交易或事項，企業也必須在附註中予以披露。

［例9-11］中期財務報告附註的披露。

M 公司在 2019 年 1 月 1 日至 6 月 30 日累計實現淨利潤 2,500 萬元。其中，第 2

季度實現淨利潤 80 萬元。M 公司在第 2 季度轉回前期計提的壞帳準備 100 萬元,第 2 季度末應收帳款餘額為 800 萬元。M 公司在季度報告附註中應如何披露該事項呢？

在本例中,儘管 M 公司第 2 季度轉回的壞帳準備僅占 M 公司 1~6 月淨利潤總額的 4%（100÷2,500×100%）,可能並不重要,但是該項轉回金額占第 2 季度淨利潤的 125%（100÷80×100%）,占第 2 季度末應收帳款餘額的 12.5%,對於理解第 2 季度經營成果和財務狀況而言,屬於重要事項。因此,M 公司應當在第 2 季度財務報告附註中披露該事項。

（二）中期財務報告附註的披露內容

《企業會計準則第 32 號——中期財務報告》規定中期財務報告附註至少應當包括以下信息：

（1）中期財務報告採用的會計政策與上年度財務報告相一致的聲明。企業在中期會計政策發生變更的,應當說明會計政策變更的性質、內容、原因及影響數；無法進行追溯調整的,應當說明原因。

（2）會計估計變更的內容、原因及影響數；影響數不能確定的,應當說明原因。

（3）前期差錯的性質及更正金額；無法追溯重述的,應當說明原因。

（4）企業經營的季節性或週期性特徵。

（5）存在控制關係的關聯方發生變化的情況；關聯方之間發生變化交易的,應當披露關聯方關係的性質、交易類型和交易要素。

（6）合併財務報表的合併範圍發生變化的情況。

（7）對性質特別或金額異常的財務報表項目的說明。

（8）證券發行、回購和償還情況。

（9）向所有者分配利潤的情況,包括在中期內實施的利潤分配和已提出或已批准但尚未實施的利潤分配情況。

（10）根據《企業會計準則第 35 號——分部報告》的規定披露分部報告信息的,披露主要報告形式的分部收入與分部利潤（虧損）。

（11）中期資產負債表日至中期財務報告批准報出日之間發生的非調整事項。

（12）上年度資產負債表日以後發生的或有負債和或有資產的變化情況。

（13）企業結構變化情況,包括企業合併,對被投資單位具有重大影響、共同控制或控制關係的長期股權投資的購買或處置以及終止經營等。

（14）其他重大交易或事項,包括重大的長期資產轉讓及其出售情況、重大的固定資產和無形資產取得情況、重大的研究和開發支出、重大的資產減值損失情況等。

企業在披露中期財務報告附註信息時應注意以下兩點：

第一,凡涉及有關數據的,應當同時提供本中期（或本中期期末）和本年度初至本中期期末的數據以及上年度可比中期（或可比期末）和可比年初至可比中期期末的比較數據。例如,上述第 5 條有關關聯方交易的信息和第 10 條分部收入與分部利潤（虧損）信息等。

第二,在同一會計年度內,如果以前中期財務報告中的某項估計金額在最後一

個中期發生了重大變更,而且企業又不單獨編製該最後中期的財務報告的,企業應當在年度財務報告的附註中披露該項會計估計變更的內容、原因以及影響金額。例如,某公司需要編製季度財務報告,但不需要單獨編製第 4 季度財務報告。假設該公司在第 4 季度中,對第 1 季度、第 2 季度或者第 3 季度財務報告中所採用的會計估計,如固定資產折舊年限、資產減值、預計負債等估計做了重大變更,則需要在其年度財務報告附註中,按照《企業會計準則第 28 號——會計政策、會計估計變更和差錯更正》的規定,披露該項會計估計變更的內容、原因以及影響金額。同樣,假設一家公司是需要編製半年度財務報告的企業,但不單獨編製下半年度財務報告,如果該公司對於上半年度財務報告中採用的會計估計在下半年做了重大變更,應當在其年度財務報告的附註中予以說明。

□思考題

1. 什麼是中期財務報告?編製中期財務報告應遵循什麼原則?
2. 中期財務報告與年度財務報告有何不同?
3. 中期財務報告披露的內容是什麼?
4. 中期財務報告的確認與計量的原則是什麼?
5. 會計年度中不均勻發生的費用應如何確認和計量?
6. 企業在會計年度中發生會計政策變更應如何進行處理?
7. 中期財務報告附註的編製要求是什麼?
8. 中期財務報告附註的信息披露應包括哪些內容?
9. 說明比較中期財務報表的編製內容。

第十章
分部報告

【學習目標】

通過本章的學習，學生應瞭解分部報告的含義，理解分部報告與合併財務報告之間的關係，掌握報告分部的概念及確定標準，瞭解分部報告信息披露的形式和內容。

第一節　分部報告概述

分部報告是企業以經營分部為財務報告對象，分別報告企業各個經營部門（經營分部）的資產、負債、收入、費用、利潤等財務信息的財務報告。隨著市場經濟的發展和經濟全球化的深入，現代企業的生產經營規模日益擴大，經營範圍也逐步突破單一業務界限，成為從事多種產品生產經營或從事多種業務經營活動的綜合經營體。另外，現代企業經營的地域範圍也在日益擴大，有的企業分別在國內不同地區甚至在國外設立分公司或子公司。隨著企業跨行業和跨地區經營，許多企業生產和銷售各種各樣的產品並提供不同形式的勞務，這些產品和勞務廣泛分佈於各個行業或不同地區。由於企業生產的各種產品或提供的勞務在其整體的經營活動中所占的比重各不相同，其營業收入、成本費用以及產生的利潤（虧損）也不盡相同。同樣，每種產品或提供的勞務在不同地區的經營業績也存在差異。只有分析每種產品或提供的勞務和不同經營地區的經營業績，才能更好地把握企業整體的經營業績。在這種情況下，反應不同產品或勞務以及不同地區經營風險和報酬的信息越來越受到會計信息使用者的重視。

企業的整體風險是由企業經營的各個業務部門（或品種）或各個經營地區的風險和報酬構成的。一般來說，企業在不同業務部門和不同地區的經營，會具有不同的利潤率、發展機會、未來前景和風險。評估企業整體的風險和報酬，需要借助企業在不同業務和不同地區經營的信息，即分部報告信息。中國《企業會計準則第35號——分部報告》和《企業會計準則解釋第 3 號》（以下簡稱分部報告準則）專門規範了企業分部報告的編製方法和應該披露的信息。根據分部報告準則的規定，對於存在多種經營或跨地區經營的企業，其應當正確確定需要單獨披露的報告分部，並充分披露每個報告分部的信息，以滿足會計信息使用者的決策需求。本章將結合分部報告準則的規定，闡述報告分部的確定及相關分部信息的披露。

第二節　報告分部及其確定方法

報告分部是指在分部報告中單獨披露其財務信息的經營分部。因此，要確定企業的報告分部，首先要確定企業的經營分部。

一、經營分部的概念及確定方法

（一）經營分部的概念

經營分部是企業確認分部報告中的報告分部的基礎，是指企業內部同時滿足下列條件的各組成部分：

（1）該組成部分能夠在日常經營活動中單獨產生收入並發生費用。

（2）企業管理層能夠定期或分期評價該組成部分的經營成果，以決定向其配置資源和評價其業績。

（3）企業能夠取得該組成部分的財務狀況、經營成果和現金流量等會計信息。

我們在理解經營分部的概念時，應注意把握以下要點：

（1）不是企業的每個組成部分都是經營分部或經營分部的一個組成部分。例如，企業的管理總部或某些職能部門一般不單獨產生收入，或者僅僅取得偶發性收入，在這種情況下，這些部門就不是經營分部或經營分部的一個組成部分。

（2）經營分部概念中所指的「企業管理層」強調的是一種職能，而不是具有特定頭銜的某一具體管理人員。企業管理層可能是企業的董事長、總經理，也可能是由其他人員組成的管理團隊。該職能主要是向企業的經營分部配置資源，並評價其業績。

（3）對許多企業來說，根據經營分部的概念，通常就可以清楚地確定經營分部。但是，企業可能將其經營活動以各種不同的方式在財務報告中予以披露，如果企業管理層使用多種分部信息，其他因素可能更有助於企業管理層確定經營分部，如每一組成部分經營活動的性質、對各組成部分負責的管理人員和向董事會呈報的信息等。

（二）經營分部的確定方法

企業一般應當以內部組織結構、管理要求、內部報告制度為依據確定單獨的經營分部。每一個經營分部一般應具有獨自的經濟特徵，如生產的產品或提供的勞務的性質、生產過程的性質、銷售產品或提供勞務的方式、客戶群等，不管哪一方面，只要具有獨自的特徵，都適合設定為一個經營分部。經濟特徵不相似的經營分部，必須分別確定為不同的經營分部，不可以合併。

在實務中，並非所有的經營分部都適合作為獨立的經營分部來考慮，在某些情況下，如果兩個或兩個以上的經營分部具有相似的經濟特徵，這些經營分部通常就會表現出相似的長期財務業績，如長期平均毛利率、資金回報率、未來現金流量等。因此，企業應該將它們合併為一個經營分部。適合合併的經營分部包括：

1. 單項產品或勞務的性質相同或相似的經營分部

各單項產品或勞務的性質主要指產品或勞務的規格、型號和最終用途等。在通

常情況下，如果產品和勞務的性質相同或相似，其風險、報酬率以及成長率可能較為接近，因此一般可以將其劃分到同一經營分部中。對於性質完全不同的產品或勞務，企業不應將其劃分到同一經營分部中。

[例10-1] 經營分部的確定方法。

甲公司主要從事產品的生產和銷售，其業務範圍包括飲料、奶製品及冰激凌、碗碟、炊具用品、巧克力、糖果及餅干、制藥等。甲公司應如何確定其經營分部呢？

甲公司經營的商品分別有食品（飲料、奶製品及冰激凌、巧克力、糖果及餅干）、炊具（碗碟、炊具用品）和藥品，這幾類商品的性質不完全相同，因此應當分別作為獨立的經營分部處理。飲料、奶製品及冰激凌、巧克力、糖果及餅干等都屬於食品類，適合合併為一個經營分部。

2. 生產過程的性質相同或相似的經營分部

生產過程的性質主要包括採用勞動密集方式或資本密集方式組織生產、使用相同或相似設備和原材料、採用委託生產或加工方式生產等。對於其生產過程的性質相同或相似的，企業可以將其劃分為一個經營分部，如可以分別按資本密集型和勞動密集型劃分經營分部。對於資本密集型的部門而言，其占用的設備較為先進，占用的固定資產較多，相應負擔的折舊費也較多，其經營成本受資產折舊費用影響較大，受技術進步因素的影響也較大；對於勞動密集型部門而言，其使用的勞動力較多，相對而言其受勞動力的成本，即人工費用的影響較大，因此其經營成果受人工成本的高低影響較大。

3. 產品或勞動的客戶類型相同或相似的經營分部

產品或勞動的客戶類型主要包括大宗客戶、零散客戶等。同一類型的客戶，如果其銷售條件基本相同，如相同或相似的銷售價格、銷售折扣或售後服務，往往具有相同或相似的風險和報酬，適合設置為一個經營分部；而其他不同類型的客戶，由於其銷售條件不盡相同，往往具有不同的風險和報酬，就不適合設置為一個經營分部。例如，某計算機生產企業生產的計算機可以分為商用計算機和個人用計算機，商用計算機主要的銷售客戶是企業，一般是大宗購買，對計算機專業性要求比較高，其售後服務相對較為集中；而個人用計算機的客戶對計算機的通用性要求比較高，其售後服務相對比較分散。因此，商用計算機和個人用計算機就不適合合併為一個經營分部。

4. 銷售產品或提供勞務的方式相同或相似的經營分部

銷售產品或提供勞務的方式主要包括批發、零售、自產自銷、委託銷售、承包等。如果經營分部銷售產品或提供勞務的方式相同或相似，往往具有相同或相似的風險和報酬，適合設置為一個經營分部，但如果各經營分部銷售產品或提供勞務的方式不同，其承受的風險和報酬也不相同，就不適合合併為一個經營分部。例如，在賒銷方式下，企業可以擴大銷售規模，但發生的收帳費用較大，並且發生應收帳款壞帳的風險也很大；在現銷方式下，企業不存在應收帳款的壞帳問題，不會發生收帳費用，但銷售規模的擴大有限。因此，分別採用賒銷和現銷方式銷售產品或提供勞務的分部就不適合合併為一個經營分部。

5. 生產產品或提供的勞務受法律、行政法規的影響相同或相似的經營分部

企業生產的產品或提供的勞務總是處於一定的經濟法律環境之下，受法律和行

政法規的影響，包括法律和行政法規規定的經營範圍或交易定價機制等，在不同的法律環境下生產的產品或提供的勞務可能面臨不同的風險和報酬，因此企業對不同法律環境下生產的產品或提供的勞務應分別設置經營分部，而具有相同或相似法律環境的產品生產或勞務提供，適合合併設置經營分部。只有這樣，企業才能向會計信息使用者提供不同法律環境下產品生產或勞務提供的信息，有利於會計信息使用者對企業未來的發展走向做出判斷和預測。例如，商業銀行、保險公司等金融企業易受特別的、嚴格的監管政策影響，該類企業在考慮以產品或勞務確定經營分部時，應特別考慮各項產品或勞務所受監管政策的影響。

[例10-2] 經營分部的確定方法。

乙公司是一家全球性公司，總部設在美國，主要生產A、B、C、D 4個品牌的皮箱，手提包，公文包，皮帶等產品，同時負責相關產品的運輸、銷售，每種產品均由獨立的業務部門完成。乙公司生產的產品主要銷往中國、日本、歐洲、美國等。乙公司各項業務2019年12月31日的有關資料見表10-1（不考慮其他因素）。假定乙公司管理層定期評價各業務部門的經營成果，以配置資源、評價業務；各品牌皮箱的生產過程、客戶類型、銷售方式等類似；經預測，生產皮箱的4個部門今後5年內平均銷售毛利率與2019年差異不大。

表10-1 乙公司有關業務資料

項目	皮箱 品牌A	皮箱 品牌B	皮箱 品牌C	皮箱 品牌D	手提包	公文包	皮帶	銷售公司	運輸公司	合計
營業收入（萬元）	106,000	130,000	100,000	95,000	260,000	230,000	69,000	270,000	50,000	1,310,000
其中：對外交易收入（萬元）	100,000	120,000	80,000	90,000	780,000	150,000	50,000	270,000	50,000	1,090,000
分部間交易收入（萬元）	6,000	10,000	20,000	5,000	80,000	80,000	19,000	—	—	220,000
業務及管理費（萬元）	74,200	92,300	69,000	66,500	156,000	142,600	55,200	220,000	30,000	905,800
其中：對外交易費用（萬元）	60,000	78,300	57,000	62,000	149,000	132,000	47,200	205,000	30,000	820,500
分部間交易費用（萬元）	14,200	14,000	12,000	4,500	7,000	10,600	8,000	15,000	—	85,300
利潤總額（萬元）	31,800	37,700	31,000	28,500	104,000	87,400	13,800	50,000	20,000	404,200
銷售毛利率（％）	30	29	31	30	40	38	20	18.5	40	—
資產總額（萬元）	350,000	400,000	300,000	250,000	650,000	590,000	250,000	700,000	300,000	3,790,000
負債總額（萬元）	150,000	170,000	130,000	100,000	300,000	200,000	150,000	300,000	180,000	1,680,000

乙公司應怎樣確定其經營分部呢？

在本例中，乙公司的各組成部分能夠分別在日常經營活動中產生收入、發生費用；乙公司管理層定期評價各組成部分的經營成果以配置資源、評價業績；乙公司能夠取得各組成部分的財務狀況、經營成果和現金流量等會計信息。因此，各組成部分滿足經營分部的定義，可以單獨確定為經營分部。與此同時，乙公司生產A、B、C、D品牌皮箱的4個部門，銷售毛利率分別是30％、29％、31％、30％，即具有相近的長期財務業績；4個品牌皮箱的生產過程、客戶類型、銷售方式等類似，具有相似的經濟特徵。因此，乙公司在確定經營分部時，可以將生產A、B、C、D品牌皮箱的4個部門予以合併，作為一個經營分部（皮箱分部）。

二、報告分部的概念及確定標準

（一）報告分部的概念

報告分部是指在分部報告中單獨披露其財務信息的經營分部。根據分部報告準則的規定，並非所有的經營分部都有必要在分部報告中單獨披露相關的財務信息。前面已經闡述，經營分部的劃分通常以不同的風險和報酬為基礎，而不論其是否重要。存在多種產品經營或跨多個地區經營的企業可能會擁有大量規模較小、不是很重要的經營分部，如果單獨披露大量規模較小的經營分部信息不僅會給財務報告使用者帶來困惑，也會給財務報告編製者帶來不必要的披露成本。因此，在確定報告分部時，企業應當考慮重要性原則。在通常情況下，符合重要標準的經營部分才能確定為報告分部。

（二）報告分部的確定標準

根據前面的闡述，只有符合重要性標準的經營分部才能確定為報告分部。根據分部報告準則的規定，判斷經營分部是否重要的標準主要有以下三個，滿足三者中任意一條標準，都被認為是重要分部，並應確定為報告分部：

1. 分部收入占所有分部收入合計的10%或以上的經營分部

分部收入是指可歸屬於經營分部的對外交易收入和對其他分部交易收入。分部收入主要由可歸屬於經營分部的對外交易收入構成，通常為營業收入。可歸屬於經營分部的收入來源於兩個渠道：一是可以直接歸屬於經營分部的收入，即直接由經營分部的業務交易而產生；二是可以間接歸屬於經營分部的收入，即將企業產生的收入在相關經營分部之間進行分配，按屬於某經營分部的收入金額確定為分部收入。

分部收入通常不包括下列項目：

（1）利息收入（包括因預付或借給其他分部款項而確認的利息收入）和股利收入（採用成本法核算的長期股權投資取得的股利收入），但分部的日常活動屬於金融性質的除外。

（2）營業外收入，如固定資產盤盈、處置固定資產淨收益、出售無形資產淨收益、罰沒收益等。

（3）處置投資產生的淨收益，但分部的日常活動屬於金融性質的除外。

（4）採用權益法核算的長期股權投資確認的投資收益，但分部的日常活動屬於金融性質的除外。

[例10-3] 報告分部的確定方法。

沿用[例10-2]的資料。運用「分部收入占所有分部收入合計的10%或以上」的重要性標準，確認乙公司的報告分部。

乙公司各經營分部收入占總收入的百分比見表10-2。

表10-2 乙公司各經營分部收入占總收入的百分比

項目	皮箱				手提包	公文包	皮帶	銷售公司	運輸公司	合計
	品牌A	品牌B	品牌C	品牌D						
營業收入（萬元）	106,000	130,000	100,000	95,000	260,000	230,000	69,000	270,000	50,000	1,310,000
分部收入占總收入比例(%)	8.1	9.9	7.6	7.3	19.8	17.6	5.3	20.6	3.8	100

根據表 10-2 可知，手提包分部、公文包分部和銷售公司分部都滿足「分部收入占所有分部收入合計的 10% 或以上」的重要性標準，因此應單獨作為報告分部，其餘經營分部因不完全滿足重要性標準，不能單獨作為報告分部。在本例中，乙公司 A、B、C、D 4 個品牌皮箱單獨取得的收入都不超過總收入的 10%，但 4 個品牌皮箱合併後收入合計 431,000 萬元，占所有分部收入合計 1,310,000 萬元的比例為 32.9%（431,000÷1,310,000×100%），滿足了報告分部的重要性標準，因此合併後的皮箱分部應確定為單獨的報告分部。

2. 分部利潤（虧損）的絕對額占所有盈利分部利潤合計數或所有虧損分部虧損合計數的絕對額兩者中較大者的 10% 或以上的經營分部

分部利潤（虧損）是指分部收入減去分部費用後的餘額。在計算分部利潤（虧損）時，企業應注意將不屬於分部收入和部分費用的項目剔除。

分部費用是指可歸屬於經營分部的對外交易費用和對其他分部交易費用。分部費用主要由可歸屬於經營分部的對外交易費用構成，通常包括營業成本、稅金及附加、銷售費用等。與分部收入的確認相同，歸屬於經營分部的費用也來源於兩個渠道：一是可以直接歸屬於經營分部的費用，即直接由經營分部的業務交易而發生；二是可以間接歸屬於經營分部的費用，即將企業交易發生的費用在相關分部之間進行分配，按屬於某經營分部的費用金額確認為分部費用。

分部費用通常不包括下列項目：

（1）利息費用（包括因預收或向其他分部借款而確認的利息費用），如發行債券產生的利息費用，但經營分部的日常活動是金融性質的除外。

（2）營業外支出，如處置固定資產、無形資產等發生的淨損失。

（3）處置投資發生的淨損失，但經營分部的日常活動屬於金融性質的除外。

（4）採用權益法核算的長期股權投資確認的投資損失，但經營分部的日常活動屬於金融性質的除外。

（5）與企業整體相關的管理費用和其他費用。

[**例 10-4**] 報告分部的確定方法。

沿用 [**例 10-2**] 的資料。運用分部利潤（虧損）的絕對額占各分部絕對額總額比例的重要性標準，確認乙公司的報告分部。

乙公司各經營分部利潤占利潤總額的百分比見表 10-3。

表 10-3　乙公司各經營分部利潤占利潤總額的百分比

項目	皮箱	手提包	公文包	皮帶	銷售公司	運輸公司	合計
分部利潤（萬元）	129,000	104,000	87,400	13,800	50,000	20,000	404,200
分部利潤占利潤總額百分率(%)	31.9	25.7	21.6	3.5	12.4	4.9	100

表 10-3 的數據顯示，皮箱分部、手提包分部、公文包分部和銷售公司分部的分部利潤占所有盈利分部利潤的百分比都超過了 10%，根據「分部利潤占所有盈利分部利潤百分比 10% 或以上」的標準，都應該確定為報告分部，而皮帶分部和運輸公司分部的分部利潤占所有盈利分部利潤的百分比都不足 10%，根據分部利潤百分比判斷標準，都不能單獨確認為報告分部。

[**例 10-5**] 報告分部的確定方法

ABC 公司生產家用電器，其總部在北京，產品主要銷往全國各地，在北京、天津、上海、遼寧、陝西、浙江、四川、湖南、廣東等地均設有分公司。假定各分公司之間沒有內部交易，其營業收入均為對外交易而取得。ABC 公司各分公司有關財務信息如表 10-4 所示。

表 10-4　ABC 公司各分公司有關財務信息

項目	北京	天津	上海	遼寧	陝西	浙江	四川	湖南	廣東	合計
營業收入（萬元）	10,000	2,000	5,000	500	300	3,500	1,000	700	3,000	26,000
占收入合計的百分比（％）	38.5	7.7	19.2	1.9	1.2	13.5	3.8	2.7	11.5	100
營業費用（萬元）	8,000	1,500	3,500	700	950	2,500	1,580	600	2,400	21,730
營業利潤（虧損）（萬元）	2,000	500	1,500	(200)	(650)	1,000	(580)	100	600	4,270

運用分部利潤（虧損）的絕對額占各分部絕對額總額比例的重要性標準，確認 ABC 公司的報告分部。

ABC 公司的各分公司經營有盈有虧。其中，盈利分部分別是北京、天津、上海、浙江、湖南、廣東，其分部利潤總額合計為 5,700 萬元；虧損分部分別是遼寧、陝西、四川，其分部虧損總額合計的絕對額為 1,430 萬元。由於 5,700 萬元>1,430 萬元，ABC 公司在對各分部的分部利潤或虧損進行比較時，應當以 5,700 萬元作為比較的基數，通過各分部利潤或虧損的絕對額占 5,700 萬元的百分比是否達到 10％ 或以上來判斷是否應確定為報告分部（具體計算見表 10-5）。通過計算可以看出，滿足分部利潤（虧損）達到規定條件的分部共有 6 個，分別是北京、上海、陝西、浙江、四川和廣東。ABC 公司在確定報告分部時，應當將上述 6 個分部作為報告分部。

表 10-5　分部利潤占利潤總額的百分比

項目	北京	天津	上海	遼寧	陝西	浙江	四川	湖南	廣東	合計
營業收入（萬元）	10,000	2,000	5,000	500	300	3,500	1,000	700	3,000	26,000
占收入合計的百分比（％）	38.5	7.7	19.2	1.9	1.2	13.5	3.8	2.7	11.5	100
營業費用（萬元）	8,000	1,500	3,500	700	950	2,500	1,580	600	2,400	21,730
營業利潤（虧損）（萬元）	2,000	500	1,500	(200)	(650)	1,000	(580)	100	600	4,270
占分部利潤總額的百分比(％)	35	8.8	26	3.5	11.4	17.5	10.2	1.8	10.5	—

3. 分部資產占所有分部資產合計額的 10％ 或以上的經營分部

分部資產是指經營分部日常活動中使用的可歸屬於該經營分部的資產，不包括遞延所得稅資產。企業在計量分部資產時，應當按照分部資產的帳面淨值進行計量，即按照原值扣除相關累計折舊或攤銷額以及累計減值準備後的金額計量。

企業在確認分部資產時，應注意分部資產與分部利潤（虧損）、分部費用等之間存在的對應關係。這些關係主要包括：

（1）如果分部利潤（虧損）包括利息或股利收入，分部資產中就應當包括相應的應收帳款、貸款、投資或其他金融資產。

（2）如果分部費用包括某項固定資產的折舊費用，分部資產中就應當包括該項

固定資產。

(3) 如果分部費用包括某項無形資產或商譽的攤銷額或減值額，分部資產中就應當包括該項無形資產或商譽。

由兩個或兩個以上經營分部共同享有的資產，其歸屬權取決於與該資產相關收入和費用的分配，與共享資產相關的收入和費用歸屬哪個經營分部，共享資產就應該分配給哪個經營分部。共享資產的折舊費或攤銷費應該在其歸屬的分部經營成果中扣減。

[**例10-6**] 報告分部的確定方法。

沿用 [**例10-2**] 的資料，運用分部資產占所有分部資產百分比的標準判斷運輸公司分部和公文包分部是否應當成為報告分部。

乙公司各經營分部資產占資產總額的百分比見表10-6。

表10-6　乙公司各經營分部資產占資產總額的百分比

項目	皮箱	手提包	公文包	皮帶	銷售公司	運輸公司	合計
分部資產（萬元）	1,300,000	650,000	590,000	250,000	700,000	300,000	3,790,000
分部資產占資產總額百分率(%)	34.3	17.2	15.6	6.6	18.5	7.8	100

表10-6的數據顯示，皮箱分部、手提包分部、公文包分部和銷售公司分部的分部資產占所有分部資產總額的百分比都超過了10%，根據「分部資產占所有分部資產合計10%或以上」的標準，都應該確定為報告分部，而皮帶分部和運輸公司分部的分部資產占所有分部資產總額的百分比都不足10%，根據分部資產百分比判斷標準，都不能單獨確認為報告分部。

從 [**例10-2**]、[**例10-3**] 和 [**例10-4**] 可以看出，乙公司的皮帶分部和運輸公司分部不論採取哪個重要性判斷標準，都不能單獨設為報告分部。

(三) 報告分部確定的其他相關規定

企業在根據重要性10%規則確認報告分部時，還必須遵守分部報告準則關於分部報告確定的以下相關規定：

1. 不滿足報告分部確認標準的經營分部的處理

如果經營分部未滿足上述10%的重要性標準，其可以按照下列規定確定報告分部：

(1) 企業管理層如果認為披露該經營分部信息對會計信息使用者有用，那麼無論該經營分部是否滿足10%的重要性標準，都可以將該經營分部直接指定為報告分部。

(2) 企業可以將未滿足報告分部確認標準的經營分部與一個或一個以上的具有相似經濟特徵、滿足經營分部合併條件的其他經營分部合併，作為一個報告分部。對經營分部10%的重要性測試可能會導致企業擁有大量未滿足10%數量臨界線的經營分部，在這種情況下，如果企業沒有直接將這些經營分部指定為報告分部，就可以將它們適當合併成一個報告分部。

(3) 不將該經營分部直接指定為報告分部，也不將該經營分部與其他未作為報告分部的經營分部合併為一個報告分部的，企業在披露分部信息時，應當將該經營分部的信息與其他組成部分的信息合併，作為「其他項目」單獨在分部報告中披露。

2. 分部報告中各個報告分部對外交易收入合計應占企業總收入的75%以上

根據分部報告準則的規定，企業在確定報告分部時，除了要滿足前述報告分部10%重要性的確定標準外，還要注意報告分部的75%外部交易收入約束條件。報告分部的75%外部交易收入約束條件是指被確定為報告分部的經營分部，不管數量有多少，各個報告分部的對外交易收入合計數占企業總收入的比重必須達到75%。如果報告分部的對外交易收入的總額未達到企業總收入的75%，則企業必須增加該報告分部中的報告分量，將原未作為報告分部的經營分部確認為報告分部，直到該比重達到75%。此時，其他未作為報告分部的經營分部很可能未滿足前述規定的10%重要性標準，但為了使報告分部的對外交易收入合計額占合併總收入或企業總收入的總體比重能夠達到75%的比例要求，企業也應當將其確定為報告分部。

[例10-7] 報告分部的確認方法。

沿用[例10-2]的資料，根據報告分部的確定條件，乙公司的皮箱分部、手提包分部、公文包分部、銷售公司分部應單獨作為報告分部。如果乙公司只設置這4個報告分部，則這4個報告分部的對外交易收入合計額占總收入比例必須達到75%。乙公司是否滿足這一限定性條件的具體分析如下：

乙公司4個報告分部對外交易收入占企業總收入的百分比如表10-7所示。

表10-7 對外交易收入占企業總收入的百分比

項目	皮箱	手提包	公文包	銷售公司	小計	……	合計
營業收入(萬元)	431,000	260,000	230,000	270,000	1,191,000	……	1,310,000
其中：對外交易收入(萬元)	390,000	180,000	150,000	270,000	990,000	……	1,090,000
分部間交易收入(萬元)	41,000	80,000	80,000		201,000		220,000
對外交易收入占企業總收入的百分比(%)	35.78	16.51	13.76	24.77	90.82	……	100

表10-7顯示，皮箱分部、手提包分部、公文包分部、銷售公司分部4個報告分部的對外交易收入占企業總收入的比例分別為35.78%、16.51%、13.76%、24.77%，合計為90.82%，遠遠超過了外部交易收入大於75%的限制性標準，因此乙公司只需設置4個報告分部，不需要再增加報告分部的數量。

[例10-8] 報告分部的75%標準。

沿用[例10-5]的資料，ABC公司根據規定已將北京、上海、陝西、浙江、四川和廣東6個分部確定為報告分部，由於6個報告分部的對外交易收入合計額占企業總收入的比重為87.7%，已達到75%的限制性標準，不需再增加報告分部的數量。具體計算見表10-8。

表10-8 對外交易收入占企業總收入的百分比

項目	北京	上海	陝西	浙江	四川	廣東	小計	……	合計
營業收入（萬元）	10,000	5,000	300	3,500	1,000	3,000	22,800	……	26,000
占企業總收入的百分比(%)	38.5	19.2	1.2	13.5	3.8	11.5	87.7	……	100
……									

3. 分部報告中報告分部的數量不應該超過 10 個

根據前述報告分部的確定標準以及外部交易收入占企業總收入 75% 的約束條件，企業最終確定的報告分部數量可能會超過 10 個。如果這樣，企業提供的分部信息可能變得非常繁瑣，不利於會計信息使用者理解和使用。因此，分部報告準則規定，在分部報告中，報告分部的數量不應超過 10 個。如果按照規定標準確定的報告分部數量超過 10 個，企業應當考慮將具有相似經濟特徵、滿足經營分部合併條件的報告分部進行合併，以確保報告分部的數量不超過 10 個。

4. 分部報告中報告分部的確定應遵循可比性原則

企業在確定報告分部時，除應遵循相應的確定標準及約束條件外，還應當考慮不同會計期間分部信息的可比性和一致性。某一經營分部在上期可能滿足報告分部的確定條件從而被確定為報告分部，但本期可能並不滿足報告分部的確定條件。基於可比性原則，如果企業認為該經營分部仍然重要，單獨披露該經營分部的信息能夠更有助於會計信息使用者瞭解企業的整體情況，則企業無須考慮該經營分部確定為報告分部的條件，仍應當將該經營分部確定為本期的報告分部。

反之，某一經營分部在本期可能滿足報告分部的確定條件從而被確定為報告分部，但上期可能並不滿足報告分部的確定條件從而未被確定為報告分部。基於可比性原則，企業可以將以前會計期間該分部信息進行重述，並追溯披露該分部信息，如果重述需要的信息無法獲得，或者不符合成本效益原則，則企業無須重述以前會計期間的分部信息。不論是否對以前期間相應的報告分部進行重述，企業均應當在財務報表附註中披露這一事實。

第三節　分部信息的披露

企業應當在財務報表附註中披露分部報告，充分揭示各個報告分部的相關信息。分部信息的披露應當有助於會計信息使用者評價企業各分部所從事經營活動的性質、財務影響以及經營所處的經濟環境。企業應當以對外提供的財務報表為基礎披露分部信息。對外提供合併財務報告的企業，應當以合併財務報表為基礎披露分部信息。企業在財務報表附註中應當披露的分部信息主要如下：

一、描述性信息

企業應當在財務報表附註中披露如下與分部報告相關的描述性信息：

（一）確定報告分部考慮的因素

確定報告分部考慮的因素通常包括企業管理層是怎樣對報告分部進行管理的，如按照產品和服務管理，按照地理區域或綜合各種因素進行組織管理等。

[例 10-9] 分部報告描述性信息的披露。

沿用 [例 10-1] 的資料，乙公司在其分部報告中應如何披露其報告分部確定的信息？

乙公司在財務報表附註中披露其確定報告分部考慮的因素，描述如下：

本公司的報告分部都是提供不同產品或服務的業務單元。由於各種業務需要不同的技術和市場戰略，因此本公司分別獨立管理各個報告分部的生產經營活動，分別評價其經營成果，以決定向其配置資源、評價其業績。

（二）報告分部的產品和勞務的類型

[例10-10] 分部報告描述性信息的披露

沿用 **[例10-2]** 的資料，乙公司在其分部報告中應如何披露有關產品和業務類型的信息呢？

乙公司在財務報表附註中披露的報告分部的產品和業務的類型如下：

本公司有4個報告分部，分別為皮箱分部、手提包分部、公文包分部和銷售公司分部。皮箱分部負責生產皮箱，手提包分部負責生產手提包，公文包分部負責生產公文包，銷售公司分部負責銷售本公司各組成分部生產的各種產品。

二、每一報告分部的利潤（虧損）、資產總額和負債總額信息

（一）每一報告分部的利潤（虧損）信息

企業應當在財務報表附註中披露每一報告分部的利潤（虧損）信息，包括利潤（虧損）總額及其組成項目。同時，企業還應披露與利潤（虧損）相關的每一報告分部的下列信息：

（1）對外交易收入和分部間交易收入。

（2）利息收入和利息費用。報告分部的日常活動屬於金融性質的除外。

（3）折舊費用和攤銷費用以及其他重大的非現金項目。

（4）採用權益法核算的長期股權投資確認的投資收益。

（5）所得稅費用或所得稅收益。

（6）其他重大的收益或費用項目。

（二）每一報告分部的資產總額和負債總額信息

企業應當在財務報表附註中披露每一報告分部的資產總額、負債（不包括遞延所得稅負債）總額信息，包括資產總額組成項目的信息。同時，企業還應披露與資產相關的每一報告分部的下列信息：

（1）採用權益法核算的長期股權投資金額。

（2）非流動資產（不包括金融資產、獨立帳戶資產、遞延所得稅資產）金額。

對於兩個或多個經營分部共同承擔的負債，其分配取決於共同負債相關費用的分配，與共同負債相關費用分配給哪個經營分部，該共同負債也應分配給哪個經營分部。

[例10-11] 報告分部財務信息的披露。

沿用 **[例10-2]** 的資料，假定乙公司總部資產總額為20,000萬元，總部負債總額為12,000萬元，其他資料見表10-1和表10-9。

根據有關資料，編製乙公司報告分部有關的財務信息。

根據表10-1，乙公司各報告分部的利潤（虧損）、資產及負債信息如表10-10所示。

表 10-9　乙公司其他資料　　　　　　　　　　　　　　　　單位：萬元

項目	皮箱 品牌A	皮箱 品牌B	皮箱 品牌C	皮箱 品牌D	手提包	公文包	皮帶	銷售公司	運輸公司	合計
折舊費用	8,250	8,850	5,900	5,320	20,620	13,150	8,100	23,620	14,500	108,310
攤銷費用	750	900	1,040	490	860	1,350	230	210		5,830
利潤總額	31,000	28,000	32,050	37,950	104,000	87,400	17,000	50,000	16,800	404,200
所得稅費用	7,750	7,000	8,012.5	9,487.5	26,000	21,850	4,250	12,500	4,200	101,050
淨利潤	23,250	21,000	24,037.5	28,462.5	78,000	65,550	12,750	37,500	12,600	303,150
資本性支出	20,000	15,000	50,000	8,500	35,000	7,600		850	400	137,350

表 10-10　乙公司各報告分部的利潤（虧損）、資產及負債信息　　　單位：萬元

項目	皮箱分部	手提包分部	公文包分部	銷售公司分部	其他	分部間抵銷	合計
一、對外交易收入	390,000	180,000	150,000	270,000	100,000		1,090,000
二、分部間交易收入	41,000	80,000	80,000		19,000	(220,000)	
三、對聯營和合營企業的投資收益							
四、資產減值損失							
五、折舊費和攤銷費	31,500	21,480	14,500	23,830	22,830		114,140
六、利潤總額（虧損總額）	129,000	104,000	87,400	50,000	33,800		404,200
七、所得稅費用	32,250	26,000	21,850	12,500	8,450		101,050
八、淨利潤（淨虧損）	96,750	78,000	65,550	37,500	25,350		303,150
九、資產總額	1,300,000	650,000	590,000	700,000	550,000		3,790,000
十、負債總額	550,000	300,000	200,000	300,000	330,000		1,680,000
十一、其他重要的非現金項目							
折舊費和攤銷費以外的其他非現金費用	93,500	35,000	7,600	850	400		137,350
對聯營企業和合營企業的長期股權投資							
長期股權投資以外的其他非流動資產增加額							

　　分部報告信息在不同行業的披露內容不完全相同，通過研究上市公司披露的分部信息可以發現，企業在分部報告中披露的信息與年報信息基本相似，分部報告中的信息是年報信息根據一定的標準分解後的信息。

三、分部會計政策及其變更的信息

（一）分部會計政策及其變更

　　分部會計政策是指與披露分部報告特別相關的會計政策。一般來說，分部會計政策應當與編製企業集團合併財務報表或企業財務報表時採用的會計政策一致，但某些分部信息採用了分部特有的會計政策，如分部的確定、分部間轉移價格的確定

方法以及將收入、費用、資產和負債分配給報告分部的基礎等。

企業應在附註中披露與報告分部利潤（虧損）計量相關的下列分部會計政策：
（1）分部間轉移價格的確定基礎。
（2）相關收入和費用分配給報告分部的基礎。
（3）確定報告分部利潤（虧損）使用的計量方法的變更及變更的性質與影響等。

企業應在附註中披露與分部資產、負債計量相關的下列分部會計政策：
（1）分部間轉移價格的確定基礎。
（2）相關資產或負債分配給報告分部的基礎。

如果企業因管理戰略或內部組織結構改變對經營業務範圍做出變更或對經營地區做出調整，使企業原已確定的報告分部面臨的風險和報酬產生較大差異，則必須改變原報告分部的分類。在這種情況下，企業應當對此項分部會計政策變更予以披露。對於分部會計政策的變更，企業應當提供前期比較數據。某一經營分部如果本期滿足報告分部的確定條件被確定為報告分部，即使前期沒有滿足報告分部的確定條件未被確定為報告分部，也應當提供前期的比較數據。但是，重述信息不切實可行的除外。分部會計政策變更時，不論企業是否提供前期比較數據，都應在附註中披露這一事實。

（二）分部間轉移價格的確定及其變更

企業在計量分部之間發生的交易收入時，需要確定分部間轉移交易價格。在一般情況下，分部之間的交易定價不同於市場公允交易價格，為準確計量分部間轉移價格，企業在確定分部間交易收入時，應當以實際交易價格為基礎計量。由於企業不同期間生產的產品的成本不同，可能會導致不同期間分部間轉移價格的確定產生差異，造成轉移交易價格的變更。對於分部間轉移價格的確定及其變更，企業除了應在附註中披露轉移價格的確定基礎，對於轉移交易價格的變更情況，也應當在附註中進行披露。

四、報告分部與企業信息總額銜接的信息

企業披露的分部信息，應當與合併財務報表或企業財務報表中的總額信息相銜接。具體銜接內容如下：

（一）報告分部收入總額應當與企業收入總額相銜接

報告分部收入包括可歸屬於報告分部的對外交易收入和對其他分部交易收入。報告分部收入總額在與企業收入總額進行銜接時，需要將報告分部之間的內部交易進行抵銷。各個報告分部的收入總額，加上未包含在任何報告分部中的對外交易收入金額之和，扣除報告分部之間交易形成的收入總額，應當與企業收入總額一致。

（二）報告分部利潤（虧損）總額應當與企業利潤（虧損）總額相銜接

報告分部利潤（虧損）是報告分部收入總額扣除報告分部費用總額之後的差額。報告分部利潤（虧損）總額與企業利潤（虧損）總額進行銜接時，需要將報告分部之間的內部交易產生的利潤（虧損）進行抵銷。各個報告分部的利潤（虧損）總額，加上未包含在任何報告分部中的利潤（虧損）金額之和，扣除報告分部之間

交易形成的利潤（虧損）金額之和，應當與企業利潤（虧損）總額一致。

（三）報告分部資產和負債總額應當與企業資產和負債總額相銜接

企業資產總額由歸屬於報告分部的資產總額和未分配給各個報告分部的資產總額組成。企業負債總額由歸屬於報告分部的負債總額和未分配給各個報告分部的負債總額組成。

[例10-12] 報告分部與企業信息總額的銜接。

表10-11和表10-12是H人壽保險公司在2019年年報中披露的資產信息以及附註分部報告中披露的分部資產信息。

通過表10-11和表10-12可以看出，分部報告和年報中披露的資產信息在項目分類上基本相同，並且報告分部資產的合計數與年報資產的總額是相等的。

表10-11　H人壽保險公司資產負債表（資產部分）

2019年12月31日　　　　　　　　　　　　　　單位：萬元

項目	金額
貨幣資金	4,783,900
交易性金融資產	969,300
應收利息	1,819,300
應收保費	727,400
應收分保帳款	2,200
應收分保未到期責任準備金	5,700
應收分保未決賠款準備金	3,200
應收分保壽險責任準備金	1,300
應收分保長期健康險責任準備金	70,600
保戶質押貸款	2,397,700
債權計劃投資	1,256,600
其他應收款	315,400
定期存款	44,158,500
可供出售金融資產	54,812,100
持有至到期投資	24,622,700
長期股權投資	2,089,200
存出資本保證金	615,300
在建工程	208,000
固定資產	1,649,800
無形資產	372,600
其他資產	168,700
獨立帳戶資產	8400
資產總計	141,057,900

表 10-12　H 人壽保險公司分部報告（資產部分）

2019 年 12 月 31 日　　　　　　　　　　　　　　單位：萬元

項目	個人業務	團體業務	短期保險業務	其他業務	合計
貨幣資金	4,446,500	262,800	43,700	30,900	4,783,900
交易性金融資產	898,900	53,100	8,800	8,500	969,300
應收利息	1,693,000	100,100	16,700	9,500	1,819,300
應收分保未到期責任準備金	—	—	5,700	—	5,700
應收分保未決賠款準備金	—	—	3,200	—	3,200
應收分保壽險責任準備金	1,300	—	—	—	1,300
應收分保長期健康險責任準備金	70,600	—	—	—	70,600
保戶質押貸款	2,397,700	—	—	—	2,397,700
債權計劃投資	1,157,800	68,400	11,400	19,000	1,256,600
定期存款	41,182,300	2,434,400	405,000	136,800	44,158,500
可供出售金融資產	50,960,800	3,012,400	501,200	337,700	54,812,100
持有至到期投資	23,033,900	1,361,600	226,500	700	24,622,700
長期股權投資	—	—	—	2,089,200	2,089,200
存出資本保證金	528,800	31,300	5,200	50,000	615,300
獨立帳戶資產	8,400	—	—	—	8,400
可分配資產合計	126,380,000	7,324,100	1,227,400	2,682,300	137,613,800
其他資產					3,444,100
合計					141,057,900

□思考題

1. 什麼是分部報告？分部報告與合併財務報告之間是一種什麼關係？
2. 分部報告產生的背景與動因是什麼？
3. 什麼是經營分部？經營分部應如何確定？
4. 什麼是報告分部？報告分部的確定標準是什麼？
5. 分部報告是如何披露會計信息的？

第十一章
特殊行業會計

【學習目標】

通過本章的學習，學生應瞭解企業農業項目業務、石油天然氣行業及其企業的特殊性，掌握生物資產、石油天然氣開採的會計處理原則與方法，能夠運用所學知識對生物資產業務、石油天然氣開採業務進行正確的會計處理，瞭解生物資產及石油天然氣開採的會計信息披露要求。

第一節 生物資產會計

中國是農業大國，對於農業企業而言，生物資產通常是其資產的重要組成部分。農業企業對生物資產進行正確的確認、計量和相關信息披露，將有助於如實反應企業的財務狀況和經營成果。生物資產與企業的存貨、固定資產等一般資產不同，具有特殊的自然增值性，因此形成其在會計確認、計量和相關信息披露等方面的特殊性。中國《企業會計準則第5號——生物資產》（以下簡稱生物資產準則）界定了生物資產的概念，規範了生物資產的確認、計量和相關信息的披露。

一、生物資產的概念、特徵和分類

（一）概念

生物資產是指與農業生產相關的有生命的動物和植物。生物資產定義為「有生命的動物和植物」，意味著一旦原有動植物停止其生命活動，也就不再是生物資產了。這一界限對生物資產和農產品進行了本質上的區分。農產品與生物資產密不可分，當其附在生物資產上時，構成了生物資產的一部分。收穫的農產品從生物資產這一母體分離開始，不再具有生命和生物轉化能力，或者其生命和生物轉化能力受到限制，應當作為存貨處理。例如，從用材林中採伐的木材、奶牛產出的牛奶、綿羊產出的羊毛、肉豬宰殺後的豬肉、收穫的蔬菜、從果樹上採摘的水果等。

（二）特徵

生物資產的特徵主要表現在以下兩方面：

1. 生物資產是有生命的動物或植物

有生命的動物或植物具有能夠進行生物轉化的能力。生物轉化是指導致生物資產質量或數量發生變化的生長、蛻化、生產和繁殖的過程。其中，生長是指動物或植物體積、重量的增加或質量的提高，如農作物從種植開始到收穫前的過程；蛻化

是指動物或植物產出量的減少或質量的退化，如奶牛產奶能力的不斷下降；生產是指動物或植物本身產出農產品，如蛋雞產蛋、奶牛產奶、果樹產水果等；繁殖是指產生新的動物或植物，如奶牛產牛犢、母豬生小豬等。

這種生物轉化能力是其他資產（如存貨、固定資產、無形資產等）所不具有的，也正是生物資產的特性。因此，生物資產的形態、價值以及產生經濟利益的方式，都會隨著自身的出生、成長、衰老、死亡等自然規律和生產經營活動不斷變化。儘管其在所處生命週期中的不同階段而具體由類似於不同資產類別（存貨或固定資產）的特點，但是其會計處理與存貨、固定資產等常規資產有所不同。因此，我們有必要對生物資產的確認、計量和披露等會計處理進行單獨規範，以更準確地反應企業的生物資產信息。

農產品一般具有鮮活、易腐的特點，因此應該區別於工業企業一般意義上的產品單獨核算。基於此，生物資產準則對收穫後的農產品的會計處理進行了規範，即應該採用規定的方法，從消耗性生物資產或生產性生物資產生產成本中轉出，確認為收穫時點的農產品的成本；而收穫時點之後的農產品的會計處理，應當適用《企業會計準則第1號——存貨》的規定。

2. 生物資產與農業生產密切相關

生物資產準則所稱「農業」是廣義的範疇，包括種植業、畜牧養殖業、林業和水產業等行業。企業從事農業生產就是要增強生物轉化能力，最終獲得更多的符合市場需要的農產品。例如，種植業作物的生長和收穫而獲得稻穀、小麥等農產品的活動過程；畜牧養殖業試驗和收穫而獲得仔豬、肉豬、雞蛋、牛奶等畜產品的活動過程；林業中用材林的生產和管理獲得林產品，經濟林木的生產和管理獲得水果等的活動過程；水產業中的養殖獲得水產品等活動過程，都屬於將生物資產轉化為農產品的活動。

農業生產與收穫時點的農產品相關，但應與對收穫後的農產品進行加工的活動（以下簡稱加工活動）嚴格區分。農業生產活動針對的是有生命的生物資產，而加工活動針對的是收穫後的農產品，如將綿羊產出的羊毛加工成毛毯、將收穫的甘蔗加工成蔗糖、將奶牛產出的牛奶加工成奶酪、將從果樹上採摘的水果加工成水果罐頭、將用材林採伐下的原木用於蓋廠房等。因此，加工活動並不包含在生物資產準則指的農業生產範疇之內。

（三）分類

生物資產是指有生命的動物和植物，在這一點上，中國生物資產準則與國際會計準則所規定的生物資產的概念完全相同。但是，根據生物資產準則的規定，按照用途不同，生物資產通常可分為消耗性生物資產、生產性生物資產和公益性生物資產三大類。生物資產就三大類生物資產的定義、包含的內容和相應的會計處理分別進行了規範。國際會計準則的生物資產是不包括公益性生物資產的。之所以將公益性生物資產界定為生物資產，是因為企業擁有或控制的公益性生物資產，雖然不能直接給企業帶來經濟利益，但是具有「服務潛能」，有助於企業從相關資產中獲得經濟利益，從而滿足生物資產確認的條件。

1. 消耗性生物資產

消耗性生物資產是指企業為出售而持有的，或者在將來收穫為農產品的生物資

產。消耗性生物資產的勞動對象包括生長中的大田作物、蔬菜、用材林以及存欄待售的牲畜等。消耗性生物資產通常是一次性消耗並終止其服務能力或未來經濟利益，因此在一定程度上具有存貨的特徵，應當作為存貨在資產負債表中列報。

2. 生產性生物資產

生產性生物資產是指為產出農產品、提供勞務或出租等目的而持有的生物資產。生產性生物資產具備自我生長性，能夠在持續的基礎上予以消耗並在未來的一段時間內保持其服務能力或未來經濟利益，屬於勞動手段，包括經濟林、薪炭林、產畜和役畜等。

與消耗性生物資產相比較，生產性生物資產的最大不同在於具有能夠在生產經營中長期、反覆使用，從而不斷產出農產品或者是長期役用的特徵。消耗性生物資產收穫農產品之後，該資產就不復存在了；生產性生物資產產出農產品之後，該資產仍然保留，並可以在未來期間繼續產出農產品。因此，通常認為生產性生物資產在一定程度上具有固定資產的特徵，如果樹每年產出水果等。

一般而言，生產性生物資產通常需要生長到一定階段才開始具備生產的能力。根據其是否具備生產能力（是否達到預定生產經營目的），生產性生物資產可以進行進一步的劃分。所謂達到預定生產經營目的，是指生產性生物資產進入正常生產期，可以多年連續穩定產出農產品、提供勞務或出租。由此，生產性生物資產可以劃分為未成熟和成熟兩類，前者指尚未達到預定生產經營目的、還不能夠多年連續穩定產出農產品、提供勞務或出租的生產性生物資產，如尚未開始掛果的果樹、尚未開始產奶的奶牛等；後者指已經達到預定生產經營目的的生產性生物資產。

3. 公益性生物資產

公益性生物資產是指以防護、環境保護為主要目的的生物資產，包括防風固沙林、水土保持林和水源涵養林等。

公益性生物資產與消耗性生物資產和生產性生物資產有本質上的不同。後兩者的目的是直接給企業帶來經濟利益，而公益性生物資產的主要目的是防護、環境保護等，儘管其不能直接給企業帶來經濟利益，但具有服務潛能，有助於企業從相關資產獲得經濟利益。例如，防風固沙林和水土保持林能帶來防風固沙、保持水土的效能，風景林具有美化環境、休息遊覽的效能等。因此，企業應將公益性生物資產確認為生物資產，並單獨核算。

二、生物資產的初始計量

生物資產應當按照成本進行初始計量。生物資產的取得途徑不同，其初始成本的確定方式就有所不同。

（一）外購的生物資產

無論是消耗性生物資產、生產性生物資產還是公益性生物資產，外購的生物資產的成本包括購買價款、相關稅費、運輸費、保險費以及可以直接歸屬於購買該資產的其他支出。其中，可直接歸屬於購買該資產的其他支出包括場地整理費、裝卸費、栽植費、專業人員服務費等。

企業外購的生物資產，按應計入生物資產成本的金額，借記「消耗性生物資

產」「生產性生物資產」或「公益性生物資產」科目，貸記「銀行存款」「應付帳款」「應付票據」等科目。企業一筆款項一次性購入多項生物資產時，購買過程中發生的相關稅費、運輸費、保險費等可直接歸屬於購買該資產的其他支出，應當按照各項生物資產的價款比例進行分配，分別確定各項生物資產的成本。

[例11-1] ABC公司是一家農業企業，該公司2019年2月從市場上一次性購買了6頭種牛、15頭種豬和600頭豬苗，單價分別為4,000元、1,400元和250元，支付的價款共計195,000元。此外，ABC公司發生的運輸費為4,500元，保險費為3,000元，裝卸費為2,250元，款項全部以銀行存款支付。

（1）確定應分攤的運輸費、保險費和裝卸費。
分攤比例=(4,500+3,000+2,250)÷195,000=5%
因此，6頭種牛應分攤費用=6×4,000×5%=1,200（元）
15頭種豬應分攤費用=15×1,400×5%=1,050（元）
600頭豬苗應分攤費用=600×250×5%=7,500（元）
（2）確定種牛、種豬和豬苗的入帳價值。
6頭種牛的入帳價值=6×4,000+1,200=25,200（元）
15頭種豬的入帳價值=15×1,400+1,050=22,050（元）
600頭豬苗的入帳價值=600×250+7,500=157,500（元）
ABC公司的帳務處理如下：

借：生產性生物資產——種牛　　　　　　　　　　　25,200
　　　　　　　　——種豬　　　　　　　　　　　22,050
　　消耗性生物資產——豬苗　　　　　　　　　　　157,500
　貸：銀行存款　　　　　　　　　　　　　　　　　204,750

（二）自行繁殖、營造的生物資產

企業自行繁殖、營造的生物資產，應當按照不同的種類核算，分別按照消耗性生物資產、生產性生物資產和公益性生物資產確定其取得的成本，並分別借記「消耗性生物資產」「生產性生物資產」或「公益性生物資產」科目，貸記「銀行存款」等科目。

1. 自行繁殖、營造的消耗性生物資產

對於自行繁殖、營造的消耗性生物資產而言，其成本確定的一般原則是按照自行繁殖、營造（培育）過程中發生的必要支出確定，既包括直接材料、直接人工、其他直接費，也包括應分攤的間接費用。

（1）不同種類消耗性生物資產的成本構成如下：

①自行栽培的大田作物和蔬菜的成本包括在收穫前耗用的種子、肥料、農藥等材料費、人工費和應分攤的間接費用等必要支出。

②自行營造的林木類消耗性生物資產的成本包括鬱閉前發生的造林費、撫育費、營林設施費、良種試驗費、調查設計費和應分攤的間接費用等必要支出。

③自行繁殖的育肥畜的成本包括出售前發生的飼料費、人工費和應分攤的間接費用等必要支出。

④水產養殖的動物和植物的成本包括在出售或入庫前耗用的苗種、飼料、肥料

等材料費、人工費和應分攤的間接費用等必要支出。

[例11-2] ABC 公司 2019 年 3 月使用一臺拖拉機翻耕土地 100 公頃用於小麥和玉米的種植，其中 60 公頃種植玉米、40 公頃種植小麥。該拖拉機原值為 60,300 元，預計淨殘值為 300 元，按照工作量法計提折舊，預計可以翻耕土地 6,000 公頃。有關計算如下：

應當計提的拖拉機折舊＝(60,300－300)÷6,000×100＝1,000（元）
玉米應當分配的機械作業費＝1,000÷(60+40)×60＝600（元）
小麥應當分配的機械作業費＝1,000÷(60+40)×40＝400（元）

ABC 公司的帳務處理如下：

借：消耗性生物資產——玉米　　　　　　　　　　　600
　　　　　　　　——小麥　　　　　　　　　　　400
　貸：累計折舊　　　　　　　　　　　　　　　　1,000

(2) 林木類消耗性生物資產成本確定的特殊問題。

①鬱閉及鬱閉度的概念。鬱閉是林木類消耗性生物資產成本確定中的一個重要界限。鬱閉為林學概念，通常是指一塊林地上的林木的樹干、樹冠生長達到一定標準，林木成活率和保持率達到一定的技術規程要求。鬱閉通常指林木類消耗性資產的鬱閉度達 0.20 以上（含 0.20）。鬱閉度是指森林中喬木樹冠遮蔽地面的程度，它是反應林分密度的指標，以林地樹冠垂直投影面積與林地面積之比表示，以十分數表示，完全覆蓋地面為 1。根據聯合國糧農組織規定，鬱閉度達 0.20 以上（含 0.20）的為鬱閉林。其中，一般以 0.20～0.70（不含 0.70）為中度鬱閉，0.70 以上（含 0.70）為密鬱閉；0.20 以下（不含 0.20）的為疏林（未鬱閉林）。

不同林種、不同林分等對鬱閉度指標的要求有所不同。例如，生產纖維原料的工業原材料林一般要求鬱閉度相對較高；而以培育珍貴大徑材為主要目標的林木要求鬱閉度相對較低。企業應當結合歷史經驗數據和自身實際情況，確定林木類消耗性生物資產的鬱閉度及是否達到鬱閉。各類林木類消耗性生物資產的鬱閉度一經確定，不得隨意變更。

②林木類消耗性生物資產鬱閉前的相關支出應予資本化，鬱閉後的相關支出計入當期費用。

鬱閉是判斷消耗性生物資產相關支出（包括借款費用）資本化或者是費用化的時點。鬱閉之前的林木類消耗性生物資產處在培植階段，需要發生較多的造林費、撫育費、營林設施費、良種試驗費、調查設計費相關支出，這些支出應予以資本化計入成本；鬱閉之後的林木類消耗性生物資產進入穩定的生長期，基本上可以比較穩定地成活，主要依靠林木本身的自然生長，一般只需要發生較少的管護費用，從重要性和謹慎性考慮應當計入當期費用。

2. 自行繁殖、營造的生產性生物資產

對自行繁殖、營造的生產性生物資產而言，如企業自己繁育的奶牛、種豬，自行營造的橡膠樹、果樹、茶樹等，其成本確定的一般原則是按照其達到預定生產經營目的前發生的必要支出確定，包括直接材料、直接人工、其他直接費和應分攤的間接費用。自行營造的林木類生產性生物資產的成本，包括達到預定生產經營目的

前發生的造林費、撫育費、營林設施費、良種試驗費、調查設計費和應分攤的間接費用等必要支出。自行繁殖的產畜和役畜的成本，包括達到預定生產經營目的（成齡）前發生的飼料費、人工費和應分攤的間接費用等必要支出。達到預定生產經營目的是區分生產性生物資產成熟和未成熟的分界點，同時也是判斷其相關費用停止資本化的時點，是區分其是否具備生產能力，從而是否計提折舊的分界點，企業應當根據具體情況結合正常生產期的確定，對生產性生物資產是否達到預定生產經營目的進行判斷。例如，一般就海南橡膠園而言，同林段內離地 100 厘米處、樹圍 50 厘米以上的芽接膠樹，佔林段總株數的 50% 以上時，該橡膠園就屬於進入正常生產期，即達到預定生產經營目的。

生產性生物資產在達到預定生產經營目的之前發生的必要支出在「生產性生物資產——未成熟生產性生物資產」科目歸集。未成熟生產性生物資產達到預定生產經營目的時，企業按其帳面餘額，借記「生產性生物資產——成熟生產性生物資產」科目，貸記「生產性生物資產——未成熟生產性生物資產」科目。未成熟生產性生物資產已計提減值準備的，企業還應同時結轉已計提的減值準備。

[**例 11-3**] ABC 公司自 2014 年開始自行營造 100 公頃橡膠樹，當年發生種苗費 189,000 元，平整土地和定植所需的機械作業費 55,500 元，定植當年撫育發生肥料及農藥費 250,500 元、人員工資等 450,000 元。該橡膠樹達到正常生產期為 6 年，從定植後至 2020 年共發生管護費用 2,415,000 元，以銀行存款支付。ABC 公司的帳務處理如下：

借：生產性生物資產——未成熟生產性生物資產（橡膠樹）　　945,000
　　貸：原材料——種苗　　　　　　　　　　　　　　　　　189,000
　　　　　　　——肥料及農藥　　　　　　　　　　　　　　250,500
　　　　應付職工薪酬　　　　　　　　　　　　　　　　　　450,000
　　　　累計折舊　　　　　　　　　　　　　　　　　　　　 55,500
借：生產性生物資產——未成熟生產性生物資產（橡膠樹）
　　　　　　　　　　　　　　　　　　　　　　　　　　　2,415,000
　　貸：銀行存款　　　　　　　　　　　　　　　　　　　2,415,000
因此，該 100 公頃橡膠樹的成本為：
成本 189,000+55,500+250,500+450,000+2,415,000＝3,360,000（元）
借：生產性生物資產——成熟生產性生物資產（橡膠樹）　3,360,000
　　貸：生產性生物資產——未成熟生產性生物資產（橡膠樹）　3,360,000

生產性生物資產在達到預定生產經營目的之前，其用途一般是已經確定的，如尚未開始掛果的果樹、未開始產奶的奶牛等。但是，如果其未來用途不確定，應當作為消耗性生物資產核算和管理，待確定用途後，再按照用途轉換進行處理。

3. 自行營造的公益性生物資產

對自行營造的公益性生物資產而言，其成本確定的一般原則是按照鬱閉前發生的造林費、撫育費、森林保護費、營林設施費、良種試驗費、調查設計費和應分攤的間接費用等必要支出確定。

(三) 天然起源的生物資產

天然林等天然起源的生物資產，僅在企業有確鑿證據表明能夠擁有或控制該生

物資產時，才能予以確認。天然起源的生物資產的公允價值無法可靠地取得，應按名義金額確定生物資產的成本，同時計入當期損益，名義金額為1元，即借記「消耗性生物資產」「生產性生物資產」或「公益性生物資產」科目，貸記「營業外收入」科目。

(四) 生物資產相關的後續支出

1. 生物資產鬱閉或達到預定生產經營目的後的管護費用

生物資產在鬱閉或達到預定生產經營目的之前，經過培植或飼養，其價值能夠繼續增加，因此飼養、管護費用應資本化計入生物資產成本；而生物資產在鬱閉或達到預定生產經營目的後，為了維護或提高其使用效能，需要對其進行管護、飼養等，但此時的生物資產能夠產出農產品，帶來現實的經濟利益，因此所發生的這類後續支出應當予以費用化，計入當期損益，借記「管理費用」科目，貸記「銀行存款」等科目。

管護費用是指為了維持鬱閉後的消耗性林木資產或公益性生物資產的正常存在，或者為了維持已經達到預定生產經營目的的成熟生產性生物資產進行正常生產而發生的有關費用。例如為果樹剪枝發生的費用、為果樹滅蟲發生的人工和藥物費用、對產奶奶牛的飼養管理費用等。

2. 林木類生物資產補植

在林木類生物資產的生長過程中，為了使其更好地生長，企業往往需要進行擇伐、間伐或撫育更新性質採伐（這些採伐並不影響林木的鬱閉狀態），並且在採伐之後進行相應的補植。上述情況下發生的後續支出，企業應當予以資本化處理，計入林木類生物資產的成本，借記「消耗性生物資產」「生產性生物資產」或「公益性生物資產」科目，貸記「庫存現金」「銀行存款」「其他應付款」等科目。

[例11-4] 2019年5月，ABC公司對乙林班用材林擇伐跡地進行更新造林，應支付臨時人員工資15,000元，領用材料20,000元。ABC公司的帳務處理如下：

借：消耗性生物資產——用材林　　　　　　　　　　35,000
　貸：應付職工薪酬　　　　　　　　　　　　　　　15,000
　　　原材料　　　　　　　　　　　　　　　　　　20,000

[例11-5] ABC公司下屬的乙林班統一組織培植管護一片森林。2019年3月，乙林班發生森林管護費用共計40,000元，其中人員工資20,000元，尚未支付；使用庫存肥料16,000元；管護設備折舊4,000元。乙林班的管護總面積為5,000公頃，其中作為用材林的楊樹林共計4,000公頃，已鬱閉的占75%，其餘的尚未鬱閉；作為水土保持林的馬尾鬆共計1,000公頃，全部已鬱閉。假定管護費用按照森林面積比例進行分配。有關計算如下：

未鬱閉楊樹林應分配共同費用的比例=4,000×(1-75%)÷5,000=0.2
已鬱閉楊樹林成應分配共同費用的比例=4,000×75%÷5,000=0.6
已鬱閉馬尾鬆應分配共同費用的比例=1,000÷5,000=0.2
未鬱閉楊樹林應分配的共同費用=40,000×0.2=8,000（元）
已鬱閉楊樹林成應分配的共同費用=40,000×0.6=24,000（元）
已鬱閉馬尾鬆應分配的共同費用=40,000×0.2=8,000（元）

ABC 公司的帳務處理如下：
借：消耗性生物資產——用材林（楊樹）　　　　　　　8,000
　　管理費用　　　　　　　　　　　　　　　　　　32,000
　　貸：應付職工薪酬　　　　　　　　　　　　　　　　20,000
　　　　原材料　　　　　　　　　　　　　　　　　　16,000
　　　　累計折舊　　　　　　　　　　　　　　　　　　4,000

三、生物資產的後續計量

（一）採用成本模式計量生物資產

在中國，處於不同生長階段的各類生物資產的公允價值一般難以取得，因此生物資產準則規定通常應當採用歷史成本對生物資產進行後續計量，但有確鑿證據表明其公允價值能夠持續可靠取得的除外。在生物資產採用歷史成本進行計量的情況下，消耗性生物資產按成本減累計跌價準備計量；未成熟的生產性生物資產按成本減累計減值準備計量，成熟的生產性生物資產按成本減累計折舊及累計減值準備計量；公益性生物資產按成本計量。

1. 成熟的生產性生物資產折舊的計提

成熟的生產性生物資產進入正常生產期，可以多年連續穩定產出農產品、提供勞務或出租。因此，成熟的生產性生物資產應當按期計提折舊，以與其給企業帶來的經濟利益流入相配比。例如，已經開始掛果的蘋果樹的折舊額與從蘋果樹上採摘的蘋果取得的收入相配比，役牛每期的折舊額與其犁地為企業帶來的經濟利益流入相配比等。

生產性生物資產的折舊是指在生產性生物資產的使用壽命內，按照確定的方法對應計折舊額進行系統分攤。其中，應計折舊額是指應當計提折舊的生產性生物資產的原價扣除預計淨殘值後的餘額。如果已經計提減值準備，企業還應當扣除已計提的生產性生物資產減值準備累計金額。預計淨殘值是指預計生產性生物資產使用壽命結束時，在處置過程中發生的處置收入扣除處置費用後的餘額。

（1）需要計提折舊的生產性生物資產的範圍。當期增加的成熟生產性生物資產應當計提折舊，一旦提足折舊，不論能否繼續使用，均不再計提折舊。需要注意的是，以融資租賃方式租入的生產性生物資產和以經營租賃方式租出的生產性生物資產，應計提折舊；以融資租賃方式租出的生產性生物資產和以經營租賃方式租入的生產性生物資產，不應計提折舊。

（2）預計生產性生物資產的使用壽命。企業確定生產性生物資產的使用壽命時，應考慮下列因素：

①該資產的預計產出能力或實物產量。

②該資產的預計有形損耗，如產畜和役畜衰老、經濟林老化等。

③該資產的預計無形損耗，如因新品種的出現而使現有的生產性生物資產的產出能力和產出農產品的質量等方面相對下降、市場需求的變化使生產性生物資產產出的農產品相對過時等。

在實務中，企業應在考慮這些因素的基礎上，結合不同生產性生物資產的具體

情況做出判斷。例如，在考慮林木類生產性生物資產的使用壽命時，企業可以考慮如溫度、濕度和降雨量等生物特徵，灌溉特徵、嫁接和修剪程序，植物的種類和分類，植物的株間距，使用初生主根的類型，採摘或收割的方法，生產產品的預計市場需求等。在相同的環境下，同樣的生產性生物資產的預計使用壽命應該基本相同。

(3) 生產性生物資產的折舊方法。生物資產準則規定了企業可選用的折舊方法，包括年限平均法、工作量法、產量法等。在具體運用時，企業應當根據生產性生物資產的具體情況，合理選擇相應的折舊方法。

(4) 合理確定生產性生物資產的使用壽命、預計淨殘值和折舊方法。企業應當結合本企業的具體情況，根據生產性生物資產的類別，制定適合本企業的生產性生物資產目錄、分類方法。對於達到預定經營目的的生產性生物資產，企業還應根據生產性生物資產的性質、使用情況和有關經濟利益的預期實現方式，合理確定生產性生物資產的使用壽命、預計淨殘值和折舊方法，作為進行生產性生物資產核算的依據。

企業制定的生產性生物資產目錄、分類方法、預計使用壽命、預計淨殘值、折舊方法等，應當編製成冊，並按照管理權限，經股東大會或董事會，或者經理（廠長）會議以及類似機構批准，按照法律、行政法規的規定報送有關各方備案，同時備置於企業所在地，以供投資者等有關各方查閱。企業已經確定並對外報送，或者備置於企業所在地的有關生產性生物資產目錄、分類方法、預計淨殘值、預計使用壽命、折舊方法等，一經確定不得隨意變更，如需變更，應仍然按照上述程序，經批准後報送有關各方備案，並在報表附註中予以說明。

此外，生物資產準則規定，企業至少應當於每年年度終了對生產性生物資產的使用壽命、預計淨殘值和折舊方法進行復核。如果生產性生物資產的使用壽命或預計淨殘值的預期數與原先估計數有差異的，或者有關經濟利益預期實現方式有重大改變的，企業應當作為會計估計變更，按照相關規定進行會計處理，調整生產性生物資產的使用壽命或預計淨殘值，或者改變折舊方法。

(5) 生產性生物資產計提折舊的帳務處理。企業應當按期對達到預定生產經營目的的生產性生物資產計提折舊，並根據受益對象分別計入將收穫的農產品成本、勞務成本、出租費用等。企業對成熟的生產性生物資產按期計提折舊時，借記「生產成本」「管理費用」等科目，貸記「生產性生物資產累計折舊」科目。

2. 生物資產減值

生物資產準則規定，企業至少應當於每年年度終了對消耗性生物資產和生產性生物資產進行檢查，有確鑿證據表明上述生物資產發生減值的，應當計提生物資產跌價準備或減值準備。企業首先應當注意消耗性生物資產和生產性生物資產是否有發生減值的跡象，在此基礎上計算確定消耗性生物資產的可變現淨值或生產性生物資產的可收回金額。

(1) 判斷消耗性生物資產和生產性生物資產減值的主要跡象。生物資產準則對消耗性生物資產和生產性生物資產的減值採取了易於判斷的方式，即企業至少應當於每年年度終了對消耗性生物資產和生產性生物資產進行檢查，有確鑿證據表明由於遭受自然災害、病蟲害、動物疫病侵襲或市場需求變化等原因的情況下，上述生

物資產才可能存在減值跡象。具體來說，消耗性生物資產和生產性生物資產存在下列情形之一的，通常表明可變現淨值或可收回金額低於帳面價值：

①因遭受火災、旱災、水災、凍災、臺風、冰雹等自然災害，造成消耗性生物資產或生產性生物資產發生實體損壞，影響該資產的進一步生長或生產，從而降低其產生經濟利益的能力。

②因遭受病蟲害或瘋牛病、禽流感、口蹄疫等動物疫病侵襲，造成消耗性生物資產或生產性生物資產的市場價格大幅度持續下跌，並且在可預見的未來無回升的希望。

③因消費者偏好改變而使企業的消耗性生物資產或生產性生物資產收穫的農產品的市場需求發生變化，導致市場價格逐漸下跌。與工業產品不同，一般情況下技術進步不會對生物資產的價值產生明顯的影響。

④因企業所處經營環境，如動植物檢驗檢疫標準等發生重大變化，從而對企業產生不利影響，導致消耗性生物資產或生產性生物資產的市場價格逐漸下跌。

⑤其他足以證明消耗性生物資產或生產性生物資產實質上已經發生減值的情形。

（2）計提減值準備。消耗性生物資產的可變現淨值或生產性生物資產的可收回金額低於其成本或帳面價值時，企業應當按照可變現淨值或可收回金額低於帳面價值的差額，計提生物資產跌價準備或減值準備，借記「資產減值損失」科目，貸記「存貨跌價準備——消耗性生物資產」或「生產性生物資產減值準備」科目。

消耗性生物資產的可變現淨值是指在日常活動中，消耗性生物資產的估計售價減去至出售時估計將要發生的成本、估計的銷售費用以及相關稅費後的金額，其確定應當遵循《企業會計準則第1號——存貨》。生產性生物資產的可收回金額根據其公允價值減去處置費用後的淨額與資產預計未來現金流量的現值兩者之間較高者確定，應當遵循《企業會計準則第8號——資產減值》。

[例11-6] ABC公司是一家農業企業，該公司種植玉米150公頃，已發生成本330,000元。2019年7月，ABC公司遭受冰雹，致使玉米嚴重受災，期末玉米的可變現淨值估計為300,000元。ABC公司的帳務處理如下：

　　借：資產減值損失——消耗性生物資產（玉米）　　　　30,000
　　　　貸：存貨跌價準備——消耗性生物資產（玉米）　　　　30,000

[例11-7] 2015年8月，ABC公司的橡膠園曾遭受過一次臺風襲擊。2015年12月31日，ABC公司對橡膠園進行檢查時認為可能發生減值。該橡膠園公允價值減去處置費用後的淨額為1,200,000元，尚可使用5年，預計在未來5年內產生的現金淨流量分別為400,000元、360,000元、320,000元、250,000元、200,000元（其中2020年的現金流量已經考慮使用壽命結束時進行處置的現金淨流量）。在考慮有關風險的基礎上，ABC公司決定採用5%的折現。該橡膠園2015年12月31日的帳面價值為500,000元，以前年度沒有計提減值準備。ABC公司生物資產未來現金流量現值計算表如表11-1所示。

表 11-1　ABC 公司生物資產未來現金流量現值計算表

年度	預計未來現金流量(元)	折現率(%)	折現系數	現值(元)
2016 年	400,000	5	0.952,4	380,960
2017 年	360,000	5	0.907,0	326,520
2018 年	320,000	5	0.863,8	276,416
2019 年	250,000	5	0.822,7	205,675
2020 年	200,000	5	0.783,5	156,700
合計	—	—	—	1,346,271

未來現金流量現值 1,346,271 元＞銷售淨價 1,200,000 元，因此該橡膠園的可收回金額為 1,346,271 元，應計提的減值準備 = 1,500,000 - 1,345,271 = 153,729 元。ABC 公司的帳務處理如下：

借：資產減值損失——生產性生物資產（橡膠）　　　　153,729
　貸：生產性生物資產減值準備——橡膠　　　　　　　153,729

（3）已確認的消耗性生物資產跌價損失的轉回。企業在每年年度終了對消耗性生物資產進行檢查時，如果消耗性生物資產減值的影響因素已經消失，減記金額應當予以恢復，並在原已計提的跌價準備金額內轉回，轉回的金額計入當期損益，借記「存貨跌價準備——消耗性生物資產」科目，貸記「資產減值損失」科目。根據《企業會計準則第 8 號——資產減值》的規定，生產性生物資產減值準備一經計提，不得轉回。

3. 公益性生物資產不計提減值準備

對於公益性生物資產而言，由於其持有目的與消耗性生物資產和生產性生物資產有本質的不同，即主要是出於防護、環境保護等特殊公益性目的，具有非經營性的特點，因此生物資產準則規定公益性生物資產不計提減值準備。

（二）採用公允價值模式計量生物資產

1. 採用公允價值模式計量的條件

根據生物資產準則的規定，生物資產通常按照成本計量，但有確鑿證據表明其公允價值能夠持續可靠取得的除外。對於採用公允價值計量的生物資產，生物資產準則規定了嚴格的條件，應當同時滿足下列兩個條件：

（1）生物資產有活躍的交易市場，即該生物資產能夠在交易市場中直接交易。活躍的交易市場是指同時具有下列特徵的市場：

①市場內交易的對象具有同質性。
②可以隨時找到自願交易的買方和賣方。
③市場價格信息是公開的。

（2）能夠從交易市場上取得同類或類似生物資產的市場價格及其他相關信息，從而對生物資產的公允價值做出科學合理的估計。同類或類似的生物資產是指品種相同、質量等級相同或類似、生長時間相同或類似、所處氣候和地理環境相同或類似的有生命的動物和植物。這一規定表明，企業能夠客觀而非主觀隨意地採用公允價值模式計量。

此外，對於不存在活躍交易市場的生物資產，採用下列一種或多種方法，有確鑿證據表明確定的公允價值是可靠的，也可以採用公允價值模式計量：

①從交易日到資產負債表日經濟環境未發生重大變化的情況下，最近期的交易市場價格。

②對資產差別進行調整的類似資產的市場價格。

③行業基準，如以畝表示的果園價值、千克肉表示的畜牧價格等。

④以使用該項生物資產的預期淨現金流量的現值（不包括進一步生物轉化活動可能增加的價值）作為該資產當前的公允價值。

2. 公允價值模式下的會計處理

在公允價值模式下，企業不再對生物資產計提折舊和計提跌價準備或減值準備，應當以資產負債表日生物資產的公允價值減去估計銷售時發生費用後的淨額計量，各期變動計入當期損益。一般情況下，企業對生物資產的計量模式一經確定，不得隨意變更。

四、生物資產的收穫與處置

（一）生物資產的收穫

收穫是指消耗性生物資產生長過程的結束，如收割小麥、採伐用材林等；農產品從生產性生物資產上分離，如從蘋果樹上採摘下蘋果、奶牛產出牛奶、綿羊產出羊毛等。

1. 收穫農產品成本核算的一般要求

農產品按照所處行業不同，一般可以分為種植業產品（如小麥、水稻、玉米、棉花、糖料等）、畜牧養殖業產品（如牛奶、羊毛、肉類、禽蛋等）、林產品（如苗木、原木、水果等）和水產品（如魚、蝦、貝類等）。企業應當按照成本核算對象（消耗性生物資產、生產性生物資產、公益性生物資產和農產品）設置明細帳，並按成本項目設置專欄，進行明細分類核算。

從收穫農產品成本核算的截止時點來看，由於種植業產品和林產品一般具有季節性強、生產週期長、經濟再生產與自然再生產相交織的特點，種植業產品和林產品成本計算期因不同產品的特點而異。因此，企業在確定收穫農產品的成本時，應特別注意成本計算的截止時點，而在收穫時點之後的農產品應當適用《企業會計準則第1號——存貨》的規定。企業應按照成本與可變現淨值孰低計量。例如，糧豆的成本算至入庫或能夠銷售；棉花算至皮棉；纖維作物、香料作物、人參、啤酒花等算至纖維等初級產品；草成本算至干草；不入庫的鮮活產品算至銷售；入庫的鮮活產品算至入庫；年底尚未脫粒的作物，其產品成本算至預提脫粒費用；等等。又如，育苗的成本計算截至出圃；採割階段，林木採伐算至原木產品；橡膠算至加工成干膠或濃縮膠乳；茶的成本計算截至各種毛茶；水果等其他收穫活動計算至產品能夠銷售；等等。

2. 收穫農產品的會計處理

（1）消耗性生物資產收穫農產品的會計處理。從消耗性生物資產上收穫農產品後，消耗性生物資產自身完全轉為農產品而不復存在，如肉豬宰殺後的豬肉、收穫

後的蔬菜、用材林採伐後的木材等，企業應當將收穫時點消耗性生物資產的帳面價值結轉為農產品的成本。企業應借記「農產品」科目，貸記「消耗性生物資產」科目，已計提跌價準備的，還應同時結轉跌價準備，借記「存貨跌價準備——消耗性生物資產」科目。對於不通過入庫直接銷售的鮮活產品等，企業應按其實際成本，借記「主營業務成本」科目。

[例 11-8] ABC 公司是一家種植企業，2019 年 6 月該公司入庫小麥 20 噸，成本為 12,000 元。ABC 公司的帳務處理如下：

借：農產品——小麥　　　　　　　　　　　　　　　　　　12,000
　　貸：消耗性生物資產——小麥　　　　　　　　　　　　　　12,000

(2) 生物性生物資產收穫農產品的會計處理。生產性生物資產具備自我生長性，能夠在生產經營中長期、反覆使用，從而不斷產出農產品。從生產性生物資產上收穫農產品後，生產性生物資產這一母體仍然存在，如奶牛產出牛奶，從果樹上採摘下水果等。農業生產過程中發生的各項生產費用，按照經濟用途可以分為直接材料、直接人工等直接費用以及間接費用，企業應當區別處理。

①對於農產品收穫過程中發生的直接材料、直接人工等直接費用，企業應將其直接計入相關成本核算對象，借記「農業生產成本——農產品」科目，貸記「庫存現金」「銀行存款」「原材料」「應付職工薪酬」「生產性生物資產累計折舊」等科目。

[例 11-9] ABC 公司是一家奶牛養殖企業，該公司 2019 年 1 月發生奶牛（已進入產奶期）的飼養費用如下：領用飼料 5,000 千克，計 1,200 元；應付飼養人員工資 3,000 元；以現金支付防疫費 500 元。ABC 公司的帳務處理如下：

借：生產成本——農業生產成本（牛奶）　　　　　　　　　4,700
　　貸：原材料　　　　　　　　　　　　　　　　　　　　　1,200
　　　　應付職工薪酬　　　　　　　　　　　　　　　　　　3,000
　　　　庫存現金　　　　　　　　　　　　　　　　　　　　　500

②對於農產品收穫過程中發生的間接費用，如材料費、人工費、生產性生物資產的折舊費等應分攤的共同費用，企業應將其在生產成本中歸集，借記「農業生產成本——共同費用」科目，貸記「庫存現金」「銀行存款」「原材料」「應付職工薪酬」「生產性生物資產累計折舊」等科目；在會計期末按一定的分配標準，分配計入有關的成本核算對象，借記「農業生產成本——農產品」科目，貸記「農業生產成本——共同費用」科目。

在實務中，常用的間接費用分配方法通常以直接費用或直接人工為基礎。直接費用比例法以生物資產或農產品相關的直接費用為分配標準，直接人工比例法以直接從事生產的工人工資為分配標準。其公式如下：

間接費用分配率＝間接費用總額÷分配標準（直接費用總額或直接人工總額）×100%

某項生物資產或農產品應分配的間接費用額＝該項資產相關的直接費用或直接人工×間接費用分配率

除此之外，企業還能以直接材料、生產工時等為基礎進行分配，企業可以根據實際情況加以選用。例如，蔬菜的溫床費用分配計算公式如下：

蔬菜應分配的溫床（溫室）費用＝［溫床（溫室）費用總數÷實際使用的格日（平方米日）總數］×該種蔬菜占用的格日（平方米日）數

其中，格日數是指某種蔬菜占用溫床格數和在溫床生產日數的乘積，平方米日數是指某種蔬菜占用位的平方米數和在溫室生長日數的乘積。

[例 11-10] ABC 公司利用溫床培育絲瓜、西紅柿兩種秧苗，溫床費用為 3,200 元，其中絲瓜占用溫床 40 格，生長期為 30 天；西紅柿占用溫床 10 格，生長期為 40 天。秧苗育成移至溫室栽培後，ABC 公司發生溫室費用 15,200 元，其中絲瓜占用溫室 1,000 平方米，生長期為 70 天；西紅柿占用溫室 1,500 平方米，生長期為 80 天。兩種蔬菜發生的直接生產費用為 3,000 元，其中絲瓜 1,360 元，西紅柿 1,640 元。ABC 公司應負擔的間接費用共計 4,500 元，採用直接費用比例法分配。絲瓜和西紅柿兩種蔬菜的產量分別為 38,000 千克和 29,000 千克。

相關計算如下：
絲瓜應分配的溫床費用＝3,200÷（40×30＋10×40）×40×30＝2,400（元）
絲瓜應分配的溫室費用＝15,200÷（1,000×70＋1,500×80）×1,000×70＝5,600（元）
絲瓜應分配的間接費用＝4,500÷（1,360＋1,640）×1,360＝2,040（元）
西紅柿應分配的溫床費用＝3,200÷（40×30＋10×40）×10×40＝800（元）
西紅柿應分配的溫室費用＝15,200÷（1,000×70＋1,500×80）×1,500×80＝9,600（元）
西紅柿應分配的間接費用＝4,500÷（1,360＋1,640）×1,640＝2,460（元）

3. 成本結轉方法

在收穫時點企業應當將該時點歸屬於某農產品生產成本的帳面價值結轉為農產品的成本，借記「農產品」科目，貸記「農業生產成本——農產品」科目。具體的成本結轉方法包括加權平均法、個別計價法、蓄積量比例法、輪伐期年限法等。企業可以根據實際情況選用合適的成本結轉方法，但是成本結轉方法一經確定，企業不得隨意變更。

[例 11-11] ABC 公司是一家畜牧養殖企業，該公司 2019 年 5 月末養殖的肉豬帳面餘額為 24,000 元，共計 40 頭；6 月 6 日花費 7,000 元新購入一批肉豬養殖，共計 10 頭；6 月 30 日屠宰並出售肉豬 20 頭，支付臨時工屠宰費用 100 元，出售取得價款 16,000 元；6 月共發生飼養費用 500 元（其中，應付專職飼養員工資 300 元，飼料 200 元）。ABC 公司採用移動加權平均法結轉成本。ABC 公司的帳務處理如下：

平均單位成本＝（24,000＋7,000＋500）÷（40＋10）＝630（元）
出售豬肉的成本＝630×20＝12,600（元）

借：消耗性生物資產——肉豬	7,000
貸：銀行存款	7,000
借：消耗性生物資產——肉豬	500
貸：應付職工薪酬	300
原材料	200
借：農產品——豬肉	12,700
貸：消耗性生物資產	12,600
庫存現金	100

借：庫存現金	16,000	
貸：主營業務收入		16,000
借：主營業務成本	12,700	
貸：農產品——豬肉		12,700

（1）蓄積量比例法。蓄積量比例法以達到經濟成熟可供採伐的林木為「完工」標誌，將包括已成熟和未成熟的所有林木按照完工程度（林齡、林木培育程度、費用發生程度等）折算為達到經濟成熟可供採伐的林木總體蓄積量，之後按照當期採伐林木的蓄積量占折算的林木總體蓄積量的比例，確定應該結轉的林木資產成本。該方法主要適用於擇伐方式和林木資產由於擇伐更新使其價值處於不斷變動的情況下。計算公式如下：

某期應結轉的林木資產成本＝(當期採伐林木的蓄積量÷林木總體蓄積量)×期初林木資產帳面總值

（2）輪伐期年限法。輪伐期年限法將林木原始價值按照可持續經營的要求，在其輪伐期的年份內平均攤銷，並結轉林木資產成本。其中，輪伐期是指將一塊林地上的林木均衡分批、輪流採伐一次所需要的時間（通常以年為單位計算）。計算公式如下：

某期應結轉的林木資產成本＝林木資產原值÷輪伐期

（3）折耗率法。折耗率法也是林業上常用的方法之一。該方法按照採伐林木所消耗林木蓄積量占到採伐為止預計該地區、該樹種可能達到的總蓄積量攤銷、結轉所採伐林木資產成本。計算公式如下：

採伐的林木應攤銷的林木資產價值＝折耗率×所採伐林木的蓄積量
折耗率＝林木資產總價值÷到採伐為止預計的總蓄積量

其中的折耗率應分樹種、地區分別測算；林木資產總價值是指該地區、該樹種的營造林歷史成本總和；預計總蓄積量是指到採伐為止預計該地區、該樹種可能達到的總蓄積量。

（二）生物資產的處置

1. 生物資產出售

生物資產出售時，企業應按實際收到的金額，借記「銀行存款」等科目，貸記「主營業務收入」等科目；應按其帳面餘額，借記「主營業務成本」等科目，貸記「生產性生物資產」「消耗性生物資產」等科目，已計提跌價或減值準備或折舊的，還應同時結轉跌價或減值準備或累計折舊。

[例11-12] ABC公司是一家畜牧養殖企業，該公司於2019年6月將育成的40頭仔豬出售給乙食品加工廠，價款總額為20,000元，貨款尚未收到。出售時仔豬的帳面餘額為12,000元，未計提跌價準備。ABC公司的帳務處理如下：

借：應收帳款——乙食品加工廠	20,000	
貸：主營業務收入		20,000
借：主營業務支出	12,000	
貸：消耗性生物資產——育肥豬		12,000

2. 生物資產盤虧或死亡、毀損

生物資產盤虧或死亡、毀損時，企業應當將處置收入扣除其帳面價值和相關稅費後的餘額先記入「待處理財產損溢」科目，待查明原因後，根據企業的管理權限，經股東大會、董事會、經理（廠長）會議或類似機構批准後，在期末結帳前處理完畢。生物資產因盤虧或死亡、毀損造成的損失，在減去過失人或保險公司等的賠款和殘餘價值之後，計入當期管理費用；屬於自然災害等非常損失的，計入營業外支出。

[例11-13] ABC公司於2019年8月4日丟失3頭種豬，帳面原值為1,600元，已經計提折舊600元。8月29日，經查實，飼養員趙五應賠償300元。ABC公司的帳務處理如下：

借：待處理財產損溢	11,000
生產性生物資產累計折舊	600
貸：生產性生物資產——種豬	11,600
借：其他應收款——趙五	3,000
管理費用	8,000
貸：待處理財產損溢	11,000

3. 生物資產轉換

生物資產改變用途後的成本應當按照改變用途時的帳面價值確定，也就是說，將轉出生物資產的帳面價值作為轉入資產的實際成本。通常包括如下情況：

（1）產畜或役畜淘汰轉為育肥畜，或者林木類生產性生物資產轉為林木類消耗性生物資產時，企業應按轉群或轉變用途時的帳面價值，借記「消耗性生物資產」科目，按已計提的累計折舊，借記「生產性生物資產累計折舊」科目，按其帳面餘額，貸記「生產性生物資產」科目。已計提減值準備的，企業應同時結轉已計提的減值準備。

育肥畜轉為產畜或役畜，或者林木類消耗性生物資產轉為林木類生產性生物資產時，企業應按其帳面餘額，借記「生產性生物資產」科目，貸記「消耗性生物資產」科目。已計提跌價準備的，企業應同時結轉跌價準備。

[例11-14] 2019年4月，ABC公司自行繁殖的50頭種豬轉為育肥豬，此批種豬的帳面原價為500,000元，已經計提的累計折舊為200,000元，已經計提的資產減值準備為30,000元。ABC公司的帳務處理如下：

借：消耗性生物資產——育肥豬	270,000
生產性生物資產累計折舊	200,000
生產性生物資產減值準備	30,000
貸：生產性生物資產——成熟生產性生物資產（種豬）	500,000

（2）消耗性生物資產、生產性生物資產轉為公益性生物資產時，企業應按照相關準則規定，考慮其是否發生減值，發生減值時，應首先計提減值準備，並以計提減值準備後的帳面價值作為公益性生物資產的入帳價值。轉換時，企業應借記「公益性生物資產」科目，按已計提的生產性生物資產累計折舊，借記「生產性生物資產累計折舊」科目，按已計提的減值準備，借記「存貨跌價準備」「生產性生物資

產減值準備」科目，按帳面餘額，貸記「消耗性生物資產」「生產性生物資產」科目。

[例11-15] 2019年7月，由於區域生態環境的需要，ABC公司的12公頃造紙原料林（楊樹）被劃為防風固沙林，仍由ABC公司負責管理，其帳面餘額為80,000元，已經計提的跌價準備為5,000元。ABC公司的帳務處理如下：

借：公益性生物資產——防風固沙林（楊樹）　　　　　　75,000
　　存貨跌價準備——消耗性生物資產　　　　　　　　　 5,000
　貸：消耗性生物資產——造紙原料林（楊樹）　　　　　 80,000

公益性生物資產轉為消耗性生物資產或生產性生物資產時，企業應按其帳面餘額，借記「消耗性生物資產」或「生產性生物資產」科目，貸記「公益性生物資產」科目。

[例11-16] 2019年9月，ABC公司根據所屬區域的林業發展規劃相關政策調整，將以馬尾鬆為主的800公頃防風固沙林全部轉為以採脂為目的的商品林，該馬尾鬆的帳面價值為2,000,000元。其中，已經具備採脂條件的為600公頃，帳面價值為160,000元，其餘的尚不具備採脂條件。2019年11月，ABC公司根據國家政規定，將乙林班100公頃作為防風固沙林的楊樹轉為作為造紙原料的商品林，該楊樹帳面餘額為180,000元。ABC公司的帳務處理如下：

2019年9月：

借：生產性生物資產——成熟生產性生物資產（馬尾鬆）　1,600,000
　　生產性生物資產——未成熟生產性生物資產（馬尾鬆）　 400,000
　貸：公益性生物資產——防風固沙林（馬尾鬆）　　　　 2,000,000

2019年11月：

借：消耗性生物資產——造紙原料林（楊樹）　　　　　　 180,000
　貸：公益性生物資產——防風固沙林（楊樹）　　　　　 180,000

五、生物資產的會計信息列示與披露

根據《企業會計準則第5號——生物資產》與《企業會計準則第30號——財務報表列報》對生物資產的列報要求，對生物資產的表內列示和表外披露分述如下：

（一）生物資產的表內列示

企業應將「消耗性生物資產」科目期末借方餘額減去「存貨跌價準備——消耗性生物資產」科目貸方餘額後，列入資產負債表中的「存貨」項目，並且在表中單獨列示存貨中的消耗性生物資產金額；將「生產性生物資產」減去「生產性生物資產累計折舊」「生產性生物資產減值準備」的餘額後，列入資產負債表的「生產性生物資產」項目。「公益性生物資產」以原價列入資產負債表「其他非流動資產」項目，若金額較大，可在該項目下單獨列示。

（二）生物資產的表外披露

企業應當在附註中披露與生物資產有關的下列信息：

(1) 生物資產的類別以及各類生物資產的實物數量和帳面價值。

（2）各類消耗性生物資產的累計跌價準備金額以及各類生產性生物資產的使用壽命、預計淨殘值、折舊方法、累計折舊和累計減值準備金額。
（3）天然起源生物資產的類別、取得方式和實物數量。
（4）作為負債擔保物的生物資產的帳面價值。
（5）與生物資產相關的風險情況與管理措施。
（6）企業應當在附註中披露與生物資產增減變動有關的下列信息：
①因購買而新增加的生物資產。
②因自行培育而新增加的生物資產。
③因出售、轉讓而減少的生物資產。
④因死亡、毀損或盤虧而減少的生物資產。
⑤計提的折舊及計提的減值準備或跌價準備。
⑥其他變動。

第二節　石油天然氣開採會計

一、石油天然氣開採概述

石油天然氣行業是為國民經濟提供重要能源的礦產採掘行業，生產對象是不可再生的油氣資源，生產活動所依賴的主要是埋藏於地下的油氣儲量。其生產過程包括礦區權益的獲取、油氣勘探、油氣開發和油氣生產等內容。由於石油天然氣特殊的生產過程，其生產經營活動具有高投入、高風險、投資回收期長、油氣儲量發現成本與發現儲量的價值之間不存在密切相關關係等特點。本章著重講解從事石油天然氣開採企業的礦區權益取得、勘探、開發和生產等油氣開採活動的會計處理和相關信息披露，不包括油氣的儲運、煉制、銷售等下游活動的處理。

（一）礦區及礦區的劃分

石油天然氣開採（以下簡稱油氣開採）的會計核算是以礦區為基礎的。礦區是指企業開展油氣開採活動所處的區域，具有相同的油藏地質構造或儲層條件，並具有獨立的壓力系統和獨立的集輸系統，可以作為獨立的開發單元。礦區是計提折耗、進行減值測試等活動的成本中心，是石油天然氣會計中的重要概念。礦區的劃分應遵循以下原則：
（1）一個油氣藏可作為一個礦區。
（2）若干相鄰且地質構造或儲層條件相同或相近的油氣藏可作為一個礦區。
（3）一個獨立集輸計量系統為一個礦區。
（4）一個大的油氣藏分為幾個獨立集輸系統並分別計量的，可以分為幾個礦區。
（5）採用重大、新型採油技術並工業化推廣的區域可以作為一個礦區。
（6）一般而言，劃分礦區應優先考慮國家的不同，在同一地理區域內不得將分屬於不同國家的作業區劃分在同一個礦區或礦區組內。

在油氣開採活動中，與某一個或某幾個油氣藏相關的單項資產，如單井，能夠單獨產生可計量現金流量的情況極為少見。在通常情況下，特定礦區在勘探、開發

和生產期間發生的所有資本化成本都是作為一個整體來產生現金流的，因此計提折耗和減值測試均應以礦區作為成本中心。

(二) 油氣資產的定義及分類

從事油氣開採的企業所擁有或控制的井及相關設施和礦區權益統稱油氣資產。油氣資產是一種遞耗資產，反應了企業在油氣開採活動中取得的油氣儲量以及利用這些儲量生產原油或天然氣的設施的價值。油氣開採企業通過計提折耗，將油氣資產的價值隨著開採工作的開展逐漸轉移到開採的產品成本中。油氣資產折耗是油氣資源實體上的直接耗減，折耗費用是產品成本的直接組成部分。油氣資產的內容應包括取得探明經濟可採儲量的成本、暫時資本化的未探明經濟可採儲量的成本、全部油氣開發支出以及預計的棄置成本。油氣資產是油氣生產企業最重要的資產，其價值在企業總資產中所占的份額相當大。

為了開採油氣，企業往往要增置一些附屬的輔助設備和設施，如增設房屋、機器等。這類固定資產應計提折舊，而不是計提折耗。

油氣資產通常可分為礦區權益和井及相關設施。其中，礦區權益是指企業取得的在礦區內勘探、開發和生產油氣的權利。礦區權益分為探明礦區權益和未探明礦區權益。其中，探明礦區是指已發現探明經濟可採儲量的礦區；未探明礦區是指未發現探明經濟可採儲量的礦區。探明經濟可採儲量是指在現有技術和經濟條件下，根據地質和工程分析，可以合理確定的能夠從已知油氣藏中開採的油氣數量。井及相關設施是指企業通過油氣勘探與開發形成的可以開採石油的油氣井及相關設施。

(三) 油氣開採活動支出

石油天然氣開採包括了礦區的取得、油氣勘探、油氣開發和油氣生產等四個主要環節。因此，油氣開採活動中發生的支出可以分為礦區取得支出、油氣勘探支出、油氣開發支出和油氣生產支出四類。

1. 礦區取得支出

礦區取得支出是指為了取得一個礦區的探礦權和採礦權（包括未探明和已探明）而發生的購買、租賃支出，包括探礦權價款、採礦權價款、土地使用權、簽字費、租賃定金、購買支出、諮詢顧問費、審計費以及與獲得礦區有關的其他支出。

2. 油氣勘探支出

油氣勘探支出是指為了識別可以進行勘查的區域和對特定區域探明或進一步探明油氣儲量而發生的地質調查，地球物理勘探，鑽探探井和勘探型詳探井，評價井和資料井以及維持未開發儲量而發生的支出。勘探支出可能發生在取得有關礦區之前，也可能發生在取得礦區之後。

3. 油氣開發支出

開發支出是發生於為了獲得探明儲量和建造或更新用於採集、處理和現場儲存油氣的設施而發生的支出，包括開採探明儲量的開發井的成本和生產設施的支出，這些生產設施諸如礦區輸油管、分離器、處理器、加熱器、儲罐、提高採收率系統和附近的天然氣加工設施。

4. 油氣生產支出

油氣生產支出，即油氣生產成本，又稱為操作成本，是指在油田把油氣提升到

地面，並對其進行收集、拉運、現場處理加工和儲存的活動成本。這裡所指的「生產成本」，並非取得、勘探、開發和生產過程中的所有成本，而是在井上進行作業和井的維護中所發生的相關成本。油氣生產成本包括在井和設施上進行作業的人工費用、修理和維護費用、消耗的材料和供應品、相關稅費等。

二、礦區權益的會計處理

（一）帳戶的設置

為反應油氣資產的增減變動，油氣企業專門設置「油氣資產」帳戶，可以按照油氣資產的類別、不同礦區或油田等進行明細核算。

由於油氣勘探支出、油氣開發支出在發生時不能直接計入油氣資產價值，因此油氣企業需要設置「油氣勘探支出」和「油氣開發支出」帳戶反應油氣企業在勘探和開發過程中發生的成本，待符合資本化條件時，再從這些帳戶轉入「油氣資產」帳戶中。

為分別反應礦區權益和井及相關設施的價值，油氣企業也可以在「油氣資產」帳戶下設置兩個明細項目「油氣資產——礦區權益」和「油氣資產——井及相關設施」。

（二）礦區權益的初始計量

為取得礦區權益而發生的成本應當在發生時予以資本化。企業取得的礦區權益，應當按照取得時的成本進行初始計量。

（1）申請取得礦區權益的成本包括探礦權使用費、採礦權使用費、土地或海域使用權支出、仲介費以及可以直接歸屬於礦區權益的其他申請取得支出。

（2）購買取得礦區權益的成本包括購買價款、仲介費以及可以直接歸屬於礦區權益的其他購買取得支出。

（3）礦區權益取得後發生的探礦權使用費、採礦權使用費和租金等維持礦區權益的支出，應當計入當期損益。

[例 11-17] ABC 公司申請取得某礦區的使用權並得到批准，該公司已向礦區土地管理部門支付探礦權價款 100 萬元，仲介費 20 萬元，其他費用 8 萬元，款項已經通過銀行支付。ABC 公司的帳務處理如下：

借：油氣資產——礦區權益　　　　　　　　　　1,280,000
　　貸：銀行存款　　　　　　　　　　　　　　　1,280,000

（三）礦區權益的折耗

企業應當採用產量法或年限平均法對井及相關設施和礦區權益計提折耗。計提折耗時，企業應借記成本或費用類科目，貸記「累計折耗」科目。

1. 產量法

產量法又稱單位產量法。該方法認為，資產的服務潛力隨著使用程度而減退，特定礦區發生的資本化成本與發現並開發該礦區的探明經濟可採儲量密切相關，每一產量單位應當承擔相同比例的成本。按照產量法對油氣資產計提折耗時，對礦區權益以探明經濟可採儲量為基礎計提折耗，對井及相關設施以探明已開發經濟可採儲量為基礎計提折耗。因此，油氣資產按照產量法計提折耗比較符合該類資產價值損耗的特點。

採用產量法計提折耗的，折耗額可以按照單個礦區計算，也可以按照若干具有相同或類似地質構造特徵或儲層條件的相鄰礦區所組成的礦區組計算。計算公式如下：

探明礦區權益折耗額＝探明礦區權益帳面價值×探明礦區權益折耗率

探明礦區權益折耗率＝探明礦區當期產量÷（探明礦區期末探明經濟可採儲量＋探明礦區當期產量）

2. 年限平均法

年限平均法是將資本化支出均衡地分攤到各會計期間。採用這種方法計算的每期油氣資產折耗額相等。如果各期間油氣產量相對比較穩定，按照年限平均法與按照產量法計提的油氣資產折耗無顯著差異。例如，某油田開始幾年的年產量要高於隨後幾年的年產量，如果採用直線法，則開始幾年單位產量的折舊比隨後幾年單位產量的折舊低。另外，隨著油田中後期開採難度越來越大，由於單位變動成本增加，企業需要支出更多的設備維修費用。考慮這些生產後期單位生產成本上升的因素，年限平均法就可能歪曲企業的經營成果，即開始幾年的利潤比較大，而隨後年份的利潤比較低。

（四）礦區權益的減值

企業對於礦區權益的減值，應當區分以下不同情況確認減值損失：

（1）探明礦區權益的減值，按照《企業會計準則第8號──資產減值》的有關規定處理。油氣資產以礦區或礦區組作為資產組，按此進行減值測試、計提減值準備。井及相關設施計提折舊、折耗以及攤銷的基數應扣除已提取的井及相關設施減值準備。

（2）對於未探明礦區權益，企業應當至少每年進行一次減值測試。單個礦區取得成本較大的，企業應當以單個礦區為基礎進行減值測試，並確定未探明礦區權益減值金額。單個礦區取得成本較小且與其他相鄰礦區具有相同或類似地質構造特徵或儲層條件的，可以按照若干具有相同或類似地質構造特徵或儲層條件的相鄰礦區所組成的礦區組進行減值測試。未探明礦區權益公允價值低於帳面價值的差額，應當確認為減值損失，計入當期損益。未探明礦區權益減值損失一經確認，不得轉回。

對於探明礦區權益的減值，企業可以計提減值準備，借記「資產減值損失」科目，貸記「油氣資產減值準備」科目。

（五）礦區權益的轉讓

企業轉讓礦區權益的，應當按照下列原則進行處理：

（1）企業轉讓全部探明礦區權益的，將轉讓所得與礦區權益帳面價值的差額計入當期損益。企業轉讓部分探明礦區權益的，按照轉讓權益和保留權益的公允價值比例，計算確定已轉讓部分礦區權益帳面價值，轉讓所得與已轉讓礦區權益帳面價值的差額計入當期損益。

（2）企業轉讓單獨計提減值準備的全部未探明礦區權益的，轉讓所得與未探明礦區權益帳面價值的差額，計入當期損益。企業轉讓單獨計提減值準備的部分未探明礦區權益的，如果轉讓所得大於礦區權益帳面價值，將其差額計入當期損益；如果轉讓所得小於礦區權益帳面價值，以轉讓所得衝減礦區權益帳面價值，不確認損益。

（3）企業轉讓以礦區組為基礎計提減值準備的未探明礦區權益的，如果轉讓所

得大於礦區權益帳面原值，將其差額計入當期損益；如果轉讓所得小於礦區權益帳面原值，以轉讓所得衝減礦區權益帳面原值，不確認損益。企業轉讓該礦區組最後一個未探明礦區的剩餘礦區權益時，轉讓所得與未探明礦區權益帳面價值的差額，計入當期損益。

1. 探明礦區權益的轉讓

（1）轉讓全部探明礦區權益。根據《企業會計準則第 27 號——石油天然氣開採》的規定，企業應將轉讓所得與礦區權益帳面價值之間的差額計入當期損益。

[例 11-18] ABC 石油公司轉讓了其擁有的礦區 A，其帳面原值為 1,000 萬元，已計提減值準備為 200 萬元，目前帳面價值為 800 萬元，轉讓所得為 900 萬元。該公司採用產量法計提折耗，截至轉讓前未對礦區 A 進行開採，因此產量為零。

ABC 石油公司應當將轉讓所得大於礦區權益帳面價值的差額確認為收益。其相關帳務處理如下：

借：油氣資產減值準備　　　　　　　　　　　　　　2,000,000
　　銀行存款　　　　　　　　　　　　　　　　　　　9,000,000
　　貸：礦區權益　　　　　　　　　　　　　　　　10,000,000
　　　　營業外收入　　　　　　　　　　　　　　　　1,000,000

如果轉讓所得為 700 萬元，ABC 石油公司應當將轉讓所得小於礦區權益帳面價值的差額確認為損失。其相關帳務處理如下：

借：油氣資產減值準備　　　　　　　　　　　　　　2,000,000
　　銀行存款　　　　　　　　　　　　　　　　　　　7,000,000
　　營業外支出　　　　　　　　　　　　　　　　　　1,000,000
　　貸：油氣權益——礦區權益　　　　　　　　　　10,000,000

（2）轉讓部分探明礦區權益且該礦區權益以礦區組為基礎計提減值準備。根據《企業會計準則第 27 號——石油天然氣開採》的規定，企業應按照轉讓權益和保留權益的公允價值比例，計算確定已轉讓部分礦區權益帳面價值，轉讓所得與已轉讓礦區權益帳面價值的差額計入當期損益。

[例 11-19] ABC 石油公司轉讓了其擁有的礦區 B 中的 20 平方千米，轉讓部分的公允價值為 400 萬元，轉讓所得為 500 萬元。整個礦區 B 的面積為 50 平方千米，帳面原值為 1,000 萬元，已計提減值準備為 200 萬元，目前帳面價值為 800 萬元，公允價值為 900 萬元。該公司採用產量法計提折耗，截至轉讓前未對礦區 B 進行開採，因此產量為零。

ABC 石油公司轉讓部分礦區權益且剩餘礦區權益成本的收回不存在較大不確定性，因此應按照轉讓權益和保留權益的公允價值比例，計算確定已轉讓部分礦區權益帳面價值＝400÷900×800＝356 萬元；隨轉讓部分礦區轉出的油氣資產減值準備＝400÷900×200＝89 萬元。

相關帳務處理如下：

借：油氣資產減值準備　　　　　　　　　　　　　　　890,000
　　銀行存款　　　　　　　　　　　　　　　　　　　5,000,000
　　貸：礦區權益　　　　　　　　　　　　　　　　　4,450,000
　　　　營業外收入　　　　　　　　　　　　　　　　1,440,000

如果轉讓所得為 300 萬元，相關會計處理如下：
借：油氣資產減值準備　　　　　　　　　　　　　　890,000
　　銀行存款　　　　　　　　　　　　　　　　　3,000,000
　　營業外支出　　　　　　　　　　　　　　　　　560,000
　貸：油氣資產——礦區權益　　　　　　　　　　4,450,000

2. 未探明礦區權益的轉讓

（1）轉讓全部未探明礦區權益且該礦區權益單獨計提減值準備。根據《企業會計準則第 27 號——石油天然氣開採》的規定，企業應將轉讓全部未探明礦區權益的所得與礦區權益帳面價值之間的差額計入損益。

[例 11-20] ABC 石油公司轉讓未探明礦區 C，其帳面原值為 1,000 萬元，已計提減值準備為 200 萬元，目前帳面價值為 800 萬元，轉讓所得為 900 萬元。

ABC 石油公司轉讓全部未探明礦區權益 C，應當將轉讓所得大於礦區權益帳面價值的差額確認為收益。相關帳務處理如下：
借：油氣資產減值準備　　　　　　　　　　　　　2,000,000
　　銀行存款　　　　　　　　　　　　　　　　　9,000,000
　貸：礦區權益　　　　　　　　　　　　　　　　10,000,000
　　　營業外收入　　　　　　　　　　　　　　　1,000,000

如果轉讓所得為 700 萬元，ABC 石油公司應當將轉讓所得小於礦區權益帳面價值的差額確認為損失。相關帳務處理如下：
借：油氣資產減值準備　　　　　　　　　　　　　2,000,000
　　銀行存款　　　　　　　　　　　　　　　　　7,000,000
　　營業外支出　　　　　　　　　　　　　　　　1,000,000
　貸：礦區權益　　　　　　　　　　　　　　　　10,000,000

（2）轉讓全部未探明礦區權益且該礦區權益以礦區組為基礎計提減值準備。根據《企業會計準則第 27 號——石油天然氣開採》的規定，如果轉讓所得大於未探明礦區權益的帳面原值，企業應將其差額確認為收益；如果轉讓所得小於礦區帳面原值，企業應將轉讓所得衝減礦區組權益的帳面價值，衝減至零為止。

[例 11-21] ABC 石油公司擁有的未探明礦區 D1 和 D2 在進行減值測試時構成一個礦區組。其中，礦區 D1 權益帳面原值為 1,000 萬元，礦區 D2 權益帳面原值為 2,000 萬元，礦區組已計提減值準備為 600 萬元，目前礦區組帳面價值為 2,400 萬元。現 ABC 石油公司轉讓礦區 D1，轉讓所得為 1,100 萬元。

轉讓所得大於未探明礦區 D1 權益的帳面原值，ABC 石油公司應將其差額確認為收益。相關帳務處理如下：
借：銀行存款　　　　　　　　　　　　　　　　11,000,000
　貸：礦區權益　　　　　　　　　　　　　　　10,000,000
　　　營業外收入　　　　　　　　　　　　　　1,000,000

如果轉讓所得為 900 萬元，轉讓所得小於未探明礦區 D1 權益的帳面原值，ABC 石油公司應將轉讓所得衝減礦區組權益的帳面價值。相關帳務處理如下：
借：銀行存款　　　　　　　　　　　　　　　　9,000,000
　貸：礦區權益　　　　　　　　　　　　　　　9,000,000

（3）轉讓部分未探明礦區權益且該礦區權益單獨計提減值準備。根據《企業會計準則第27號——石油天然氣開採》的規定，如果轉讓部分未探明礦區權益所得大於該未探明礦區權益的帳面價值，企業應將其差額計入收益；如果轉讓所得小於其帳面價值，企業應將轉讓所得衝減被轉讓礦區權益帳面價值，衝減至零為止。

[例11-22] ABC石油公司擁有的未探明礦區E，面積為50平方千米，其帳面原值為1,000萬元，已計提減值準備200萬元，目前帳面價值為800萬元。

①ABC公司轉讓礦區E中的20平方千米，轉讓所得為200萬元。

因為轉讓所得小於礦區E的帳面價值（800萬元），所以ABC石油公司應將轉讓所得衝減被轉讓礦區權益帳面價值。相關帳務處理如下：

借：銀行存款　　　　　　　　　　　　　　2,000,000
　貸：礦區權益　　　　　　　　　　　　　　2,000,000

②ABC公司再次轉讓礦區E中的10平方千米，轉讓所得為500萬元。

因為轉讓所得小於其帳面價值（600萬元），所以ABC石油公司應將轉讓所得衝減被轉讓礦區權益帳面價值。相關帳務處理如下

借：銀行存款　　　　　　　　　　　　　　5,000,000
　貸：礦區權益　　　　　　　　　　　　　　5,000,000

③如果ABC公司轉讓礦區E剩餘20平方千米，轉讓所得為400萬元。

ABC公司轉讓部分礦區E的所得大於該未探明礦區權益的帳面價值（100萬元），應將其差額計入收益。相關帳務處理如下：

借：油氣資產減值準備　　　　　　　　　　2,000,000
　　銀行存款　　　　　　　　　　　　　　4,000,000
　貸：礦區權益　　　　　　　　　　　　　　3,000,000
　　　營業外收入　　　　　　　　　　　　　3,000,000

④如果ABC公司轉讓礦區E剩餘20平方千米，轉讓所得為50萬元。

ABC公司轉讓礦區E的所得小於該未探明礦區權益的帳面價值，應繼續將轉讓所得衝減被轉讓礦區權益帳面價值，衝減至零為止。

借：銀行存款　　　　　　　　　　　　　　500,000
　貸：礦區權益　　　　　　　　　　　　　　500,000

根據《企業會計準則第27號——石油天然氣開採》的規定，ABC石油公司期末應對礦區E權益的剩餘帳面價值全額計提減值準備。計算減值損失＝(1,000-200)-200-500-50＝50萬元。相關帳務處理如下：

借：資產減值損失　　　　　　　　　　　　500,000
　貸：油氣資產減值準備　　　　　　　　　　500,000

（4）轉讓部分未探明礦區權益且該礦區權益以礦區組為基礎計提減值準備。根據《企業會計準則第27號——石油天然氣開採》的規定，如果轉讓所得大於未探明礦區權益的帳面原值，企業應將其差額計入收益；如果轉讓所得小於該未探明礦區權益的帳面原值，企業應將轉讓所得衝減礦區組的帳面價值，衝減至零為止。

[例11-23] ABC石油公司擁有的未探明礦區F1和F2在進行減值測試時構成一個礦區組。其中，礦區F1的帳面原值為1,000萬元，礦區F2的帳面原值為

2,000萬元，礦區組已經計提減值準備為600萬元，礦區組帳面價值為2,400萬元。ABC石油公司在2020年4月和10月分別轉讓礦區F1的一部分，10月將整個礦區F1轉讓完畢。ABC石油公司的帳務處理如下：

（1）2020年4月，轉讓所得為500萬元。轉讓所得小於礦區F1的帳面原值，ABC石油公司應將轉讓所得衝減礦區組的帳面價值。

借：銀行存款　　　　　　　　　　　　　　　　　5,000,000
　　貸：油氣資產——礦區權益　　　　　　　　　　　　5,000,000

（2）2020年10月，如果轉讓所得為600萬元。轉讓所得已經大於礦區F1的帳面原值，ABC石油公司應將其差額計入收益。

借：銀行存款　　　　　　　　　　　　　　　　　6,000,000
　　貸：油氣資產——礦區權益　　　　　　　　　　　　5,000,000
　　　　營業外收入　　　　　　　　　　　　　　　　1,000,000

（3）2020年10月，如果轉讓所得為400萬元。累計轉讓所得小於礦區F1的帳面原值，ABC石油公司應將轉讓所得繼續衝減礦區組的帳面價值。

借：銀行存款　　　　　　　　　　　　　　　　　4,000,000
　　貸：油氣資產——礦區權益　　　　　　　　　　　　4,000,000

（六）未探明礦區的轉換與放棄

未探明礦區（組）內發現探明經濟可採儲量而將未探明礦區（組）轉為探明礦區（組）的，企業應按照其帳面價值轉為探明礦區權益。

未探明礦區因最終未能發現探明經濟可採儲量而放棄的，企業應當按照放棄時的帳面價值轉銷未探明礦區權益並計入當期損益。因未完成義務工作量等因素導致發生的放棄成本，企業應計入當期損益。

三、油氣勘探的會計處理

（一）油氣勘探支出的確認

油氣勘探是指為了識別勘探區域或探明油氣儲量而進行的地質調查、地球物理勘探、鑽探活動以及其他相關活動。油氣勘探支出包括鑽井勘探支出和非鑽井勘探支出。其中，鑽井勘探支出主要包括鑽探區域探井、勘探型詳探井、評價井和資料井等活動發生的支出；非鑽井勘探支出主要包括進行地質調查、地球物理勘探等活動發生的支出。鑽井勘探支出在完井後，確定該井發現了探明經濟可採儲量的，企業應將鑽探該井的支出結轉為井及相關設施成本。確定該井未發現探明經濟可採儲量的，企業應將鑽探該井的支出扣除淨殘值後計入當期損益。確定部分井段發現了探明經濟可採儲量的，企業應將發現探明經濟可採儲量的有效井段的鑽井勘探支出結轉為井及相關設施成本，無效井段鑽井勘探累計支出轉入當期損益。未能確定該探井是否發現探明經濟可採儲量的，企業應在完井後一年內將鑽探該井的支出予以暫時資本化。

在完井一年時仍未能確定該探井是否發現探明經濟可採儲量，同時滿足下列條件的，企業應將鑽探該井的資本化支出繼續暫時資本化，否則應計入當期損益：

（1）該井已發現足夠數量的儲量，但要確定其是否屬於探明經濟可採儲量，還

需要實施進一步的勘探活動。

（2）進一步的勘探活動已在實施中或已有明確計劃並即將實施。

鑽井勘探支出已費用化的探井又發現了探明經濟可採儲量的，已費用化的鑽井勘探支出不做調整，重新鑽探和完井發生的支出應當予以資本化。

非鑽井勘探支出於發生時計入當期損益。

（二）鑽井勘探支出的資本化

對於鑽井勘探支出的處理，企業可以選擇成果法或全部成本法。

採用成果法對鑽井勘探支出進行資本化，是指以礦區為成本歸集和計算中心，只有與發現探明經濟可採儲量相關的鑽井勘探支出才能資本化。如果不能確定鑽井勘探支出是否發現了探明經濟可採儲量，企業應在一年內對其暫時資本化。與發現探明經濟可採儲量不直接相關的支出作為當期費用處理。

採用全部成本法對鑽井勘探支出進行資本化，是指對勘探活動中發生的全部支出都加以資本化的一種方法，不論這些支出的發生是否導致了探明經濟可採儲量的發現。

成果法與全部成本法的主要差異如表 11-2 所示。

表 11-2　成果法與全部成本法的主要差異

項目	成果法下的處理	全部成本法下的處理
地質/地理研究支出	當期費用	資本化
礦區權益取得支出	暫時資本化，根據評估結果進行處理	資本化
鑽井勘探支出	暫時資本化，根據評估結果進行處理	資本化
開發鑽井支出	資本化	資本化
生產	當期費用	當期費用
折耗	以礦區或礦區組為成本中心，以帳面價值為折耗基礎，以探明經濟可採儲量或已開發探明經濟可採儲量為基礎計算折耗率	以國家為成本中心，以帳面價值加未來開發支出為折耗基礎，以已開發及未開發探明經濟可採儲量為基礎計算折耗率

根據《企業會計準則第 27 號——石油天然氣開採》的規定，鑽井勘探支出的資本化應採用成果法，鑽井勘探支出在完井後，應區分以下情況處理：

（1）確定該井發現了探明經濟可採儲量的，企業應將鑽探該井的支出結轉為井及相關設施成本。

（2）確定未發現探明經濟可採儲量的，企業應將鑽探該井的支出扣除淨殘值後計入當期損益。

（3）完井當時無法確定是否發現了探明經濟可採儲量的，企業應暫時資本化，但暫時資本化時間不應超過 1 年。

（4）完井 1 年後仍無法確定是否發現了探明經濟可採儲量的，企業應將暫時資本化的支出全部計入當期損益，除非同時滿足以下條件：

①該井已發現足夠數量的儲量，但要確定是否屬於探明經濟可採儲量，還需實施進一步的勘探活動。

②進一步的勘探活動已在實施中或已有明確計劃並即將實施。其中，已有明確計劃是指企業已在其內部管理活動中通過了該計劃的實施，如已撥付資金、已制定

出明確的時間表或實施計劃並對涉及人員進行了傳達。

（5）直接歸屬於發現了探明經濟可採出量的有效井段的鑽井勘探支出結轉為井及相關設施，無效井段支出計入當期損益。企業在礦區內廢棄井及相關設施的活動，受《中華人民共和國環境保護法》等法律法規的約束，有時還可能受與所在地利益相關方達成協議的約束，如在廢棄時必須拆移、清理設施、恢復生態環境等。因為資產的棄置義務與油氣開發活動直接相關，所以企業會計準則規定，或有事項按照現值計算確定應計入井及相關設施原價的金額和相應的預計負債。

在計入井及相關設施原價並確認為預計負債時，企業應在油氣資產的使用壽命內，採用實際利率法確定各期間應負擔的利息費用。

企業應在油氣資產的使用壽命內的每一資產負債表日對棄置義務和預計負債進行復核。如必要，企業應對其進行調整，使之反應當前最合理的估計。

四、油氣開發的會計處理

油氣開發是指為了取得探明礦區中的油氣而建造或更新井及相關設施的活動。

油氣開發活動所發生的支出應根據其用途分別予以資本化，作為油氣開發形成的井及相關設施的成本。油氣開發形成的井及相關設施的成本主要如下：

（1）鑽前準備支出，包括前期研究、工程地質調查、工程設計、確定井位、清理井場、修建道路等活動發生的支出。

（2）井的設備購置和建造支出。井的設備包括套管、油管、抽油設備和井口裝置等，井的建造包括鑽井和完井。

（3）購建提高採收率系統發生的支出。

（4）分離處理設施、計量設備、儲存設施、各種海上平臺、海底及陸上電纜等發生的支出。

五、油氣生產的會計處理

油氣生產是指將油氣從油氣藏提取到地表以及在礦區內收集、拉運、處理、現場儲存和礦區管理等活動。油氣的生產成本包括相關礦區權益折耗、井及相關設施折耗、輔助設備及設施折舊以及操作費用等。操作費用包括油氣生產和礦區管理過程中發生的直接和間接費用。

企業應當採用產量法或年限平均法對井及相關設施計提折耗。井及相關設施包括確定發現了探明經濟可採儲量的探井和開採活動中形成的井以及與開採活動直接相關的各種設施。採用產量法計提折耗的，折耗額可按照單個礦區計算，也可按照若干具有相同或類似地質構造特徵或儲層條件的相鄰礦區組成的礦區組計算。計算公式如下：

礦區井及相關設施折耗額＝期末礦區井及相關設施帳面價值×礦區井及相關設施折耗率

礦區井及相關設施折耗率＝礦區當期產量÷（礦區期末探明已開發經濟可採儲量＋礦區當期產量）

探明已開發經濟可採儲量，包括礦區的開發井網鑽探和配套設施建設完成後已全面投入開採的探明經濟可採儲量以及在提高採收率技術所需的設施已建成並已投產後相應增加的可採儲量。

地震設備、建造設備、車輛、修理車間、倉庫、供應站、通信設備、辦公設施等輔助設備以及設施，應當按照《企業會計準則第 4 號——固定資產》的規定處理。企業承擔的礦區廢棄處置義務，應當將該義務確認為預計負債，並相應增加井及相關設施的帳面價值。

不符合預計負債確認條件的，在廢棄時發生的拆卸、搬移、場地清理等支出，應當計入當期損益。礦區廢棄是指礦區內的最後一口井停產。

井及相關設施、輔助設備及設施的減值，應當按照《企業會計準則第 8 號——資產減值》的相關規定進行處理。

六、石油天然氣開採的會計信息列示與披露

根據《企業會計準則第 27 號——石油天然氣開採》和《企業會計準則第 30 號——財務報表列報》對油氣資產的列報要求，對油氣資產的表內列示和石油天然氣開採活動有關信息的表外披露分述如下：

（一）油氣資產的表內列示

企業應將「油氣資產」科目期末借方餘額減去「累計折耗」「油氣資產減值準備」科目貸方餘額後，列入資產負債表中的「油氣資產」項目。企業（石油天然氣開採）與油氣開採活動相關的輔助設備及設施在「固定資產」科目核算。

（二）表外披露

企業應在會計報表附註中披露與石油天然氣開採活動有關的下列信息：

（1）擁有國內和國外的油氣儲量年初、年末數據。

（2）當期在國內和國外發生的礦區權益的取得、油氣勘探和油氣開發各項支出的總額。

（3）探明礦區權益、井及相關設施的帳面原值，累計折耗和減值準備累計金額及其計提方法；與油氣開採活動相關的輔助設備及設施的帳面原價，累計折舊和減值準備累計金額及其計提方法。

□**思考題**

1. 生物資產分為哪幾類？
2. 什麼是企業的消耗性生物資產？
3. 什麼是企業的生產性生物資產？
4. 什麼是企業的公益性生物資產？
5. 生物資產的確認條件包括哪些？
6. 生物資產的可變現淨值或可收回金額為零時的情形包括哪些？
7. 生物資產後續計量模式包括哪些？有何區別？
8. 哪些生物資產需要計提折舊？
6. 生物資產的披露應當考慮哪些方面的問題？
7. 石油天然氣生產活動分為幾個階段？每個階段都會發生哪些支出？
8. 什麼是油氣資產？油氣資產的組成內容包括什麼？
9. 不同方式取得的礦區權益應如何進行會計處理？
10. 什麼是礦區？如何計算其折耗？

第十二章
企業清算會計

【學習目標】

通過本章的學習，學生應瞭解企業清算的業務處理程序、普通清算和破產清算的差異，熟悉清算會計的核算特點及清算會計的工作內容；熟悉普通清算會計和破產清算會計的處理程序，掌握普通清算和破產清算的會計處理方法；熟練地運用本章所學知識進行企業清算的會計處理工作。

第一節　企業清算會計概述

一、企業清算概述

（一）企業清算的原因

企業清算是指企業按章程規定解散以及由於破產或其他原因宣布終止經營後，對企業的財產、債權、債務進行全面清查，並進行收取債權、清償債務和分配剩餘財產的經濟活動。

導致企業清算的原因很多，概括起來主要如下：

1. 企業解散

企業解散包括合資、合作、聯營企業在合作期滿後，不再續約解散；合作企業的一方或多方違反合同章程而提前終止合作關係解散；企業發生嚴重經營性虧損，停業整頓後仍然達不到扭虧目的，由主管部門申請報經批准解散。無論何種形式的解散，企業都必須進行清算處理。

2. 企業合併與兼併

因產業結構調整、產業佈局變化，而出現的兼併、合併等事項都會造成兩個或兩個以上企業合併為一個企業，企業應對被合併的企業在財務上進行清算。此外，一個企業兼併其他的企業，應對被兼併的企業進行清算。

3. 企業破產

企業破產是指企業因管理不善造成嚴重虧損，不能清償到期債務，依據《中華人民共和國破產法》（以下簡稱《破產法》）的規定，由人民法院宣告破產。破產企業在人民法院宣告日起破產日內成立清算機構，接管破產企業並負責對其進行破產處理。

4. 其他原因

企業因自然災害、戰爭等不可抗力遭受損失，無法經營下去，應進行清算；企

業因違法經營，造成環境污染或危害社會公眾利益，被停業撤銷，應進行清算。

（二）企業清算的類型

企業清算按清算性質不同可分為普通清算、行政清算和司法清算，按清算原因不同可分為普通清算和破產清算。

1. 普通清算

普通清算又稱為解散清算，是指對因經營期滿或其他經營方面的原因，導致不宜或不能繼續經營而自願或被迫解散的企業所進行的清算。按企業規定的經營期限是否屆滿和企業終止法人資格的程度不同，普通清算又可分為非完全解散清算和完全解散清算。非完全解散清算又稱為產權轉讓清算，是指對因營業期滿或其他原因，由合營一方將其擁有的產權轉讓給另一方繼續經營的解散企業進行的清算。完全解散清算是指宣告解散並且各方都不再繼續經營的企業進行的清算。

2. 破產清算

破產清算是指對依法宣告破產的企業所進行的清算。所謂破產，是指當債務人的全部資產不足以清償到期債務時，債權人通過一定的程序將債務人的全部資產平均受償，從而使債務人免除不能清償的其他債務，並由法院宣告破產解散。當企業資產的公允價值低於其全部債務，也無債務展期、和解、重整的可能性時，企業實際上已經破產。

普通清算和破產清算之間的區別和聯繫見表12-1。

表 12-1 普通清算和破產清算之間的區別和聯繫

		普通清算	破產清算
區別	清算的性質不同	屬於自願清算或行政清算	屬於司法清算
	清算組的組織不同	一般由企業或企業主管機關成立清算組進行清算	要依照法律規定組織清算組進行清算
	處理利益關係的側重點不同	重點是將剩餘財產在企業內部各投資者之間進行分配	重點是將有限的財產在企業外部各債權人之間進行分配
聯繫		都是結束被清算企業的各種債權、債務和法律關係	

（三）企業清算的程序

無論是哪種清算，其清算的業務程序是基本一致的。通常，企業清算的程序如下：

1. 成立清算組

企業宣布經營終止時，應當在規定的期限內成立清算組。清算組即清算機構，是企業經營終止後執行清算事務並代表企業行使職權的權力組織。有限責任公司的清算組由股東組成，股份有限公司的清算組由股東大會指定人選，宣告破產的企業由人民法院組成清算組負責企業清算期間的一切事宜。

清算組的職權主要如下：

（1）按清算的原則和程序，制訂清算計劃和清算方案。

（2）清理企業的財產，編製資產負債表和財產清單。

（3）通知或公告債權人。

（4）處理與清算企業的未了結業務和各項遺留問題。

(5) 清繳企業所欠稅款。
　　(6) 清理企業的債權和債務。
　　(7) 合理分配企業償債後的剩餘財產。
　　(8) 辦理企業註銷登記手續。
　2. 清查債務
　　清算組成立後，應按有關規定時間通知或公告債權人。債權人應在規定時間內向清算組申報債權，並提供證明材料和有關債權的說明。清算組要逐筆審核、登記，編製企業債務明細表。
　3. 清查財產和債權
　　清算企業的財產包括宣布清算時企業的財產和清算期間取得的財產（如收回的債權等）。
　　對在企業宣布經營終止前6個月至終止之日的期間內，在企業宣布經營終止前，企業按以下情況處理的財產應予以追回，作為清算財產：
　　(1) 隱匿、私分或無償轉讓的財產。
　　(2) 非正常壓價處理的財產。
　　(3) 對原來沒有財產擔保的債務提供的財產擔保。
　　(4) 提前清償的未到期債務。
　　(5) 放棄的債權。
　　已經作為擔保的財產，相當於債務數額的部分不屬於清算財產，超過所擔保的債務數額的部分屬於清算財產。租入、借入、代外單位加工和代銷的財產，因為企業對其不擁有所有權，所以也不屬於清算財產。清算組在對企業財產進行清查的同時，對企業的債權也要認真地清理催收。
　4. 清償債務
　　清算組在全面清算企業財產、債權和債務後，首先應將清算財產用於支付企業清算期間為開展清算工作所支出的全部費用，對支付清算費用後的剩餘財產，應依照下列順序逐項清償企業的債務：
　　(1) 支付應付未付的職工工資、勞動保險費等。
　　(2) 繳納所欠稅款。
　　(3) 清償其他各項無擔保債務。
　　如果企業財產不足清償債務，要立即向法院申請宣告破產，待法院宣告破產後，清算組應將清算事務移交給法院。對於宣告破產的企業而言，當其破產財產不足以清償同一順序債務時，則在同一順序內按比例清償。
　5. 分配剩餘財產
　　企業清償債務後的剩餘財產應在投資者之間進行分配。其中，有限責任公司應按投資各方的出資比例或企業章程、協議規定的方法進行分配。股份有限公司應按優先股股份面值向優先股股東分配；優先股股東分配後的剩餘部分應按照普通股股東的股份比例分配給普通股股東。如果剩餘財產不足全額償付優先股股本，則按優先股股東股份面值的比例分配。
　6. 編製清算報告和辦理企業註銷手續
　　企業清算結束，清算組應編製清算報告，清算報告經註冊會計師驗證後，報股

東會或企業主管機關，並報企業原註冊登記機關，辦理註銷手續，同時公告企業終止。

二、企業清算會計的內容

清算會計是指對被宣告解散企業各項清算業務進行反應和監督，向有關債權人、投資人以及政府主管部門披露企業的財務狀況、清算過程以及結果等會計信息的一種專門會計。根據企業清算的程序，清算會計工作的內容主要如下：

（1）進行財產清查，編製資產負債表和財產目錄。進行財產清查目前可用的作價方法、依據以及適用範圍見表 12-2。

表 12-2　財產清查作價方法

清算財產的作價方法	清算財產的作價依據	適用範圍
帳面價值法	以財產的帳面淨值為標準	適用於帳面價值與實際價值相差不大的財產
重估價值法	以資產的現行市場價格為依據	適用於帳面價值與實際價值相差很大，或者企業合同、章程、投資各方協議中規定企業解散時應按重估價值作價的財產
變現收入法	以清算財產出售或處理時的成交價格為依據	適用於價值較小、數量零星的清算財產
招標作價法	通過招標從投標者所出價格中選擇最高價格作價	適用於清算大宗財產和成套設備
收益現值法	以財產的收益現值為依據	適用於清算企業的整體財產或某些特殊的資產，如無形資產等

（2）核算和監督清算費用的支付。清算費用包括清算組人員工資、辦公費、公告費、差旅費、訴訟費、審計費、公證費、財產估價費和變賣費等。

（3）核算和監督債權的收回和債務的償還。

（4）核算和監督企業的清算損益。若為清算淨收益，企業在依法彌補以前年度虧損後，應視同利潤依法繳納所得稅。

清算損益是企業清算過程中發生的清算收益同清算損失和清算費用相抵後的餘額。清算過程中的清算收益大於清算損失、清算費用的部分為清算淨收益；反之，為清算淨損失。

清算收益是企業在清算過程中取得的全部收益。其主要內容如下：

①經營收益，即清算過程中處理沒有完結的經營業務取得的收入，如銷售產品、半成品等。

②財產變現收益，即財產變賣取得的收入大於帳面價值的差額。

③財產估價收益，即對不需變現的財產的估價大於其帳面價值的差額。

④財產盤盈收益，即盤盈財產的實際變現價值。

⑤無法償付的債務，即由於債權人自身的原因而導致確實無法償付或不用償付的債務。

清算損失主要包括經營損失、財產變現損失、財產估價損失、財產盤虧損失和無法收回的債權造成的壞帳損失。

（5）核算和監督剩餘財產的分配。

（6）編製清算會計報表。清算會計報表主要內容如下：

①清算資產負債表，即反應清算企業在清算報告日的資產、負債和清算淨損益的報表。

②清算損益表，即反應清算企業在清算期間發生的清算損益、損失和費用情況的報表。

③債務清償表，即反應清算企業債務償還情況的報表。

三、企業清算會計的特徵

清算會計與正常持續經營下的會計相比，具有以下幾個特徵：

（一）清算會計的期間

清算會計期間是指從清算開始至清算結束的時間範圍。具體來講就是指自清算機構接管企業開始，作為清算企業由常規會計轉入清算會計的標誌，企業依法清算完畢並向有關機構註銷註冊登記之日為清算結束。

（二）清算會計的基礎

清算會計的計價基礎一般採用現金制，即以可變現價值對資產計價，以法律為依據確認和計量資產、債務和所有者權益。

（三）清算會計的對象

清算會計的對象包括清算企業清算開始時所持有的資產、債務，清算期間發生的收益與損失以及償還各項債務後剩餘財產分配等。

（四）清算會計的報表

清算企業應編製清算開始時的資產負債表、清算損益表、清算財務表、優先全額償付債務表、一般債務清償表、剩餘財產分配表等。

為了更加清楚地理解清算會計，我們對傳統財務會計與清算會計的會計對象、會計目標、會計假設、會計原則等方面進行了比較，見表 12-3。

表 12-3　傳統財務會計與清算會計比較

比較		傳統財務會計	清算會計
會計對象		企業生產經營過程中的資金運動	清算過程中債權的回收、債務的清償、財產的處理、各項損益和費用的發生以及剩餘財產的分配等資金運動
會計目標	會計信息的使用者	企業外部投資者、債權人、政府有關部門等	除企業的債權人、政府有關部門外，還包括管理破產案件的法院
	會計信息的內容	提供企業財務狀況和經營成果等會計信息	提供企業清算財產處理、分配以及債務償還的會計信息
會計假設	不同	會計主體假設	企業被宣告破產後失去了法人資格，會計主體的地位也不復存在
		持續經營假設	終止經營假設
		會計分期假設	從企業被宣告解散之日到清算終了為清算會計期間，其長短具有不確定性
	相同	貨幣計量假設	

表12-3(續)

比較		傳統財務會計	清算會計
會計原則	不同	歷史成本原則	可變現價格計價原則。企業進入清算後，在終止經營的前提下，資產在按實際成本計價的同時按可變現價值來計價
		權責發生制原則	收付實現制原則
		劃分收益性支出與資本性支出原則	收益性支出原則
	相同	客觀性原則、可比性原則、及時性原則、明晰性原則、相關性原則	

第二節　普通清算會計

一、普通清算會計的基本程序

普通清算分為非完全解散清算和完全解散清算。由於非完全解散清算的核算與完全解散清算的核算基本相同，因此本節僅介紹完全解散清算的核算，非完全解散清算的核算不再贅述。在完全解散清算的情況下，由於企業終止經營，因此清算組應變賣企業所有的財產，清償企業所有的債務，並將剩餘財產在投資者之間分配。完全解散清算會計的核算程序一般如下：

（1）全面清查財產，編製清查後的財產盤點表和資產負債表。

（2）核算和監督財產物資的處置、債權的回收、債務的償付以及清算費用的支付和結轉。

（3）計算清算損益，編製清算損益表和清算結束日的資產負債表。

（4）歸還投資各方資本，分配剩餘財產並結平各帳戶。

二、普通清算的會計科目設置

普通清算屬於對企業正常終止的清算，不需另設新的帳戶體系。清算組對普通清算進行核算時，仍要增設「清算費用」和「清算損益」科目。存在土地轉讓業務的企業，還應設置「土地轉讓收益」科目。

（1）「清算費用」科目。該科目核算清算過程中發生的各項費用。

（2）「清算損益」科目。該科目核算清算過程中因財產清查、資產變賣、債權回收、債務償付等發生的收益或損失。借款利息、貼現息、出售財產的銷售收入與帳面價值之差，都記入「清算損益」科目。

（3）「土地轉讓收益」科目。該科目核算被清算企業轉讓土地使用權取得的收入，企業支付的職工安置費、發生的與轉讓土地使用權有關的成本、稅費，如應繳的有關稅費、支付的土地評估費用等，也在「土地轉讓收益」科目中核算。

「清算費用」最終轉入「清算損益」。「清算費用」貸方餘額，即為清算淨收益，應視同利潤，企業在按規定抵補以前年度虧損後，還需繳納所得稅。

清算結束時，清算收益減去清算費用和清算損失，加上土地轉讓收益後的差額

為清算淨收益。企業在依照稅法規定彌補以前年度虧損後，應當視同利潤按照規定的稅率繳納所得稅。「土地轉讓收益」科目餘額應轉入「利潤分配」科目。

三、普通清算的帳務處理

下面以 ABC 有限責任公司為例，說明企業普通清算的會計核算。

[例 12-1] ABC 有限責任公司（以下簡稱 ABC 公司）由甲、乙兩方投資組成，投資比例分別為 60% 和 40%。由於經營期滿，該公司於 2020 年 6 月 1 日解散，6 月 29 日清算結束。其截止解散清算前一日的資產負債表如表 12-4 所示。

表 12-4　資產負債表　　　　　　　　單位：元

資產	金額	負債及所有者權益	金額
流動資產		流動負債	
貨幣資金	1,292,500	短期借款	182,500
應收票據	22,500	應付票據	50,000
應收帳款	150,500	應付帳款	90,000
其他應收款	40,000	應付職工薪酬	69,500
存貨	300,500	應交稅費	38,860
流動資產合計	1,806,000	其他應付款	1,140
固定資產		流動負債合計	432,000
固定資產原價	1,570,000	所有者權益	
減：累計折舊	1,080,000	實收資本	860,000
固定資產淨值	490,000	資本公積	205,000
無形資產	18,500	盈餘公積	267,500
		未分配利潤	550,000
		所有者權益合計	1,882,500
資產合計	2,314,500	負債及所有者權益合計	2,314,500

資產負債表中有關項目金額的詳細資料如下：「貨幣資金」為 1,292,500 元。其中，「庫存現金」為 14,750 元，「銀行存款」為 1,277,750 元；「存貨」為 300,500 元，其中，「原材料」為 85,000 元，「產成品」為 195,000 元，「週轉材料」為 20,500 元。「實收資本」為 860,000 元。其中，甲、乙雙方投資額分別為 516,000 元和 344,000 元。

清算組對該清算企業清算的過程如下：

1. 全面清查財產並編製清查後的財產盤點表和資產負債表

在清算工作開始時，企業應進行全面財產清查，編製財產清點表與清點前的資產負債表，根據財產清查結果進行帳務處理如下：

（1）ABC 公司將確實無法收回的應收帳款 5,000 元核銷，列為壞帳損失。
借：清算損益　　　　　　　　　　　　　　　　　　　5,000
　　貸：應收帳款　　　　　　　　　　　　　　　　　　　　5,000

（2）存貨中原材料盤盈 15,000 元，產成品盤虧 20,000 元。

借：原材料 15,000
　　清算損益 5,000
　　貸：庫存商品 20,000
（3）ABC公司清查固定資產，發現短少機器一臺，原價80,000元，已提折舊24,000元。
借：累計折舊 24,000
　　清算損益 56,000
　　貸：固定資產 80,000
（4）ABC公司核銷確實無法支付的應付帳款10,000元。
借：應付帳款 10,000
　　貸：清算損益 10,000

企業根據以上帳務處理後的帳戶餘額，編製清查後的資產負債表，如表12-5所示。

表12-5　資產負債表

編製單位：ABC有限責任公司　　　2020年6月1日　　　　　　單位：元

資產	金額	負債和所有者權益	金額
流動資產		流動負債	
貨幣資金	1,292,500	短期借款	182,500
應收票據	22,500	應付票據	50,000
應收帳款	150,500	應付帳款	80,000
其他應收款	40,000	應付職工薪酬	69,500
流動資產合計	1,796,000	應交稅費	38,860
固定資產		其他應付款	1,140
固定資產原價	1,490,000	流動負債合計	422,000
減：累計折舊	1,056,000	所有者權益	
固定資產淨值	434,000	實收資本	860,000
無形資產	18,500	資本公積	205,000
		盈餘公積	267,500
		未分配利潤	550,000
		待轉清算損益	-56,000
		所有者權益合計	1,826,500
資產總計	2,248,500	負債和所有者權益總計	2,248,500

2. 核算清算費用及財產物資的處理、債權的回收、債務的償付

（1）ABC公司將面值為22,500元的應收票據進行貼現，貼現利息為225元，貼現款為22,275元存入銀行。貼現利息記入「清算損益」科目。

借：銀行存款 22,275
　　清算損益 225
　　貸：應收票據 22,500

(2) ABC 公司收回各項應收帳款 145,500 元存入銀行。
　　借：銀行存款　　　　　　　　　　　　　　　　145,500
　　　貸：應收帳款　　　　　　　　　　　　　　　　　145,500
(3) ABC 公司收回其他應收款 40,000 元存入銀行。
　　借：銀行存款　　　　　　　　　　　　　　　　40,000
　　　貸：其他應收款　　　　　　　　　　　　　　　40,000
(4) ABC 公司變賣各項存貨，實得銷售收入 429,700 元（其中，應交增值稅 62,435 元），所得款項存入銀行。各項存貨的帳面價值分別為：原材料 100,000 元，產成品 175,000 元，低值易耗品 20,500 元。銷售收入與帳面價值之差記入「清算損益」科目。
　　借：銀行存款　　　　　　　　　　　　　　　　429,700
　　　貸：原材料　　　　　　　　　　　　　　　　　100,000
　　　　　庫存商品　　　　　　　　　　　　　　　　175,000
　　　　　週轉材料——低值易耗品　　　　　　　　　20,500
　　　　　清算損益　　　　　　　　　　　　　　　　71,765
　　　　　應交稅費　　　　　　　　　　　　　　　　62,435
(5) ABC 公司出售各項固定資產，收到價款 610,000 元存入銀行，同時按收入的 13% 計算應交增值稅。出售收入與帳面價值之差記入「清算損益」科目。
　　借：累計折舊　　　　　　　　　　　　　　　1,056,000
　　　　銀行存款　　　　　　　　　　　　　　　　610,000
　　　貸：固定資產　　　　　　　　　　　　　　　1,490,000
　　　　　清算損益　　　　　　　　　　　　　　　　96,700
　　　　　應交稅費　　　　　　　　　　　　　　　　79,300
(6) ABC 公司出售無形資產（專利權），收到價款 16,000 元存入銀行，同時按收入的 13% 計算應交增值稅。出售收入與帳面價值之差記入「清算損益」科目。
　　借：銀行存款　　　　　　　　　　　　　　　　16,000
　　　　清算損益　　　　　　　　　　　　　　　　 4,580
　　　貸：無形資產　　　　　　　　　　　　　　　　18,500
　　　　　應交稅費　　　　　　　　　　　　　　　　 2,080
(7) ABC 公司計算清算過程中應繳納的城市維護建設稅為 6,562 元和教育費附加為 2,812 元。
　　借：清算損益　　　　　　　　　　　　　　　　 9,374
　　　貸：應交稅費　　　　　　　　　　　　　　　　 9,374
(8) ABC 公司以銀行存款歸還短期借款 182,500 元，支付借款利息 2,750 元。借款利息記入「清算損益」科目。
　　借：短期借款　　　　　　　　　　　　　　　　182,500
　　　　清算損益　　　　　　　　　　　　　　　　 2,750
　　　貸：銀行存款　　　　　　　　　　　　　　　185,250

（9）ABC 公司以銀行存款支付不帶息應付票據本金 50,000 元。
借：應付票據　　　　　　　　　　　　　　　　　50,000
　貸：銀行存款　　　　　　　　　　　　　　　　　50,000
（10）ABC 公司以銀行存款償付應付帳款 80,000 元。
借：應付帳款　　　　　　　　　　　　　　　　　80,000
　貸：銀行存款　　　　　　　　　　　　　　　　　80,000
（11）ABC 公司從銀行提取庫存現金 34,500 元，支付應付的職工工資。
借：庫存現金　　　　　　　　　　　　　　　　　34,500
　貸：銀行存款　　　　　　　　　　　　　　　　　34,500
借：應付職工薪酬　　　　　　　　　　　　　　　34,500
　貸：庫存現金　　　　　　　　　　　　　　　　　34,500
（12）ABC 公司以現金 60,000 元發放職工的遣散補助費，其中 35,000 元從應付福利費中開支，其餘列入「清算費用」科目。現金的不足部分 45,250 元從銀行提取。
借：庫存現金　　　　　　　　　　　　　　　　　45,250
　貸：銀行存款　　　　　　　　　　　　　　　　　45,250
借：應付職工薪酬　　　　　　　　　　　　　　　35,000
　　清算費用　　　　　　　　　　　　　　　　　25,000
　貸：庫存現金　　　　　　　　　　　　　　　　　60,000
（13）ABC 公司以銀行存款繳納各種應交稅費 139,157 元和應交的教育費附加 3,952 元。
借：應交稅費　　　　　　　　　　　　　　　　　143,109
　貸：銀行存款　　　　　　　　　　　　　　　　　143,109
（14）ABC 公司以銀行存款 28,000 元支付各項清算費用。
借：清算費用　　　　　　　　　　　　　　　　　28,000
　貸：銀行存款　　　　　　　　　　　　　　　　　28,000
（15）ABC 公司將清算費用計 53,000 元轉入「清算損益」科目。
借：清算損益　　　　　　　　　　　　　　　　　53,000
　貸：清算費用　　　　　　　　　　　　　　　　　53,000

3. 計算清算損益並編製清算損益表和清算結束日的資產負債表

清算組將 ABC 公司上述的各項清算損益登帳並結帳，計算出「清算損益」帳戶餘額為貸方餘額 92,616 元，為清算淨收益。依據有關規定，清算淨收益應視同利潤，在按規定抵補以前年度虧損後繳納所得稅。ABC 公司沒有以前年度未彌補的虧損事項，因此淨收益應全額繳納所得稅，適用稅率為 25%，應交所得稅 23,154 元。ABC 公司計提和以銀行存款上繳所得稅時，帳務處理如下：

借：清算損益　　　　　　　　　　　　　　　　　23,154
　貸：應交稅費　　　　　　　　　　　　　　　　　23,154
借：應交稅費　　　　　　　　　　　　　　　　　23,154
　貸：銀行存款　　　　　　　　　　　　　　　　　23,154

ABC 公司將稅後的清算淨收益 69,462 元轉入「利潤分配——未分配利潤」帳戶。

借：清算損益　　　　　　　　　　　　　　　　　　　　　69,462
　　貸：利潤分配——未分配利潤　　　　　　　　　　　　　69,462

依據上述清算結果，ABC 公司清算損益表和清算結束日的資產負債表分別如表 12-6 和表 12-7 所示。

表 12-6　清算損益表　　　　　　　　　　　　　　　　單位：元

項目	本期數	累計數
一、清算收益	227,265	227,265
其中：1. 核銷的應付帳款收益	10,000	10,000
2. 出售存貨的淨收益	71,765	71,765
3. 出售固定資產的淨收益	145,500	145,500
二、清算損失	134,649	134,649
其中：1. 壞帳損失	5,000	5,000
2. 存貨盤存淨損失	5,000	5,000
3. 固定資產盤虧	56,000	56,000
4. 應收票據貼現利息	225	225
5. 出售無形資產損失	3,300	3,300
6. 應交的城市維護建設稅和教育費附加	9,374	9,374
7. 短期借款利息	2,750	2,750
8. 結轉的清算費用	53,000	53,000
三、清算淨收益	92,616	92,616
減：所得稅	23,154	23,154
四、稅後淨收益	69,462	69,462

表 12-7　資產負債表　　　　　　　　　　　　　　　　單位：元

資產	金額	負債和所有者權益	金額
銀行存款	1,944,553	實收資本	860,000
		資本公積	205,000
		盈餘公積	267,500
		未分配利潤	612,053
		其中：清算損益	62,053
資產總計	1,944,553	負債和所有者權益總計	1,944,553

4. 歸還投資各方資本和分配剩餘財產及結平各帳戶

按投資比例計算甲、乙雙方應收回的投資和分配的剩餘財產如下：

甲方應分＝516,000＋(205,000＋267,500＋612,053)×60％＝166,732（元）

乙方應分＝344,000＋(205,000＋267,500＋612,053)×40％＝777,821（元）

根據以上分配結果，以銀行存款支付時，帳務處理如下：

借：實收資本——甲方		516,000
——乙方		344,000
資本公積		205,000
盈餘公積		267,500
利潤分配——未分配利潤		612,053
貸：銀行存款		1,944,553

第三節　破產清算會計

「破產」一詞從不同的角度出發有不同的含義。從經濟意義上看，破產是指經濟活動的徹底失敗，也就是說資不抵債時發生的實際意義上的破產，不能清償到期債務而發生的一種狀況；從法律意義上看，破產是指債務人不能清償到期債務時，為了維護債權人及債務人的利益，由法院強制執行其全部財產，公平清償全體債權人，或者在法院監督下，由債務人與債權人達成和解協議，整頓復甦企業，清償債務，避免倒閉清算的法律制度。破產基本特徵是債務人喪失了償債能力，無論自願與否均不能清償到期債務。破產是為了保護全體債權人的合法權益，強調債務的履行在債權人之間的公平。破產是商品經濟社會發展到一定階段必然出現的法律現象，它既表明了債務人所處的經濟狀態，同時又是一種特定的法律程序，從破產申請到宣告破產清算，均是在法院主持下按照法定程序進行的。破產必然導致企業經濟活動的終止和法人主體資格的消失。

一、破產處理的基本程序

從時間上看，企業破產要經歷一個從企業申請破產起到破產財產分配為止的全過程。這一過程一般要經過破產申請、和解與整頓、破產宣告、破產清算四個程序。

（一）破產申請階段

1. 破產申請的提出

根據中國《破產法》的規定，當債務人不能清償到期債務時，債權人和債務人均有權提出破產申請。破產申請是指具有破產申請資格的當事人，即債權人、債務人以及與破產行為有利害關係者，向人民法院提出的對債務人資產實行破產的請示。提出破產申請是企業實施破產的前提。

（1）債權人提出破產申請。申請破產的債權人可以是法人，也可以是自然人（公民）。法律法規對債權數額也沒有限制，只要是債權人，無論債權數額多少，都享有破產申請權。債權人提出破產申請時，應當向人民法院提供以下證據材料：債權人的基本情況；債權發生事實及有關證據；債權性質和數額（債權有財產擔保的，應當提供相應的證據）；債務人到期不能清償的事實和理由；等等。

（2）債務人提出破產申請。幾乎所有國家的破產法都賦予債務人或破產對象本身當然的破產申請權。由債務人提出破產申請，較之於由他人提出，更有積極意義。破產申請能準確反應破產對象不能清償到期債務需要進行破產的事實。破產申請有

助於減少破產損失，包括債權人的損失與債務人的損失。目前中國大多數的破產案件均為債務人提出破產申請。

債務人提出破產申請，應向人民法院提供企業虧損情況說明、會計報表、企業財產情況明細表和有形資產的處所、債權清冊和債務清冊，包括債權人和債務人名單、住所、開戶銀行、債權債務發生的時間、債權債務的數額、有無爭議等以及破產企業上級主管部門或政府授權部門同意其破產申請的意見等資料。

(3) 清算組提出破產申請。在必要的清算業務中，如果發現被清算公司已資不抵債，不能清償到期債務又沒有自行申請破產的，清算組可以提出破產申請，這是清算組的一個重要義務。

清算組提出破產申請時，應向人民法院提交如下材料：公司清算情況說明、會計報表、公司財務狀況明細表和有形資產的處所、債權和債務清冊、公司性質證明、清算組的資格證明。

2. 破產申請的撤回

破產申請權是一項民事訴訟權利，按照民事訴訟處分原則，當事人有權在法律規定的範圍內處分自己的民事訴訟權利，即當事人既可以提出破產申請，也可以撤回申請。撤回申請並不影響再度提出破產申請。

債權人撤回破產申請沒有必要徵得被申請人的同意，但必須徵得人民法院的同意。人民法院對於債權人撤回申請的要求，應做出準予或不準予撤回的裁定。

3. 破產申請的受理

債務人所在地的人民法院在收到破產申請後，對債務人是否達到了破產界限及破產申請是否提供了規定的材料進行審查，並在 7 日內決定是否立案。人民法院審查後認為符合法律規定的，應當受理破產案件。人民法院受理破產案件後，應組成合議庭進行審理，應在 10 日內就破產申請的受理時間、債務人名稱、申報債權的時間和地點、逾期未申報的法律後果、第一次債權人會議召開的日期和地點等發布公告。債權人應在規定的時間內向人民法院申報債權，逾期未申報的，視為自動放棄債權。債務人應在收到人民法院通知之日起，停止清償債務。

債權申報屆滿後 15 日內，人民法院召集並主持第一次債權人會議。債權人會議是由申報債權的全體債權人組成，以維護債權人共同利益為目的，在人民法院的監督下討論決定有關破產事宜，表達債權人意思的破產機構，是債權人行使破產參與權的場所。債權人會議的職權如下：

(1) 審查有關債權的證明材料，確認債權有無財產擔保及其數額。
(2) 討論通過和解協議草案。
(3) 討論通過破產財產的處理和分配方案。

(二) 和解與整頓階段

為了減少企業破產造成的社會損失，挽救尚有可能避免破產、恢復生機的企業，中國《破產法》中還專門設立了破產和解與整頓制度。破產整頓程序並不是破產處理的必經程序。和解與整頓是人民法院依法裁定宣告企業破產之前的一個重要程序。

1. 破產和解制度

破產和解制度是指在破產程序中，債權人和債務人以互諒互讓為基礎，為了使

債務人免除破產、中止破產程序，就到期債務的延期支付和減額清償達成協議，並經人民法院認可後，發生法律效力的一種制度。破產和解制度的目的就是預防企業破產，人民法院認可和解協議後，便公告終止破產程序。

2. 破產整頓制度

破產整頓制度是指企業出現了破產原因或出現了破產原因的危險時，人民法院依照關係人的申請，對企業進行重整和振興，以避免企業破產的一種破產預防制度。該制度使得對債務人的程序救濟，不僅可以恢復其清償能力，而且可以恢復其生產經營能力，從而在根本上解決債務人面臨的經濟困境，使預防破產的程序目的真正落到實處。

（三）破產宣告階段

破產宣告是指人民法院根據破產申請人的請求或法院根據自己的職權，確認債務人確已存在無法清除的破產原因，決定對債務人開始破產清算的活動。

1. 破產宣告的實質

破產案件的受理，標誌著企業進入法定破產程序，但並不意味著該企業非破產不可。破產宣告在實質上是人民法院以裁定的形式從法律角度確認企業事實上破產的法律行為。

2. 破產宣告的程序

破產宣告是決定企業命運的重大法律行為，必須嚴格按照法定程序進行。

（1）破產宣告的公告。人民法院裁定宣告企業破產的同時，必須發布公告。公告內容包括破產企業的名稱、住所地址；企業虧損、資產負債狀況；宣告企業破產的理由和法律依據；宣告企業破產的日期；宣告企業破產後破產企業的財產、帳冊、文書、資料和印章等的保護。

（2）破產宣告的通知。人民法院在發布公告的基礎上，發布宣布破產的通知。該通知必須載明公告事項予以送達。該通知除送達債務人、債權人以外，還要送達破產企業的開戶銀行，限定其銀行帳戶只能供清算組使用。該通知應附上宣告企業破產的裁定書副本。人民法院宣告企業破產後，可將宣告企業破產的裁定書副本抄送有關政府監察部門和審計部門，以使其及時查明企業破產的責任。

（3）破產宣告的登記。企業破產宣告除了依法進行公告和發出通知外，還必須到主管的國家機關和破產清算事務所進行登記。隨著《破產法》的不斷完善，企業破產宣告的登記制度將會完善起來。

（四）破產清算階段

根據中國《破產法》的規定，人民法院應當自宣告企業破產之日起15日內成立清算組，接管破產企業。破產清算的基本程序如下：

（1）依法成立清算機構。
（2）通知或公告債權人並分類登記確認債務。
（3）調查處理企業財產，確定清算方案。
（4）處理與清算有關的未了結事務。
（5）收取債權，變現清算財產、清償債務。
（6）分配企業償債後的剩餘財產。

(7) 在企業財產不足以清償債務時申請宣告破產。
(8) 註銷企業登記，結束清算。

破產財產分配完畢，破產企業註銷登記後，人民法院應宣布清算組撤銷，破產清算工作全部結束，破產程序即可終結。

除此之外，依據中國《破產法》的規定，以下兩種情況也可以終止破產程序：一是經整頓，企業能夠按照和解協議清償債務的，人民法院依法終結企業的破產程序並予以公告；二是破產財產不足支付清算費用的，人民法院依法終結企業的破產程序。

二、破產清算會計的程序

自宣告破產至清算組接管期間，破產企業的會計工作主要有以下三項內容：
(1) 清查企業財產及債權、債務。
(2) 按辦理年度決算的要求，進行有關會計處理，結平各損益類帳戶和本年利潤帳戶，並編製宣告破產日的帳戶餘額表、資產負債表和自年初至破產日的損益表。
(3) 妥善保管企業的各種檔案、文書，並在清算組進駐後及時向清算組辦理移交手續。

清算組接管破產企業後，應設置新的會計科目，建立新的帳戶體系，對破產清算進行核算。破產清算會計核算的一般程序如下：
(1) 設置會計科目，建立新的帳戶體系。
(2) 結轉各破產清算帳戶的期初餘額。
(3) 在財產清查的基礎上，編製清查後的財產盤點表和資產負債表。
(4) 核算和監督破產企業財產的處置。
(5) 核算和監督清算費用的支付。
(6) 核算和監督破產企業財產的分配，結平各帳戶。
(7) 編製清算會計報表，辦理企業註銷登記。

三、破產清算的會計核算

企業進入破產清算以後，會計主體由破產企業變為清算組，破產財產的處置、債務的清償以及相應的會計處理均由清算組進行。

(一) 破產企業資產的構成

1. 破產資產

破產資產是指企業被宣告破產後，用以支付破產費用、償付破產債務的資產。需要注意的是，並不是存放於破產企業的任何資產都屬於破產資產，破產資產的確認除了應符合資產的一般定義特徵外，還應符合破產資產的如下確認標準：
(1) 破產資產必須是具有一定貨幣價值的、能夠清償債務的資產或財產權利。
(2) 破產資產必須是破產企業可以獨立支配的資產。所謂獨立支配，意味著對財產進行必要的處分。凡是不能由破產企業獨立支配的資產，如破產企業受託加工、代銷的存貨等，不應確認為破產資產。
(3) 破產資產必須是符合法律規定時限的資產，即破產宣告時屬於破產企業的

資產以及破產宣告後、破產程序終結前取得的各種資產,均屬於破產資產。

(4)破產資產必須是可以依照破產程序強制清償的資產,凡是不應當經破產程序清償的資產以及國家法律明確規定禁止強制執行的財產,不應確認為破產資產。例如,抵押給債權人的、由債權人享有優先受償權的固定資產等。

依照破產資產的確認標準及有關法規的規定,破產資產應包括以下內容:

(1)破產宣告時,破產企業經營管理的全部資產。

(2)破產企業在破產宣告後至破產程序終結前取得的資產。其具體包括破產企業收回的各種應收款項形成的資產;人民法院受理破產案件前6個月至破產宣告之日,破產企業由於無效行為,如隱匿、私分或無償轉讓資產,非正常壓價出售資產,對沒有財產擔保的債務提供擔保,對未到期的債務提前清償,放棄自己的債權等,依照法律規定應由清算組追回的財產;破產程序終結後的一年內,如果發現破產企業有上述行為,其財產亦應追回,作為破產資產。

(3)破產企業未到期的、應在將來行使的財產請求權。例如,暫存於企業財產的收回權、財產被損害產生的賠款請求權等。

(4)擔保資產的數額大於擔保債務數額的差額應作為破產資產。

(5)破產企業與他人組成法人型或合夥型聯營企業的,破產企業作為出資人投入的財產和應得收益應當收回,作為破產資產。

(6)破產企業的抵銷資產數額大於抵銷債務數額的差額應作為破產資產。

(7)應當由破產企業行使的其他財產權利應屬於破產資產,如專利權、著作權。

(8)黨、團、工會等組織占用破產企業的資產應屬於破產資產。

在終止經營的前提下,資產的可變現價值並不一定等於持續經營前提下資產的價值,為了真實地計量破產資產的價值,提高債權人的受償比例,保護全體債權人的切身利益,企業破產清算時,必須按資產的實際可變現價值重新進行計量,並以資產變現後的實際負擔能力償付債務。同時,在破產會計中,根據有關法律法規的規定,破產企業必須嚴格劃分破產資產與非破產資產的界限。由於破產企業的資產在實物整體上的不可分割性,決定了企業難以從實物數量上進行割分,因此有必要在對破產企業的全部資產進行重新計量的基礎上從中劃分出破產資產的價值額。

對破產資產的計量方法有很多,一般情況下,應根據破產資產的構成及具體特點的不同而採用不同的方法。實務中應用的主要方法包括帳面淨值法、重置成本法、現行市價法、清算價格法、協商估價法、調查分析法等。破產企業在實際對破產資產進行重新計量時,往往是結合各種破產資產的特點,將上述方法交叉使用。

2. 非破產資產

非破產資產是指根據《破產法》以及有關法律法規的規定,具有專門用途的、不能用於償付破產債務的資產。非破產資產包括擔保資產、抵銷資產、受託資產、其他非破產資產等。

(二)破產企業權益的構成

1. 破產債務和非破產債務

破產債務是指在破產宣告前成立的,依法申報確認,並應從破產財產中公平、強制清償的債務。

（1）破產債務的特點。

①普通債務是因債權人讓渡財產或提供勞務，依據民法或合同規定享有的權利。這種債務的履行由雙方自願完成，是個別清償，而破產債務則只能通過破產程序強制履行，破產債務履行中個別的、自由的清償反而為法律所禁止。

②普通債務的履行不受債務人財產的限制，而破產債務的履行則受債務人財產價值的限制。破產資產價值是債務人履行破產債務的最高數額，如果破產資產大於破產債務，則破產債務能夠得到全額償付；如果破產資產小於破產債務，則破產債務只能得到部分償付；如果沒有破產資產，則破產債務無法得到償付。

③普通債務和破產債務的構成不同。普通債務包括有擔保債務和無擔保債務，而破產債務僅包括無擔保債務。

④普通債務是破產債務取得的前提和條件。破產債務首先是一種普通債務，一般產生於破產宣告前，在破產宣告前沒有得到償付，破產宣告後依據《破產法》及有關法律法規的規定，確認為破產債務。

⑤普通債務與破產債務的訴訟時效不同。普通債務的訴訟時效要根據債務內容具體分析，而破產債務的訴訟時效為3個月，《破產法》明確規定，未收到通知的債權人應當自公告之日起3個月內向人民法院申報債權；逾期未申報債權的，視為自動放棄債權。

（2）破產債務的確認標準。

①破產債務首先必須符合普通債務的確認條件，是在破產宣告前成立的債權。

②破產債務必須是按照破產程序申報、經人民法院和債權人會議確認、清算組核實的債務。

③破產債務必須是債權人對債務人整體財產的財產請求權，包括無財產擔保債務和放棄優先受償權利的有財產擔保債務。凡是對債務人特定財產的請求權，在放棄這種特殊權利之前，不應確認為破產債務。

④破產債務必須按破產清算程序強制執行。

（3）破產債務的內容構成。

①無財產擔保債務。無財產擔保債務是指破產宣告前成立的、沒有提供財產擔保、不具有優先受償權利的債務。這種債務具有涉及的債權人分散、償付金額不大等特點。

②放棄優先受償權利的債務。放棄優先受償權利的債務是指原來具有財產擔保，但因自願或其他原因而放棄由擔保而產生的優先受償權利的債務。

③擔保差額債務。由於擔保資產的價值低於擔保債務而未受清償的部分。

④保證債務。保證債務是指為破產企業的債務提供保證的保證人，在代破產企業清償債務後形成的代為清償債務。

⑤抵銷差額債務。抵銷差額債務是指破產企業對債權人的債務數額大於債權數額的差額。

⑥賠償債務。賠償債務是指企業被宣告破產、清算組接管破產企業後，由於清算組解除破產企業未履行的合同而給另一方當事人造成損害的損害賠償額。

非破產債務是指根據有關法律法規的規定，不屬於破產債務的範圍、由特定資

產償付的債務。非破產債務包括擔保債務、優先清償債務、抵銷債務、受託債務等。

另外，債權人逾期未申報債權、債權人為個人利益參加破產程序的費用以及破產宣告前對債務人的刑事或行政處罰等也屬於非破產債務。破產宣告後非破產債務不得作為破產債權再追繳。

2. 清算淨資產

清算淨資產是指破產企業所有者權益淨額。清算淨資產由接管的原所有者權益總額和破產宣告日至破產程序終結日發生的清算損益構成。

（三）破產企業資產、權益的核算程序和方法

1. 設置破產清算會計科目並建立新的帳戶體系

（1）資產類會計科目。

①核算內容與原企業相應科目的核算內容一致的資產類科目，如「庫存現金」「應收票據」「在建工程」「無形資產」等科目。

②對原企業核算內容相近科目進行合併而設置的資產類科目，如「投資」科目是原「長期投資」科目和「短期投資」科目的合併；「銀行存款」科目包括各種存款與匯票、本票存款等；「應收款」科目核算清算企業除應收票據之外的各種應收款項。

③將原科目與其備抵科目合併後設立的資產類科目，如「固定資產」科目是原「固定資產」科目和「累計折舊」科目的合併（淨額）。

（2）負債類會計科目。

①與原企業相應科目的核算內容一致的負債類科目，如「應付票據」「應付工資」「應付福利費」「應繳稅費」「應付利潤」「其他應繳款（應繳的教育費附加）」「應付債券」等科目。

②對原企業有關科目的合併而設立的負債類科目，如「借款」科目核算被清算企業需要償還的各種借款，包括長期借款和短期借款；「其他應付款」科目核算被清算企業需要償付的除應付票據之外的各種款項。

（3）損益類會計科目。

①破產企業原來的各損益類科目和「本年利潤」科目不再設置。

②增設「清算費用」科目，核算被清算企業在清算期間發生的各項費用，支付各項清算費用記入該科目的借方；清算結束時，該科目餘額從貸方轉入「清算損益」科目。

③增設「土地轉讓收益」科目，核算被清算企業轉讓土地使用權取得的收入和發生的有關成本、稅費等。取得土地使用權轉讓收入記入該科目的貸方；結轉轉讓成本、用土地使用權所得支付職工安置費以及支付轉讓的有關稅費記入該科目的借方；清算終結時，該科目的餘額轉入「清算損益」科目。

④增設「清算損益」科目，核算被清算企業在破產清算期間處置資產、確認債務等發生的損益和被清算企業的所有者權益。其核算內容包括：第一，被清算企業在清算期間處置資產發生的損益，產生的收益記入「清算損益」科目的貸方，發生的損失記入「清算損益」科目的借方；第二，被清算企業在清算期間確認債務發生的損益，確認債務的減少數額，記入「清算損益」科目的貸方；第三，結轉的被清

算企業的所有者權益，包括實收資本、資本公積、盈餘公積、利潤分配等。結轉各項所有者權益帳戶時，如為貸方餘額，記入「清算損益」科目的貸方；如為借方餘額，記入「清算損益」科目的借方；第四，結轉的有關帳戶的餘額，包括清算費用、土地轉讓收益和有關資產負債帳戶的餘額。結轉有關帳戶的借方餘額，記入「清算損益」科目的借方；結轉的貸方餘額，轉入「清算損益」科目的貸方。

2. 結轉各破產清算帳戶的期初餘額

開設新帳後，清算組應按照破產企業移交的、截止至清算開始日的帳戶餘額表中各帳戶的餘額，根據各帳戶的相互對應關係，逐一轉入新設的相應帳戶中，並編製新的科目餘額表。結轉時，清算組要編製結轉分錄，據以登錄新帳戶的期初餘額，註銷舊帳。

3. 對於破產清算期間相關業務進行處理

（1）對於破產企業在人民法院受理破產案件前6個月至破產宣告之日的期間內發生的隱匿、私分或無償轉讓財產等《破產法》規定的無效行為，清算組應向人民法院申請追回財產，將其計入破產財產；同時，根據具體情況分別增加破產企業的清算損益或恢復破產企業的債務。

（2）預計破產清算期間發生的清算費用數額，經過債權人會議審議通過後，作為「清算損益」和「優先清償債務」入帳。

（3）預計應支付給社會保障部門的破產安置費用數額，作為「清算損益」和「其他債務——應付破產安置費用」入帳。

（4）變賣、處理破產資產時按實際收回的金額，借記「銀行存款」等帳戶，按帳面價值，貸記「破產資產——材料」「破產資產——產成品」等帳戶，按其差額借記或貸記「清算損益」帳戶。

（5）清償債務、分配剩餘財產時，借記「破產債務」「實收資本」等帳戶，貸記「破產資產」等帳戶。

（四）清算損益的構成及會計處理

清算損益是破產企業自破產宣告日起至清算結束日至的清算期間的清算成果。

1. 清算損益的確認標準

（1）清算損益是破產企業在清算期間發生的收益、損失、費用相抵後的清算結果。

（2）清算收益的發生必然導致破產企業資產的增加或負債的減少，清算損失、費用的發生必然導致破產企業資產的減少或負債的增加。

（3）構成清算損益的破產費用必須是在破產清算中為了破產債權人的共同利益所支付的費用，凡是破產債權人為了個人利益而發生的費用，不應屬於破產費用。另外，破產費用只能在破產資產中支付，且可以先於破產債權優先支付。

2. 清算損益的構成內容

清算損益包括清算收益、清算損失和清算費用。

（1）清算收益。清算收益具體包括以下內容：

①清算期間破產企業財產變賣收入高於其帳面成本之間的差額，包括存貨變現收益、固定資產變現收益、對外投資變現收益、應收款項變現收益（如應收票據）、

無形資產變現收益等。

②清算期間因破產企業債權人的原因而確實無法償還的債務、消除的債務以及以變現資產不足以清償的免責債務。

③清算期間發生的財產盤盈作價收入。

④如果破產企業在破產宣告日前有尚未完結的經濟業務或尚未履行的經濟合同，則應由清算組決定是否繼續完成業務或繼續履行合同，由此產生的經營損益並入清算收益中。

⑤清算組追回的破產企業自人民法院受理破產案件前 6 個月至破產宣告之日，因隱匿、私分或無償轉讓財產，放棄自己的債權等而轉移的財產的價值。

（2）清算損失。清算損失具體包括以下內容：

①清算期間破產企業財產變現收入低於其帳面成本之間的差額，包括存貨變現損失、固定資產變現損失、對外投資變現損失、應收款項變現損失、無形資產變現損失等。

②清算期間破產企業依據《破產法》以及有關法律法規的規定重新確認債務而產生的債務增加額。

（3）清算費用。根據中國《破產法》的規定，破產費用應包括各項清算管理費用、訴訟費用、共益費用、破產安置費用以及對預計數的調整。具體內容包括：

①清算管理費用。清算管理費用主要是指破產財產管理、變賣和分配所需要的費用。

②破產案件訴訟費用。破產案件訴訟費用是指清算組在破產案件審理過程中支付的費用，包括破產宣告公告費、破產案件受理費、破產債權調查費等。

③共益費用。共益費用是指為債權人的共同利益而在破產程序中支付的其他費用。

④破產安置費用。破產安置費用是指根據中國有關法律法規的規定，優先用於安置破產企業職工的費用支出。

根據《破產法》及有關法律法規的規定，當破產財產不足以支付破產費用時，人民法院應當宣告破產程序終結。因此，清算組一般應預先測算破產費用額，如果預計破產財產不足以支付破產費用，應當及時通知債權人會議並申報人民法院進行破產裁決，宣告破產程序終結。另外，債權人會議有權審查和監督清算組對於破產費用的使用情況。

清算收益抵減清算費用和清算損失後的淨收益或淨損失直接增加或減少清算淨資產。

3. 破產清算損益的核算原則

在破產清算期間，破產企業發生的各種清算收益應借記有關帳戶，貸記「破產清算損益」帳戶；發生的各種清算費用和損失，應借記「破產清算損益」帳戶，貸記有關帳戶；破產清算期期末，「破產清算損益」帳戶的餘額應轉入「清算淨資產」帳戶。

（五）債務清償和剩餘財產分配的核算

1. 債務清償的順序

根據《破產法》的規定，破產企業財產清償順序的原則是擔保債權優先於職工債權。破產企業債務清償的順序如下：

整個破產清償的順序是先從破產財產裡扣除破產費用和共益債務後，剩餘財產按以下順序分配：首先是員工的工資報酬，包括加班費、補償費、基本養老保險等；其次是國家的稅收；最後是普通債權人的債權。

抵押權人的債權並沒有放在以上清償程序裡，因為破產企業的抵押財產一開始就被剔除出來，用以償還抵押權人的債權。也就是說，在《破產法》裡，首先受到保護的是抵押權人的利益。

在破產清償時，前一順序的債務得到全額償還之前，後一順序的債務不予分配。破產財產不足以清償同一順序的清償要求時，按照同一比例向債權人清償。分配方案依法確定後，清算組應及時執行，通知債權人限期領取財產。債權人逾期未領取的，清算組可將分配財產予以提取，從而及時完成分配工作。

2. 債務清償的帳務處理原則

破產企業清償各種債務時，應按照其資產與債務之間的對等關係，借記有關資產帳戶，貸記有關負債帳戶。由於破產資產小於破產債務而無法償付的債務，根據《破產法》的有關規定，破產企業不再償付。因此，破產企業應借記「破產債務」帳戶，貸記「破產清算損益」帳戶。

3. 剩餘財產分配

剩餘財產是指破產企業以破產資產按破產程序償付債務後尚未分配完的財產。剩餘財產屬於投資者所有，應依據各投資者的投資比例進行分配。

剩餘財產的分配方式與債務清償的方式基本相同，主要以貨幣分配為主，如果財產的變現比較困難，可以將實物作價分配。

四、帳務處理舉例

（一）處置破產財產的核算

破產財產是指企業破產後可用於清算和償債的全部資產。處置破產財產是清算組的一項重要工作。以下分別按不同的破產財產收益說明其處置時的帳務處理。

1. 債權的核算

破產企業按實際收回的金額或預計可變現的金額，借記「銀行存款」「產成品」等科目，按應收金額和實收金額或預計可變現金額的差額，借記（或貸記）「清算損益」科目，按應收金額，貸記「應收款（或應收票據）」等科目。對於不能收回的應收款項，破產企業按核銷的金額，借記「清算損益」科目，貸記「應收款」等科目。

[例12-2] 清算組有應收款項 10,278,600 元，經過多方面催收，收回現金 7,000,000 元，產成品 1,000,000 元，還有 2,278,600 元收不回來，已確認為壞帳損失。經評估，該產品的可變現淨值為 800,000 元。

對於不能收回的應收款項，破產企業按核銷的金額，帳務處理如下：

借：清算損益　　　　　　　　　　　　　　　　　　2,278,600
　　貸：應收款　　　　　　　　　　　　　　　　　　　　2,278,600

對於收回應收款等債權，破產企業按實際收回的金額或預計可變現金額，帳務處理如下：

```
借：清算損益                        200,000
    產成品                          800,000
    銀行存款                      7,000,000
  貸：應收款                      8,000,000
```

2. 存貨的核算

在變賣材料、產成品等有關存貨時，破產企業按實際變賣收入和收取的增值稅稅額，借記「銀行存款」等科目，按其帳面價值和變賣收入的差額，借記（或貸記）「清算損益」科目，按帳面價值，貸記「材料」「產成品」等科目，按收取的增值稅稅額，貸記「應交稅費——應交增值稅（銷項稅額）」科目。

[**例 12-3**] 清算組處理存貨變現收入如表 12-8 所示。

表 12-8　清算組處理存貨變現收入　　　　　　　　單位：元

	帳面價值	變現收入（不含稅）	增值稅	價稅合計
材料	2,360,274	2,000,000	260,000	2,260,000
半成品	223,000	100,000	13,000	113,000
產成品	1,650,158	1,500,000	195,000	1,695,000
合　計	4,233,432	3,600,000	468,000	4,068,000

清算組編製變賣存貨取得變現收入的會計分錄如下：

```
借：銀行存款                      4,068,000
    清算損益                        633,432
  貸：材料                        2,360,274
      半成品                        223,000
      產成品                      1,650,158
      應交稅費                      468,000
```

3. 處置存貨需要繳納的稅金核算

處置、銷售產品等應交納的增值稅、消費稅等，破產企業借記「清算損益」科目，貸記「應交稅費」科目。破產企業按繳納的增值稅、消費稅等流轉稅計算應繳納的城市維護建設稅、教育費附加等，借記「清算損益」科目，貸記「應交稅費——應交城市維護建設稅、應交教育費附加」科目。

4. 處置固定資產及在建工程的核算

處置機器設備、房屋等固定資產以及在建工程，破產企業按實際變賣收入，借記「銀行存款」等科目，按其帳面價值和變賣收入的差額，借記（或貸記）「清算損益」科目，按帳面價值，貸記「固定資產」「在建工程」等科目。轉讓相關資產應繳納的有關稅費等，破產企業借記「清算損益」科目，貸記「應交稅費」等科目。

[**例 12-4**] 清算組有固定資產淨值 5,148,550 元，其評估值和變現價值如表 12-9 所示（變現收入按 5% 的稅率繳納消費稅）。

表 12-9　評估值和變現價值

	帳面價值（元）	評估值（元）	變現率（%）	變現收入（元）
廠房設備	1,785,916	2,000,000	100	2,000,000
模　　具	2,174,526	900,000	10	90,000
辦公用品	347,190	120,000	100	120,000
汽　　車	840,918	450,000	80	360,000
合　　計	5,148,550	3,470,000		2,570,000

根據表 12-9，清算組編製處置固定資產取得變現收入的會計分錄如下：

借：銀行存款　　　　　　　　　　　　　　　　　　2,570,000
　　清算損益　　　　　　　　　　　　　　　　　　2,578,550
　貸：固定資產——廠房設備　　　　　　　　　　　　1,785,916
　　　　　　——模具　　　　　　　　　　　　　　2,174,526
　　　　　　——辦公用品　　　　　　　　　　　　　347,190
　　　　　　——汽車　　　　　　　　　　　　　　　840,918
借：清算損益　　　　　　　　　　　　　　　　　　　128,500
　貸：應交稅費——應交消費稅　　　　　　　　　　　128,500

[例 12-5] 在建工程已經發生大幅度貶值，其原帳面價值為 26,850,813 元，經評估，價值為 17,000,000 元，其變現收入為 10,000,000 元。帳務處理如下（變現收入按 5% 的稅率繳納消費稅）：

借：銀行存款　　　　　　　　　　　　　　　　　10,000,000
　　清算損益　　　　　　　　　　　　　　　　　16,850,813
　貸：在建工程　　　　　　　　　　　　　　　　26,850,813
借：清算損益　　　　　　　　　　　　　　　　　　　500,000
　貸：應交稅費——應交消費稅　　　　　　　　　　　500,000

5. 無形資產的核算

破產企業轉讓商標權、專利權等資產，按其實際變賣收入，借記「銀行存款」等科目，按實際變賣收入與帳面價值的差額，借記（或貸記）「清算損益」科目，按資產的帳面價值，貸記「無形資產」等科目；轉讓相關資產應繳納的有關稅費，借記「清算損益」科目，貸記「應交稅費」等科目。

[例 12-6] 某破產企業無形資產——商標 500,000 元已沒有轉讓價值，將其轉入「清算損益」科目。

借：清算損益　　　　　　　　　　　　　　　　　　　500,000
　貸：無形資產——商標　　　　　　　　　　　　　　500,000

如果轉讓的是土地使用權，破產企業的土地使用權根據取得方式的不同分為無償劃撥取得和有償轉讓取得兩種。清算組在對轉讓土地使用權進行核算時，應區分兩種不同的情況來進行處理：

（1）轉讓無償劃撥取得的土地使用權。

借：銀行存款（實際轉讓收入）
　貸：土地轉讓收益（實際轉讓收入）

（2）轉讓有償取得的土地使用權，因為破產企業取得時已經記入了「無形資產」帳戶，所以清算組在轉讓時，應按其實際轉讓收入，借記「銀行存款」帳戶；按其帳面價值，貸記「無形資產」帳戶；按實際轉讓收入與帳面價值的差額，借記或貸記（一般應為貸記）「土地轉讓收益」帳戶。

借：銀行存款（實際轉讓收入）
　　土地轉讓收益（損失）
　貸：無形資產
　　　土地轉讓收益（收益）

（3）無論是有償轉讓還是無償轉讓，其轉讓所得依據有關規定，首先應該用於破產企業職工的安置，安置後的剩餘部分，列入破產企業財產。清算組在以土地使用權轉讓所得支付職工安置費時，應按實際支付金額，借記「土地轉讓收益」，貸記「庫存現金」「銀行存款」帳戶。

如果土地使用權轉讓所得不足支付職工安置費，而以其他破產清算財產支付時，清算組應借記「清算損益(按其實際支付金額)」帳戶，貸記「庫存現金」「銀行存款」帳戶。

對於轉讓土地使用權所繳納的稅費，清算組應借記「土地轉讓收益」帳戶，貸記「應交稅費」帳戶。

清算終止，清算組將土地使用權轉讓淨損益轉入清算損益。若為淨收益，清算組應借記「土地轉讓收益」帳戶，貸記「清算損益」帳戶。

若為淨損失，清算組應借記「清算損益」帳戶，貸記「土地轉讓收益」帳戶。

6. 轉讓對外投資的核算

（1）分回的投資收益，採用成本法核算的，清算組按實際取得的款項金額，編製如下會計分錄：

借：銀行存款
　貸：清算損益

採用權益法核算長期投資，原來已將應分得的投資收益記入「投資收益」科目，那麼在清算期間分回投資收益時，則應衝減投資，清算組編製如下會計分錄：

借：銀行存款
　貸：投資

（2）將破產企業原來持有的各種長期、短期投資對外轉讓時，清算組編製如下會計分錄：

借：銀行存款（按實際取得的收入）
　　清算損益（實際取得的收入小於投資帳面價值的差額）
　貸：投資（按投資的帳面價值）
　　　清算損益（實際取得的收入大於投資帳面價值的差額）

（二）清算費用的核算

在破產清算過程中發生的破產清算費用，應通過「清算費用」帳戶進行核算。實際支付各項破產清算費用時，清算組按實際發生額，編製如下會計分錄：

借：清算費用
　貸：現金（或銀行存款）

高級財務會計

作　　者：巴雅爾，劉勝天 著	**國家圖書館出版品預行編目資料**
發 行 人：黃振庭	高級財務會計 / 巴雅爾，劉勝天著.
出 版 者：財經錢線文化事業有限公司	-- 第一版 . -- 臺北市：財經錢線文
發 行 者：財經錢線文化事業有限公司	化事業有限公司 , 2020.12
E-mail：sonbookservice@gmail.com	面；　　公分
粉 絲 頁：https://www.facebook.com/sonbookss/	POD 版 ISBN 978-957-680-486-1(平裝) 1. 財務會計
網　　址：https://sonbook.net/	495.4　　　109016915

地　　址：台北市中正區重慶南路一段六十一號八
　　　　　樓 815 室
Rm. 815, 8F., No.61, Sec. 1, Chongqing S. Rd., Zhongzheng Dist., Taipei City 100, Taiwan (R.O.C)

電　　話：(02)2370-3310
傳　　真：(02) 2388-1990
印　　刷：京峯彩色印刷有限公司（京峰數位）

―**版權聲明**―

本書版權為西南財經大學出版社所有授權崧博出版事業有限公司獨家發行電子書及繁體書繁體字版。若有其他相關權利及授權需求請與本公司聯繫。

定　　價：700 元
發行日期：2020 年 12 月第一版
◎本書以 POD 印製

清算終結時，結轉「清算費用」科目的金額，清算組編製如下會計分錄：
借：清算損益
　　貸：清算費用

[**例 12-7**] ABC 公司在破產清算過程中發生下列破產清算費用：
（1） 以現金支付清算組成員工資 5,000 元。
（2） 以銀行存款支付某會計師事務所資產評估費和審計費共計 5,900 元。
（3） 以現金支付聘請律師費用 1,500 元。
（4） 開出支票，購入各種辦公用品，價值 510 元。
（5） 以銀行存款支付設備維修費用 4,500 元。
（6） 以現金支付倉庫保管人員工資 900 元。
（7） 以現金支付清算組成員差旅費 700 元。
（8） 轉帳支付水電費 830 元。
（9） 轉帳支付破產案件受理費 7,000 元。
（10） 轉帳支付破產公告費用 1,200 元。
根據以上業務，清算組編製如下會計分錄：

借：清算費用——工資　　　　　　　　　　　　　　　　5,000
　　　　　　——審計費　　　　　　　　　　　　　　　　5,900
　　　　　　——律師費　　　　　　　　　　　　　　　　1,500
　　　　　　——辦公費　　　　　　　　　　　　　　　　 510
　　　　　　——財產保管費　　　　　　　　　　　　　　5,400
　　　　　　——差旅費　　　　　　　　　　　　　　　　 700
　　　　　　——水電費　　　　　　　　　　　　　　　　 830
　　　　　　——訴訟費　　　　　　　　　　　　　　　　7,000
　　　　　　——公告費　　　　　　　　　　　　　　　　1,200
　　貸：庫存現金　　　　　　　　　　　　　　　　　　　8,100
　　　　銀行存款　　　　　　　　　　　　　　　　　　 19,940

（三） 清償債務的核算

根據《破產法》的規定，破產財產在優先支付破產費用後，應按以下順序清償：破產企業所欠職工工資和勞動保險費用、破產企業所欠稅款、破產債權。
按照以上債務的清償順序，各種債務在清償時的帳務處理如下：
（1） 清償所欠職工工資和勞動保險費用，清算組按實際支付的金額，編製會計分錄如下：

借：應付職工薪酬
　　貸：庫存現金（或銀行存款）

支付破產企業留守人員的工資等費用時，清算組按實際支付的金額，直接記入「清算費用」科目，編製會計分錄如下：

借：清算費用
　　貸：庫存現金（或銀行存款）

（2） 清償所欠稅款，按實際支付的金額，編製會計分錄如下：

借：應交稅費
　　貸：銀行存款
（3）清償其他債務，清算組應按實際清償的金額，編製會計分錄如下：
借：應付票據
　　其他應付款
　　借款
　　貸：庫存現金（或銀行存款）
（4）結轉清算損益。清算終結時，破產財產不足以清償債務，破產企業未償清剩餘債務的責任依法免除，債權人不得再進行追討，但又發現破產財產的除外。在這種情況下，未償清的剩餘債務應予以註銷，清算組編製如下會計分錄：
借：應付票據
　　其他應付款
　　借款
　　貸：清算損益

[例 12-8] B 企業因經營管理不善，資不抵債，無力償還到期債務，被法院宣告破產。清算組接管破產企業後，經過對破產財產的核實和估價，破產財產變現總額為 1,456,270 元。經核證確認的債務情況如下：
（1）應付職工工資 76,790 元，以現金支付。
（2）應付職工社會保險費 8,900 元，轉帳支付。
（3）應交稅費 39,600 元。
（4）應付破產債權 2,047,850 元。其中，甲銀行 890,000 元，乙銀行 790,000 元，丙公司 356,260 元，丁公司 11,590 元。
（5）破產清理費用 15,850 元，以現金支付。
（6）結轉清算損益。
根據上述資料，清算組編製如下會計分錄：
（1）撥付破產費用。

借：清算費用	15,850	
貸：庫存現金		15,850

（2）償還職工工資。

借：應付職工薪酬	76,790	
貸：庫存現金		76,790

（3）償還勞動保險費。

借：應付職工薪酬	8,900	
貸：銀行存款		8,900

（4）償還所欠稅款。

借：應交稅費	39,600	
貸：銀行存款		39,600

（5）償還破產債權。
破產財產撥付破產費用和償還優先債務後的剩餘額計算如下：

剩餘額＝1,456,270-(15,850+76,790+8,900+39,600)＝1,315,130（元）
清償比例＝1,315,130÷2,047,850≈0.642,2
可償還甲銀行＝890,000×0.642,2＝571,558（元）
可償還乙銀行＝790,000×0.642,2＝507,338（元）
可償還丙公司＝356,260×0.642,2＝228,790（元）
可償還丁公司＝11,590×0.642,2＝7,444（元）

借：借款——甲銀行　　　　　　　　　　　571,558
　　　　——乙銀行　　　　　　　　　　　507,338
　　其他應付款——丙公司　　　　　　　　228,790
　　　　　　　　——丁公司　　　　　　　　7,444
　貸：銀行存款　　　　　　　　　　　　1,315,130

（6）結轉清算損益。清算終結，該破產企業未償清剩餘債務的責任依法免除，所欠債務予以註銷，清算組編製如下會計分錄：

借：借款——甲銀行　　　　　　　　　　　318,442
　　　　——乙銀行　　　　　　　　　　　282,662
　　其他應付款——A公司　　　　　　　　127,470
　　　　　　　　——B公司　　　　　　　　4,146
　貸：清算損益　　　　　　　　　　　　　732,720

（四）剩餘財產分配的核算

剩餘財產是指破產企業以破產資產按破產程序償付債務後尚未分配完的財產。從數量上看，剩餘財產等於破產企業破產宣告時的全部資產減去償付各種債務後的差額。剩餘財產屬於投資者所有，並應依據各投資者的出資比例進行分配，其實質是對投資者所投資本的返還。

剩餘財產的分配方式與債務清償的方式基本相同，主要以貨幣分配為主，如果財產的變現比較困難，清算組可以將實物作價分配。分配時，清算組應編製如下會計分錄：

借：清算損益
　貸：銀行存款

□思考題

1. 什麼是企業清算？
2. 清算淨損益如何計算？
3. 試比較普通清算會計和破產清算會計的區別。
4. 簡述企業破產的處理程序。
5. 簡述清算會計工作的主要內容。
6. 破產資產應如何進行計量？

高級財務會計

作　　者：巴雅爾，劉勝天 著	國家圖書館出版品預行編目資料
發 行 人：黃振庭	高級財務會計 / 巴雅爾, 劉勝天著.
出 版 者：財經錢線文化事業有限公司	-- 第一版 . -- 臺北市：財經錢線文
發 行 者：財經錢線文化事業有限公司	化事業有限公司 , 2020.12
E-mail：sonbookservice@gmail.com	面；　　公分
粉 絲 頁：https://www.facebook.com/sonbookss/	POD 版 ISBN 978-957-680-486-1(平裝) 1. 財務會計
網　　址：https://sonbook.net/	495.4　　　109016915
地　　址：台北市中正區重慶南路一段六十一號八樓 815 室	
Rm. 815, 8F., No.61, Sec. 1, Chongqing S. Rd., Zhongzheng Dist., Taipei City 100, Taiwan (R.O.C)	
電　　話：(02)2370-3310	
傳　　真：(02) 2388-1990	
總 經 銷：紅螞蟻圖書有限公司	
地　　址：台北市內湖區舊宗路二段 121 巷 19 號	
電　　話：02-2795-3656	
傳　　真：02-2795-4100	
印　　刷：京峯彩色印刷有限公司（京峰數位）	

- 版權聲明 -

本書版權為西南財經大學出版社所有授權崧博出版事業有限公司獨家發行電子書及繁體書繁體字版。若有其他相關權利及授權需求請與本公司聯繫。

定　　價：700 元
發行日期：2020 年 12 月第一版
◎本書以 POD 印製

提升實力 ONE STEP GO-AHED

會計人員提升成本會計實戰能力

透過 Excel 進行成本結算定序的實用工具

您有看過成本會計理論，卻不知道如何實務應用嗎？
您知道如何依產品製程順序，由低階製程至高階製程採堆疊累加方式計算產品成本？

【成本結算工具軟體】是一套輕巧易學的成本會計實務工具，搭配既有的 Excel 資料表，透過軟體設定的定序工具，使成本結轉由低製程向高製程堆疊累加。《結構順序》由本工具軟體賦予，讓您容易依既定《結轉順序》計算產品成本，輕鬆完成當期檔案編製、產生報表、完成結帳分錄。

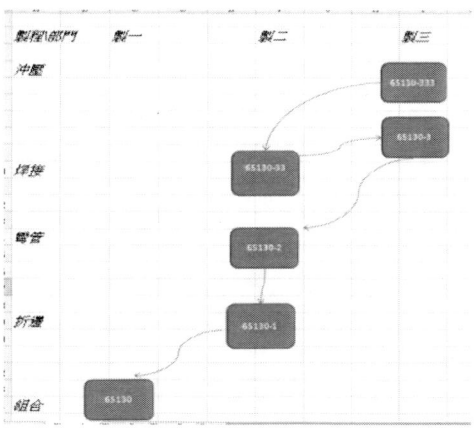

【成本結算工具軟體】試用版免費下載：http://cosd.com.tw/

訂購資訊：

成本資訊企業社 統編 01586521

EL 03-4774236 手機 0975166923　游先生

EMAIL y4081992@gmail.com